普通高等教育"十三五"规划教材

油气储运安全技术

梁法春　陈　婧　寇　杰　主编

中国石化出版社

内 容 提 要

本书较全面介绍了油气储运各个环节的危险辨识、风险评价以及危险控制方法。全书内容共8章，阐述了储运系统常见事故类型及油气危险性表征、燃烧和爆炸基本理论、油气泄漏与扩散、油气储运工程安全设计与管理技术、油气储运安全动火及应急抢维修技术、油气储运灭火实战技术、安全评价及事故预测基本方法、油气储运安全装备，附录给出了油气储运常见介质的危险特性以及油气储运相关安全标准和规范。

本书可作为石油院校油气储运工程专业课教材，也可供相关工程技术人员参考。

图书在版编目(CIP)数据

油气储运安全技术/梁法春，陈婧，寇杰主编.
—北京：中国石化出版社，2017.(2025.7重印)
普通高等教育“十三五”规划教材
ISBN 978-7-5114-4372-4

Ⅰ.①油… Ⅱ.①梁… ②陈… ③寇… Ⅲ.①石油与天然气储运－安全技术－高等学校－教材 Ⅳ.①TE88

中国版本图书馆CIP数据核字(2017)第111874号

中国石化出版社出版发行
地址:北京市东城区安定门外大街58号
邮编:100011 电话:(010)84271850
读者服务部电话:(010)84289974
http://www.sinopec-press.com
E-mail:press@sinopec.com
北京捷迅佳彩印刷有限公司印刷
全国各地新华书店经销
*
787×1092毫米 16开本 25.75印张 554千字
2017年6月第1版 2025年7月第3次印刷
定价:48.00元

前言

油气储运环节包括矿场油气集输及油气产品储存和运输，是联系生产、加工、分配、销售等各个环节的纽带。安全是油气储运系统正常运行的前提和基础，而油气介质为碳氢化合物，具有易燃、易爆特性，由于腐蚀、误操作以及第三方破坏等原因，极易造成油气储运系统的跑、冒、滴、漏，甚至发生中毒、火灾、爆炸等恶性事故。

本书较全面介绍油气储运各个环节的危险辨识、风险评价以及危险控制方法。全书内容共分为八章，第一章为储运系统常见事故类型及油气危险性表征，主要介绍安全、危险、风险、危险源、事故等安全科学基本术语，以及油气产品易燃性、易爆性、蒸发性、静电聚集等危险特征。

第二章为燃烧和爆炸基本理论，主要介绍燃烧及其分类，燃烧极限、燃烧机理以及爆炸基本理论。

第三章为油气泄漏与扩散，主要介绍气体泄漏、液体泄漏、两相流泄漏特征及泄漏损失计算，可燃和有毒气体扩散和传播范围计算，以及海上溢油迁移扩散规律。

第四章为油气储运工程安全设计与管理技术，主要是油气储运工程安全设计规程，油气管道的安全运行与管理，油库安全运行与管理，以及液化天然气安全储运相关技术。

第五章为油气储运安全动火及应急抢维修技术，主要介绍安全动火技术、油气管道抢修技术以及储罐及其他储运设备的抢修技术。

第六章为油气储运灭火实战技术，主要介绍灭火作战计划与组织指挥，油罐火灾类型及火灾扑救方法以及其他储运设备设施火灾扑救方法。

第七章为安全评价及事故预测基本方法，主要介绍安全系统工程基础知识，以及安全检查表(SCL)，事故树分析，道化学公司火灾、爆炸危险指数法(Dow)，危险可操作性研究(HAZOP)等常见安全评价方法。

第八章为油气储运安全装备，主要介绍阻火装置，防爆泄压装置，火灾、有毒气体报警装置，以及常见消防装备的特点和操作方法。

本书在附录中给出了油气储运常见介质的危险特性(附录1)以及常用油气储运相关安全标准和规范(附录2)，以方便学习和研究参考。

本书第一、二、四、六章共约20万字由梁法春编写，第三、七、八章共约20万字由陈婧编写；第五章及附录共约5万字由寇杰编写和整理。全书由梁法春统稿。

本书可作为石油院校油气储运工程专业课程教材，也可供相关工程技术人员参考。

研究生孙媛、宋连敏、王金龙、于皓、郑洪峰、孙石涛、谢振强在本书编写过程中做了大量图表绘制和文字录入工作，在此向他们表示感谢。

本书在编写过程中参考了许多油气储运安全方面专家、学者的著作和研究成果，在此表示衷心的感谢。

油气储运安全技术涉及多个交叉学科，由于编者水平有限，书中难免疏漏和不恰当之处，敬请读者批评指正。

编　者

目　录

第 1 章　储运系统常见事故类型及油气危险性表征 …………（1）
1.1　储运石油产品的理化特性 …………（1）
1.1.1　常见危险品分类 …………（1）
1.1.2　石油天然气组成 …………（2）
1.1.3　石油产品的危险特性 …………（3）
1.2　油气储运常见事故类型 …………（7）
1.2.1　典型事故案例 …………（7）
1.2.2　常见的事故类型 …………（12）
1.2.3　油气储运面临的安全形式 …………（15）
第 2 章　燃烧和爆炸基本理论 …………（16）
2.1　燃烧学基础 …………（16）
2.1.1　燃烧的定义 …………（16）
2.1.2　燃烧的分类 …………（16）
2.1.3　燃烧火焰 …………（17）
2.1.4　燃烧产物 …………（18）
2.1.5　燃烧机理 …………（19）
2.1.6　燃烧速度 …………（21）
2.2　燃烧条件 …………（24）
2.2.1　燃烧基本条件 …………（24）
2.2.2　燃烧极限 …………（25）
2.2.3　最小点火能 …………（33）
2.2.4　灭火方法 …………（34）
2.3　爆炸基本理论 …………（36）
2.3.1　爆炸定义 …………（36）
2.3.2　爆炸分类 …………（36）
2.3.3　化学爆炸三要素 …………（37）
2.3.4　燃烧和爆炸的关系 …………（38）
2.4　火灾及爆炸伤害分析 …………（39）

2.4.1 热辐射破坏准则及伤害概率模型 ……………………………………………… (39)
2.4.2 池火灾伤害计算 …………………………………………………………… (40)
2.4.3 沸腾液体扩展蒸气爆炸伤害模型 ……………………………………………… (43)
2.4.4 蒸气云伤害计算 …………………………………………………………… (46)
第3章 油气泄漏与扩散 ……………………………………………………… (52)
3.1 油气泄漏及危害 …………………………………………………………… (52)
3.1.1 泄漏的原因 …………………………………………………………… (52)
3.1.2 泄漏类型及后果 ………………………………………………………… (53)
3.2 油气泄漏量计算 …………………………………………………………… (54)
3.2.1 液体泄漏损失计算 ……………………………………………………… (54)
3.2.2 气体泄漏损失计算 ……………………………………………………… (55)
3.2.3 气液两相流泄漏计算 …………………………………………………… (61)
3.3 可燃和有毒气体扩散 ………………………………………………………… (65)
3.3.1 气体扩散机理 ………………………………………………………… (65)
3.3.2 气体扩散分类 ………………………………………………………… (65)
3.3.3 气体扩散影响因素 ……………………………………………………… (65)
3.3.4 气体扩散模型 ………………………………………………………… (66)
3.4 海上溢油扩散与迁移 ………………………………………………………… (80)
3.4.1 溢油类型及危害 ………………………………………………………… (80)
3.4.2 典型溢油污染事故 ……………………………………………………… (80)
3.4.3 海上溢油的行为归宿 …………………………………………………… (82)
3.4.4 溢油影响因素 ………………………………………………………… (86)
3.4.5 溢油扩展模型 ………………………………………………………… (87)
第4章 油气储运工程安全设计与管理技术 ……………………………………… (89)
4.1 油气储运工程安全设计 ……………………………………………………… (89)
4.1.1 油气管道安全设计 ……………………………………………………… (89)
4.1.2 油气站场安全设计 ……………………………………………………… (91)
4.1.3 液化烃球罐安全设计 …………………………………………………… (99)
4.1.4 储运消防工程设计 ……………………………………………………… (105)
4.1.5 防火防爆设计 ………………………………………………………… (111)
4.2 雷电和静电预防 …………………………………………………………… (114)
4.2.1 储运防雷击 …………………………………………………………… (114)
4.2.2 储运工程防静电设计 …………………………………………………… (118)
4.3 油气管道的完整性管理 ……………………………………………………… (125)
4.3.1 管线完整性管理 ………………………………………………………… (126)

4.3.2 油气管道的腐蚀和缺陷检测 …… (129)
4.3.3 油气管道的内检测 …… (132)
4.4 油气管道的剩余强度评价与剩余寿命预测 …… (137)
4.4.1 BS 7910 腐蚀管道平面缺陷评价 …… (138)
4.4.2 ASME B31G 评价方法 …… (145)
4.4.3 腐蚀管道 DNV 评价方法 …… (152)
4.4.4 许用应力法 …… (161)
4.4.5 SY/T 6151—2009 管道腐蚀评价方法 …… (164)
4.4.6 基于有限元法的剩余强度分析 …… (167)
4.5 油气管道剩余寿命预测 …… (172)
4.5.1 基于裂纹发展模型的腐蚀管线剩余寿命预测 …… (172)
4.5.2 最大腐蚀坑深的极值统计处理及使用寿命估测方法 …… (179)
4.6 油气管道流动安全保障技术 …… (181)
4.6.1 油气管道水击现象及控制 …… (181)
4.6.2 输气管道水合物风险控制 …… (184)
4.6.3 集输管道积液预警与控制 …… (189)
4.6.4 输油管道蜡沉积预测与控制 …… (202)
4.6.5 油气管道安全清管技术 …… (209)
4.7 油气管道泄漏检测与定位技术 …… (211)
4.7.1 泄漏检测的重要性 …… (211)
4.7.2 管道泄漏检测方法综述 …… (212)
4.8 油库安全运行与管理 …… (222)
4.8.1 油库作业的特点 …… (223)
4.8.2 罐内作业安全管理 …… (224)
4.8.3 水运散装油料收发作业安全管理 …… (225)
4.8.4 汽车油罐车装卸作业安全管理 …… (227)
4.8.5 油库其他特殊作业 …… (229)
4.8.6 油库安全检修 …… (234)
4.8.7 油库设备安全管理 …… (240)
4.9 LNG 安全运行与管理 …… (241)
4.9.1 LNG 物性 …… (241)
4.9.2 LNG 危险特征 …… (242)
4.9.3 LNG 翻滚及控制 …… (243)
4.9.4 间歇泉及控制 …… (247)
4.9.5 急冷和水击及控制 …… (247)

4.9.6 快速相变(冷爆炸)危害及控制 …… (248)
第5章 油气储运安全动火及应急抢维修技术 …… (249)
5.1 安全动火技术 …… (249)
5.2 油气管道应急抢修技术 …… (252)
5.2.1 油气管道失效等级划分 …… (252)
5.2.2 油气管道的抢修 …… (254)
5.2.3 海底管道应急修复 …… (259)
5.3 储罐动火抢修技术 …… (264)
5.3.1 储罐清洗 …… (264)
5.3.2 储罐动火安全措施 …… (265)
5.3.3 油罐带油动火 …… (266)
5.3.4 动火结束后的注意事项 …… (266)
5.4 其他储运设备动火抢修 …… (266)
5.4.1 分离器和电脱水器的动火作业 …… (266)
5.4.2 油槽车动火 …… (267)
5.5 海上溢油应急处置 …… (267)
5.5.1 溢油监察与跟踪 …… (267)
5.5.2 溢油处置 …… (269)
5.6 应急预案编制 …… (280)
5.6.1 制定应急预案目的 …… (280)
5.6.2 应急预案制定 …… (280)
5.6.3 应急保障 …… (282)
5.6.4 应急培训计划 …… (282)
5.6.5 应急演练计划 …… (282)
5.6.6 紧急安全疏散 …… (282)
第6章 油气储运灭火实战技术 …… (284)
6.1 灭火作战计划及灭火指挥原则 …… (284)
6.1.1 灭火作战计划 …… (284)
6.1.2 灭火组织指挥原则 …… (286)
6.1.3 消防预案的演练 …… (289)
6.2 油库大型储油罐灭火技术 …… (289)
6.2.1 原油储罐火灾的主要原因和特点 …… (290)
6.2.2 轻质油品储罐火灾的特点 …… (291)
6.2.3 油罐火灾类型和现场特点 …… (292)
6.2.4 油罐火灾的扑救步骤 …… (294)

6.2.5 油罐火灾的扑救 …… (296)
6.3 其他储运设备火灾的扑救 …… (300)
6.3.1 油泵房火灾扑救 …… (300)
6.3.2 铁路油槽车火灾扑救 …… (300)
6.3.3 汽车油罐车火灾的扑救 …… (301)
6.3.4 装卸台的火灾扑救 …… (301)
6.3.5 油桶堆场火灾扑救 …… (302)
6.3.6 输油管路火灾的扑救 …… (303)
6.3.7 地下洞库油罐火灾扑救 …… (303)
6.3.8 下水道、管沟油料火灾的扑救方法 …… (304)
6.3.9 油船火灾的扑救 …… (304)
第7章 安全评价及事故预测基本方法 …… (306)
7.1 安全系统工程基础 …… (306)
7.1.1 安全系统工程的定义 …… (307)
7.1.2 安全系统工程内容 …… (307)
7.1.3 系统安全评价基础 …… (308)
7.1.4 安全评价方法分类 …… (310)
7.2 安全检查表 …… (311)
7.2.1 安全检查表的目的 …… (311)
7.2.2 不同类型的检查表 …… (312)
7.2.3 编制程序及应用说明 …… (315)
7.3 事故树分析 …… (317)
7.3.1 事故树分析简介 …… (317)
7.3.2 事故树分析的基本程序 …… (317)
7.3.3 事故树的符号及其意义 …… (318)
7.3.4 事故树的编制 …… (319)
7.3.5 事故书定性分析 …… (320)
7.3.6 事故树定量分析 …… (323)
7.3.7 管道泄漏的事故树分析 …… (325)
7.4 危险可操作性研究(HAZOP) …… (328)
7.4.1 HAZOP方法由来 …… (328)
7.4.2 HAZOP方法的基础 …… (329)
7.4.3 HAZOP适用范围 …… (329)
7.4.4 HAZOP分析的目的 …… (329)
7.4.5 HAZOP分析方法的优点 …… (329)

7.4.6 基本概念和术语 …………………………………………………………… (330)
7.4.7 分析工作程序 …………………………………………………………… (332)
7.4.8 HAZOP 分析应用实例 …………………………………………………… (334)
7.4.9 计算机辅助 HAZOP 分析 ……………………………………………… (338)
7.5 道化学指数评价方法 …………………………………………………… (339)
7.5.1 道化学指数评价方法 …………………………………………………… (339)
7.5.2 道化学指数评价方法的目的 ………………………………………… (339)
7.5.3 所需资料 …………………………………………………………………… (339)
7.5.4 评价程序 …………………………………………………………………… (339)
7.5.5 道化学指数评价法应用举例 ………………………………………… (348)
第 8 章 油气储运安全装备 ………………………………………………… (351)
8.1 阻火装置 ……………………………………………………………………… (351)
8.1.1 阻火器 ……………………………………………………………………… (351)
8.1.2 安全液封 …………………………………………………………………… (354)
8.1.3 单向阀 ……………………………………………………………………… (355)
8.1.4 阻火闸门 …………………………………………………………………… (355)
8.1.5 火星熄灭器 ………………………………………………………………… (355)
8.2 防爆泄压装置 ……………………………………………………………… (356)
8.2.1 安全阀 ……………………………………………………………………… (356)
8.2.2 爆破片 ……………………………………………………………………… (362)
8.3 灭火装备 ……………………………………………………………………… (364)
8.3.1 空气泡沫产生器 …………………………………………………………… (364)
8.3.2 空气泡沫比例混合器 ……………………………………………………… (366)
8.3.3 空气泡沫枪 ………………………………………………………………… (368)
8.3.4 空气泡沫炮 ………………………………………………………………… (369)
8.3.5 小型灭火器材配置设计 …………………………………………………… (370)
8.3.6 灭火器的配置设计 ………………………………………………………… (377)
8.3.7 消防车及其他设置 ………………………………………………………… (383)
8.4 防护装备 ……………………………………………………………………… (383)
8.4.1 避火服 ……………………………………………………………………… (383)
8.4.2 隔热服 ……………………………………………………………………… (384)
8.4.3 呼吸保护器具 ……………………………………………………………… (385)
附录 1 油气储运主要危害因素的物化性质、健康危害及防护措施 ……… (387)
附录 2 油气储运安全规范 ………………………………………………… (398)
参考文献 ……………………………………………………………………… (401)

第1章　储运系统常见事故类型及油气危险性表征

油气储运系统安全事故多发的本质在于所储存、运输的油气本身具有易燃、易爆等特性。了解油气危险特性以及油气储运常见事故类型是采取科学预防与控制措施的前提。

1.1　储运石油产品的理化特性

1.1.1　常见危险品分类

所谓的危险品是指具有毒害、腐蚀、爆炸、燃烧、助燃等性质，对人体、设施、环境具有危害的剧毒化学品和其他化学品。《化学品分类和危险性公示　通则》(GB 13690—2009)将化学品按照理化危险分成16类。

1. 爆炸物

爆炸物质(或混合物)是这样一种固态或液态物质(或物质的混合物)，其本身能够通过化学反应产生气体，而产生气体的温度、压力和速度能对周围环境造成破坏。

2. 易燃气体

易燃气体是在20℃和101.3kPa标准压力下，与空气有易燃范围的气体。

3. 易燃气溶胶

气溶胶是指气溶胶喷雾罐，系任何不可重新灌装的容器，该容器由金属、玻璃或塑料制成，内装强制压缩、液化或溶解的气体，包含或不包含液体、膏剂或粉末，配有释放装置，可使所装物质喷射出来，形成在气体中悬浮的固态或液态微粒或形成泡沫、膏剂或粉末或处于液态或气态。

4. 氧化性气体

氧化性气体是一般通过提供氧气，比空气更能导致或促使其他物质燃烧的任何气体。

5. 压力下气体

压力下气体是指高压气体在压力等于或大于200kPa(表压)下装入贮器的气体，或是液化气体或冷冻液化气体。压力下气体包括压缩气体、液化气体、溶解气体、冷冻液化气体。

6. 易燃液体

易燃液体是指闪点不高于93℃的液体。

7. 易燃固体

易燃固体是容易燃烧或通过摩擦可能引燃或助燃的固体。易于燃烧的固体为粉末、颗粒状或糊状物质，它们在与燃烧着的火柴等火源短暂接触即可点燃和火焰迅速蔓延的情况下，都非常危险。

8. 自反应物质或混合物

自反应物质或混合物是即使没有氧(空气)也容易发生激烈放热分解的热不稳定液态或固态物质或者混合物。自反应物质或混合物如果在实验室试验中其组分容易起爆、迅速爆燃或在封闭条件下加热时显示剧烈效应，应视为具有爆炸性质。

9. 自燃液体

自燃液体是即使数量小也能在与空气接触后5min之内引燃的液体。

10. 自燃固体

自燃固体是即使数量小也能在与空气接触后5min之内引燃的固体。

11. 自燃物质和混合物

自燃物质是发火液体或固体以外，与空气反应不需要能源供应就能够自己发热的固体或液体物质或混合物；这类物质或混合物与发火液体或固体不同，因为这类物质只有数量很大(公斤级)并经过长时间(几小时或几天)才会燃烧。

物质或混合物的自热导致自发燃烧是由于物质或混合物与氧气(空气中的氧气)发生反应并且所产生的热没有足够迅速地传导到外界而引起的。当热产生的速度超过热损耗的速度而达到自燃温度时，自燃便会发生。

12. 遇水放出易燃气体的物质或混合物

遇水放出易燃气体的物质或混合物是通过与水作用，容易具有自燃性或放出危险数量的易燃气体的固态或液态物质或混合物。

13. 氧化性液体

氧化性液体是本身未必燃烧，但通常因放出氧气可能引起或促使其他物质燃烧的液体。

14. 氧化性固体

氧化性固体是本身未必燃烧，但通常因放出氧气可能引起或促使其他物质燃烧的固体。

15. 有机过氧化物

有机过氧化物是含有二价—O—O—结构的液态或固态有机物质，可以看作是一个或两个氢原子被有机基替代的过氧化氢衍生物。有机过氧化物是热不稳定物质或混合物，容易放热自加速分解。另外它们可能具有易于爆炸分解、迅速燃烧、对撞击或摩擦敏感以及与其他物质发生危险反应等特性。

如果有机过氧化物在实验室试验中，在封闭条件下加热时组分容易爆炸、迅速爆燃或表现出剧烈效应，则可认为它具有爆炸性质。

16. 金属腐蚀剂

腐蚀金属的物质或混合物是通过化学作用显示损坏或毁坏金属的物质或混合物。

1.1.2 石油天然气组成

1. 石油组成

石油是从地层深处开采出来的黄褐色乃至黑色的可燃性黏稠液体矿物，常与天然气共存。石油一词源于拉丁语，有岩油之意，在我国石油最早是北宋沈括命名的。从油田开采出来的未经加工或经过初步加工的石油称为原油，经炼制后获得各种产品称为石油产品。

(1)石油的化学组成

石油组成元素主要有 C、H、O、N、S 五种，其中主要成分是 C 占 83%～87%，其次是 H，占 11%～14%，两者合计 96%～98%，O、N、S 合计约 1%～4%。

上述各种元素都不是以单质形式存在的，而是相互组合，结合为含碳的各种化合物。

(2)石油的烃类组成

由碳和氢组成的碳氢化合物简称为烃。烃类种类繁多，但组成石油的烃大体上只有烷烃、环烷烃和芳香烃三类，少数石油还含有烯烃。

(3)石油的非烃类组成

①含硫化合物；

原油随产地不同，都或多或少的含有硫化物，一般来说，含烷烃或环烷烃多的原油硫含量低，含芳香烃多的原油硫含量高。

硫在石油中的存在形态包括单质硫、硫化氢、硫醇、硫醚、二硫化物等。石油馏分中单质硫和硫化氢多是其他含硫化合物分解产生的，因而含量较低。H_2S 有恶臭和剧毒。

②含氧化合物，主要是环烷酸；

③含氮化合物；

④胶质和沥青质。

2. 天然气组成及其性质

天然气是在不同地质条件下生成、运移，并以一定的压力储藏在地下构造的可燃气体。天然气主要成分是气体烃类，还含有少量的非烃类。主要成分是甲烷(CH_4)，其次是乙烷、丙烷、正丁烷、异丁烷、正戊烷、异戊烷等；非烃类气体有硫化氢、二氧化碳等。

1.1.3　石油产品的危险特性

石油产品具有易燃、易爆、蒸发性、易积聚静电等特性，从事石油产品生产与运输、储存、经营管理工作具有一定的危险性。在此有必要了解石油产品的理化性质和影响的有关因素。

1. 易燃性

石油产品是碳氢化合物，遇火或受热很容易发生燃烧反应。油品的燃烧危险性大小可以用闪点、燃点和自燃点进行判断。

(1)闪点

闪点是衡量油品危险性的主要标志。所谓闪点是油品蒸气与空气形成的爆炸性混合物，遇火发生闪燃(一闪即灭的燃烧)的最低温度，称为闪点，闪点越低油品火灾危险性就越大。

可燃液体表面都有一定的蒸气存在，蒸气浓度取决于液体的温度，可燃液体蒸气与空气组成的混合物遇到明火会发生闪燃，引起闪燃的最低温度称为闪点。闪燃不能使液体燃烧，原因是在闪点温度下，液体蒸发缓慢，可燃液体与空气的混合物瞬间燃尽，新的可燃蒸气来不及蒸发补充，故闪燃瞬间熄灭。

油品相对分子质量越大，闪点越高；闪点随着密度的增加而升高；油品沸点越低，闪点也越低，危险性就越大；闪点随着蒸气压的降低而升高。油品的馏分越轻，则闪点也越低，例如轻质油品的危险性就较大，重质油的危险性就较小。

可燃液体混合物的闪点不具有加和性，高闪点的液体加入少量低闪点的液体也会大大降低闪点，增加火灾的危险。原油的密度比煤油高，但原油闪点比煤油低。

(2)燃点

油品蒸气与空气形成混合物，遇到明火就会着火且能持续燃烧的最低温度称为燃点(或着火点)。油品的燃点高于闪点，易燃油品的燃点比闪点高出1～5℃，油品的闪点越低，则燃点与闪点越接近。

(3)自燃点

自燃点是指在没有外部火花或火焰条件下，能够自行引燃和继续燃烧的最低温度。

闪点、燃点、自燃点三者都是有条件的，与油品的化学组成和馏分组成有关。对同一种油品来说，自燃点＞燃点＞闪点。对于不同的油品来说，闪点越高的油品，燃点也越高，但自燃点反而低；反之，闪点越低则燃点也越低，自燃点越高，油品的着火危险性越大。一些油品的闪点、自燃点见表1-1。石油库储存区油品的火灾危险性分类，就是按油品闪点不同分为甲$_A$类、甲$_B$类、乙$_A$类、乙$_B$类、丙$_A$类、丙$_B$类的。

表1-1　油品的闪点、自燃点

油品名称	闪点/℃	自燃点/℃
原油	27～45	380～530
喷气燃料	－60～10	390～530
车用汽油	－50～10	426
煤油	28～45	380～425
轻柴油	45～120	350～380
润滑油	180～210	300～350

根据《石油化工企业防火规范》(GB 50160—2008)，液化烃、可燃液体是根据闪点进行分类的，见表1-2。

表1-2　液化烃、可燃液体的火灾危险性分类

名称	类别		特征
液化烃	甲	A	15℃时的蒸气压力＞0.1MPa的烃类液体及其他类似的液体
可燃液体		B	甲$_A$类以外，闪点＜28℃
	乙	A	28℃≤闪点≤45℃
		B	45℃＜闪点＜60℃
	丙	A	60℃≤闪点≤120℃
		B	闪点＞120℃

2. 易爆性

爆炸是物质发生非常迅速的物理和化学变化的一种形式。这种形式在瞬间放出大量能量，使其周围压力突变，同时产生巨大的声响。爆炸也可视为气体或蒸气在瞬间剧烈膨胀的现象。由于爆炸威力巨大，它造成的破坏往往是灾难性的。

3. 挥发性

挥发性是石油产品特别是石油最重要的特性之一，它对燃料的储存、运输和在发动机中的使用都有密切的关系。一般说来，馏分越轻的油品挥发性越强，而且挥发性随温度的升高而增强。挥发性大的燃料蒸发耗损越大，着火危险性也越大。

液体蒸发有静蒸发和动蒸发。各种液体燃料在容器中储存时的蒸发现象均属静蒸发，静蒸发的蒸发速度一般比较缓慢。液体燃料在流动的气体中分散为细小颗粒的蒸发称为动蒸发，像液体燃料在发动机汽化器、柴油机或锅炉燃烧时，都有在强烈的气流中被喷散或雾状进行蒸发(燃烧)的现象，这类蒸发现象均属动蒸发。另外，石油库油罐等容器在装油时会有大量的油蒸气逸出，卸油时有大量的新鲜空气进入，这种大呼吸现象也属于动蒸发。液体动蒸发的蒸发速度远远超过其静蒸发时的速度。

影响蒸发损耗的因素很多，总起来可以分为两方面。一是油品本身性质方面的因素，如沸点、蒸气压、蒸发潜热、黏度和表面张力等；二是外界条件的因素，主要有：油温变化、油罐顶壁同液面间体积大小、油罐罐顶严密性、油罐大小呼吸等。大呼吸是指油罐进发油时的呼吸。油罐在没有收发油作业的情况下，随着外界气温、压力在一天内的升降周期变化，罐内气体空间温度、油品蒸发速度、油气浓度和蒸气压力也随之变化。这种排出石油蒸气和吸入空气的过程，叫小呼吸。收发油呼吸过程见图 1-1。

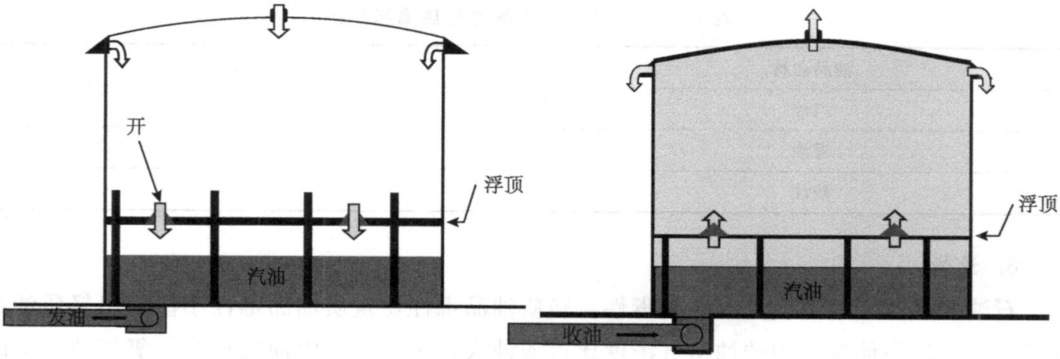

（a）发油作业　　（b）收油作业

图 1-1　收发油呼吸过程

4. 静电荷集聚特性

石油产品的电阻率很高，一般 $10^{12}\,\Omega$ 左右。汽油、煤油、柴油的电阻率都很高。电阻率越高，导电率越小，集聚电荷能力越强。因此，石油产品特别是汽油、煤油、柴油在流动、喷射、冲击、过滤、搅拌等过程中都会产生大量静电。静电积聚形成电压差运输等，在一定条件下会放电，如果静电放电发生的电火花能量达到或超过油品蒸气的最小点火能量时，就会引起燃烧或爆炸。石油产品的静电集聚能力强，最小点火能量低(例如汽油仅0.1～0.2mJ)，这是石油产品的另一特点。

塑料的电阻率比较高，很容易产生和积累静电。如提着塑料桶走一段路后，由于塑料桶与化纤衣服摩擦，桶体就会带有很高的静电。向塑料桶罐装汽油时，由于汽油与桶体摩擦、撞击会产生静电，电位一般可达300V。而且它与桶体原来所带的静电极性相同，所以叠加后电位更高。当金属或人的手指接触桶口时，静电会发生火花放电，引起汽油蒸气燃烧。

5. 流动性与膨胀性

油品是流体，具有流动性。当油罐爆炸破损以后，油品会从油罐内向外流出，并且顺着地势高低，沿着地面流淌，使火灾范围扩大，扑救变得十分困难。因此在油罐区需修筑一定高度的防火堤。油品密度比水小，流淌的油品会浮于水面上燃烧，油罐区排水沟会成为火灾的传播途径，应采取阻隔措施。

除甲烷以外其他油蒸气密度均比空气重，对于油库，扩散出的油蒸气会积聚在油罐区周围，如果无风，会久聚不散，特别是在低洼地区及排水沟内，增加了火灾的危险性。

油品像所有物质一样，具有热胀冷缩的特性。温度升高，油品体积膨胀，压力增高，温度降低，体积收缩，压力下降，使油罐内交替出现正负压，引起罐体变形甚至破坏。

为了维持罐内的正常压力，大型油罐需设置“呼吸阀”或“通气孔”。温度升高时，罐内部分油蒸气排出罐体；温度下降时，部分空气吸入罐内，这固然保持了罐内压力平衡，但消耗了油品大量的轻质组分，也增加了火灾的危险性。油品的膨胀系数见表1-3。

表1-3 几种常见油品的受热膨胀系数

油品名称	膨胀系数 β
汽油	0.0012
煤油	0.0010
柴油	0.009

6. 毒性

石油产品及其油蒸气具有一定毒性，轻质油品毒性比重质油品毒性小些，但轻质油品挥发性大，往往使空气中的油蒸气浓度比重质油大，由于空气中油气存在使氧气的含量降低，因此危险性较大。油蒸气经口、鼻进入呼吸系统，能使人体器官受害而产生急性或慢性中毒。如空气中油蒸气含量为0.28%时，经过12～14min，人便会感到头晕；如果含量达到1.13%～2.22%时便会发生急性中毒，使人难以支持；当油蒸气含量更高时，会使人立即昏倒，失去知觉，甚至有生命危险。油蒸气的慢性中毒会使人产生头昏、疲倦和嗜睡等症状，经常与油品接触的皮肤会产生脱脂、干燥、龟裂、皮炎和局部神经麻木。油品对人体的毒性来自其烃类和非烃类物质，为改善油品性能而加入的某些添加剂也具有一定毒性，因此对油品在储运的各环节进行毒性泄漏风险分析，对采取防毒措施具有重要意义。

7. 腐蚀性

对油品储运设备来说，腐蚀性是导致设备寿命缩短的或破坏的一个主要原因之一，其中以电化学腐蚀最为严重。

油品中含有少量水分和微量腐蚀性物质，如含硫物质(包括有机硫化物和硫化氢)和氯离子，给金属的电化学腐蚀创造了条件。空气中的盐分也会加速罐体的腐蚀；储罐和管线受烃类产品中水分和腐蚀性物质的作用，发生电化学腐蚀，往往会造成不易发觉的罐壁或管壁变薄，最后导致穿孔和油品泄漏。油气管道腐蚀如图 1－2 所示。

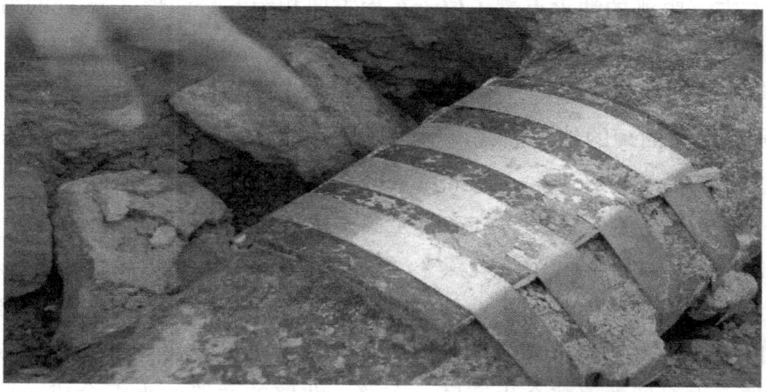

图 1－2　油气管道腐蚀

8. 石油产品的沸溢、喷溅特性

原油或重质油在储罐内着火时，若管内有水的存在，则容易发生沸溢或喷溅，燃烧油品大量外溢，甚至从罐中喷出。这种现象是由热波造成的。原油或重油是多种烃的混合物，油品燃烧时，液体表面的轻馏分首先被烧掉，而余下的重组分逐渐下沉，并把热量带到下层，从而逐渐向深层加热，这种现象称为热波。热油和冷油的分界面称为热波面。当热波面与油中乳状液相遇或者接触到储罐中的底层水时，水被汽化，体积膨胀，形成黏稠的泡沫，迅速升腾到油罐表面，甚至把上层油品托起，喷溅到空中。

油品中，只有原油或重质油品存在明显的热波，容易发生沸溢或喷溅。因此，不能因为重质油品闪点高、着火危险性小而放松警惕。

1.2　油气储运常见事故类型

1.2.1　典型事故案例

1. 黄岛油库火灾事故

(1)事故概况

1989 年 8 月 12 日 9 时 55 分，黄岛油库老罐区 2.3 万立方米原油储量的 5 号混凝土油罐爆炸起火，大火前后共燃烧 104h，烧掉原油 4 万多立方米，老罐区和生产区的设施全部烧毁，这起事故造成直接经济损失 3540 万元。在灭火抢险中，10 辆消防车被烧毁，19 人牺牲，100多人受伤。其中公安消防人员牺牲14人，负伤85人。

8月12日9时55分，2.3万立方米原油储量的5号混凝土油罐突然爆炸起火。到下午2时35分，青岛地区西北风，风力增至4级以上，几百米高的火焰向东南方向倾斜。燃烧了4个多小时，5号罐里的原油随着轻油馏分的蒸发燃烧，形成速度大约每小时1.5m，温度为150～300℃的热波向油层下部传递。当热波传至油罐底部的水层时，罐底部的积水、原油中的乳化水以及灭火时泡沫中的水被加热汽化，使原油猛烈沸溢，喷向空中，洒落四周地面。

下午3时左右，喷溅的油火点燃了位于东南方向相距5号油罐37m处的另一座相同结构的4号油罐顶部的泄漏油气层，引起爆炸。炸飞的4号罐顶混凝土碎块将相邻30m处的1号、2号和3号金属油罐顶部震裂，造成油气外漏。约1min后，5号罐喷溅的油火又先后点燃了3号、2号和1号油罐的外漏油气，引起爆燃，整个老罐区陷入一片火海。失控的外溢原油像火山喷发出的岩浆，在地面上四处流淌。大火分成三股，一部分油火翻过5号罐北侧1m高的矮墙，进入储油规模为30万立方米全套引进日本工艺装备的新罐区的1号、2号、6号浮顶式金属罐的四周。烈焰和浓烟烧黑3罐壁，其中2号罐壁隔热钢板很快被烧红。另一部分油火沿着地下管沟流淌，汇同输油管网外溢原油形成地下火网。还有一部分油火向北，从生产区的消防泵房一直烧到车库、化验室和锅炉房，向东从变电站一直引烧到装船泵房、计量站、加热炉。火海席卷着整个生产区，东路、北路的两路油火汇合成一路，烧过油库1号大门，沿着新港公路向位于低处的黄岛油港烧去。大火殃及青岛化工进出口黄岛分公司、航务二公司四处、黄岛商检局、管道局仓库和建港指挥部仓库等单位。

18时左右，部分外溢原油沿着地面管沟、低洼路面流入胶州湾。大约600t油水在胶州湾海面形成几条十几海里长，几百米宽的污染带，造成胶州湾有史以来最严重的海洋污染。

(2)火灾扑救

事故发生后，社会各界积极行动起来，全力投入抢险灭火的战斗。青岛市全力投入灭火战斗，党政军民一万余人全力以赴抢险救灾，山东省各地市、胜利油田、齐鲁石化公司的公安消防部门，青岛市公安消防支队及部分企业消防队，共出动消防干警1000多人，消防车147辆。黄岛区组织了几千人的抢救突击队，出动各种船只10艘。全国各地紧急调运了153t泡沫灭火液及干粉。北海舰队也派出消防救生船和水上飞机、直升飞机参与灭火，抢运伤员。经过5天5夜抢险灭火，13日11时火势得到控制，14日19时大火扑灭，16日18时油区内的残火、地沟暗火全部熄灭。

(3)事故原因及分析

直接原因是由于非金属油罐本身存在的缺陷，遭受对地雷击产生感应火花而引爆油气。而事故发生的根本与当时油库布局不合理和管理混乱有关。间接原因如下：

①黄岛油库区储油规模过大，生产布局不合理。

黄岛油库和青岛港务局油港两家油库区分布在不到1.5km^{2}的坡地上，早在1975年就形成了34.1万立方米的储油规模。出事前达到76万立方米，从而形成油库区相连、罐群密集的布局。

黄岛油库老罐区 5 座油罐建在半山坡上，输油生产区建在近邻的山脚下。这种设计只考虑利用自然高度差输油节省电力，而忽视了消防安全要求，影响对油罐的观察巡视。而且一旦发生爆炸火灾，首先殃及生产区。这不仅给黄岛油库区的自身安全留下长期隐患，还对胶州湾的安全构成了永久性的威胁。

②混凝土油罐先天不足，固有缺陷不易整改。

黄岛油库 4 号、5 号混凝土油罐始建于 1973 年。当时我国缺乏钢材，是在战备思想指导下，边设计、边施工、边投产的产物。这种混凝土油罐内部钢筋错综复杂。透光孔、油气呼吸孔、消防管线等金属部件布满罐顶。在使用一定年限以后，混凝土保护层脱落，钢筋外露，在钢筋的捆绑处、间断处易受雷电感应，极易产生放电火花；如遇周围油气在爆炸极限内，则会引起爆炸。

混凝土油罐体极不严密，随着使用年限的延长，罐顶预制拱板产生裂缝，形成纵横交错的油气外泄孔隙。

混凝土油罐多为常压油罐，罐顶因受承压能力的限制，需设通气孔泄压，通气孔直通大气，在罐顶周围经常散发油气，形成油气层，是一种潜在的危险因素。

③混凝土油罐只重储油功能，大多数因陋就简，忽视消防安全和防雷避雷设计，安全系数低，极易遭雷击。

罐顶部装设了防感应雷屏蔽网，因油罐正处在使用状态，网格连接处无法进行焊接，均用铁卡压接。这次勘察发现，大多数压固点锈蚀严重。经测量一个大火烧过的压固点，电阻值高达 1.56Ω，远远大于 0.03Ω 的规定值。

④消防设计错误，设施落后，力量不足。

油库 1 号、2 号、3 号金属油罐设计时，是 5000m^3，而在施工阶段，仅凭一位领导的个人意志，就在原设计罐址上改建成 10000m^3 的罐。这样，实际罐间距只有 11.3m，远远小于安全防火规定间距 33m。

罐顶上的消防设施不能使用。库区油罐间的消防通道是路面狭窄、坎坷不平的山坡道，且为无环形道路，消防车没有掉头回旋余地，阻碍了集中优势使用消防车抢险灭火的可能性。

⑤油库安全生产管理漏洞频出。

油库原有 35 名消防队员，其中 24 人为农民临时合同工，由于缺乏必要的培训，技术素质差，在 7 月 12 日有 12 人自行离库返乡，致使油库消防人员严重缺编。

青岛市公安局十几年来曾 4 次下达火险隐患通知书，要求限期整改，停用中间的 2 号罐。但直到这次事故发生时，始终没有停用 2 号罐。此外，对职工要求不严格，工人劳动纪律松弛，违纪现象时有发生。

2. 邦斯菲尔德油库爆炸事故

(1)事故概况

2005 年 12 月 11 日凌晨，位于伦敦东北部的邦斯菲尔德油库由于充装过量发生泄漏，最终引发爆炸和持续60多小时大火，事故摧毁20个储罐，造成43人受伤和8.94亿英镑(相当于101亿元人民币)的经济损失，是英国和欧洲迄今最大火灾。2006年1月成立独立事故调查委员会，2008年7月才宣布调查结束，一共发布9份报告。

2005年12月10日19时，912号储罐开始接收来自于T/K管线的无铅汽油，速度为550m^3/h。

11日3时左右，ATG的液位数据停止变化，至事故发生时，一直显示储罐液位在2/3处。由于ATG数据一直没有发生变化，因此和ATG相连的报警系统一直没有动作，致使充装一直继续。

11日5时20分左右，按照当时的充装速度和912号储罐容量，储罐已经完全装满，但储罐上安装的独立液位超限报警装置未动作，充装继续导致汽油冲罐顶的透气孔外溢。

11日5时54分，由于通往金斯顿地区的阀门关闭，T/K管线向912号储罐输送流量由550m^3/h增加到890m^3/h，溢油进一步扩大。

11日6时01分32秒，泄漏汽油外溢形成蒸气云，发生爆炸。

邦斯菲尔德油库区域布置见图1-3。

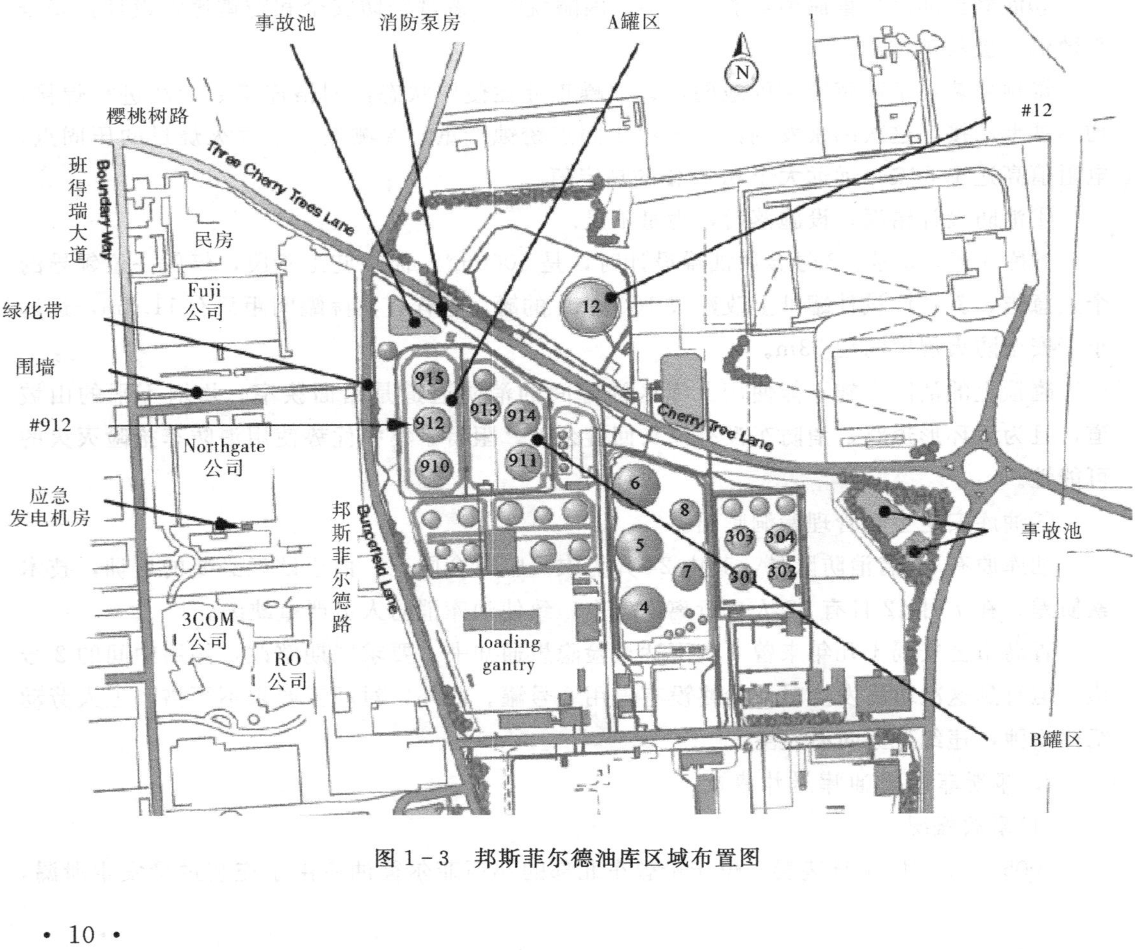

图1-3　邦斯菲尔德油库区域布置图

(2)事故原因

储罐内、外部结构见图 1－4、图 1－5。

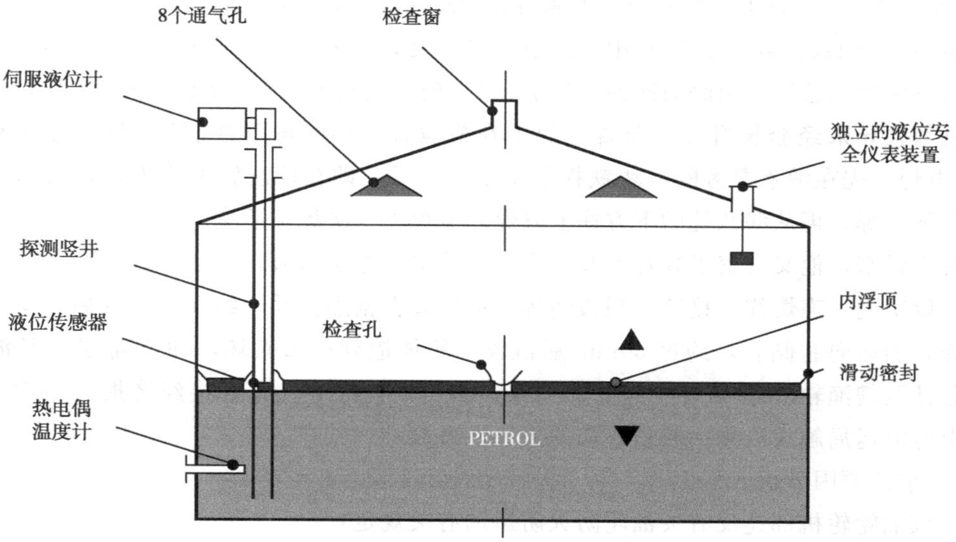

图 1－4　储罐内各部位

图 1－5　储罐外部

事故证明点火源是员工违规发动了汽车发动机，通气孔产生火星点燃了可燃蒸气云。

在发生大面积池火灾后，导致防火堤本身多处结构受损，失效导致油料四处蔓延，事故进一步扩大。罐顶外延的消防水折流板阻碍了汽油的向下流动从而形成瀑布状的流动形态，罐体中部的防风梁二次阻碍了汽油向下流动再次形成瀑布；罐底的防火堤内形成一个大面积的液池，从而增加了汽油蒸发速率。

3. 1992年上海海运管理局大庆62号油轮火灾事故

(1)事故概况及经过

1982年5月5日10时29分，上海海运管理局油轮爆炸，死亡12人，失踪8人。

该油轮于1982年4月29日中午由南京仪征装原油13000t，5月1日18时45分抵上海金山石油化工总厂陈山码头卸油。5月4日7时30分开航，空放秦皇岛。5月5日该油轮轮机部领导未经船长批准，布置电焊工在机舱补焊活水蒸气冲洗管(补焊孔有米粒大小)，电焊工先在活水泵旁的一块铁板上试了3下后，即在冲洗管上烧焊，先在漏孔处的上方往下方焊，再从漏孔处的下方往上方焊。电焊工2次焊补后拿下面罩，发现活水管阀头处冒火冒烟，他又观察了焊补点及其周围，曾想装上压力表，然后手拿焊枪面罩，刚走几步，就听到一声爆炸，接着发现被烧焊的冲洗管在剧烈抖动，约3～5min后，又一次发生爆炸，船体向右倾斜，约过50min后沉没。船体遭到严重破坏，49名船员由长海县海洋岛公社两艘渔轮救起41名(其中12名已死亡)，失踪8人，直接经济损失1438万元。这是上海海运局解放以来一起最惨痛的毁灭性事故。

(2)事故原因分析

①该油轮轮机部违反有关油轮防火防爆的有关规定：

未经船长批准；

没有把管子拆下，移到电焊间操作；

在冲洗管系内有易燃气体时进行电焊作业；

作业前没有防火措施，以致造成事故的发生。

②冲洗管内随时充满可燃气体。该管在中五舱的入口是在货油舱顶端，当污水排完后管内有存水，可起水封作用，但把残污水放掉后，中五舱内易燃气体很容易通过污水管而进入机舱，易燃气体虽不放入机舱空间，但在管系中已有可燃气体存在，只要接触明火，管内燃烧的气体就会延烧到中五舱，引起该管爆炸的隐患就在于此。这次该油轮是在动火前把管内残水放掉后，电焊冲洗管时引起的中五舱爆炸，同时炸通了货泵间，又波及其他各舱引发第二次爆炸，造成船体右倾沉没。

1.2.2 常见的事故类型

随着科学技术的进步，易燃、易爆、有毒危险品生产、储存和运输规模越来越大，生产过程失控、储存和装卸违反安全要求、交通事故等原因引起的重大事故发生频率和后果不是减小，而是显著增大了。对过去事故资料的分析表明，易燃、易爆、有毒危险品储运过程中发生频率高、损失严重的事故类型主要是火灾事故、爆炸事故和泄漏事故，以及泄漏引起的中毒事故。油气储运常见事故类型见图1-6。

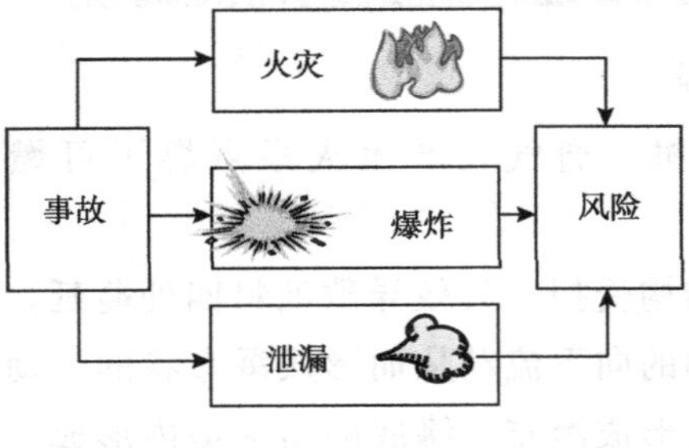

图1-6　事故类型

1. 火灾事故

火灾是时间和空间上失去控制的燃烧所造成的灾害。《火灾分类》(GB/T4968－2008)按可燃物的类型和燃烧特性将火灾定为 6 个不同的类别。

A 类火灾：固体物质火灾。这种物质通常具有有机物性质，一般在燃烧时能产生灼热的余烬。

B 类火灾：液体或可熔化的固体物质火灾。

C 类火灾：气体火灾。

D 类火灾：金属火灾。

E 类火灾：带电火灾。物体带电燃烧的火灾。

F 类火灾：烹饪器具内的烹饪物(如动植物油脂)火灾。

按照火灾持续时间的长短，火灾可以分为瞬间火灾和非瞬间火灾。瞬间火灾指持续时间很短的火灾，例如火球和闪火。火球是指一种燃烧速度极快的火灾，燃烧的物质升入空中，形成云或球状火焰。闪火是指易燃气体或蒸气与空气的混合物燃烧产生的一种持续时间很短的火灾，火焰传播速度小于声速，冲击波超压的破坏效应可忽略不计。非瞬间火灾是指持续时间比较长的火灾，例如池火灾。池火灾是指失火现场的一层液体挥发出的物质的持续燃烧现象，如油罐池火灾、油井火灾等。

2. 爆炸事故

爆炸事故是指由于某种原因发生的意外爆炸，爆炸事故一般会造成财产损失或人员伤亡。在化学危险品生产、储存和运输过程中，蒸气云爆炸事故和沸腾液体扩展蒸气爆炸事故是发生频率高、后果严重的爆炸事故类型。

在第 2 章将详细描述这两种爆炸事故的伤害规律并给出事故伤害模型。

3. 泄漏事故

油气从储存容器中泄漏并扩散，泄漏源附近来不及疏散或采取有效防护措施的人员还容易发生中毒事故。根据泄漏持续时间长短的不同，泄漏分为瞬间泄漏和连续泄漏。瞬间泄漏是指持续时间很短的泄漏，连续泄漏是持续时间比较长的泄漏。

4. 其他事故

(1)冻伤

LNG 是以甲烷为主要组分的烃类混合物，其中含有少量的乙烷、丙烷、氮等其他组分。LNG 温度极低，其沸点在大气压力下约为－160℃。LNG 造成的低温能对身体暴露的部分产生各种影响，如果对处于低温环境的人体未能施加保护，将会可能引起冻伤。

(2)冷灼伤

LNG 接触到皮肤时，可造成与烧伤类似的灼伤，如果暴露于寒冷的气体中，即使时间很短，不足以影响面部和手部的皮肤，但对于像眼一样脆弱的组织会受到损害。人体未受保护的部分不允许接触装有 LNG 而未经隔离的容器，这种极冷的金属会粘住皮肉，而且拉开时会将其撕裂。

(3)窒息

天然气是一种窒息剂。通常空气中的氧含量为20.9%，大气中的氧含量低于18%就会引起窒息。在空气中含高浓度的天然气时由于缺氧会产生恶心和头晕，然而一旦从暴露环境中撤离，症状会很快消失。在进入可能存在天然气场所之前，应测量该处的氧气和烃类的含量。

(4)机械性事故

机器外露的运动部分会在运行中引起绞、辗伤害，或因运动部件断脱、飞出而造成的人身伤亡及机器损坏事故。要求机器的外露部分应加装防护罩。对于一些事故发生频率高、危险性大的机器，在危险部位要做好安全标记。

手持工具如锤、钳、扳手等易造成碰、砸、割等人身伤害。在操作时要注意安全，并必须穿戴劳保服装。在重物坠落或空中运移时造成的打击事故，经常发生于设备安装、吊装等作业中。因此，作业时应加装必要的防护措施、现场工作人员必须戴安全帽、非工作人员必须远离现场。

高处坠落造成伤亡事故，如从罐顶、房顶上坠落下来，或从平地跌入坑内或池中等。对此要求登高作业人员必须用安全带，在高空施工时加装安全网，在平台及梯子等处应设置扶手及护栏，在地坑及水池上要加盖或加护栏等。

(5)电气事故

电气事故主要表现为人体接触或接近带电物体时造成的电击或电伤，电弧或电火花引发的爆炸事故，以及由电气设备异常发热而造成的烧毁设备，甚至引起火灾等事故。油气储运生产中，介质的特殊性决定了在油气可能泄漏、聚积的场所，包括电动机、变压器、供电线路、各种调整控制设备、电器仪表、照明灯具及其他电气设备等电气设施，在运行及启、停过程中绝不允许有电火花及电弧产生，要达到整体防爆要求。

为防止电气事故，电气设备的选择与安装应符合安全原则，这是保证用电安全的先决条件；采用各种防护措施，其中包括防止接触电气设备中带电部件的防护措施、防止电气设备漏电伤人的防护措施、防止因高压电窜到低压线路上而引起触电事故的防护措施，以及在使用电气设备时应使用各种防护用品等，建立严格的安全用电制度；对工人进行安全用电知识教育，并定期或按季节对电气设备进行安全检查。

(6)雷电袭击事故

雷电是大自然中的静电放电现象，建筑物、构筑物、输电线路和变配电装备等设施及设备遭到雷电袭击时，会产生极高的电压和极大的电流，在其波及的范围内，可能造成设备或设施的损坏，导致火灾或爆炸，并直接或间接地造成人员伤亡。因此，预防雷电袭击是一项重要的安全措施。

(7)地震灾害故事

地震所产生的危害，是由行进的地震波和永久性的地土变形而引起的。对油气储运生产来说，地震会造成油气储罐开裂或倾覆以及管道及阀件断裂等震害。其中储罐、管道及各种大型容器均属于高压设备，而且多为集中布置，被输送、储存及加工的又是易燃易爆的油气。因此，遭受地震时不仅损坏率极高，同时还会伴随发生火灾及爆炸等严重的二次事故。

1.2.3　油气储运面临的安全形式

1. 石油天然气开发的速度加快，安全生产压力增大

随着经济快速发展，我国对于石油的需求量也不断增加，石油后备资源接替紧张的矛盾依然比较突出，油气生产供应能力与旺盛的市场需求不相适应，保障国家石油安全的压力不断增大。2015 年我国石油表观消费量 5.43 亿吨，对外依存度达 60.6%。因此，经济发展形势和国家能源安全都要求加大石油天然气开发的力度，安全生产压力增大。

2. 管理方式落后，科技自主创新能力较弱，安全科技支撑体系不完善

在一些关键领域缺乏具有自主知识产权的核心技术，高层次技术人才不足，安全科技开发和新技术推广还没有形成产业化。同时，科研机构和人才较为短缺、应用基础研究较为薄弱，高等院校、科研、设计、设备制造等与石油天然气相关的专业或领域也相对萎缩，导致我国石油天然气行业安全生产科技基础研究力量满足不了安全科技的实际发展需要，如我国在防硫化氢腐蚀材料研究和生产方面，与国外存在比较大的差距，大量管材需要进口。

3. 我国战略石油储备系统逐渐建立和完善，油库容量不断增加

目前，石油已成为关系我国国计民生的重要战略物资。为了规避国际石油价格波动给我国经济带来的高风险，我国将斥巨资建设国家石油储备油库，总储量将在数千万立方米以上，油品储罐也向着大型化方向发展，目前我国在建和拟建的油库，尤其是国家储备库，库容大都在 $100\times10^4m^3$ 的量级以上。如此巨大的油库发生爆炸泄漏事故后果将不堪设想，同时将导致重大的环境灾难。

4. 管道方面，管线向长距离、大输量、大管径、高压力方向发展。长输管线沿线地理情况复杂，地质灾害频繁

长距离管线只有在大管径、大输量、高压力下才能体现其经济性。对于输气管道来说，输气费用其单位费率(元/标准立方米·公里)与距离的乘积，为了在长距离输送管道中保持较低的费用，必须降低单位费率。但压力增加提高了泄漏风险，另外在高压情况下，气体管线还可能形成水合物而发生冰堵事故。

因此，经济指标和安全指标有时是一个矛盾，需要寻求一个平衡点。

第 2 章　燃烧和爆炸基本理论

油气产品具有易燃易爆特性，这是导致油气储运系统事故高发的主要原因之一。本章将介绍燃烧及其分类、燃烧条件和燃烧机理，爆炸基本理论，燃烧和爆炸关系，以及池火灾、蒸气云爆炸等火灾爆炸伤害分析。

2.1 燃烧学基础

2.1.1 燃烧的定义

燃烧是自然界经常发生的一种现象，是可燃物与氧化剂(通常是空气中的氧)之间发生的一种剧烈氧化还原反应，并且反应过程伴随着发光和放热效应。

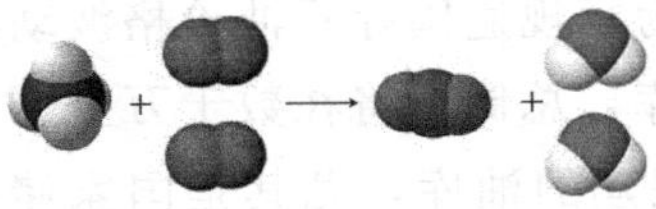

$CH_4+2O_2 \longrightarrow CO_2+2H_2O$

图 2-1　甲烷燃烧反应

在化学反应中，失去电子的物质被氧化，获得电子的物质被还原。如图 2-1 所示，甲烷与氧气反应生成二氧化碳和水，为燃烧反应。氢气在氯气中燃烧，氯原子得到一个电子被还原，而氢原子失去一个电子被氧化。在这个反应中，虽然没有氧参与反应，但所发生的是一个激烈的氧化反应，并且伴随有光和热的发生，这个反应也是燃烧。电灯在照明时发出光和热，但未发生化学反应，不能称之为燃烧。铜和稀硝酸的反应，虽然有电子得失，但不产生光和热，也不能称之为燃烧。

综上所述，燃烧过程具有两个特征：一个是有新的物质产生(即燃烧是化学反应)，另一个是伴随有发光发热现象。

2.1.2 燃烧的分类

1. 根据燃烧发生瞬间的特点

根据燃烧发生瞬间的特点，燃烧分为闪燃、着火、自燃三种形式。

(1)闪燃

空气与可燃液体的蒸气混合后，遇到火源，发生瞬间的燃烧，这种现象叫闪燃。

(2)着火

可燃物在空气达到一定温度时，与火焰接触即发生燃烧，将火焰移开，燃烧仍能持续进行的这种现象叫着火。例如，用火柴点燃稻草，就会引起着火。能够引起着火所需的最低温度称为燃点或着火点。

(3)自燃

可燃物质在没有外部火花、火焰等火源作用下，因受热或自身发热并蓄热所产生的自然燃烧现象称之为自燃。如黄磷在常温下就能和空气中的氧快速反应而发生自燃。为防止黄磷自燃，通常将其存放在煤油中。

2. 根据可燃物质燃烧时的状态

根据可燃物质燃烧时的状态不同，燃烧分为气相和固相燃烧两种。

(1)气相燃烧

气相燃烧是指在进行燃烧反应过程中，可燃物和助燃物均为气体，这种燃烧的特点是有火焰产生。气相燃烧是一种最基本的燃烧形式，因为绝大多数可燃物质(包括气态、液态和固态可燃物质)的燃烧都是在气态下进行的。比如可燃液体的燃烧并不是液相与空气直接反应，它一般是先蒸发为蒸气，然后再与空气混合而燃烧。某些可燃固体(如硫、磷、石蜡)的燃烧是先受热熔融，再汽化形成蒸气，而后与空气混合发生燃烧。

(2)固相燃烧

固相燃烧是指在燃烧反应过程中，可燃物质为固态，这种燃烧亦称表面燃烧。燃烧特征是燃烧时没有火焰产生，只呈现光和热。如可燃固体焦炭不能成为气态的物质，在燃烧时呈炽热状态，而不呈现火焰。金属燃烧亦属于表面燃烧，无气化过程，燃烧温度较高。

有些物质在燃烧过程中，同时存在气相燃烧和固相燃烧。如天然纤维物，这类物质受热时不熔融，而是首先分解出可燃气体进行气相燃烧，最后剩下的炭不能再分解了，则发生固相燃烧。

3. 按燃烧过程的控制因素分类

(1)扩散燃烧

如果可燃物与氧化剂(空气)的混合是在燃烧过程中进行的，即边混合边燃烧，则这种燃烧称为扩散燃烧。

(2)动力燃烧

如果可燃物与空气(或其他氧化剂)已经混合混匀，并且完全是气相，遇火源而燃烧，这种燃烧叫动力燃烧。动力燃烧速度很快，一定条件下会发生爆炸。

2.1.3 燃烧火焰

发光的气相燃烧区域称为火焰。火焰的存在是燃烧过程最明显的标志。气体燃烧一般存在火焰。液体燃烧一般是指液体受热蒸发产生的蒸气的燃烧，也存在火焰。有挥发性热解产物产生的固体燃烧存在火焰。无热解产生的固体燃烧，无火焰存在，如木炭、焦炭等，它只有发光的灼热燃烧，这种现象被称为无焰燃烧。

1. 扩散火焰

扩散火焰中由于燃烧不充分会产生炭粒，炭粒在高温下辐射出黄色光而使整个火焰呈黄色。火焰里面的炭黑受热后会发光，这是扩散火焰发光体的主要来源，历史上最早应用在油灯燃烧。扩散火焰如图 2－2 所示。

2．预混火焰

预混火馅由两部分组成，如图 2－3 所示，内区呈绿色，外区呈紫红色。内区是可燃气与氧气进行化学反应时的气体辐射，外区是已燃气体的微弱可见光辐射。

图 2－2　扩散火焰

图 2－3　预混火焰

3．过渡燃烧火焰

过渡燃烧火焰由三部分构成，绿色内区、黄色中区和紫红色外区。主要是预混气中空气不足，在内区氧气燃烧完以后，尚有部分多余可燃气体穿过内区与大气中扩散进入的氧气，在绿色内区与紫红色外区之间进行扩散燃烧。

液体受热后，液体表面上的蒸气达到一定浓度后，其蒸气与空气的混合气遇火源发生燃烧，初期时的燃烧源于预混燃烧，是预混火焰。当预混气燃完以后，其后的燃烧则是蒸气不断地蒸发进入火焰面，空气从周围不断扩散到火焰面，两者在火焰面处边混合边燃烧。因此，液体燃烧主要方式是扩散燃烧，其火焰是扩散火焰。

一般固体可燃物(如木材)受热后不断释放出热解产物进入火焰，与环境中不断进入火焰的空气边混合边燃烧，因此，固体燃烧火焰一般都属于扩散火焰。

2.1.4　燃烧产物

物质的燃烧可能出现完全燃烧和不完全燃烧两种情况。

1．完全燃烧

物质燃烧后产生不能继续燃烧的物质(如 CO_2、SO_2、水蒸气等)，这种燃烧成为完全燃烧。

2．不完全燃烧

物质燃烧后产生还能继续燃烧的物质(如 CO、未燃尽的炭、甲醇、丙酮等)，这种燃烧成为不完全燃烧。

燃烧是否完全与氧化剂的供给程度以及其他燃烧条件有直接关系。

无机可燃物多为单质，其燃烧产物的组成较为简单，主要是它的氧化物，如 Na_2O、

CaO 等。有机可燃物主要成分为 C、H、O、S、P、N，可能的产物为 CO、CO_2、H_2O、SO_2、P_2O_5。氮在一般条件下不参与反应，在特定条件下氮也会被氧化成 NO、NO_2。燃烧中，还会生成一些酮类、醛类、醇类、酚类、醚类等。燃烧产物中 CO_2 为窒息性气体；CO、P_2O_5、NO、NO_2 等都是有毒气体。

烟灰是不完全燃烧产物，由悬浮在空气中的未燃尽的细炭粒及分解产物构成。烟雾由悬浮在空气中的微小液滴形成。烟灰、烟雾对人体也是有害的，还会造成环境污染。

2.1.5　燃烧机理

1. 燃烧理论的发展过程

人类用火已经有几十万年的历史，但对燃烧现象进行科学研究的历史并不长。由于燃烧机理十分复杂，到目前为止人类还没有完全认识清楚燃烧机理。

古时候，由于生产力和科技水平低下，对火的认识充满神话色彩，认为火是万物之源，火能化育万物。古希腊神话中火是天神普罗米修斯从天上偷来的；古代中国认为火是圣人“燧人氏”发明。

18 世纪前，欧洲盛行燃烧素学说。1777 年，法国化学家拉瓦锡提出了燃烧的氧学说，认为燃烧是可燃物与氧的化合反应，同时放出光和热，这是对燃烧科学的一个重大贡献。在拉瓦锡提出的燃烧氧学说的基础上，化学家们进一步研究燃烧机理，提出了很多燃烧理论，如活化能理论、过氧化物理论、热自燃理论等。

2. 活化能理论

物质发生化学反应，首要条件是相互碰撞。在标准状态下，单位时间、单位体积内气体相互碰撞约 10^{28} 次。但相互碰撞的分子并不一定发生反应，只有少数具有一定能量的分子相互碰撞才能发生反应，这种分子称为活化分子。使普通分子变为活化分子所需的能量称为活化能。

例如，氧和氢的反应的活化能为 25kJ/mol，在 27℃，仅有十万分之一的碰撞有效，不能引起燃烧反应，而当接触明火，活化分子增多，有效碰撞次数增加从而发生燃烧反应。

气体分子总是按直线轨迹不断地运动，其运动速度取决于温度，温度越高分子运动速度越快，碰撞的几率越多。活化分子相互碰撞就可导致燃烧反应的发生。

例如，甲烷和氧气混合气中，即使在室温条件下，一个甲烷分子也可能与两个氧分子相互碰撞，但碰撞的能量不足以破坏氧分子之间以及碳氢的结合。因而氧就不能分别和碳氢结合，但随着温度升高，分子运动速度增加，变为活化分子，就获得了足够的速度和能量，从而破坏氧的双键结合，并使甲烷分子的氢与中心的碳原子断开，从而处于一种很不稳定的状态，由于碳氢对氧有很高的亲和力，从而开始氧化反应——发生燃烧。

3. 链锁反应理论

前苏联化学家谢苗诺夫在 20 世纪初提出的链锁反应理论对燃烧机理作了比较令人满意的解释，得到了世界化学界的公认。链锁反应是由一个单独分子变化而引起一连串分子变化的化学反应。链锁反应理论认为，气态分子之间的作用不是两个分子直接作用生成最后产物，而是活化分子先离解成自由基，然后自由基与另一分子作用产生新的自由基，新基又迅速参与反应，如此延续下去而形成一系列的链锁反应。例如，链锁反应理论认为氯气和氢气的反应过程需要经过三个阶段，即链引发、链传递、链终止。

以 H_2 和 Cl_2 反应生成 HCl（$H_2+Cl_2 \longrightarrow 2HCl$）来说明链锁反应。

第一阶段：链的引发

链的引发指从原料分子中生成最初的原子或自由基。当分子吸收的活化能大于键破坏能时，即可断键产生自由基。

$$h_v+Cl_2 \longrightarrow 2Cl\cdot \qquad (2-1)$$

第二阶段：链的传递

自由基和反应物分子作用生成新的自由基，从而使链锁反应不停进行下去。

$$Cl\cdot+H_2 \longrightarrow HCl+H\cdot \qquad (2-2)$$

$$H\cdot+Cl_2 \longrightarrow HCl+Cl\cdot \qquad (2-3)$$

第三阶段：链的中止

两个自由基相互作用，或与惰性分子 M 作用，将能量传给惰性分子，或碰到反应容器壁上，都会使自由基消失，这种现象称为自由基销毁。

$$M+2Cl\cdot \longrightarrow Cl_2+M \qquad (2-4)$$

引发阶段需要外界能量使分子键断裂生成第一批自由基，使链式反应开始。发展阶段自由基很不稳定，易与反应物分子生成燃烧产物分子和新的自由基，使链式反应得以继续下去。终止阶段自由基逐步减少并最终消失，使链式反应终止。

链式反应通常分为直链反应和支链反应。

直链反应：在链传递过程中，自由基的数目保持不变的链锁反应。

直链反应的基本特点是，每个自由基与其他分子反应后只生成一个自由基。直链反应可用图 2-4 来说明，氯气与氢气的反应是典型的直链反应。

图 2-4　直链反应示意图

支链反应：在链传递过程中，一个自由基在生成产物的同时，产生两个或两个以上自由基的链锁反应。

支链反应的基本特征是，一个自由基与分子作用可以生成两个或两个以上的新自由基。支链反应可用图 2-5 来说明。例如，氧气与氢气的反应是典型的支链反应。其主要反应过程如下所示：

第一阶段：链的引发

$$H_2+O_2 \xrightarrow{\text{能量}} 2OH\cdot \qquad (2-5)$$

$$H_2+h_v \xrightarrow{\text{能量}} 2H\cdot \qquad (2-6)$$

第二阶段：链的发展

$$OH\cdot+H_2 \longrightarrow H\cdot+H_2O \qquad (2-7)$$

$$H\cdot+O_2 \longrightarrow OH\cdot+O\cdot \qquad (2-8)$$

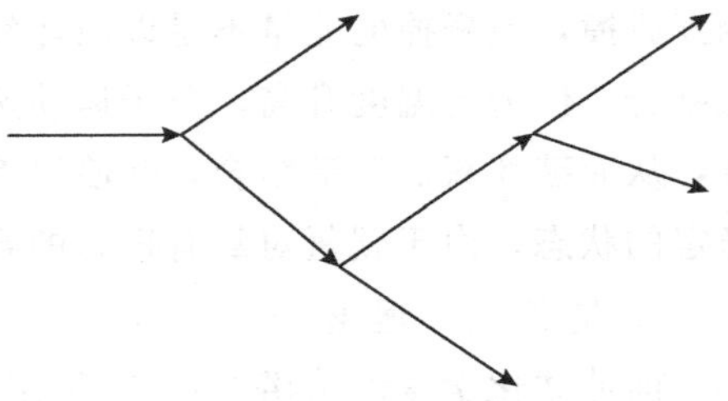

图 2-5　支链反应示意图

$$O\cdot + H_2 \longrightarrow OH\cdot + H\cdot \tag{2-9}$$

第三阶段：链的中止

$$2H\cdot \longrightarrow H_2 \tag{2-10}$$

$$H\cdot \longrightarrow \text{在器壁上消失}$$

$$H\cdot + OH\cdot + M \longrightarrow H_2O + M \tag{2-11}$$

式中 M 为惰性分子。在链的发展阶段，一个自由基参与反应，可以生成多个新的自由基。因此，随着时间的推移，反应系统中自由基浓度迅速增加，反应速度也迅速加快，这是导致爆炸的一个重要条件。

链式反应速度与自由基产生速度、传递速度和销毁速度有关。而自由基产生速度、传递速度和销毁速度又与反应物浓度、温度、压力和器壁材质、大小、有无催化剂或杂质等因素有关。

链式反应的速度一般用下式表示：

$$V = f(C)/[f_s + f_c + A(1-a)] \tag{2-12}$$

式中　V——链式反应速度；

$f(C)$——反应物浓度 C 的函数；

f_s——与自由基在器壁上销毁有关的因子；

f_c——与自由基在气相中销毁有关的因子；

A——与反应物浓度有关的因子；

a——一个自由基与分子作用后生成的新自由基数，对于直链反应，$a=1$；对于支链反应，$a \geqslant 2$。

从式(2-12)能够看出，当 $f_s + f_c + A(1-a) \longrightarrow 0$ 时，$V \longrightarrow \infty$，可能发生爆炸。

2.1.6　燃烧速度

1. 液体燃烧速度

燃烧速度是指单位面积单位时间所烧掉的可燃物质的数量，对于液体还可用直线速度来表示。直线速度为单位时间内烧掉的液层的厚度。测定的方法包括：本生灯法、平面焰喷灯法、肥皂泡法以及管中火焰传播速度法等。几种易燃液体的燃烧速度见表 2-1。

表 2-1　几种易燃液体的燃烧速度

液体名称	燃烧速度		相对密度
	直线速度/(cm/h)	质量速度/[kg/(cm² · h)]	
苯	38.9	165.37	$d_{15}=0.875$
乙　醚	17.5	125.84	$d_{16}=0.715$
甲　苯	16.08	138.29	$d_{17}=0.87$
航空汽油	12.6	91.98	$d_{16}=0.73$
车用汽油	10.5	80.85	

续表

液体名称	燃烧速度		相对密度
	直线速度/(cm/h)	质量速度/[kg/(cm^2·h)]	
二氧化碳	10.47	132.97	$d_{16}=1.27$
丙　　酮	8.4	66.36	$d_{16}=0.79$
甲　　醇	7.2	57.6	$d_{16}=0.8$
煤　　油	6.6	55.11	$d_{10}=0.715$

液体燃烧速度影响因素：

①液体物质组成。

②初始温度。

③储罐内液体物质的液位。液位高时大于液位低时的燃烧速度。这主要是由于液位高时，火焰根部与液面距离小，液面接受辐射热多，单位面积蒸发量大，空气助燃充分，燃烧反应速度快。

④储罐直径。一般是随储油罐直径增大，燃烧速度加快。

⑤油品含水量。特别是对初起火时的影响更大。由于油品中的水分升温汽化时要获得热量，因此油品含水量越高，燃烧速度越小。据试验，大港原油含水小于4%燃烧比较稳定；含水量大于4%燃烧不稳定；含水量6%时难于燃烧，即使点燃，燃烧也不稳定。

⑥风速。

2. 气体燃烧速度

气体的燃烧速度通常用火焰传播速度来衡量，火焰传播速度就是火焰前锋相对于室壁的传播速度，见图2-6。

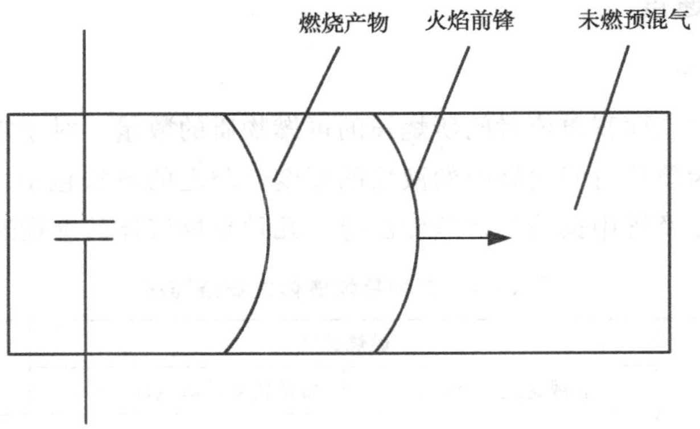

图2-6　气体燃烧速度测量

气体燃烧速度影响因素：

(1)气体性质

各种烃类结构和相对分子质量不同，在与空气组成的混合气体中，最大火焰传播速度也不同。一般来说，烷烃、环烷烃、芳香烃的火焰传播速度比较接近35～45cm/s，烯烃的传播速度略高于相应的烷烃，二烯烃的火焰传播速度高于烯烃，而炔烃的传播速度最高，如乙炔为 141cm/s。

(2)燃料浓度

燃料在某一浓度值时，生成自由基的几率较大，反应速度达到最大值，燃烧速度最高，当混合物中浓度偏离此最佳值时，不论浓度过高或过稀，都使燃料产生的热量不足以补偿热量的散失，火焰就会停止传播，见图 2-7。实验证明，在混合气成分接近极限条件时，火焰传播的最低速度约为 2～10cm/s，当超出此极限浓度时，便产生熄火现象。

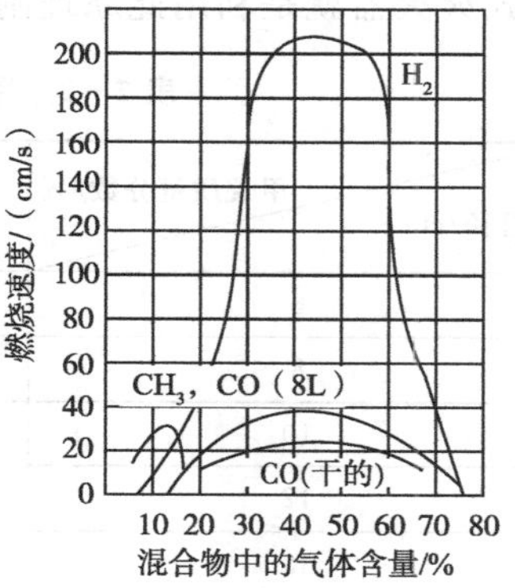

图 2-7　可燃气体浓度与燃烧速度关系

(3)混合气体温度

混合气温度对火焰传播速度有很大的影响。这是因为提高温度，可以大大加快反应速度，同时也相应提高了燃烧产物的温度，温度的提高明显地加速反应过程，也加速了热的传导，从而使火焰传播速度明显加快。许多实验表明，烃类燃料的层流火焰传播速度与温度之间具有如下关系：

$$u_n = u_0\left(\frac{T}{T_0}\right)^{1.7} \tag{2-13}$$

式中　u_n——燃料层流火焰传播速度；

u_0——在温度为 T_0 时火焰传播速度

甲烷燃烧速度与温度的关系如图 2-8 所示。

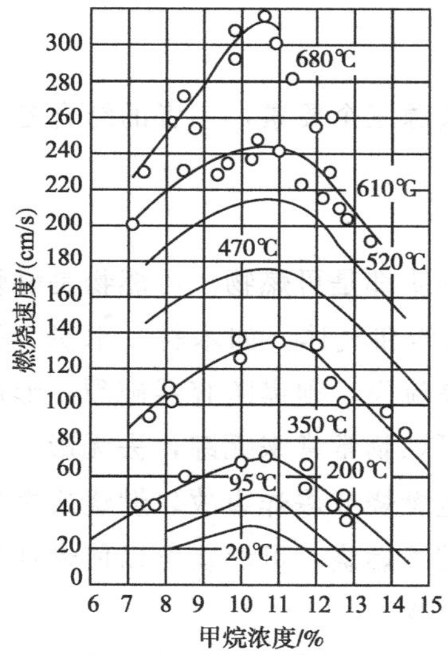

图 2-8　甲烷燃烧速度与温度关系

(4)混合气体压力

压力增大，u_n 值略有降低，实验表明，0.5～4.0bar 压力对层流火焰传播速度的影响可以忽略不计。

(5)燃烧形式

由于气体分子间扩散速度比较慢，所以采取扩散燃烧形式的气体燃烧速度是比较慢的，它的速度取决于气体分子间的扩散速度。

(6)管道材质

管道导热性对火焰传播速度也有影响，同样条件下，管道导热性差比导热性好的火焰传播速度快。

(7)管道直径

火焰在不同管径的管道中传播，传播速度不同，一般随着管径增大而增加，当增大到某一直径时，传播速度就不再增加，如表 2-2 所示。

同样，火焰传播速度随着管径的减小而减小，并在达到某个小的管径时，火焰就不再传播，此时的管径称为极限管径。燃烧出口的直径若小于极限管径，火焰就不会向管内传播(回火)。这是因为火焰经过管道时，其表面被冷却，管道尺寸越小，单位体积火焰所对应的冷却面积就越大，传出的热量也就越多，当通道直径小于一定值时，火焰就会熄灭。干式灭火器就是利用此原理制成的。

表 2-2 甲烷和空气混合物在不同管径管道中的传播速度 cm/s

管径/cm \ 甲烷质量分数/%	2.5	10	20	40	60	80
6	23.5	43.5	63	95	118	137
8	50	80	100	154	183	203
10	65	110	136	188	215	236
12	35	74	80	123	163	185
13	22	45	62	104	130	138

3. 固体燃烧速度

固体燃烧速度一般小于气体和液体，且不同固体燃烧速度也有很大差别，如萘及其衍生物、三硫化磷、松香等。燃烧一般要经历“受热熔化－蒸发－气化－氧化分解－燃烧”等过程，一般速度较慢。硝基化合物、硝化纤维制品本身含有不稳定基团，燃烧自身提供氧化剂，燃烧较剧烈也较快。

2.2 燃烧条件

2.2.1 燃烧基本条件

燃烧必须同时具备三个条件，即可燃物、助燃物、引火源三个要素，三者的结合是燃烧的基本条件。

1. 可燃物

凡是能与空气中的氧或其他氧化剂发生热化学反应的物质都是可燃物。可燃物是燃烧的主体，无可燃物，燃烧就无法进行。可燃物有固体、液体和气体，如木材、木炭、袖毡、汽油、煤油、油蒸气、乙炔气、煤气等。液体可燃物易流失，须谨防容器破裂，形成漫流燃烧的危险，造成火灾的扩大和扑救的困难。而气体可燃物常常来无踪，去无影，到处潜流而不易被人发现，常常与助燃物、点火源结合而发生燃烧或爆炸事故。燃烧或爆炸事故的发生具有突然性，事故发生后又难以阻止可燃物的继续燃烧。可燃物可以使燃烧发生，也是燃烧持续进行的必要条件，灭火应该首先撤除可燃物。

严格地讲，可燃物与不燃物之间并没有绝对的界限。同一种物质在一种条件下可能是不燃物，但在另一种条件下则可能是可燃物。例如，铁和铜在常温常压下不能燃烧，但炽热的铁和铜在纯氯中能剧烈燃烧。一些高分子物质，如聚氯乙烯，在强烈火焰中能够燃烧，但离开火焰则不能继续燃烧。一般称这类物质为难燃物。

2. 助燃物

能够帮助和支持燃烧的物质都是助燃物，如空气中的氧气以及氯酸钾、高锰酸钾等就是较为常见的助燃物质。

3. 点火源

凡是能引起物质燃烧的热能源都称为点火源。点火源的种类很多，常见的点火源可以归纳为如下 8 类。

①明火：包括生产用火，如喷灯、焊机、焙烧炉、加热炉、电炉等，和非生产用火，如未熄灭的烟头等。

②摩擦与撞击发生的火花：如铁锤等撞击火花以及穿带钉鞋摩擦、撞击火花。在易燃、易爆物质的生产和储运过程中，由摩擦和撞击引起的事故是比较多的，因此一定要轻拿轻放，以免发生意外的燃烧与爆炸。

③电气火花：如各种开关触头火花、保险丝熔化火花、线路短路以及接触不良的跳火。

④静电火花：大量实验表明，人体活动带电可达 2kV 以上。当带电人体触及接地导体或电容较大的导体时，就可能把所带电能以电火花的形式释放出来。乙炔、氢气在空气中的最小点火能也越为 0.02mJ。因此，最小点火能小于人体静电放电火花的能量均能被引燃。

⑤雷电火花。

⑥火星：烟囱冒出的火星、排气管放出的火星。

⑦热表面。

⑧化学反应热：如脏的油布、棉丝团堆积而形成的自燃等。

可燃物、助燃物和点火源是构成燃烧的三要素，缺一不可。它们是燃烧的必要条件，但不是充分条件。它们之间的关系可以用图 2－9 所示的燃烧三角形来表示。在某些情况下，如可燃物的数量不够，氧化剂不足，或点火源的能量不够时燃烧也不能发生。

2.2.2　燃烧极限

1. 燃烧极限定义

可燃物质(可燃气体、蒸气、粉尘或纤维)与空气(氧气或氧化剂)均匀混合形成爆炸性混合物，其浓度达到一定的范围时，遇到明火或一定的引爆能量立即发生爆炸，这个浓度范围称为爆炸极限(或爆炸浓度极限)。形成爆炸性混合物的最低浓度称为爆炸下限，最高浓度称为爆炸上限，爆炸上限、下限之间称为爆炸极限。

图 2－9　燃烧三角形

可燃性混合物的爆炸极限越宽，其爆炸危险性越大，这是因为爆炸极限越宽则出现爆炸条件的机会越多。爆炸下限越低，少量可燃物(如可燃气体稍有泄漏)就会形成爆炸条件；爆炸上限越高，则有少量空气渗入容器，就能与容器内的可燃物混合形成爆炸条件。生产过程中，应根据各可燃物所具有爆炸极限的不同特点，采取严防跑、冒、滴、漏和严格限制外部空气渗入容器与管道内等安全措施。应当指出，可燃性混合物的浓度高于爆炸上限时，虽然不会着火和爆炸，但当它从容器里或管道里逸出，重新接触空气时却能燃烧，因此，仍有发生着火的危险。

2. 爆炸极限在安全管理工作中的意义

①可用来评定可燃气体和可燃液体燃爆危险性的大小，作为可燃气分级和确定其火灾危险性的类别的标准。

一般把爆炸下限小于10%的可燃气体划为一级可燃气体，其火灾危险性列为甲类。可燃气体的危险性就是根据爆炸极限进行分类的。

②可作为设计依据。

例如，确定建筑物的耐火等级，设计厂房通风系统，防爆电器选型等，需要知道该场所可燃气体(蒸气)的爆炸极限。

③可作为制订安全生产操作规程的依据。

在生产和和使用可燃气体和液体的场所，应根据其燃爆危险性及其他理化性质，采取相应的防爆措施，如通风、惰性气体稀释、置换、检测报警等以保证生产场所可燃气(蒸气)浓度严格控制在爆炸下限以下。各类化合物物性参数见表2-3。

表2-3 各类化合物物性参数表

气体名称		化学式	空气中爆炸极限(体积分数)/%	容许浓度/(mL/m³)	相对密度($\gamma_{空气}=1$)
碳化氢及其派生物	甲烷	CH_4	5.0～15.0		0.6
	丙烷	C_3H_3	2.1～9.5	1000	1.6
	丁烷	C_4H_{10}	1.8～8.4		2.0
	汽油气		1.3～7.6	500	3.4
	乙炔	C_2H_2	2.5～81.0		0.9
醇类	甲醇	CH_3OH	5.5～37.0	200	1.1
	乙醇	C_2H_5OH	3.3～19.0	1000	1.6
醚类	乙醚	$C_2H_5O_2$	1.7～48.0		2.6
无机气体	一氧化碳	CO	12.5～74.0	50	1.0
	氢气	H_2	4.0～75.0		0.07

3. 燃烧极限影响因素

爆炸极限通常是在常温常压等标准条件下测定出来的数据，它不是固定的物理常数。同一种可燃气体、蒸气的爆炸极限也不是固定不变的，它随温度、压力、含氧量、惰性气体含量、火源强度等因素的变化而变化。

(1)初始温度

混合气着火前的初温升高，会使分子的反应活性增加，导致爆炸极限扩大，即爆炸下限降低，上限提高，从而增加了混合物的爆炸危险性。

(2)初始压力

增加混合气体的初始压力，通常会使爆炸上限显著提高，爆炸极限扩大。增加压力还能降低混合气的自燃点，这样使得混合气在较低的着火温度下能够发生燃烧。原因在于，处在高压下的气体分子比较密集，浓度较大，这样分子间传热和发生化学反应比较容易，反应速度加快，而散热损失却显著减少。在已知的气体中，只有 CO 的爆炸极限是随压力增加而变窄的。

混合气在减压的情况下，爆炸极限会随之减小。压力降到某一数值，爆炸上限与下限重合，这一压力称为临界压力。低于临界压力，混合气则无燃烧爆炸的危险。在一些化工生产中，对爆炸危险性大的物料的生产、储运往往采用在临界压力以下的条件进行，如环氧乙烷的生产和储运。

(3)氧含量

混合气中增加氧含量，一般情况下对爆炸下限影响不大，因为可燃气在爆炸下限时氧是过量的。由于可燃气在爆炸上限时氧含量不足，所以增加氧含量使爆炸上限显著增高，爆炸极限扩大，增加了发生火灾爆炸的危险性。若减少氧含量，则会起到相反的效果。例如甲烷在空气中的爆炸范围为 5%～15%，而在纯氧中的爆炸极限则放大到 5%～61%。氧含量对爆炸极限的影响见表 2－4。甲烷的极限氧含量为 12%，若低于极限氧含量，可燃气就不能燃烧爆炸了。

表 2－4　氧含量对爆炸极限影响

气体	空气中含量/%		氧气中含量/%	
	下限	上限	下限	上限
H_2	4	75	4	94
CO	12.5	74	12.5	94
CH_4	5	15	5	61
C_3H_8	2.2	9.5	2.2	45
C_4H_{10}	1.7	8.5	1.7	20

(4)惰性气体含量

爆炸性混合气体中加入惰性气体，如氮、氧、水蒸气、二氧化碳、四氯化碳等，可以使可燃气分子和氧分子隔离，在它们之间形成一层不燃烧的屏障。这层屏障可以吸收能量，使自由基消失，链锁反应中断，阻止火焰蔓延到其他可燃气分子上去，抑制燃烧进行，起到防火和灭火的作用。

混合气体中增加惰性气体含量，会使爆炸上限显著降低，爆炸极限缩小。惰性气体增到一定浓度时，可使爆炸极限为零，混合物不再燃烧。惰性气体含量对爆炸上限的影响较之对爆炸下限的影响更为显著，是因为在爆炸上限时，混合气中缺氧使可燃气不能完全燃烧，若增加惰性气体含量，会使氧量更加不足，燃烧更不完全，由此导致爆炸上限急剧下降。

(5)点燃能量

点火源的强度高，热表面的面积大，火源与混合物的接触时间长，会使爆炸极限扩大，增加燃烧、爆炸的危险性。点燃能量对爆炸极限的影响如表 2-5 所示。

表 2-5　点燃能量对爆炸极限的影响(容器 V=7L)

点燃能量/J	$L_下$/%	$L_上$/%	点燃能量/J	$L_下$/%	$L_上$/%
1	4.9	13.8	100	4.25	15.1
10	4.6	14.2	10000	3.6	17.5

(6)容器影响

容器、管子直径越小，则爆炸极限就越小。当管径(火焰通道)小到一定程度时，单位体积火焰所对应的固体冷却表面散出的热量就会大于产生的热量，火焰便会中断熄灭。火焰不能传播的最大管径称为该混合系的极限管径。如甲烷的极限管径为 0.4～0.5mm，氢和乙炔为 0.1～0.2mm。

4. 获得爆炸极限数据的方法

①查阅手册、资料：这是最常用用的方法，但是只限于单质。

②进行估算：比较有实用意义的是测算多种可燃气体组成的混合气体的爆炸极限，以及可燃气体与惰性气体混合气体的爆炸极限。

③进行测定：《空气中可燃气体爆炸极限测定方法》(GB/T 12474—2008)规定了可燃气体在空气中爆炸极限的测定方法。

5. 常见可燃气体的爆炸极限

可燃气体和蒸气爆炸极限是以可燃气体和蒸气在混合物中的体积分数(%)来表示的。可燃粉尘的爆炸极限一般用单位体积内所含粉尘的质量(g/m^3)来表示的，如木粉的爆炸下限为 $40g/m^3$，煤粉的爆炸下限为 $35g/m^3$。可燃粉尘的爆炸上限因为浓度太高，大多数场合都难以达到，一般很少涉及。烃类和液体燃料在空气中的爆炸极限见表 2-6。

表 2-6　烃类和液体燃料在空气中的爆炸极限

物质名称	分子式	爆炸极限(体积分数)/%	
		下限 LEL	上限 UEL
甲烷	CH_4	5	15
乙烷	C_2H_6	3	15.5
丙烷	C_3H_8	2.1	9.5
丁烷	C_4H_{10}	1.9	8.5
戊烷(液体)	C_5H_{12}	1.4	7.8
己烷(液体)	C_6H_{14}	1.1	7.5
庚烷(液体)	$CH_3(CH_2)_5CH_3$	1.1	6.7

续表

物质名称	分子式	爆炸极限(体积分数)/%	
		下限 LEL	上限 UEL
辛烷(液体)	C_8H_{18}	1	6.5
乙烯	C_2H_4	2.7	36
丙烯	C_3H_6	2	11.1
丁烯	C_4H_8	1.6	10
丁二烯	C_4H_6	2	12
乙炔	C_2H_2	2.5	100
环丙烷	C_3H_6	2.4	10.4
煤油(液体)	C_{10}～C_{16}	0.6	5
城市煤气		4	
液化石油气		1	12
汽油(液体)	C_4～C_{12}	1.1	5.9
松节油(液体)	$C_{10}C_{16}$	0.8	
苯(液体)	C_6H_6	1.3	7.1
甲苯	$C_6H_5CH_3$	1.2	7.1
氯乙烷	C_2H_5Cl	3.8	15.4
氯乙烯	C_2H_3Cl	3.6	33
氯丙烯	C_3H_5Cl	2.9	11.2
1.2 二氯乙烷	$ClCH_2CH_2Cl$	6.2	16
环氧乙烷	C_2H_4O	3	100
甲胺	CH_3NH_2	4.9	20.1
乙胺	$CH_3CH_2NH_2$	3.5	14
苯胺	$C_6H_5NH_2$	1.3	11
二甲胺	$(CH_2)_2NH$	2.8	14.4
甲醇(液体)	CH_3OH	6.7	36
乙醇(液体)	C_2H_5OH	3.3	19
正丁醇(液体)	C_4H_9OH	1.4	11.2
甲醛	HCHO	7	73
乙醛	C_2H_4O	4	60
丙醛(液体)	C_3H_5CHO	2.9	17
乙酸甲酯	CH_3COOCH_3	3.1	16
乙酸	CH_3COOH	5.4	16
乙酸乙酯	$CH_3COOC_2H_5$	2.2	11
丙酮	C_3H_6O	2.6	12.8
丁酮	C_4H_8O	1.8	10

续表

物质名称	分子式	爆炸极限(体积分数)/%	
		下限 LEL	上限 UEL
丙烯氰	C_3H_3N	2.8	28
氨气	NH_3	16	25
硫化氢	H_2S	4.3	45.5
二硫化碳	CS_2	1.3	50
一氧化碳	CO	12.5	74.2
氢	H_2	4	75
乙醚	$(C_2H_5)O$	2.34	6.15

6. 爆炸极限估算

(1)爆炸下限的计算

如果已知可燃物的相对分子质量 M 和燃烧反应的低热值 ΔH_c，可以根据下面的经验公式预测可燃气体的爆炸下限 L。

$$L=\frac{1.87\times10^6}{\Delta H_c\times M} \tag{2-14}$$

式中　M——可燃物的相对分子质量；

ΔH_c——燃烧热，英热单位每磅(Btu/lb，1Btu/lb=2.3×10³J/kg)。

(2)燃烧上限计算

$$R=L+\frac{143}{M^{0.7}} \tag{2-15}$$

(3)危险度计算

可燃气体或蒸汽的危险度 H 为爆炸上限与下限之差再除以下限值，H 值越大，表明危险越大。

$$H=\frac{R-L}{L} \tag{2-16}$$

式中　R——燃烧上限；

L——燃烧下限；

H——危险度。

表 2-7　各类化合物物性参数

分类	可燃气体	分子式	相对分子质量 M	自燃点/℃	爆炸极限(体积分数)/%		爆炸极限/(mg/L)		危险度 H
							下限	上限	
化合物	氢	H_2	2.0	585	4.0	75	3.3	63	17.7
	二硫化碳	CS_2	76.1	100	1.25	44	40	1400	34.3
	硫化氢	H_2S	34.1	260	4.3	45	61	640	9.5

续表

分类	可燃气体	分子式	相对分子质量 M	自燃点/℃	爆炸极限(体积分数)/%		爆炸极限/(mg/L)		危险度 H
							下限	上限	
化合物	氮	N_2	17.0	651	15.0	28	106	200	0.9
	一氧化碳	CO	28.0	651	12.5	74	146	860	4.9
	硫氧化碳	COS	60.1	—	12.0	29	300	725	1.4

(4)混合气体爆炸极限估算

如果已知混合气体中单一气体的爆炸极限，利用列·夏德里公式可以计算混合可燃气体的爆炸极限：

$$\frac{1}{L}=\sum\frac{P_K}{K_K} \tag{2-17}$$

式中　L——混合可燃气体的燃烧上限或下限；

L_K——各组分的着火上限或下限；

P_K——各组分在混合气体中的体积分数($\sum P_K=1$)。

当混合物中存在惰性气体时，利用上式计算误差较大。这时，必须借助实验曲线，先确定某一可燃组分和惰性气体混合时的爆炸下限和爆炸上限，然后将这两种组分的混合气看成一种可燃气体，再利用列·夏德里公式计算该种可燃气体与其他可燃气体混合在一起的爆炸极限。

7. 爆炸极限的测定

《空气中可燃气体爆炸极限测定方法》(GB/T 12474－2008)规定了可燃气体在空气中爆炸极限的测定方法。

(1)试验原理

将可燃气体与空气按一定的比例混合，然后用电火花进行引燃，改变可燃气体浓度直至测得能发生爆炸的最低、最高浓度。

(2)试验装置

爆炸极限测定装置主要由反应管、点火装置、搅拌装置、真空泵、压力计、电磁阀等组成，见图 2－10。反应管用硬质玻璃制成，管长 1400±5mm，管壁厚度不小于 2mm，管底部装有通径不小于 25mm 的泄压阀。装置安放在可升温至 50℃的恒温箱内。恒温箱前后各有双层门，一层为钢化玻璃，另一层为有机玻璃，用以观察试验并起保护作用。

可燃气体和空气混合气利用电火花引燃，电火花能量应大于混合气的最小点火能。放电电极距离反应管底部不小于 100mm，并处于管横截面中心，电极间距为 3～4mm。可采用 300VA 电压互感器作为点火电源，产生电压为 10kV(有效值)，火花持续时间宜为 0.5s。

(3)试验步骤

①检查试验装置的密闭性。

将装置抽真空至不大于 667Pa(5mmHg)的真空度，然后停泵。5min 后压力计压力降不大于 267Pa(2mmHg)，则认为密闭性符合要求。

②配置混合气。

用分压法配置混合气，也可使用其他能准确配气的方式。

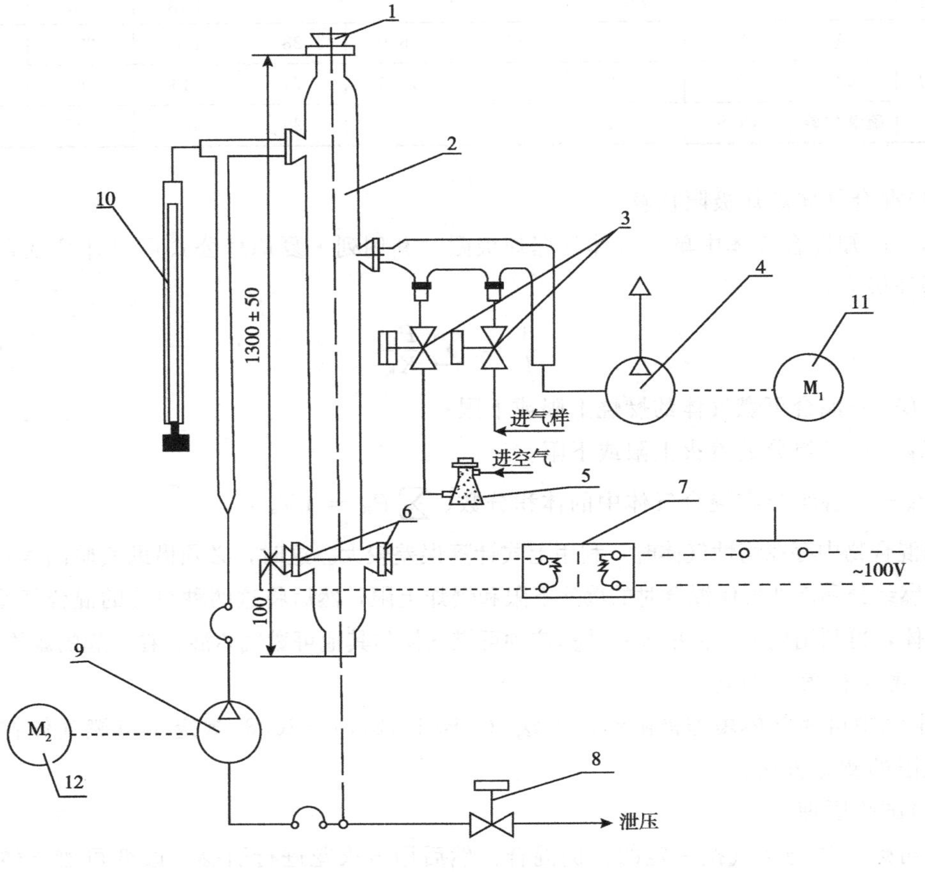

图 2-10　爆炸极限测定装置示意图

1—安全塞；2—反应管；3—电磁阀；4—真空泵；5—干燥瓶；6—放电电极

7—电压互感器；8—泄压电磁阀；9—搅拌泵；10—压力计；11—M_1 电动机；12—M_2 电动机

③搅拌。

为了使反应管内可燃气在空气中均匀分布，配好气后利用无油搅拌泵搅拌 5～10min。

④点火。

停止搅拌后打开反应管底部泄压阀，然后点火，观察是否出现火焰，点火时恒温箱的玻璃门均应处于关闭状态。

用渐进法通过测试确定极限值。测定爆炸下(上)限时，如果在某浓度下未发生爆炸现象，则增大(减少)可燃气体浓度直至测得能发生爆炸的最小(大)浓度；如果在某浓度下发生爆炸现象，则减少(增大)可燃气体浓度直至测得不能发生爆炸的最大(小)浓度。测量爆炸下限时样品改变量每次不大于上次进样量的 10%，测量爆炸上限时样品改变量每次不大于上次进样量的 2%。

每次试验后要用湿度低于30%的清洁空气冲洗试验装置，反应管壁及点火电极如有污染应进行清洗。

新组装的测定装置应进行不少于10次预试验，再进行正式测定。

试验中出现以下现象均认为发生了爆炸：

a)火焰非常迅速的传播至管顶；

b)火焰以一定的速度缓慢传播；

c)在放电电极周围出现火焰，然后熄灭，这表明爆炸极限在这个浓度附近。在这种情况下，至少重复这个试验5次，有一次出现火焰传播。由于可能会出现无色火焰的情况(如氢气的火焰)，可使用温度测量探针(如热电偶)。

通过重复性操作，测得最接近的火焰传播和不传播两点的浓度，并按下式计算爆炸极限值：

$$\varphi = \frac{1}{2}(\varphi_1 + \varphi_2) \tag{2-18}$$

式中　φ——爆炸极限；

φ_1——传播浓度；

φ_2——不传播浓度。

2.2.3　最小点火能

最小点火能(Minimum Ignition Energy)又称最小火花引燃能或者临界点火能(Critical Ignition Energy)，是指可燃气体和空气的混合物起火所需的能量临界值。

最小点火能为引燃能，是指释放能够触发初始燃烧化学反应的能量。如果引燃源的能量低于这个临界值，一般情况下不能着火。

最小点火能的测定一般用电火花法，其放电能量通过计算求得。即在电极上并联一定容量的电容器，设其电容量为C(F)，当电极上的火花电压为V(V)，放电能量E(J)可由下式计算：

$$E = \frac{1}{2}CV^2 \tag{2-19}$$

不同级别下可燃气体点火能见表2-8。

表2-8　不同级别下可燃气体点火能

级别	可燃气体	体积分数/%	最小点火能/mJ	
			空气中	氧气中
10^{-5}焦耳级	二硫化碳	6.52	0.015	
	氢	29.5	0.019	0.0013
	乙炔	7.73	0.02	0.0013
	乙烯	6.52	0.096	0.001
	乙烯基乙炔	4.02	0.082	

续表

级别	可燃气体	体积分数/%	最小点火能/mJ	
			空气中	氧气中
10^{-4}焦耳级	环氧乙烷	7.72	0.105	0.031
	甲基乙炔	4.97	0.152	
	1，3-丁二烯	3.67	0.17	
	氧化丙烯	4.97	0.19	
	甲醇	12.24	0.215	
	呋喃	4.44	0.225	
	甲烷	8.5	0.28	
	丙烯	4.44	0.282	
	乙烷	6	0.31	
	丙烷	4.02	0.31	
	乙醛	7.72	0.376	
	正丁烷	3.42	0.38	
	丁酮	3.67	0.53	
	四氧呋喃	3.67	0.54	
	苯	2.71	0.55	
	醋酸乙烯	4.44	0.7	
	氮	21.8	0.77	
10^{-3}焦耳级	丙酮	4.97	1.15	
	三乙胺	2.2	1.15	
	异辛烷	1.65	1.35	
	甲苯	2.27	2.5	
	吡咯	3.83	3.4	
	乙腈	7.02	6	

2.2.4 灭火方法

燃烧必须具备三个条件，缺一不可，去掉其中一个环节就可熄灭火焰，因此常见的灭火方法一般有窒息法、冷却法、隔离法和化学中断法。

1. 窒息法

阻止空气流入燃烧区或用不燃烧亦不助燃的惰性气体稀释空气，使燃烧物得不到足够的氧气而熄灭。如用石棉毯、湿麻袋、黄沙、泡沫等难燃物质覆盖在燃烧物表面上，封闭起火的船舶、坑道、设备及门、窗、孔洞等。

阻止空气进入燃烧区，或用阻燃烧物质冲淡空气，使着火物在无氧或缺氧的情况下熄火。空气中正常含氧量约为21%，当空气中的含氧量低于17%时，可使木材火熄灭；减少到14%～15%时，可使汽油火熄灭；14%～18%就可使一般物质火熄灭。目前大量的灭火剂以及灭火方法不少都是利用隔绝空气或降低空气中氧气的含量的办法实窒息灭火。窒息法灭火是目前扑灭油料火灾(特别是初起火灾)的主要方法。

在扑灭油料火灾中，常用窒息灭火的方法有：覆盖窒息，即用水浸的消防被或石棉被、砂土等直接覆盖在着火的油料上，隔绝空气灭火，同时还能导走部分热量而冷却；用不自燃也不助燃的气体或物质，笼罩或覆盖在着火油面上，使火熄灭，如各种泡沫、二氧化碳气体、烟雾等灭火；封闭孔口，使火窒息，如油罐在打开的人孔或其他孔口着火，以及油桶、铁路槽车、汽车罐车内油料着火，最有效的办法就是封闭孔口。

2. 冷却法

着火需要能量，任何可燃物质的着火燃烧，温度必须达到燃点，也就是说需要一个最小着火能量。火场高温可使任何可燃物着火而扩大火势。将灭火剂直接喷射到燃烧物上，降低燃烧物质的温度，当温度降低到燃点以下，燃烧就停止了；或将灭火剂喷洒到火源附近的可燃物上，降温以防止受辐射热影响而起火。冷却法是灭火的重要方法，常用水和二氧化碳作灭火剂冷却降温灭火。

对于一般固体物质火灾(不与水发生反应的物质)最常用的方法就是用水浇灭，因水本身具有大量吸收热量的能力。但水不能直接喷洒在着火油面上灭火，油比水轻，油浮在水面上会使火灾更为扩大。不过，水可以喷洒在火场附近的物体或罐壁上，也可喷洒在着火油罐的罐壁上，减少辐射热的威胁，降低管壁温度，保护罐壁不遭破坏，防止火灾扩散。

3. 隔离法

隔离法就是将着火区及其周围的可燃物隔离或移开，燃烧区就会因为缺乏燃料不能蔓延而停止。在实际应用中，将近火源的可燃、易燃及助燃物搬到安全区域；由于可燃气体、液体泄漏而发生燃烧，则应首先切断气源或液流，尽快关闭管道阀门，减少和中止可燃物进入燃烧区域；拆除与烧着物相连的易燃建筑物等，这样就可以使可燃物与火源隔离，达到中止燃烧的目的。

4. 化学中断法

经典的燃烧三角形理论，一般可以用来解释灭火的机理，但有些物质的燃烧从动力学的角度分析，其反应速率并不完全取决于这三个因素，而取决于燃气燃烧的链锁反应。当某些燃料接触到热源时，它不仅会气化，而且物质分子的组合会发生热解作用，即在燃烧之前先裂解成为更简单的分子。这些分子中原子之间的共价键常常发生断裂，生成自由基。由于链锁反应的存在，生成自由基直接影响到燃烧反应的速率和条件，所以燃烧三角形应扩大到包括自由基参与反应的条件，也就是说燃烧应考虑四维参数(四个要素)，这就是燃烧四面体理论。

燃烧四面体如图 2-11 所示，其中一个代表自由基，其余分别代表可燃物、助燃物以及点火源。

燃烧四面体揭示了考虑灭火应该研究的第四种方法。就是研究某种药剂，在燃烧过程

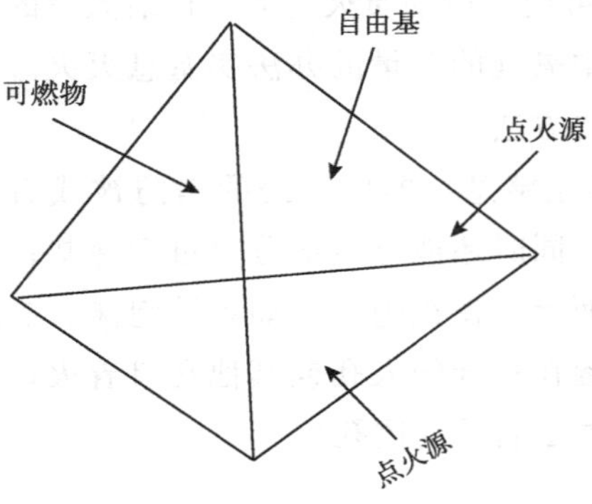

图 2-11　燃烧四面体

中能够抑制链锁反应中自由基的产生，从而使燃烧反应不能进行下去而达到灭火的目的，此方法可称之为化学中断法。

2.3　爆炸基本理论

2.3.1　爆炸定义

爆炸是物质从一种状态迅速地转变为另一种状态(或者物质性质和成分发生根本变化)时，在瞬间放出大量能量，同时产生声响的现象。爆炸可以视为气体或蒸气在瞬间激烈膨胀的现象。爆炸是储存在足够小空间的能量的快速释放过程，同时伴随着由近及远传播的压力波，因此，爆炸常常能够听到。

一般来说，爆炸现象具有以下特征：

①爆炸过程进行的很快；

②爆炸点附近压力急剧升高；

③发出或大或小的声响；

④周围介质发生震动或临近物质遭到破坏。

整个爆炸过程一般来说可分为两个阶段：

第一阶段：物质的能量以一定的形式(定容、绝热)转变为强压缩能；

第二阶段：强压缩能急剧绝热膨胀对外做功，引起被作用介质的变形、移动或破坏。

2.3.2　爆炸分类

①根据爆炸传播速度，可将爆炸分为轻爆、爆炸和爆轰。

a)轻爆：指传播速度为每秒数十厘米至数米的爆炸；

b)爆炸：指传播速度为每秒 10m 至数百米的爆炸；

c)爆轰：指传播速度为每秒 1000～7000m 的爆炸。

②根据能量释放过程的性质，爆炸分为物理爆炸、化学爆炸和核爆炸。

a)物理爆炸：是一种纯物理过程，只发生物态变化，不发生化学反应。这类爆炸是因为容器内气体压力升高超过容器所能承受的最大压力，造成容器破裂才产生的。例如，蒸汽锅炉爆炸、轮胎爆炸和高压气瓶爆炸都是典型的物理爆炸。

b)化学爆炸：是指物质发生高速放热化学反应，产生大量气体，并急剧膨胀做功而形成的爆炸现象。油气储运事故中遇到的爆炸大都是化学爆炸，因此这里主要讨论的爆炸都是化学爆炸。

c)核爆炸：是指某些物质的原子核发生裂变反应或聚变反应，瞬间放出巨大能量而形成的爆炸现象。例如，原子弹爆炸和氢弹爆炸都是典型的核爆炸。

③化学爆炸按照爆炸时所发生的化学变化的形式又可以分为三类：简单分解爆炸、复杂分解爆炸、爆炸性混合物爆炸。

a)简单分解爆炸：引起简单分解爆炸的爆炸物在爆炸时并不一定发生燃烧反应。爆炸所需的能量是由爆炸物本身分解产生的。属于这一类的物质有：乙炔银、叠氮化铅等。这类物质受震动时即可引起爆炸，是比较危险的。

某些气体在分解时产生很大热量，在一定条件下(尤其是在受压的情况下)可能产生分解爆炸。例如：乙炔在受压下的分解爆炸即属于此类情况。

b)复杂分解爆炸：这类物质在爆炸时伴有燃烧现象，燃烧所需氧气由本身分解产生。这类物质的危险性较简单分解爆炸物稍低。

c)爆炸性混合物爆炸：如所有可燃气体、蒸气、雾滴、粉尘同空气或氧气的混合物所发生的爆炸。石油化工企业中发生的爆炸多属于此类。

2.3.3　化学爆炸三要素

对各种化学爆炸现象分析研究表明，爆炸性物质能够进行化学爆炸变化的能力决定于以下三个因素：反应的放热性、反应的快速性和生成气体产物，这是化学爆炸必备的最基本的条件，三者相辅相成，缺一不可。

1. 反应的放热性

反应的放热性是爆炸物发生爆炸的必要条件，对于这一点，所有的爆炸物都不能例外。爆炸本身是能量急剧转化的过程，将化学能转化为热能，热能再转化为对周围介质所做的机械功。由此可见，热是做功的能源，没有足够的热量放出，化学变化本身不能提供继续变化所需的能量，化学变化就不能自行传播，也就不会发生爆炸。

例如：

$$ZnC_2O_4 \longrightarrow Zn + 2CO_2 - 20.5kJ/mol \quad (a)$$

$$CuC_2O_4 \longrightarrow Cu + 2CO_2 + 23.8kJ/mol \quad (b)$$

$$HgC_2O_4 \longrightarrow Hg + 2CO_2 + 47.3kJ/mol \quad (c)$$

上述反应均放出气体，反应也进行的非常迅速，但发生爆炸的只有反应(c)。这是因为反应(a)是吸热的，反应(b)中放出的热量较少，反应(c)放出的热量较大，能够爆炸。

2. 反应的快速性

反应的快速性也是爆炸发生的必要条件，它也是爆炸过程区别于一般化学过程最重要的标志。就单位质量物质的放热来说，炸药往往比不上普通燃料，但是普通燃料燃烧不具有爆炸的特征，而炸药则具有爆炸特征，这是由其反应的快速性决定的。

例如，煤在空气中燃烧，也生成 CO_2 气体，并放出 8.3×10^3kJ/mol 热量，但这种燃烧反应速度慢，生成的气体和放出的热量都扩散到周围介质中去了，所以不能形成爆炸。而 1kg 的 TNT 的反应热虽然只有 4.2×10^3kJ，但它完成爆炸的时间只有十万分之一秒，所以爆炸在完成的瞬间，气体尚未来得及膨胀就被加热到 2000～3000℃。此时，高温气体在不大的容积内具有很高的压力，因而产生了极大的压缩能。高温、高压、高能量密度的气体迅速膨胀就发生了爆炸现象。

3. 生成气体产物

由于气体的压缩性很大，膨胀系数也很大，所以是膨胀做功的理想介质。爆炸对周围介质的做功就是通过高温高压气体的膨胀来实现的。因此，在反应中生成大量的气体也是爆炸的一个重要因素。

1L 普通炸药爆炸时，可以产生 1000L 左右的气体产物(标准状态)，由于反应的快速性和放热性，这样大量的气体在爆炸瞬间仍占有炸药原来的体积，并被加热到高温。高温高压气体急剧膨胀，对外界产生猛烈的机械作用，从而形成爆炸现象。

如果反应物不是气体，而是固体或液体，那么即使是放热反应，也不会产生爆炸现象。例如，铝热剂的反应：

$$2Al+Fe_2O_3 \longrightarrow Al_2O_3+2Fe+828kJ \qquad (2-20)$$

铝热反应原理可以应用在生产上，例如焊接钢轨等。用某些金属氧化物(如 V_2O_5、Cr_2O_3、MnO_2 等)代替氧化铁，也可以作铝热剂。当铝粉跟这些金属氧化物反应时，产生足够的热量，使被还原的金属在较高温度下呈熔融状态，跟形成的熔渣分离开来，从而获得较纯的金属。

反应放出的热可使生成物加热到 3000℃，但由于生成物在 3000℃仍处于液体，没有大量气体生成，因而不是爆炸反应。而 1kg TNT 可转化为 727.2L 的气体。

2.3.4 燃烧和爆炸的关系

①燃烧的主要特征是发光和发热，但与压力无特别关系。爆炸的主要特征是压力的急剧上升和爆炸波的产生。

②燃烧和化学爆炸本质上都是氧化还原反应，但二者反应速度、放热速率和火焰传播速度都不同，前者比后者慢得多。燃烧的传播是靠传热进行的，爆炸的传播是靠冲击波进行的，传播速度快。

③一般燃料的燃烧需要外界供给助燃的氧，没有氧，燃烧就不能进行，而炸药的化学成分或组分中含有氧元素或氧化剂，发生爆炸变化时，无须外界氧参与反应。所以，它是能够自身反应的物质。

燃烧和爆炸关系十分密切，有时难以将它们完全分开。如果一种物质具有爆炸危险性，它一定同时具有燃烧危险性。相反，如果一种物质具有燃烧危险性，它也很可能同时具有爆炸危险性。事实上，在很多火灾、爆炸事故案例中，火灾和爆炸同时存在。往往是可燃气体被点火后首先燃烧，由于温度和压力的升高，燃烧速度加快，因而连续产生无数个压缩波，这些压缩波在传播过程中叠加形成冲击波，使尚未来得及燃烧的其余部分发生爆炸，瓦斯爆炸就是这种类型。

2.4　火灾及爆炸伤害分析

2.4.1　热辐射破坏准则及伤害概率模型

1. 热辐射破坏准则

(1)热通量准则

热通量是指单位时间、单位面积发射或接收的热能，通常以 q 表示。热通量准则以热通量作为衡量目标是否破坏的唯一参数，当目标收到的热通量大于或等于引起目标破坏所需的临界热通量时，目标被破坏，否则，目标不被破坏。热通量准则的适用范围为热通量作用的时间比目标达到平衡所需要的时间长。

(2)热强度准则

热强度是指热通量与热通量作用时间的乘积，通常用 Q 表示。热强度准则以目标接收到的热强度作为目标是否被破坏的唯一参数，当目标接收到的热强度大于或等于目标破坏的临界热强度时，目标被破坏，否则，目标不被破坏。热强度准则的适用范围为作用于目标的热通量持续时间非常短，以至于目标接收到的热通量来不及散失掉。

(3)热通量-热强度准则

当热通量准则或热强度准则的适用条件均不具备时，应该使用热通量-热强度准则。热通量-热强度准则认为，目标能否被破坏不能由热通量或热强度一个参数决定，而必须由它们的组合来决定。

2. 热辐射伤害概率模型

热辐射通常用概率模型来描述，热辐射对人的伤害一般可分为死亡、Ⅰ度烧伤、Ⅱ度烧伤等。

Ⅰ度烧伤：只伤及皮肤的外层，造成红肿及产生剧烈的触痛。

Ⅱ度烧伤：伤处起水泡，周围肿胀并变为红肿。

Ⅲ度烧伤：伤及皮肤的每一层，皮肤表面呈苍白、蜡色，有时烧成焦炭，疼痛不剧烈。

对于不同伤害程度的概率表达式为

皮肤裸露时的死亡概率：$P_r=-36.38+2.56\ln(tq^{4/3})$　　(2-21)

有衣服保护时(20%皮肤裸露)：$P_r=-37.23+2.56\ln(tq^{4/3})$　　(2-22)

Ⅱ度烧伤概率：$P_r=-43.14+3.00188\ln(tq^{4/3})$　　(2-23)

Ⅰ度烧伤概率：$P_r=-39.83+3.0186\ln(tq^{4/3})$　　(2-24)

式中　q——人员接受到的热通量，kW/m²；

t——人体暴露于辐射的时间，s；

P_r——人员伤害概率，与伤害百分数的换算见表 2-9，$P_r=5$ 表示对应的人员的伤害百分数为 50%。

热辐射对建筑物的影响直接取决于热辐射强度的大小及作用时间长短，以引燃木材的热通量作为对建筑物破坏的热通量，计算公式如下：

$$q=6730t^{-\frac{4}{5}}+25400 \tag{2-25}$$

式中 a——引燃木材的热通量，W/m^2；

t——热辐射作用时间，即火灾持续时间，s。

表 2-9 伤害概率 P_r 与伤害百分数换算

伤害百分数/%	0	1	2	3	4	5	6	7	8	9
0		2.67	2.95	3.12	3.25	3.36	3.45	3.52	3.59	3.66
10	3.72	3.77	3.82	3.87	3.92	3.96	4.01	4.05	4.08	4.12
20	4.16	4.19	4.23	4.26	4.29	4.33	4.36	4.39	4.42	4.45
30	4.48	4.50	4.53	4.56	4.59	4.61	4.64	4.67	4.69	4.72
40	4.75	4.77	4.80	4.82	4.85	4.87	4.90	4.92	4.95	4.97
50	5.00	5.03	5.05	5.08	5.10	5.13	5.15	5.18	5.20	5.23
60	5.25	5.28	5.31	5.33	5.36	5.39	5.41	5.44	5.47	5.50
70	5.52	5.55	5.58	5.61	5.64	5.67	5.71	5.74	5.77	5.81
80	5.84	5.88	5.92	5.95	5.99	6.04	6.08	6.13	6.18	6.23
90	6.28	6.34	6.41	6.48	6.55	6.64	6.75	6.88	7.05	7.33

2.4.2 池火灾伤害计算

1. 池火灾现象

池火是一种常见的火灾形式，是可燃液体表面上的自然燃烧，如图 2-12 所示。泄漏到地面上、堤坝内液体的火灾、敞开容器内液体的燃烧等均称为池火。池火灾多在防火堤等所限制范围内发生，其上部空间没有限制，空气供应充足，燃烧完全，形态上看呈圆柱形或圆锥形。

图 2-12 池火灾

由于罐体腐蚀穿孔，或泄漏液体发生燃烧，罐体在火焰烘烤下，材料强度下降，承压能力下降，发生大规模泄漏，在防火堤内形成液池。池火灾对油罐区的影响主要在于其高能量的热辐射。

2. 池火灾伤害计算

池火灾后果可以运用池火灾伤害模型通过定量计算，确定事故发生时火灾的特性参数如火焰高度、持续时间、火焰表面热通量等，从而预测火灾影响范围，伤害及破坏程度。影响范围可用伤害/破坏半径的大小来表示；伤害程度可以用死亡、Ⅱ度烧伤和Ⅰ度烧伤辐射通量阈值来区分。计算得到的伤害/破坏半径，应作为安全管理上的防御线，在伤害半径内的人和设备都要采取相应的防范措施。

(1)确定油池半径

将油池假定位直径为 D 的圆形。当油池火灾发生在油罐或油罐区时，可根据防火堤所围油池面积计算当量直径。

$$D=\sqrt{\frac{4S}{\pi}} \tag{2-26}$$

式中　D——油池当量直径，m；

S——防护堤所围油池面积，m^2。

当油池火灾发生在输油管道区，且无防火堤时，假定泄漏的液体无蒸发，并已充分蔓延，地面无渗漏，则根据泄漏的液体量和地面性质计算最大池面积。

$$S=\frac{W}{H_{min}\rho} \tag{2-27}$$

式中　S——最大池面积，m^2；

W——泄漏的液体量，kg；

H_{min}——最小油层厚度，与地面性质和状态有关，如表 2-10 所示；

ρ——泄漏油品密度，kg/m^3。

表 2-10　最小油层厚度

地面性质	最小油层厚度/m	地面性质	最小油层厚度/m
草地	0.020	平整地面	0.010
粗糙地面	0.025	混凝土地面	0.005

(2)确定火焰高度和燃烧速度

无风时的火焰高度 L 可以按托马斯给出的经验公式进行计算：

$$L=42D\left[\frac{m_f}{\rho_0(gD)^{0.5}}\right]^{0.61} \tag{2-28}$$

式中　L——火焰高度，m；

D——油池直径或当量直径，m；

m_f——单位面积燃烧速度，$kg/(m^2\cdot s)$；

ρ_0——周围空气密度，kg/m^3；

g——重力加速度，$g=9.8m/s^2$

燃烧速率计算公式：

当液体沸点高于环境温度时：

$$m_f=\frac{CH_c}{c_p(T_b-T_a)+H_v} \tag{2-29}$$

式中　m_f——液体单位面积燃烧速率，$kg/(m^2\cdot s)$；

C——常数，$0.001kg/(m^2\cdot s)$；

H_c——液体燃烧热，J/kg；

H_v——液体在常压沸点下的蒸发热，J/kg；

c_p——气体的比定压热容，J/(kg·K)；

T_b——液体的沸点，K；

T_a——环境温度，K。

液体的燃烧速度也可以查找相关的物性数据。

(3)计算热辐射通量

热通量是指单位时间、单位面积发射或接收的热能。

单位时间释放出的热量：

$$\frac{1}{4}\pi D^2 \Delta H_c m_f f \tag{2-30}$$

散热面积：

$$\frac{1}{4}\pi D^2 + \pi DL \tag{2-31}$$

假定能量由圆柱形火焰侧面均匀辐射，则池火灾燃烧时放出的总热辐射通量 q_0 为：

$$q_0 = \frac{\frac{1}{4}\pi D^2 \Delta H_c m_f f}{\frac{1}{4}\pi D^2 + \pi DL} \tag{2-32}$$

式中 q_0——火焰表面的热通量，kW/m²；

ΔH——燃烧热(kJ/kg)；

f——热辐射系数，0.13～0.35，保守取值为0.35。

(4)目标接收到的热通量

假定全部辐射热通量由油池中心点的球面辐射出来，则距离油池中心某一距离(r)处的目标接受到的热通量为：

$$q = q_0 V_F \tau \tag{2-33}$$

$$q(r) = q_0 V(1 - 0.058\ln r) \tag{2-34}$$

式中 $q(r)$——目标接受到的热通量，kW/m²；

q_0——池火表面的热通量，kW/m²；

τ——大气透热率；

V_F——视角因子。

考虑水蒸气、二氧化碳等的影响，辐射热量在传播过程中有损失，大气透热率常用的计算方法是：

$$\tau = 1 - 0.058\ln r \tag{2-35}$$

视角因子是热辐射传递的重要概念，其定义为接受体所能接受的发热体辐射能量的分数，大小取决于发射体和接受体的面积、距离以及相对角度，计算非常复杂。

视角因子 V 按照 Rai 和 Kalelkar 提供的方法计算，即

r 为目标点到油池中心的距离；

$$V=\sqrt{V_V^2+V_H^2} \tag{2-36}$$

$$\pi V_H=A-B \tag{2-37}$$

$$A=(b-1/s)\left[\tan^{-1}\left[\frac{(b+1)(s-1)}{(b-1)(s+1)}\right]^{0.5}\right]/(b^2-1)^{0.5} \tag{2-38}$$

$$B=(a-1/s)\left[\tan^{-1}\left[\frac{a+1)(s-1)}{(a-1)(s+1)}\right]^{0.5}\right]/(a^2-1)^{0.5} \tag{2-39}$$

$$\pi V_V=\tan^{-1}\left[h/(s^2-1)^{0.5}\right]+h(J-K)/s \tag{2-40}$$

$$J=[a/(a^2-1)^{0.5}][\tan^{-1}((a+1)(s-1)/(a-1)(s+1))^{0.5}] \tag{2-41}$$

$$K=\tan^{-1}[(s-1)/(s+1)]^{0.5} \tag{2-42}$$

$$a=\left(h^2+s^2+1\right)/(2s) \tag{2-43}$$

$$b=\left(1+s^2\right)/(2s) \tag{2-44}$$

$$s=r/(D/2) \tag{2-45}$$

式中，h 为火焰高径比；s 为目标到火焰垂直的距离与半径之比；A、B、J、K、a、b 为中间变量。

(5)辐射对人员的伤害

池火灾对人体辐射伤害的热量阈值可以由热辐射不同伤害程度的概率表达式决定。

根据人体接收到的热辐射通量和暴露时间，按上面公式计算伤害概率。后果分析常用相反的方法，即根据伤害概率，确定暴露时间，根据上面的公式计算热辐射通量，根据热辐射通量和距离的关系算出距火源的距离，此距离即为相应的伤害距离。

给定人体暴露于辐射的时间 t，即可求出引起人员不同伤害的热辐射的限值 q_1、q_2、q_3；将求出的 q_1、q_2、q_3 带入上面的热通量与损伤半径关系式中可求得 r_1、r_2、r_3 的值。

3. 热辐射对建筑物破坏半径的估算

热辐射对建筑物的影响直接取决于热辐射强度以及作用时间的长短。可引起建筑物破坏的热通量计算式如下：

$$q=6730t^{-4/5}+25400 \tag{2-46}$$

式中，q 为引燃木材的热通量，kW/m^2；t 为热辐射作用时间，s。设建筑物破坏半径为 r，将 q 值代入关系式 $q(r)=q_0V(1-0.058\ln r)$ 求得 r 值。

2.4.3　沸腾液体扩展蒸气爆炸伤害模型

1. 沸腾液体扩展蒸气爆炸定义

沸腾液体扩展蒸气爆炸(Boiling liquid expanding vapour explosion，简称 BLEVE)，又常称之为火球，是指储罐在外部火焰的烘烤下突然破裂，存储的过热液体或液化气体突然释放并被点燃，形成巨大的火球，如图 2-13 所示。

沸腾液体扩展蒸气爆炸事故是石油、化工和交通运输行业常见的重要事故类型。装有可燃液化气的储罐，如果受到外部火焰的长时间烘烤，储罐的强度将逐渐降低，当强度下降到一定程度时，储罐将突然破裂，由此带来压力突然降低，液化气迅速汽化并燃烧，导致沸腾液体扩展蒸气爆炸事故的发生。

沸腾液体扩展蒸气爆炸事故后果一般比较严重，能造成巨大的财产损失和人员伤亡。例如，1966 年 1 月 4 日发生在法国的沸腾液体扩展蒸气爆炸事故导致 18 人死亡，81 人受伤和巨大的财产损失。1978 年 5 月 30 日发生在美国 Texas 城的沸腾液体扩展蒸气爆炸事故造成的经济损失达到 8500 万美元。

图 2-13 沸腾液体扩展蒸气爆炸

2. 沸腾液体扩展蒸气爆炸伤害模型

沸腾液体扩展蒸气爆炸的能量来源于两个方面。一方面，液化气储罐本身是高压容器，它的突然破裂能够释放出巨大的能量，产生爆炸波并且将容器破片抛向远方。另一方面，液化气剧烈燃烧能够释放出巨大的热能产生巨大的火球和强烈的热辐射。沸腾液体扩展蒸气爆炸产生的破片和爆炸波超压虽然也有一定危害，但与爆炸产生的火球热辐射危害相比，它们的危害可以忽略。在高爆炸事故发生地较远的地方，火球热辐射更是沸腾液体扩展蒸气间炸事故的主要危害。即沸腾液体扩展蒸气爆炸发生后，主要危害是爆炸产生的火球热辐射，而不是爆炸冲击波。

火球的特征可用国际劳工组织(ILO)建议的沸腾液体扩展蒸气爆炸模型来估算。

(1)火球半径的计算

实验证明，火球半径和可燃物质量的立方根成正比，火球半径的计算公式为：

$$R = 2.9M^{1/3} \tag{2-47}$$

式中 R——火球半径，m；

M——火球中消耗的可燃物质量，kg。对单罐储存，取罐容量的 50%；对双罐储存，取罐容量的 70%；对多罐储存，取罐容量的 90%。

(2)火球持续时间计算

实验证明，火球的持续时间也和可燃物质量 M 的立方根成正比。火球持续时间按下式计算：

$$t = 0.45M^{1/3} \tag{2-48}$$

式中 t——火球持续时间，s。

类似上述指数关系描述的火球直径、持续时间和可燃物质量的关系还有很多，见表2-11。从表 2-11 中可以看出，火球直径与可燃物质量接近 1/3 次幂的关系是比较一致的，其他参数则相差很远，而各种模型均有使用，表明沸腾液体扩展蒸气爆炸研究还有待于进一步深入。

表 2-11　模型中火球直径与可燃物质量关系

模型	$D=aM^b$		$t=cM^d$	
	a	b	c	d
Lihou & Maund	3.51	0.33	0.32	0.33
Roberts	5.8	0.33	0.45	0.33
Pietersen，TNO	6.48	0.325	0.825	0.26
Williamson&Mann	5.88	0.333	1.09	0.167
Moorhouse&Pritchard	5.33	0.327	1.09	0.327
Hasegawa&Sato	5.28	0.277	1.1	0.097
Fay&Lews	6.28	0.33	2.53	0.17
Raj	5.45	0.333	1.34	0.167

(3)火球表面热辐射通量

假设全部辐射量由直径为 D 的火球面辐射出来，火球表面上的热辐射通量按下式计算：

$$q_0=\frac{\eta H_a M}{t\pi D^2} \tag{2-49}$$

式中　M——燃烧的物质量，kg；

t——燃烧持续时间，s；

η——效率因子

H_a——火球有效燃烧热，J/kg；

(4)目标接收到热辐射通量计算

假设全部辐射量由半径为 R 的火球面辐射出来，在距离火球中心某一距离(r)处的目标接受到的热辐射通量按下式计算：

$$q=q_0 V_F \tau \tag{2-50}$$

式中　q_0——火球表面的热辐射通量，W/m^2；

V_F——视角因子；

$$V_F=\frac{R^2 r}{\left(R^2+r^2\right)^{3/2}} \tag{2-51}$$

式中　τ——大气透射率，$\tau=1-0.058\ln r$。

从而目标接受到的热辐射通量为：

$$q(r)=q_0R^2r(1-0.058\ln r)/(R^2+r^2)^{3/2} \tag{2-52}$$

(5)热辐射对人员的伤害

热辐射对人员的伤害可用池火灾相关公式计算。

3. 喷射火热辐射通量计算

高压气体从裂口高速喷出后被点燃，形成喷射火。喷射火的长度可以认为等于喷口到燃烧速度下限的长度，热量认为是从中心轴线上一系列相等的辐射源发出的，每一点源的热辐射通量为：

$$E=\frac{fQH_c}{n} \tag{2-53}$$

式中 f——燃烧效率因子，取 0.35；

n——假设的点源数；

Q——泄漏流量，kg/s。

距离点源 x_i 处某点接收的热辐射通量为：

$$q_i=\frac{X_p E}{4\pi x_i^2} \tag{2-54}$$

式中 X_p——发射因子，取 0.2。

总热辐射通量是各点热辐射通量之和：

$$q=\sum_{i=1}^{n} q_i \tag{2-55}$$

热辐射点源的数目可以任意选取，但对后果分析来说，取 5 点就可以了。

该模型没有考虑风的影响，因为一般喷射要比风速大得多。在低压喷射时，风速的影响比较明显，在下风向接收热量会更多，如果风使喷射火焰偏离了轴线，则该模型不适用。

2.4.4 蒸气云伤害计算

1. 爆炸伤害准则

(1)超压准则

爆炸波对目标是否构成伤害，由爆炸波超压唯一确定，只有爆炸波超压大于某一临界值，才可能对目标构成破坏。

在离爆炸中心一定距离的地方，空气压力会随时间发生迅速而悬殊的变化。开始时压力突然升高，产生很大的正压，接着又迅速衰减，在很短的时间内降至负压。如此循环往复数次，压力逐渐衰减。开始产生的最大正压力，就是冲击波波阵面上的超压。

不同超压对建筑物的破坏作用见表 2－12。

表 2－12 不同超压对建筑物的破坏作用

超压 Δp/kPa	破坏情况
4.90～5.88	门窗玻璃部分破碎
5. 88～9.81	受压面的门窗玻璃大部分破碎
14.71～19.61	窗框损坏
19.61～29.42	墙裂缝

续表

超压 Δp/kPa	破坏情况
39.23～49.03	墙裂大缝，屋瓦掉下
58.84～68.65	木建筑厂房屋柱折断，房架松动
68.65～98.07	砖墙倒塌
98.07～196.1	防震钢筋混凝土破坏，小屋倒塌
196.1～294.2	大型钢架结构破坏

超压对人体的伤害见表 2－13。

表 2－13　超压对人体的伤害

超压 Δp/MPa	伤害程度
0.02～0.03	轻微损伤
0.03～0.05	听觉器官受损或骨折
0.05～0.1	内脏损伤或死亡
＞0.1	大部分人员死亡

(2)冲量准则

由于伤害效应不仅与冲击波超压有关，而且还与持续的时间有关，爆炸波冲量是超压与持续时间的函数。

爆炸波是否对目标构成伤害，取决于爆炸波冲量的大小，如果冲量大于临界值，则目标被破坏。

(3)超压-冲量准则

综合考虑了超压和冲量两个方面，如果超压和冲量共同作用，满足某一临界条件，目标就被破坏。

$$(\Delta p - p_{cr})(I - I_{cr}) = C \tag{2-56}$$

式中　Δp——超压；

p_{cr}——临界超压；

I——冲量；

I_{cr}——临界冲量；

C——常数与目标性质和破坏等级有关。

多数情况下，冲击波的伤害是由超压引起，超压 Δp 可达数个甚至数十个大气压。

2. 蒸气云爆炸伤害计算

蒸气云爆炸是指可燃气体或蒸气与空气的云状混合物在开阔地上空遇到点火源引发的爆炸。蒸气云爆炸的发生有一定的条件，包括一定量的液化石油气泄漏，并与周围空气预混、延迟点火、局限化的空间等有关。蒸气云爆炸伤害用 TNT 当量法计算。

(1)TNT 当量法基本原理

将参加爆炸的可燃气体释放的能量折合成释放相同能量的 TNT 炸药的量，这样就可以利用 TNT 爆炸效应的实验数据预测蒸气云爆炸效应。

(2)TNT 当量计算

假定一定百分比的蒸气云参与了爆炸，对形成冲击波有实际贡献，并以 TNT 当量来表示蒸气云爆炸的威力。用下式来估计蒸气云爆炸的 TNT 当量 W_{TNT}：

$$W_{TNT} = 1.8\frac{\alpha W_f Q_f}{Q_{TNT}} \tag{2-57}$$

式中　α——蒸气云的爆炸效率因子，0.02%～14.9%；

W_{TNT}——蒸气云的 TNT 当量，kg；

W_f——蒸气云中燃料的总质量，kg；

Q_f——燃料的燃烧热，MJ/kg；

Q_{TNT}——TNT 的爆炸热，4.230～4.836MJ/kg，一般取 4.52MJ/kg。

对于地面爆炸由于地面反射作用，使爆炸威力几乎加倍，一般要乘以地面爆炸系数 1.8。

α 为爆炸效率因子，由于爆炸涉及的总能量中只有一小部分真正对爆炸有贡献，这一分数称为效率因子。效率因子是爆炸后果分析中最重要也是最难以确定的参数，对于多数脂肪烃，推荐值为 3%，对于烯烃，推荐值为 6%。

3. 超压与距离的关系

爆炸中心与给定超压间的距离可以用下式表示：

$$x = 0.3967W_{TNT}^{1/3}\exp[3.5031 - 0.7241\ln\Delta p + 0.0398(\ln\Delta p)^2] \tag{2-58}$$

1000kg TNT 在空中爆炸时所产生的冲击波超压如表 2-14 所示。

表 2-14　1000kg TNT 在空气中爆炸时的冲击波超压

距离/m	超压/10^5 Pa	距离/m	超压/10^5 Pa
5	30	25	0.81
6	21	30	0.59
7	17	35	0.44
8	13	40	0.34
9	9.7	45	0.28
10	7.8	50	0.24
12	5.1	55	0.21
14	3.4	60	0.184
16	2.4	65	0.164
18	1.74	70	0.146
20	1.29	75	0.132

4. 爆炸伤害概率模型

也可用概率模型描述超压造成的重伤、轻伤以及死亡工况。如死亡概率为：

$$p_r = 2.47 - 1.37\ln\Delta p \tag{2-59}$$

5. 伤害半径计算

(1)死亡区半径

死亡区内的人员如缺少防护，则被认为将无例外地蒙受严重伤害或死亡，其内径为零，外径记为 R_1，它与爆炸量之间的关系由下式确定：

$$R_1 = 13.6\left(\frac{W_{\mathrm{TNT}}}{1000}\right)^{0.37} \tag{2-60}$$

(2)重伤区半径

重伤区内的人员如缺少防护，则绝大多数将遭受严重伤害，极少数人可能死亡或受轻伤。该区半径为重伤区半径 R_2，它要求的冲击波峰值超压为 44000Pa。

$$\Delta p_s = 0.137Z^{-3} + 0.119Z^{-2} + 0.269Z^{-1} - 0.019 \tag{2-61}$$

式中，$Z = R_2 \cdot \left(\frac{p_0}{E}\right)^{1/3}$，$R_2$ 为目标到爆源的水平距离，即重伤区半径，m；p_0 为环境压力(101325Pa)；E 为爆炸总能量。

(3)轻伤区半径

该区内的人员如缺少防护，则绝大多数人员将遭受轻微伤害，少数人将受重伤或平安无事，死亡的可能性极小。该区半径为轻伤区半径 R_3，它要求的冲击波峰值超压为 17000Pa。用重伤区半径公式计算。

(4)财产损失计算

精度要求不太高的危险性评估中，假定某半径内没有损失的财产与其半径外损失的财产相互抵消。或者说，可假定此半径内的财产完全损失，此半径外的财产完全无损失。财产损失半径 R_4 为：

$$R_4 = \frac{KW_{\mathrm{TNT}}^{1/3}}{\left[1 + \left(\frac{3175}{W_{\mathrm{TNT}}}\right)_2\right]^{1/6}} \tag{2-62}$$

式中 R_4——财产损失半径；

K——常量，取 4.6。

6. 荷兰科学院蒸气云爆炸计算方法

根据荷兰科学院(TNO，1979)建议，可按下式预测可燃性气体爆炸的冲击波损害半径：

$$R_s = C_s \times (N \times E_e)^{\frac{1}{3}} \tag{2-63}$$

式中 R_s——爆炸损害半径，m；

E_e——可燃性气体的爆炸能量，J；

N——效率因子，一般取 $N = 10\%$；

C_s——经验常数，$m \cdot J^{-\frac{1}{3}}$，取决于损害等级，见表 2-15。

$$E_e = V \times H_c \tag{2-64}$$

V——参加反应的可燃气体的体积，m^3；

H_c——可燃气体的高燃烧热值，J/m^3，$H_{c(H_2)} = 12.77 \times 10^6\ J/m^3$。

表 2-15 爆炸损害等级表

损害等级	$H_c/(m\cdot J^{-\frac{1}{3}})$	爆炸损害特性	
		设备损害	人员伤害
1	0.03	重创建筑物、加工设备	1%死于肺伤害 >50%耳膜破裂 >50%被碎片击伤
2	0.06	损坏建筑物外表、可修复性破坏	1%耳膜破裂 1%被碎片击伤
3	0.15	玻璃破碎	被碎玻璃击伤
4	0.40	10%玻璃破碎	

7. 蒸气云爆炸计算示例

2000m^3 油罐汽油较大规模泄漏，泄漏量 37857kg，经蒸发形成油蒸气，遇点火源发生爆炸事故。

(1)蒸气云爆炸总能量

油气爆炸总能量由下式计算：

$$E = 1.8\alpha W_f Q_f \tag{2-65}$$

式中 1.8——地面爆炸系数；

α——可燃气体蒸气云的当量系数，取 0.04；

W_f——汽油泄漏量，kg，W_f=37857kg(占油罐储量 2.6%)；

Q_f——汽油燃烧热，kJ/kg。

经计算得 $E=1.1903\times10^8$kJ。

(2)蒸气云爆炸当量

蒸气云 TNT 当量由下式计算：

$$W_{TNT}=E/Q_{TNT} \tag{2-66}$$

式中 E——油气爆炸总能量，kJ；

Q_{TNT}——TNT 爆炸热，取 Q_{TNT}=4520 kJ/kg。

经计算得 W_{TNT}=14630kg

(3)爆炸冲击波超压伤害范围

①死亡区半径

死亡区半径 R_1 按 TNT 冲击波超压-冲量准则公式计算：

$$R_1=13.6(W_{TNT}/1000)^{0.37}=36.7\text{m} \tag{2-67}$$

②重伤和轻伤区半径

重伤和轻伤按蒸气云爆炸冲击波超压公式计算：

$$\ln(\Delta p_s/p_0)=-0.9126-1.5058\ln Z+0.167\ln^2 Z-0.032\ln^3 Z \tag{2-68}$$

式中 $Z=R(p_0/E)^{1/3}$，

R——目标到蒸气云中心距离，m；

p_0——大气压，Pa；

E——蒸气云爆炸总能量，J。

蒸气云爆炸冲击波重伤超压按 44kPa 计，轻伤超压按 17kPa 计，根据蒸气云爆炸冲击波超压计算公式得出：

重伤半径：$R_2=100$m；轻伤半径：$R_3=190$m。

财产损失半径 R_4 常量用下式计算：

$$R_4=K_{\text{II}}W_{\text{TNT}}^{1/3}[1+(3175/W_{\text{TNT}})^2]^{-1/6} \tag{2-69}$$

K_{II}——常量，取 4.6。

经计算得 $R_4=136$m。

蒸气云爆炸破坏范围计算结果见表 2-16。

表 2-16　汽油泄漏形成蒸气云爆炸危害范围

爆炸 TNT 当量/kg	死亡半径/m	重伤半径/m	轻伤半径/m	财产损失半径/m
14630	37	100	190	136

第3章　油气泄漏与扩散

油气产品在生产、储存和运输过程中经常发生泄漏事故，泄漏油气会在环境中扩散蔓延。泄漏扩散不但造成宝贵资源的损失，还会导致环境污染，甚至引发火灾、爆炸等其他事故。为了评价泄漏的损失程度以及制定科学有效的应急抢修方案，需要对泄漏量进行估计以及对泄漏油气在环境中传播范围进行预测。本章将介绍油品泄漏、天然气泄漏以及气液两相流泄漏基本特性和泄漏率计算方法，同时对泄漏气体在空间扩散范围以及溢油在海面上传播轨迹也作简单介绍。

3.1　油气泄漏及危害

3.1.1　泄漏的原因

1. 设计失误

①基础设计错误，如地基下沉，造成容器底部产生裂缝，或设备变形、错位等；

②选材不当，如强度不够、耐腐蚀性差、规格不符等；

③布置不合理，如压缩机和输出管没有弹性连接，因振动而使管道破裂；

④选用机械不合适，如转速过高，耐温、耐压性能差等；

⑤选用计测仪器不合适；

⑥储罐、储槽未加液位计，反应器(炉)未加溢流管或放散管等。

2. 设备原因

①加工不符合要求，或未经检验擅自采用代用材料；

②加工质量差，特别是焊接质量差；

③施工和安装精度不高，如泵和电机不同轴、机械设备不平衡、管道连接不严密等；

④选用的标准定型产品质量不合格；

⑤对安装的设备没有按相应的标准规范进行验收；

⑥设备长期使用后未按规定检修期进行检修，或检修质量差造成泄漏；

⑦计测仪表未定期校验，造成计量不准；

⑧阀门损坏或开关泄漏，又未及时更换；

⑨设备附件质量差，或长期使用后材料变质、腐蚀或破裂等。

3. 管理原因

①没有制定完善的安全操作规程；

②对安全漠不关心，已发现的问题不及时解决；

③没有严格执行监督检查制度；

④指挥错误，甚至违章指挥；

⑤让未经培训的工人上岗，知识不足，不能判断错误；

⑥检修制度不严，没有及时检修已出现故障的设备，使设备带病运转。

4. 人为失误

①误操作，违反操作规程；

②判断错误，如记错阀门位置而开错阀门；

③擅自脱岗；

④思想不集中；

⑤发现异常现象不知如何处理。

3.1.2 泄漏类型及后果

泄漏后果与泄漏物质的相态、压力、温度、燃烧性、毒性等性质密切相关。泄漏的危险物质的性质不同，其泄漏后果也不相同。

1. 可燃气体泄漏后果

可燃气体泄漏后与空气混合达到爆炸极限，遇到引火源就会发生燃烧或爆炸。泄漏后发火时间的不同，泄漏后果也不相同。

(1)立即发火

可燃气体泄漏后立即发火，发生扩散燃烧产生喷射性火焰或形成火球，影响范围较小。

(2)滞后发火

可燃气体泄漏后与周围空气混合形成可燃云团，遇到引火源发生爆燃或爆炸，破坏范围较大。

2. 有毒气体泄漏后果

有毒气体泄漏后形成云团在空气中扩散，有毒气体浓度较大的浓密云团将笼罩很大范围，造成较大影响。

3. 液体泄漏

一般情况下，泄漏的液体在空气中蒸发而形成气体，泄漏后果取决于液体蒸发生成的气体量，液体蒸发生成的气体量与泄漏液体种类有关。

(1)常温常压液体泄漏

液体泄漏后聚集在防液堤内或地势低洼处形成液池，液体表面发生缓慢蒸发。

(2)加压液化气体泄漏

液体在泄漏瞬间迅速汽化蒸发，没来得及蒸发的液体形成液池，吸收周围热量继续蒸发。

(3)低温液体泄漏

吸收周围热量蒸发，液体蒸发速度低于液体泄漏速度，液体泄漏后形成液池。

4. 泄漏危害

①资源浪费和损失；

②环境污染；

③进一步引起燃烧、爆炸；

④有毒介质的泄漏会导致中毒事故。

3.2 油气泄漏量计算

3.2.1 液体泄漏损失计算

对于油品，常见泄漏类型分为两种：小孔泄漏和大面积泄漏。对于小孔泄漏，较小破口长时间持续泄漏，按照流速大小又可以分为大、中、小型泄漏；较大孔洞在短时间内泄漏出大量物料属于大面积泄漏。大量的管道设备连接油罐区的各个生产单元，其破裂一般属于小孔泄漏。如果油罐出现较大破裂或者管道出现折断等情况，会在短时间内泄漏大量的油品，应当按照大面积泄漏处理。

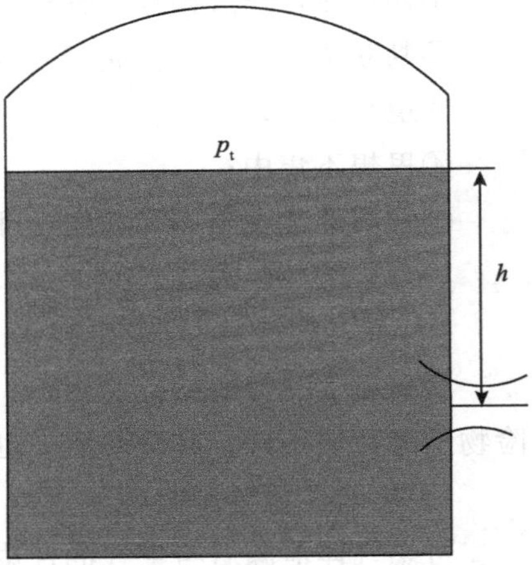

图 3-1 液体泄漏计算原理图

液体泄漏速率可以采用伯努利方程计算。根据伯努利方程，如图 3-1 所示，同一流线上各点的比位能、比压能及比动能之和为一个定值：

$$\frac{p_t}{\rho g}+h=\frac{p_0}{\rho g}+\frac{v^2}{2g} \tag{3-1}$$

由上式知：

$$v=\sqrt{\frac{2(p_t-p_0)}{\rho}+2gh} \tag{3-2}$$

根据流量：

$$Q=\rho Av \tag{3-3}$$

得到：

$$Q=C_d A\rho\sqrt{2\left(\frac{p_t-p_0}{\rho}\right)+2gh} \tag{3-4}$$

式中 Q——液体泄漏速率，kg/s；

ρ——液体密度，kg/m^3；

A——泄漏孔面积，m^2；

p_t——罐压，Pa；

p_0——大气压力，Pa；

g——重力加速度，9.8m/s^2；

h——液压头，即泄漏口上的液位高度，m。

C_d——无量纲泄漏系数，是实际流量与理论流量之比，通常取 0.6～0.64，也可根据表 3－1 取值。

表 3－1　液体泄漏系数 C_d

雷诺数	裂口形状		
	圆形(多边形)	三角形	长方形
＞100	0.65	0.60	0.55
≤100	0.50	0.45	0.40

液体泄漏的推动力是介质压力和液位高度，如果介质压力很大，则可以忽略液位的影响；如果容器与大气相通，则推动力只有液位高度，随着泄漏的进行，液位必然下降，泄漏流量必然下降。因此，根据式(3－4)计算的泄漏量是泄漏的初流量也是最大流量。如果泄漏时间较短，可以按初流量计算，如果泄漏时间较长，则可以建立起流量与时间的关系式，以计算任意时刻的泄漏量，也可以计算容器内液体流完所需时间。

对于通过较长管道的液体泄漏，应考虑管道阻力以及管件的局部阻力。

3.2.2　气体泄漏损失计算

管道泄漏模型主要包括小孔模型、管道模型和大孔模型 3 类。输气管道泄漏示意图如图 3－2 所示。设管道泄漏点与输气起点间的距离为 L_e，1 为输气起点中心点位置，3 为泄漏口处位置，2 为泄漏口处对应管道中心点位置。

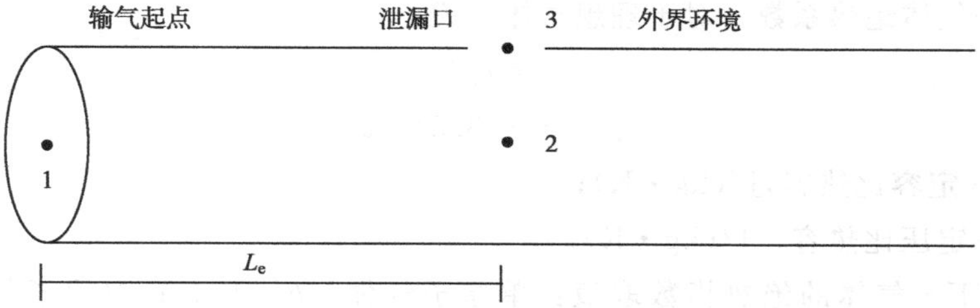

图 3－2　输气管道泄漏示意图

对于长输管线而言，用等温过程和绝热过程描述气体运动结果相似。假定：①气体在管道内做一维稳态流动；②泄漏口的流动为等熵流动；③管道内气体服从理想气体运动规律；④气体在管道内的流动为绝热流动。

则气体在管道内流动动量微分方程为：

$$u\mathrm{d}u+\frac{\mathrm{d}p}{\rho}=0 \tag{3-5}$$

等熵过程方程为：

$$\frac{p}{\rho^k}=\frac{p_a}{\rho_a^k} \tag{3-6}$$

式中　p_a——大气压力，Pa；

ρ_a——大气密度，kg/m³。

对于泄漏过程：

将式(3－6)代入式(3－5)得：

$$\int_{u_3}^{0} u\mathrm{d}u + \int_{p_2}^{p_a} \frac{p_a^{\frac{1}{k}}}{\rho_a} \cdot p^{\frac{1}{k}} \cdot \mathrm{d}p = 0 \tag{3-7}$$

根据气体状态方程：

$$\rho = \frac{p}{ZRT} \tag{3-8}$$

式中　T——气体温度，K；

R——气体常数，通常取 8.314kJ/(kmol·K)；

Z——气体的压缩因子，它表示实际气体与理想气体的偏离程度，它随着气体的压力和温度而变化。

将式(3－8)代入式(3－7)并对其积分整理得：

$$u_3 = \sqrt{\frac{2k}{k-1} \cdot \frac{ZRT_2}{M}\left[1-\left(\frac{p_3}{p_2}\right)^{\frac{k-1}{k}}\right]} \tag{3-9}$$

式中　u_i——点 i 处气体速度(i=1，2，3)，m/s；

p_i——点 i 处的压力(i=1，2，3)，Pa；

M——气体摩尔质量，kg/kmol；

T_i——点 i 处的温度(i=1，2，3)，K。

k——气体绝热系数，对于理想气体来说：

$$k = c_p/c_v$$

$$c_v = c_p - 8.314/c_p$$

c_v——定容比热容，J/(kg·K)；

c_p——定压比热容，J/(kg·K)。

一般情况下，气体的绝热指数取值：单原子气体，k=1.67；双原子气体，k=1.4；多原子气体，k=1.3。

考虑到气体从孔口或狭缝中向外喷出的过程中，孔口处发生缩径现象，即实际流动面积小于泄漏口面积；而且存在局部摩擦阻力损失，泄漏速度小于理论计算值，用孔口流量系数 C_0 进行修正，则泄漏质量流量为

$$Q = C_0 A p_2 \sqrt{\frac{2M}{RT_2}\frac{k}{k-1}\left[\left(\frac{p_a}{p_2}\right)^{\frac{2}{k}} - \left(\frac{p_a}{p_2}\right)^{\frac{k+1}{k}}\right]} \tag{3-10}$$

式中　Q——泄漏速率，kg/s；

A——泄漏孔面积，m²；

C_0——孔口泄漏修正系数，也称为流量系数。由实验可知，一般取 C_0=0.61～1.0；按泄漏孔的形状：圆形孔，C_0=1.0；三角形 C_0=0.95；长方形，C_0=0.90。孔口为内层

腐蚀形成的渐缩孔（钝角入口），$0.9<C_0<1.0$；孔口为外力机械损伤形成的渐扩孔（钝角出口），$0.6<C_0<0.9$。

由流体力学可知，天然气在孔口泄漏处流速的极限是在孔口处达到音速。因而泄漏孔的泄漏速率计算取决于泄漏孔处的流动状态，即临界流还是非临界流。

当点 2 的压力逐渐增加，达到某一临界值时，气体泄漏速度逐渐增加直到声速。此后，点 2 的压力继续增加时，泄漏速率保持不变，这种状态称为临界状态，此时点 2 的压力为临界压力：

$$\frac{p_a}{p_{2c}}=\left(\frac{2}{k-1}\right)^{\frac{k}{k-1}} \tag{3-11}$$

式中　p_{2c}——点 2 的临界压力。

当 $p_2>p_{2c}$ 时，泄漏点处管道内处于临界流动，此时泄漏速率为：

$$Q=C_0Ap_{2c}\sqrt{\frac{Mk}{RT_2}\left(\frac{2}{k+1}\right)^{\frac{k+1}{k-1}}} \tag{3-12}$$

当 $p_2<p_{2c}$ 时，泄漏点处管道内处于非临界流动，此时管道的泄漏速率按照式(3－10)计算。

许多气体的绝热指数为 1.1～1.4，则相应的临界压力为 1.7～1.9 个大气压，因此许多事故的气体泄漏是声速流。几种气体的绝热指数和临界压力如表 3－2 所示。

表 3－2　几种气体的绝热指数和临界压力

物质	丁烷	丙烷	二氧化硫	甲烷	氨	氯气	一氧化碳	氢气
k	1.096	1.131	1.290	1.307	1.310	1.355	1.404	1.410
p_c/atm	1.708	1.729	1.826	1.837	1.839	1.866	1.895	1.899

1. 小孔泄漏模型

小孔模型将泄漏口看成是一个足够小的孔，将管道看成是一个足够大容积的容器，因而假设由于泄漏孔孔径较小，管道内压力不受泄漏影响而发生变化，即 p_2 在泄漏前后保持恒定；另外忽略管内摩擦的影响，假设点 1 和点 2 的气体状态一样，即 $p_1=p_2$，$t_1=t_2$；因而气体泄漏率恒定，等于起始最大泄漏率。小孔模型主要适用于储罐和管道发生小孔失效时泄漏率的计算。因而，用输送点压力代替泄漏处管内压力，则：

当 $\frac{p_a}{p_1}>\left(\frac{2}{k+1}\right)^{\frac{k}{k-1}}$ 时，孔口气体泄漏为临界流，根据式(3－12)，泄漏率为：

$$Q=AP_1\sqrt{\frac{Mk}{RT_1}\left(\frac{2}{k+1}\right)^{\frac{k+1}{k-1}}} \tag{3-13}$$

当 $\frac{p_a}{p_1}\leqslant\left(\frac{2}{k+1}\right)^{\frac{k}{k-1}}$ 成立时，孔口气体流速属于非临界流，根据式(3－10)，泄漏率为：

$$Q=AP_1\sqrt{\frac{2M}{RT_1}\frac{k}{k-1}\left[\left(\frac{p_a}{p_1}\right)^{\frac{2}{k}}-\left(\frac{p_a}{p_1}\right)^{\frac{k+1}{k}}\right]} \tag{3-14}$$

2. 管道模型

管道模型是由于某种原因管线发生全截面断裂或泄漏孔径与管径接近相等时计算气体泄漏率所采用的模型，该模型考虑了流体在管道中流动的内摩擦影响。泄漏处对应的管内和泄漏孔二者之间不存在等熵膨胀，并且状态一样，即 $p_2=p_3=p_a$。

对于管道内的绝热流动，从能量守恒和动量守恒可得到如下方程：

$$\frac{k+1}{k}\ln\left(\frac{p_1T_2}{p_2T_1}\right)+\frac{M}{RG^2}\left(\frac{p_2^2}{T_2}-\frac{p_1^2}{T_1}\right)+\left(\frac{4fL_e}{D}\right)=0 \tag{3-15}$$

式中 G——单位面积的质量流量，kg/(m^2 · s)；

f——管道摩擦系数；

L_e——管道的当量长度，m；

D——管道内径，m。

管道的当量长度 L_e 包括直管部分和相应的管件部分，其计算公式如下：

$$L_e=L+\sum N_iK_i\left(\frac{D}{f}\right) \tag{3-16}$$

式中 L——管道直管长度，m；

N_i——管件(阀门、弯头)数；

K_i——管件的压降系数。

摩擦系数 f 由下式确定：

当 $Re<10^5$ 时，$f=0.079Re^{-0.25}$ (3-17)

当 $Re>10^5$ 时，$f=0.0232Re^{-0.1507}$ (3-18)

式中 Re——雷诺数；

假定管道内与泄漏孔的流量相同，则下式成立：

$$Q=Au_3\rho_3=A_0u_1\rho_1=A_0u_2\rho_2 \tag{3-19}$$

式中 ρ_i——点 i 处气体的密度($i=1$, 2, 3)，kg/m^3；

A_0——管道截面积，m^2；

考虑式(3-13)，将单位面积的质量流量 G 表达成马赫数的函数后得：

$$G=\frac{Q}{A_0}=p_2\sqrt{\frac{Mk}{RT_2}\left(\frac{2}{k+1}\right)^{\frac{k+1}{k-1}}}=Ma_1p_2\sqrt{\frac{Mk}{RT_1}}=Ma_1p_2\sqrt{\frac{Mk}{RT_2}} \tag{3-20}$$

式中 Ma_i——点 i 处的马赫数($i=1$, 2)，作为衡量气体压缩性大小的相似准则。当 $Ma<1$ 时，气体在管道内为亚临界流动；$Ma=1$ 时，气体在管道内为声速流动；$Ma>1$ 时，气体在管道内为超声速流动，其表达式为：$Ma=u/c$；c 为当地声速，m/s，对于理想气体，$c=\sqrt{Mk/RT}$。

将式(3-20)代入式(3-15)得：

$$\frac{k+1}{k}\ln\left(\frac{p_1T_2}{p_2T_1}\right)+\frac{M}{Rp_2^2\frac{Mk}{RT_2}\left(\frac{2}{k+1}\right)^{\frac{k+1}{k-1}}}\left(\frac{p_2^2}{T_2}-\frac{p_1^2}{T_1}\right)+\left(\frac{4fL_e}{D}\right)=0 \tag{3-21}$$

考虑到：

$$T_2=\left(\frac{Y_1}{Y_2}\right)T_1 \tag{3-22}$$

$$p_2=\left(\frac{Ma_1}{Ma_2}\right)\sqrt{\frac{Y_1}{Y_2}}p_1 \tag{3-23}$$

$$Y_i=1+\left(\frac{k-1}{2}\right)Ma_i^2 \tag{3-24}$$

将上述各式代入(3-21)得：

$$\frac{k+1}{2k}\ln\left(\frac{Ma_2^2}{Ma_1^2}\cdot\frac{Y_1}{Y_2}\right)+\frac{1}{k\left(\frac{2}{k+1}\right)^{\frac{k+1}{k-1}}}\left(1-\frac{Ma_2^2}{Ma_1^2}\right)+\left(\frac{4fL_e}{D}\right)=0 \tag{3-25}$$

当管道较长，压差较大时，气体在泄漏孔处的流速可以接近声速达到临界流。此时，$Ma_2=1$，所以，式(3-20)、式(3-22)、式(3-23)和式(3-25)可以简化为：

$$G'=Ma_1p_1\sqrt{\frac{Mk}{RT_1}}=Ma_2p_2\sqrt{\frac{Mk}{RT'_2}} \tag{3-26}$$

$$T'_2=\left(\frac{2+(k-1)Ma_1^2}{k+1}\right)T_1 \tag{3-27}$$

$$p'=Ma_1\sqrt{\frac{2+(k-1)Ma_1^2}{k+1}}p_1 \tag{3-28}$$

$$\frac{k+1}{2k}\ln\left(\frac{1}{Ma_1^2}\cdot\frac{2+(k-1)Ma_1^2}{k+1}\right)+\frac{1}{k\left(\frac{2}{k+1}\right)^{\frac{k+1}{k-1}}}\left(1-\frac{1}{Ma_1^2}\right)+\left(\frac{4fL_e}{D}\right)=0 \tag{3-29}$$

式中，上标′表示在临界流条件下的相关参数。

3. 大孔泄漏模型

当管道破坏的尺寸大于小孔而小于管径时，小孔模型和管道模型均不适用，而这种情况在工程实际中占有很大比例(29%)。

对于高压情况：

①当孔径较小时，泄漏点压力 p_2 稍小于起始压力 p_1，且远远大于临界压力 p_{2c}，此时泄漏过程为管内亚临界流，孔口临界流状态；

②随着孔径的进一步增大，此时 p_2 远远小于 p_1，但依旧大于临界压力 p_{2c}，这时泄漏过程变为管内、孔口均处于临界流状态；

③随着孔径的进一步增大到接近管道孔径时，可能出现 p_2 小于 p_{2c}，则泄漏过程为管内临界流，孔口亚临界流状态。根据能量和动量守恒分析发现，当管内临界流时，孔口流动只可能处于临界流状态，因此状态③是不可能存在的。

对于低压情况：

①当孔径较小时，泄漏点压力 p_2 稍小于起始压力 p_1，且远远大于临界压力 p_{2c}，此时泄漏过程为管内亚临界流，孔口临界流状态；

②随着孔径的进一步增大，管内、孔口均处于亚临界流。

由此可见，大孔模型有 3 种泄漏状态，而对于具体的长输管线(高压或低压)泄漏情况只有两种状态存在，因此说大孔模型三状态及两状态均存在一定的不合理性。对高压输气管道而言，分析两种状态：管内为亚临界流，孔口为临界流状态；管内、孔口均处于临界流状态。

(1)管道内为亚临界流，泄漏孔为临界流

当气体流动过程满足式(3－30)时，管内气体流动为亚临界流过程，孔口为临界流等熵膨胀过程。

$$\begin{cases} p_2 > p_1 Ma_1 \sqrt{\dfrac{2+(k-1)Ma_1^2}{k+1}} \\ \dfrac{p_a}{p_2} \leqslant \left(\dfrac{2}{k+1}\right)^{\frac{k}{k-1}} \end{cases} \tag{3-30}$$

此时，孔口的气体泄漏速率用式(3－12)表示。考虑式(3－20)，将单位面积的质量流量 G 表达成马赫数的函数后得：

$$G=\frac{Q}{A_0}=\left(\frac{A}{A_0}\right)p_2\sqrt{\frac{Mk}{RT_2}\left(\frac{2}{k+1}\right)^{\frac{k+1}{k-1}}}=Ma_1 p_1\sqrt{\frac{Mk}{RT_1}}=Ma_2 p_2\sqrt{\frac{Mk}{RT_2}} \tag{3-31}$$

将式(3－31)代入式(3－15)，考虑到式(3－22)和式(3－25)：

$$\frac{k+1}{2k}\ln\left(\frac{Ma_2^2}{Ma_1^2}\cdot\frac{Y_1}{Y_2}\right)+\frac{\left(\dfrac{A_0}{A}\right)^2}{k\left(\dfrac{2}{k+1}\right)^{\frac{k+1}{k-1}}}\left(1-\frac{Ma_2^2}{Ma_1^2}\right)+\left(\frac{4fL_e}{D}\right)=0 \tag{3-32}$$

泄漏口处管道内(点 2)的参数见式(3－26)和式(3－29)。

(2)管道内与泄漏孔均为临界流

当气体流动过程满足式(3－33)时，管内气体流动为临界流过程，孔口为临界流等熵膨胀过程。

$$\begin{cases} p_2 < p_1 Ma_1 \sqrt{\dfrac{2+(k+1)Ma_1^2}{k+1}} \\ \dfrac{p_a}{p_2} \leqslant \left(\dfrac{2}{k+1}\right)^{\frac{k}{k-1}} \end{cases} \tag{3-33}$$

此时，孔口泄漏率为：

$$Q=AMa_1 p_1\sqrt{\frac{Mk}{RT_1}\left(\frac{2}{k+1}\right)^{\frac{k+1}{k-1}}} \tag{3-34}$$

考虑到孔口为临界流以及式(3－20)、式(3－23)和式(3－13)：

$$\frac{k+1}{2k}\ln\left(\frac{2Y_1}{(k+1)Ma_1^2}\right)+\frac{\left(\dfrac{A_0}{A}^2\right)}{k\left(\dfrac{2}{k+1}\right)^{\frac{k+1}{k-1}}}\left(1-\frac{1}{Ma_1^2}\right)+\left(\frac{4fL_e}{D}\right)=0 \tag{3-35}$$

泄漏口处管道内(点 2)的参数见式(3－20)和式(3－23)。

3.2.3　气液两相流泄漏计算

1．两相流及其主要特征参数

(1)两相流的概念和分类

两相流动中的相通常是指某一系统中具有相同成分及相同物理、化学性质的均匀物质成分。从宏观的角度出发，可以把自然界的物质分为三类：气相、液相、固相。单相物质的流动即为单相流，如气体或液体流。两相物体的流动称为两相流。在两相流动中，两相之间不仅存在分界面，而且这一分界面随着流动在不断的变化。因此，两相流可定义为存在变动分界面的两种独立物质组成的物体的流动。这里主要讲述气液两相流动。

(2)两相流的主要特征参数

在两相流中，由于存在一个形状和分布在时间和空间里均随机可变的相界面，描述两相流的参数与描述单相流动的参数相比，增加了一些新的特征参数，最常用的是流型和相分率。

①流型

流型又称流态，指两相界面分布呈不同几何图形或不同的结构形式。流型是两相流最基本的特征参数之一，不但影响两相流的流动特性和传热传质性能，而且两相流其他参数的准确测量也往往依赖于对流型的了解。

流型影响因素复杂，与管道内的压力、气液相流量、热流密度和管道几何形状等因素均有关系。

水平管内、垂直管内气液两相流型分别如图 3－3、图 3－4 所示。

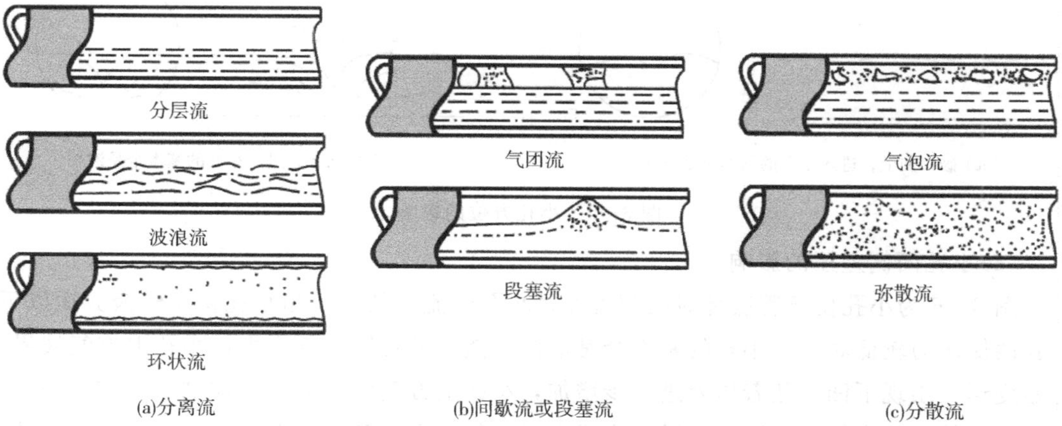

图 3－3　水平管内气液两相流型

②分相含率

分相含率是指两相流中各相所占的份额，在气液两相流中即为含气率和含液率。如果气相为气液两相流中的离散相，通常用含气率来表示分相含率。含气率有截面含气率、质

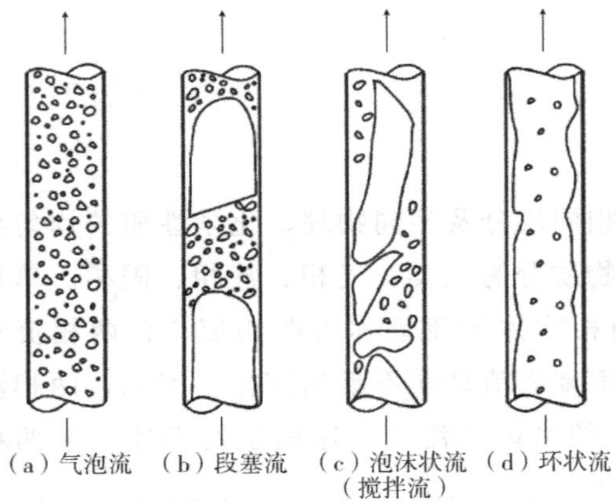

图 3－4　垂直管内气液两相流型

量含气率和体积含气率三种表示形式。

③截面含气率

截面含气率又称为空隙率，指气液两相流作一元流动时，在管道的某一流动截面上，气相所占截面积与总流通面积之比。

④质量含气率

质量含气率又可称为干度，指气液两相混合流体中气相质量流量与总质量流量之比。

⑤体积含气率

体积含气率是指气液两相混合流体中气相体积流量与总体积流量之比。

2. 两相流泄漏分析

两相流通过小孔的泄漏非常复杂，目前该领域的研究还非常少。在气液相流量均较小时水平管内会出现分层流型。此时气液两相之间存在一分界面，气相占据管截面上部空间，而液相则在管底部流动。实验发现进入管壁小孔的气液相流量和比例主要受两相流的泄漏与管路内的流型、泄漏孔的方位、泄漏容器内外差压等的影响。

(1)小孔方位的影响

如在分层流型下，若小孔位于顶部，在气液界面以上，进入小孔的基本全是气体，而若小孔位于管壁底部，进入小孔的基本全是液相，如图 3－5 所示。

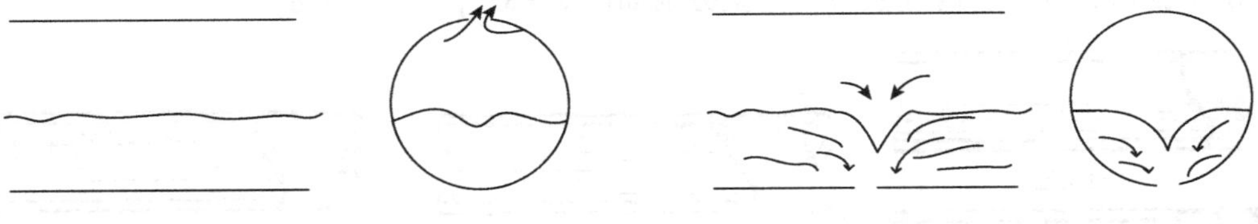

（a）破口向上，进入小孔的基本全是气相　　（b）破口向下，进入小孔的基本全是液相

图 3－5　小孔方位的影响

(2)小孔两侧差压的影响

图 3－6 为小孔位于管底部时两相流通过小孔的流动情况。当小孔位于气液界面以下，小孔两侧压力较低时进入小孔的基本全是液体，然而随着压差的增大，小孔上方气液界面开始变形，出现下凹。随着压差进一步增加，小孔上方气液界面变形加剧，形成旋涡，小孔出口开始出现小气泡。当压差进一步增大时，气体会冲破小孔上方的液膜，形成连续气流从小孔喷出。当小孔位于液面上部时，如果小孔两侧压差较低，进入小孔的基本全是气体，随着压差的增加，进入小孔的气量增加，由于气相加速而导致小孔入口压力降低，使得气液界面上的液体也可能会被气体夹带而进入小孔。

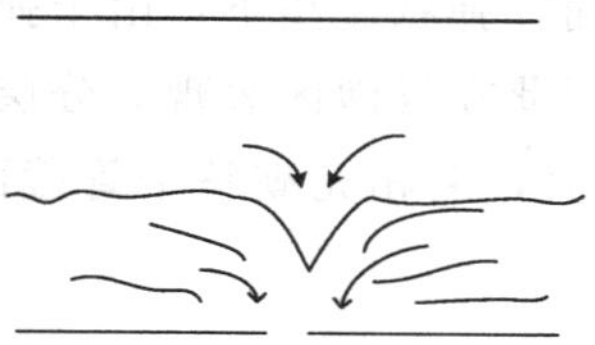

（a）差压较低时进入底部小孔基本全是液体

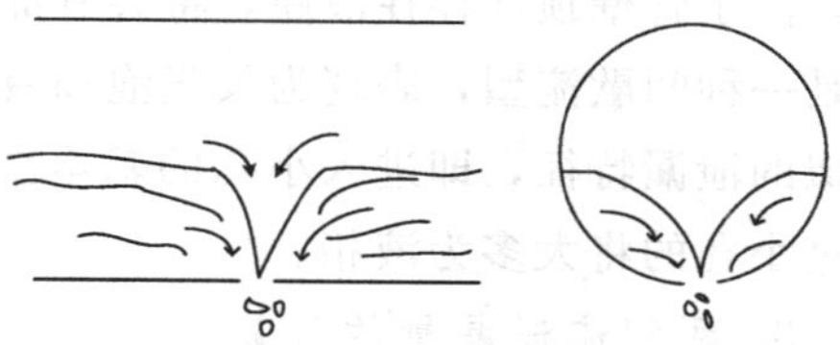

（b）随着差压增大，底部小孔逐渐有气体逸出

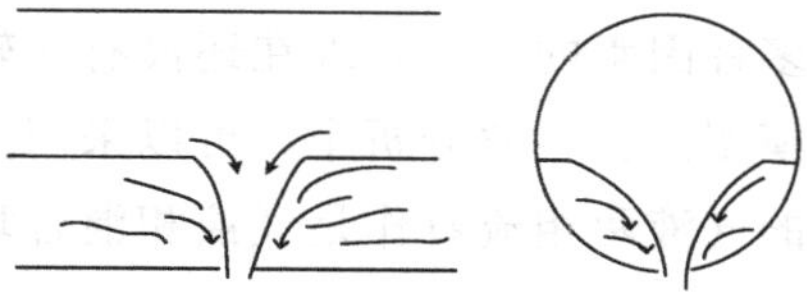

（c）差压进一步增大，气体将形成连续的气体通道，从底部小孔喷出

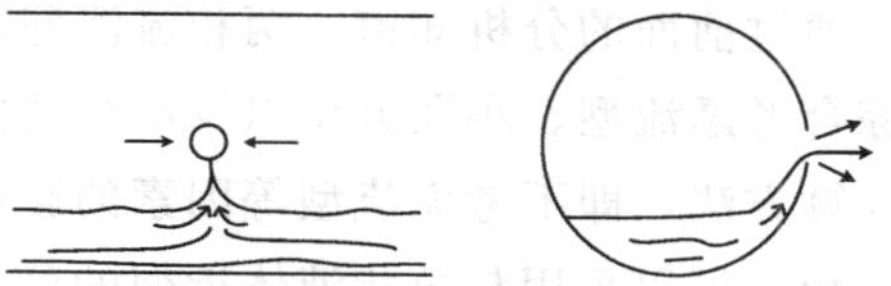

（d）当差压较大时，液相也会进入气液界面以上的小孔

图 3－6　小孔两侧差压的影响

(3)流型的影响

小孔位于同一方位，在不同流型下进入小孔的气液相流量和比例也不尽相同，如图 3－7所示。如对于顶部小孔，在分层流型下进入顶部小孔的基本全是气相；而在环状流型

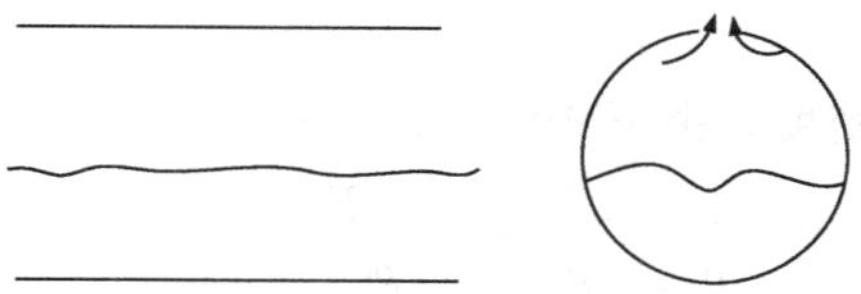

（a）分层流型下进入顶部小孔的多为气相

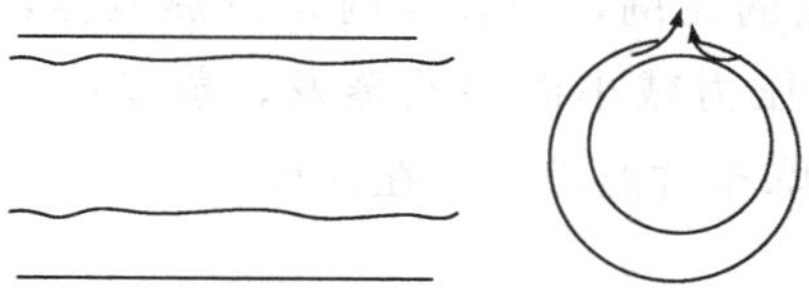

（b）环状流型下，顶部小孔处的液膜将被气体携带进入小孔

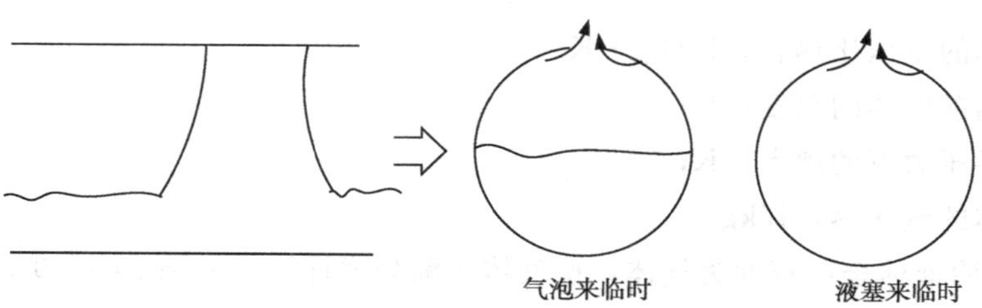

（c）弹状流型下：气泡来临顶部小孔的基本全是气体，液塞来临时，进入顶部小孔的基本全是液相

图 3－7　流型的影响

下，由于管壁顶部存在液膜，将会有部分液体通过管壁小孔；而在弹状流型下，由于弹状流是一种间歇流型，表现为长气泡和液塞交替流过分配界面，因此在气泡区表现为分层流类似的泄漏特征，即进入小孔的基本全是气相，而当液塞来临时，液相充满整个管截面，通过小孔的将大多为液相。

3. 两相流泄漏量的计算

两相流泄漏量由两部分组成，即气相流量和液相流量，因此需要知道两相流体总的质量流量以及气液两相的质量分数。

通过前面的分析知道，两相流泄漏非常复杂，受多种因素的影响，现在还没有比较成熟综合考虑流型、小孔方位以及小孔两侧差压的计算模型。在事故分析中，可以采用简化的计算方法，即不考虑流型等因素的影响，将泄漏出的气液两相流看作是气液相混合均匀的一相，可以采用与单相液体近似的公式进行计算。

例如，过热液体发生泄漏时，有时会出现气、液两相流动，均匀两相流动的泄漏速度可按下式计算：

$$Q_0 = C_d A \sqrt{2\rho(p - p_c)} \tag{3-36}$$

式中　C_d——两相流混合物泄漏系数，可取 0.8；

A——裂口面积，m^2；

p——两相混合物的压力；

p_c——临界压力；

ρ——两相混合物平均密度，由下式计算：

$$\frac{1}{\rho} = \frac{F_V}{\rho_g} + \frac{1 - F_V}{\rho_l} \tag{3-37}$$

式中，ρ_g 为液体蒸发的蒸气密度，kg/m^3；ρ 为液体密度，kg/m^3。

F_V 为蒸发的液体占液体总量的比例，当容器内是过热液体，即液体的沸点低于周围环境温度，液体流过小孔时由于压力减小而突然蒸发。蒸发所需热量主要取自于液体本身，而容器内剩下的液体温度将降至常温沸点。在这种情况下，泄漏时直接蒸发的液体所占百分比 F_V 可按下式计算：

$$F_V = \frac{c_p(T - T_c)}{H} \tag{3-38}$$

式中　c_p——液体的定压比热容，$J/(kg \cdot K)$；

T——泄漏前液体的温度，K；

T_c——临界压力下的沸点，K；

H——液体的汽化热，J/kg。

当 $F_V > 1$ 表明液体全部蒸发为气体，按气体泄漏公式计算；如果 $F_V = 0$，按液体泄漏公式计算。

3.3　可燃和有毒气体扩散

3.3.1　气体扩散机理

泄漏后气体扩散过程实际上是射流与膨胀过程的耦合过程。孔口泄漏的气体与周围空气进行动量、质量和热量的交换，通常在孔口形成湍流自由射流。

3.3.2　气体扩散分类

根据扩散气体与空气密度的差异，扩散可以分为中等密度云扩散及重气扩散两类。

(1)中等密度云扩散

扩散气体的密度与空气相当时，大气湍流和风速等起支配作用。

(2)重气扩散

密度较空气重的气体，重气受重力的作用，一般是沿地面扩散的，对人的影响更大；另一方面，常见的工业气体，很多密度都大于空气，如液化石油气、氯气、二氧化硫、硫化氢等。一些液化气体虽然相对分子质量不一定大于空气的表观相对分子质量，由于泄漏后一般温度较低，还可能夹带液滴，其表观密度仍大于空气，有时称为稠密云团，也应该使用重气扩散模型。

3.3.3　气体扩散影响因素

(1)风向和风速

风向决定了气体水平迁移方向，风速的大小决定了大气扩散稀释作用的强弱及污染物输送距离的远近。污染物在大气中的浓度与风速成反比，风速增加 1 倍，下风向污染物浓度减少 50%。

(2)重力及浮升力

由于天然气的密度与周围密度不同，所受的重力与浮力不平衡，使得整个射流和膨胀部分将上浮。

(3)泄漏源高度

泄漏源高度增加，泄漏物质扩散至地面的垂直距离增加，在同等源强和气象条件下，地面同等距离的物质浓度会降低。

(4)地面情况

复杂的地形条件使泄漏物质的扩散更加困难。事故一旦发生，泄漏质就会长时间聚集，增加危险与危害性。高大建筑物的存在，使泄漏物质的扩散流场发生变化。

(5)大气稳定度

大气稳定度是指在竖直方向上大气稳定的程度，即大气是否易于发生对流。稳定大气不利于气体的扩散，其气体扩散范围较小，浓度较高，同样条件下气体的停留时间较长。

不稳定大气有利于气体的扩散，其气体扩散范围较大，浓度较低，停留时间较短。

3.3.4 气体扩散模型

1. 气体扩散基本方程

在化工、石油、染料以及其他行业中有许多有害物质，包括易燃易爆和毒性气体及液体(如液化石油气、氨、氯及硫化氢等)，如果在生产或运输过程中由于操作失误或其他原因，致使这些危险性物质泄漏出来，就会对居民和环境造成极大的危害。由于可燃或毒性物质泄漏造成惨重损失的报道在国内外屡见不鲜。为了预防此类事故的发生并为事故发生后提供积极补救措施，对危险性气体的扩散作深入的研究是很有必要的。

国内关于危险性气体在大气中扩散的研究报道较少，国外在这方面的研究工作始于20世纪七八十年代，直到现在该领域的研究还比较活跃。在此期间，提出了不少扩散的计算模型，在此主要对气体扩散的几种常见模型作以简单介绍。

液体、气体泄漏后在泄漏源附近扩散，在泄漏源上方形成气团，气团将在大气中进一步扩散、影响广大区域。因此，气团在大气中的扩散成为重大事故后果分析的重要内容。

气团在大气中的扩散与气团自身性质有关。当气团密度小于空气密度时，气团将向上扩散而不会影响下面的居民；当气团大于空气密度时，气团将沿地面扩散，危害很大；除了气团本身的性质以外，气团的扩散还受到大气稳定度、风速、风向、地面粗糙度等因素的影响，呈现十分复杂的关系。

当扩散气体的密度与空气相当时，大气湍流扩散和风速等起支配作用，可以采用中等密度云模型，即高斯模型进行计算。该模型适用于点源的扩散，早在20世纪五、六十年代就已被应用。它是从统计方法入手，考察扩散质的浓度分布。烟羽模型(Plume model)适用于连续源的扩散；烟团模型(Puff model)适用于短时间泄漏的扩散(即泄放时间相对于扩散时间比较短的情形，如突发性泄放等)。

扩散基本方程：

在均匀流场中，根据菲克定律和质量守恒，可以建立有害气体扩散基本方程：

$$\frac{\partial c}{\partial t}=E_{t,x}\frac{\partial^2 c}{\partial x^2}+E_{t,y}\frac{\partial^2 c}{\partial y^2}+E_{t,z}\frac{\partial^2 c}{\partial z^2}-u_x\frac{\partial c}{\partial x}-u_y\frac{\partial c}{\partial y}-u_z\frac{\partial c}{\partial z}-Kc \tag{3-39}$$

式中 c——有害气体浓度，kg/m^3；

$E_{t,x}$，$E_{t,y}$，$E_{t,z}$——x，y，z 方向上的湍流扩散系数，常数；

u_x，u_y，u_z——x，y，z 方向上的平均风速，m/s；

K——衰减系数，常数。

上式由三部分组成：

扩散项：

$$E_{t,x}\frac{\partial^2 c}{\partial x^2}+E_{t,y}\frac{\partial^2 c}{\partial y^2}+E_{t,z}\frac{\partial^2 c}{\partial z^2} \tag{3-40}$$

表示有害物质的扩散。

对流项：

$$-u_x\frac{\partial c}{\partial x}-u_y\frac{\partial c}{\partial y}-u_z\frac{\partial c}{\partial z} \tag{3-41}$$

表示有害物质随风的运动。

源项：　　　　　　　　　　　　Kc

表示有害物质的衰减。

2. 中等密度云扩散

(1)扩散控制方程的简化模型

①有风时瞬时泄漏气体扩散方程

在大气场中，只考虑 x 方向上的风速，风向与 x 轴一致，即 $u_z=0$，$u_y=0$，同时忽略地面吸收造成的有害物质的衰减，即 $K=0$，则得到有风时瞬时泄漏气体扩散方程：

$$\frac{\partial c}{\partial t}+u_x\frac{\partial c}{\partial_x}=E_{t,x}\frac{\partial^2 c}{\partial x^2}+E_{t,y}\frac{\partial^2 c}{\partial y^2}+E_{t,z}\frac{\partial^2 c}{\partial z^2} \tag{3-42}$$

②无风时瞬时泄漏气体扩散方程

无风时，$u_x=0$，则得到无风条件下的瞬时泄漏扩散方程：

$$\frac{\partial c}{\partial t}=E_{t,x}\frac{\partial^2 c}{\partial x^2}+E_{t,y}\frac{\partial^2 c}{\partial y^2}+E_{t,z}\frac{\partial^2 c}{\partial z^2} \tag{3-43}$$

③有风条件下连续扩散简化方程

对于有风条件下连续扩散的情况，认为稳态时某位置的浓度不随时间变化，即 $\frac{\partial c}{\partial t}=0$，同时，在风向上的湍流扩散可以忽略，即 $\frac{\partial^2 c}{\partial x^2}=0$，则扩散方程为：

$$u_x\frac{\partial c}{\partial x}=E_{t,y}\frac{\partial^2 c}{\partial y^2}+E_{t,z}\frac{\partial^2 c}{\partial z^2} \tag{3-44}$$

(2)无边界点源扩散的求解

不考虑地面等对扩散的影响，可以认为扩散在三维无限空间进行，没有边界限制。

①瞬时点源扩散：

a)无风条件

无风条件下的瞬时点源扩散方程为：

$$\frac{\partial c}{\partial t}=E_{t,x}\frac{\partial^2 c}{\partial x^2}+E_{t,y}\frac{\partial^2 c}{\partial y^2}+E_{t,z}\frac{\partial^2 c}{\partial_z^2} \tag{3-45}$$

先考虑 x 方向的一维扩散

$$\frac{\partial c}{\partial t}=E_{t,x}\frac{\partial^2 c}{\partial x^2} \tag{3-46}$$

初始条件：$t=0$ 时，$x=0$ 处，$c\longrightarrow\infty$；$x\neq 0$，$c\longrightarrow 0$。

边界条件：$t\longrightarrow\infty$，$c\longrightarrow 0$

解方程可得泄漏的单位源强在任意时刻在一维空间的浓度分布：

$$c(x,t)=\frac{1}{2(\pi E_{t,x})^{\frac{1}{2}}\exp\left(-\frac{x^2}{4E_{t,x}t}\right)} \tag{3-47}$$

源强为 Q 时的浓度分布：

$$c(x,t)=\frac{Q}{2(\pi E_{t,x})^{\frac{1}{2}}}\exp\left(-\frac{x^2}{4E_{t,x}t}\right) \tag{3-48}$$

分别求出 x，y，z 三个方向上单位源泄漏的浓度分布，取其积，得到无风条件下瞬时泄漏在三维空间的任意时刻的浓度分布：

$$c(x,t)=\frac{Q}{2(\pi E_{t,x})^{\frac{1}{2}}}\exp\left[-\frac{1}{4t}\left(\frac{x^2}{E_{t,x}t}+\frac{x^2}{E_{t,y}t}+\frac{x^2}{E_{t,E}t}\right)\right] \tag{3-49}$$

令 $\sigma_x^2=2E_{t,x}t,\sigma_y^2=2E_{t,y}t,\sigma_z^2=2E_{t,z}t$，称为 x，y，z 方向上的扩散系数，则上式变为：

$$c(x,t)=\frac{Q}{2(\pi E_{t,x})^{\frac{1}{2}}}\exp\left[-\left(\frac{x^2}{2\sigma_x^2}+\frac{y^2}{2\sigma_y^2}+\frac{z^2}{2\sigma_z^2}\right)\right] \tag{3-50}$$

b)有风条件

在有风条件下，气团中心按风速运动，作简单的坐标变换得到浓度分布方程：

$$c(x,T)=\frac{Q}{2(\pi E_{t,x})^{\frac{1}{2}}}\exp\left[-\left(\frac{(x-\bar{u}_x t)}{2\sigma_x^2}+\frac{y^2}{2\sigma_y^2}+\frac{z^2}{2\sigma_z^2}\right)\right] \tag{3-51}$$

瞬时扩散表明，泄漏气体为随时间膨胀的气团，随着气团体积的增大，浓度逐渐降低。在有风的条件下，气团随风运动。

②连续点源扩散

在有风条件下连续点源扩散的浓度分布为：

$$c(x,y,z)=\frac{Q}{4\pi x(E_{t,y}E_{t,z})^{\frac{1}{2}}}\exp\left[-\frac{u_x}{4x}\left(\frac{y^2}{E_{t,y}}+\frac{z^2}{E_{t,z}}\right)\right] \tag{3-52}$$

令 $\sigma_x^2=2E_{t,x}t=\dfrac{2E_{t,x}x}{\bar{u}_x},\sigma_x^2=2E_{x,y}t=\dfrac{2E_{t,y}x}{\bar{u}_x},\sigma_x^2=2E_{t,z}t=\dfrac{2E_{t,z}x}{\bar{u}_x}$

则上式变为：

$$c(x,y,z)=\frac{Q}{2\pi\bar{u}_x\sigma_y\sigma_z}\exp\left[-\left(\frac{y^2}{2\sigma_y^2}+\frac{z^2}{2\sigma_z^2}\right)\right] \tag{3-53}$$

连续泄漏在下风向形成一条烟羽，随着距离泄漏口的距离的增加，泄漏物质浓度下降，在任意点处，泄漏物质浓度正比于源强，但不随时间变化。

3. 有界点源扩散

前述方程均没有考虑地面的影响，即认为扩散空间是无界的。实际扩散需考虑地面的影响，一般把地面作为镜子一样可以完全反射有害物质。有害物质的实际浓度由真实源计算的浓度和由与真实源对称的虚源计算的浓度之和。如果泄漏口上空存在逆温层，还要考虑逆温层的影响。

高斯模型即为考虑了地面反射作用的扩散计算模型，根据瞬时扩散和连续扩散，可以分别用高斯烟团模型和高斯烟羽模型来计算。

(1)高斯烟羽模型

高斯烟羽模型适用于计算浓度分布呈高斯分布的中等密度气羽状气团中任意一点的浓度。烟羽模型的浓度分布算式为：

$$c(x,y,z,H)=\frac{Q}{2\pi\bar{u}\sigma_y\sigma_z}\exp\left(-\frac{y^2}{2\sigma_y^2}\right)\left\{\exp\left[-\frac{(z-H)^2}{2\sigma_z^2}\right]+\exp\left[-\frac{(z+H)^2}{2\sigma_z^2}\right]\right\}\tag{3-54}$$

式中　c——扩散质的浓度(体积分数)；

Q——源的泄放速率，m^3/s；

H——有效源高，m；

x、y、z——该点坐标，m；

σ_x，σ_z——横风向和竖直方向的扩散系数(高斯分布的标准方差)，m。

只有风速小于 1m/s 时，风向上的湍流扩散才能忽略，所以，高斯模型不适用于风速小于 1m/s 的情况，低风速扩散时应修正高斯模型或采用其他模型。

根据高斯模型，可以计算如下典型状态下的扩散状况：

①距地面高度为 H 的连续点源的地面浓度

即 $z=0$ 时：

$$c(x,y,0,H)=\frac{Q}{\pi\bar{u}\sigma_y\sigma_z}\exp\left(-\frac{y^2}{2\sigma_y^2}\right)\exp\left(-\frac{H^2}{2\sigma_z^2}\right)\tag{3-55}$$

②距地面高度为 H 的连续点源地面轴向浓度

即 $y=0$，$z=0$ 时：

$$c(x,0,0,H)=\frac{Q}{\pi\bar{u}\sigma_y\sigma_z}\exp\left(-\frac{H^2}{2\sigma_z^2}\right)\tag{3-56}$$

③地面连续点源扩散模型

即 $H=0$ 时：

$$c(x,y,z,0)=\frac{Q}{\pi\bar{u}\sigma_y\sigma_z}\exp\left(-\frac{y^2}{2\sigma_y^2}\right)\exp\left(-\frac{z^2}{2\sigma_z^2}\right)\tag{3-57}$$

④地面连续点源轴线的浓度

即 $y=0$，$z=0$，$H=0$ 时：

$$c(x,0,0,0)=\frac{Q}{\pi\bar{u}\sigma_y\sigma_z}\tag{3-58}$$

(2)高斯烟团模型

烟羽模型只适用于连续源或泄放时间大于或等于扩散时间的扩散，如果要研究瞬时泄放(泄放时间小于扩散时间)，如容器突然爆炸导致其内部介质瞬时泄放出来的情况，就应用修正的烟团模型。若假设气体云内空间上的浓度为高斯分布，则地面处下风向的烟团模型浓度分布算式为：

①有风时

$$c(x,y,z,t)=\frac{Q_m^*}{(2\pi)^{\frac{3}{2}}\sigma_x\sigma_y\sigma_z}\exp\left(-\frac{y^2}{2\sigma_y^2}\right)\left\{\exp\left[-\frac{(z-H)^2}{2\sigma_z^2}\right]+\exp\left[-\frac{(z+H)^2}{2\sigma_z^2}\right]\right\}\exp\left[-\frac{(x-ut)^2}{2\sigma_x^2}\right]\tag{3-59}$$

式中 c——泄漏物质在地面的浓度(体积分数);

Q_m——源的泄放速度,m^3/s;

Q_m^* ——泄漏总量,m^3;

u ——平均风速,m/s;

H——泄源的有效高度,m;

t ——泄漏发生时间,s;

$\sigma_x,\sigma_y,\sigma_z$——$x$、$y$、$z$ 三个方向上的泄漏系数;

x,y,z ——某点的坐标。

对地面点源,$H=0$,则

$$c(x,y,z,t)=\frac{2Q}{(2\pi)^{\frac{3}{2}}\sigma_x\sigma_y\sigma_z}\exp\left[-\left(\frac{(x-\bar{u}_x t)^2}{2\sigma_x^2}+\frac{y^2}{2\sigma_y^2}+\frac{z^2}{2\sigma_z^2}\right)\right] \tag{3-60}$$

②无风时

$$c(x,y,z,t)=\frac{Q_m^*}{(2\pi)^{\frac{3}{2}}\sigma_x\sigma_y\sigma_z}\exp\left(-\frac{x^2}{2\sigma_x^2}-\frac{y^2}{2\sigma_y^2}\right)\left\{\exp\left[-\frac{(z-H)^2}{2\sigma_z^2}\right]+\exp\left[-\frac{(z+H)^2}{2\sigma_z^2}\right]\right\} \tag{3-61}$$

对地面点源,$H=0$,则:

$$c(x,y,z,t)=\frac{2Q}{(2\pi)^{\frac{3}{2}}\sigma_x\sigma_y\sigma_z}\exp\left[-\left(\frac{x^2}{2\sigma_x^2}+\frac{y^2}{2\sigma_y^2}+\frac{z^2}{2\sigma_z^2}\right)\right] \tag{3-62}$$

高斯烟羽模型及烟团模型未考虑重力影响,所以只适用于轻气体或与空气密度相差不多的气体的扩散。虽然高斯模型存在许多缺点,但目前美国环境保护协会 EPA 所采用的许多标准仍以高斯模型为基础而制定,并在广泛应用着。

4. 扩散系数的确定

σ_x,σ_y,σ_z 与地面的有效粗糙度和大气稳定程度有关。地面有效粗糙度如表 3-3 所示。

表 3-3 地面有效粗糙度

地面类型	Z_0/m	地面类型	Z_0/m
草原、平坦开阔地	≤0.1	分散的高矮建筑物(城市)	1~4
农作物地区	0.1~0.3	密集的高矮建筑物(大城市)	4
村落、分散的树林	0.3~1		

有效粗糙度 Z_0≤0.1m 地区的扩散参数按表 3-4 选取。

表 3-4 Z_0≤0.1m 地区的扩散参数

大气稳定度	σ_y/m	σ_z/m
A	$0.22(1+0.0001x)-1/2$	$0.20x$
B	$0.16(1+0.0001x)-1/2$	$0.12x$
C	$0.11(1+0.0001x)-1/2$	$0.08(1+0.0002x)-1/2$

续表

大气稳定度	σ_y/m	σ_z/m
D	$0.08(1+0.0001x)-1/2$	$0.06(1+0.0015x)-1/2$
E	$0.06(1+0.0001x)-1/2$	$0.03(1+0.0003x)-1/2$
F	$0.04(1+0.0001x)-1/2$	$0.016(1+0.0003x)-1/2$

注：x 为离烟囱中心的距离

有效粗糙度 $Z_0 \geqslant 0.1$m 的粗糙地形扩散系数为：

$$\sigma_y = \sigma_{y0} f_y \tag{3-63}$$

$$\sigma_z = \sigma_{z0} f_y \tag{3-64}$$

$$f_y(z_0) = 1 + a_0 z_0 \tag{3-65}$$

$$f_z(x, z_0) = (b_0 - c_0 \ln x)(d_0 + e_0 \ln x^{-1}) z_0^{\,f_0 - g_0^{\ln x}} \tag{3-66}$$

式中，σ_y，σ_z 按表 3-4 中的数值取值，而其余参数按表 3-5 取值。

表 3-5　参数值参照表

稳定度	A	B	C	D	E	F
a_0	0.042	0.115	0.15	0.38	0.3	0.57
b_0	1.10	1.5	1.49	2.53	2.4	2.913
c_0	0.0364	0.045	0.0182	0.13	0.11	0.0944
d_0	0.4364	0.853	0.87	0.55	0.86	0.753
e_0	0.05	0.0128	0.01046	0.042	0.01682	0.0228
f_0	0.273	0.156	0.089	0.35	0.27	0.29
g_0	0.024	0.0136	0.0071	0.03	0.022	0.023

假想在大气中割取出一块与外界绝热密闭的气团，当气团受到某种气象因素的扰动时，产生向上或向下运动。

稳定大气：如果它自起点移动一段距离后，又有返回到原来位置的趋势，这时候的大气是稳定的。

不稳定大气：如果它继续移动，没有返回原来位置的趋势，则这时候的大气是不稳定的。大气稳定度是影响污染物在大气中扩散的极重要因素。当大气层不稳定，热力湍流发展旺盛，对流强烈，污染物易扩散。

当大气层稳定时，湍流受到抑制，污染物不易扩散稀释，特别当逆温层出现时，通常风力弱或无风，低空像蒙上一个盖子，使烟尘聚集地表，造成严重污染。常用的大气稳定度分类方法是帕斯奎尔(Pasquill)法和国标原子能机构 IAEA 推荐的方法。

中国现有法规中推荐的大气稳定度分类方法是修订帕斯奎尔分类法(简记 P·S)，将大气稳定度分为强不稳定、不稳定、弱不稳定、中性、较稳定和稳定六级，它们分别表示为 A、B、C、D、E、F。

大气稳定度确定等级方法：

①计算出太阳高度角，由表 3-6 查出太阳辐射等级数；

表 3-6 太阳辐射等级数

云量/10^{-1}	太阳辐射等级数				
总云量/低云量	夜间	$h_0 \leqslant 15°$	$15° < h_0 \leqslant 35°$	$35° < h_0 \leqslant 65°$	$h_0 > 65°$
≤4/≤4	−2	−1	1	2	3
5～7/≤4	−1	0	1	2	3
≥8/≤4	−1	0	0	1	1
≥5/5～7	0	0	0	0	1
≥8/≥8	0	0	0	0	0

太阳高度角 h_0 使用下式计算：

$$h_0 = \arcsin[\sin\psi\sin\sigma + \cos\psi\cos\sigma\cos(15t + \lambda - 300)] \tag{3-67}$$

式中 h_0——太阳高度角，(°)；

ψ——当地纬度，(°)；

λ——当地经度，(°)；

t——进行观测时的北京时间；

σ——太阳倾角，(°)。

太阳倾角可以采用如下公式计算：

$$\sigma = \begin{bmatrix} 0.006918 - 0.39912\cos\theta_0 - 0.070257\sin\theta_0 - 0.006758\cos2\theta_0 + 0.000907\sin2\theta_0 \\ - 0.002697\cos3\theta_0 + 0.001480\sin3\theta_0 \end{bmatrix} 180/\pi \tag{3-68}$$

式中 θ_0——$360 d_n/365$，(°)；

d_n——一年中日期序数，0、1、2……364。

②由太阳辐射等级数与地面风速查找大气稳定等级，见表 3-7。

表 3-7 大气稳定等级查找表

地面风速/(m/s)	太阳辐射等级					
	+3	+2	+1	0	−1	−2
≤1.9	A	A～B	B	D	E	F
2～2.9	A～B	B	C	D	E	F
3～4.9	B	B～C	C	D	D	E
5～5.9	C	C～D	D	D	D	D
≥6	D	D	C	D	D	D

注：地面风速(m/s)系指地面 10m 高度处 10min 平均风速。

5. 重气扩散

由泄漏气体和空气形成的气云，在扩散过程中一般受机械湍流、内部浮力湍流和环境湍流三者的共同作用。但在不同的泄漏条件下和扩散的不同阶段，扩散可能主要由其中一种或两种作用控制。绝大多数事故泄漏发生时，有毒气体泄漏形成的气云是重气云，气云密度显著大于环境空气密度。这不仅因为多数有毒气体的相对分子质量大于空气的平均相对分子质量，还在于有些处于冷冻储存的低相对分子质量有毒气体，因其形成的气云温度较低或气云中含有大量的液滴而使气云密度大于空气密度，在此分析具有典型代表性的重气云扩散过程。

在扩散过程中，重气云会受到方向向下的负浮力的作用，表现出与非重气云明显不同的特点。例如，横风向蔓延特别快，而在垂直方向的蔓延非常缓慢，还可能向上风向蔓延；扩散进程中遇到障碍物时，可能从旁边绕过而不是从头顶越过障碍物。此外，较大的气云密度显著影响环境空气的进入速率，从而也显著影响气云浓度的变化速率。

迄今，国外已开发了大量的各种类型的重气云扩散模型，包括一维模型、二维模型和三维流体力学模型，其中，一维模型的概念清晰且计算量较小，其结果可作为应急咨询和安全设计等的重要依据。

一维模型假设所有性能参数(如密度、浓度、温度等)，在重气云团内部或重气云羽的横截面上均匀分布，以简化模型的建立和求解过程。

并假设：气云在平整、无障碍物的地面上空扩散；气云中不发生化学反应，也不发生液滴沉降现象；泄漏速率不随时间变化；风向为水平方向，风速和风向不随时间、地点和高度变化；气云和环境之间无热量交换。这里仅分析典型的一维模型即盒子模型和平板模型，前者用来描述瞬时泄漏形成的重气云扩散，后者用于描述连续泄漏形成。

(1)盒子模型

为了分析近地面瞬时泄漏形成的重气云团在空中的扩散过程，假设重气云团为正立的坍塌圆柱体，圆柱体初始高度等于初始半径的一半，环境空气从云团的边缘或顶部进入；在云团内部，温度、密度和气体浓度等参数均匀分布；重气云团中心的移动速度等于风速。盒子模型如图 3-8 所示。

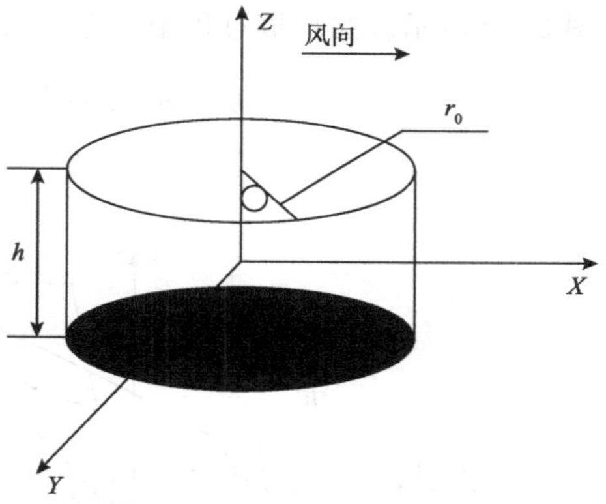

图 3-8　盒子模型示意图

根据坍塌圆柱体的径向蔓延速度方程(应用能量守恒和质量守恒方程)，可得以下方程，即任意时刻重气云团的半径计算公式为：

$$r^2 = r_0^2 + 2\left[\frac{g(\rho_0 - \rho_a)}{\rho_a}\frac{V_0}{\pi}\right]^{\frac{1}{2}} \tag{3-69}$$

式中　r——t 时刻重气云团的半径，m；

r_0——重气云团的初始半径，m；

ρ_0——重气云团的初始密度，kg/m^3；

ρ_a——空气的密度，kg/m^3；

V_0——重气云团的初始体积，m^3；

t——泄漏开始后时间，s。

任意时刻重气云团的高度为：

$$h = V_0 \frac{xV_0^{-\frac{1}{3}}}{\pi r^2} (x \geqslant V_0^{\frac{1}{3}}) \tag{3-70}$$

式中 x——下风向距离。

重气云团的体积随时间的变化速率为：

$$\frac{\mathrm{d}V}{\mathrm{d}t} = (\pi r^2) v_{\mathrm{T}} + (2\pi rh) v_{\mathrm{p}} \tag{3-71}$$

式中 v_{T}——空气从顶部进入重气云的速率，m/s；

v_{p}——空气从边缘进入重气云的速率，m/s；不同的研究者提出的空气卷入假设不同，相应的卷吸速度也不同。

任意时刻重气云团内部有毒气体的浓度为：

$$c = c_0 (xV_0^{-\frac{1}{3}})^{-1.5} \qquad (x \geqslant V_0^{-\frac{1}{3}}) \tag{3-72}$$

式中，c_0——重气云团内部有毒气体初始浓度，$\mathrm{kg/m^3}$。

利用上述方程可以计算任意时刻一维重气云团的体积和有毒气体的浓度。

(2)平板模型

为了分析近地面连续泄漏形成的重气云羽在空中的扩散过程，假设重气云羽的横截面为矩形，泄漏源点处云羽半宽 b(横风向)为高度 h(垂直方向)的两倍($b_0 = 2h_0$)；在云羽横截面上，温度、密度和气体浓度等参数均匀分布；重气云羽的轴向蔓延速度 v 等于风速，如图 3-9 所示。在扩散过程中，重气云羽横截面半宽随下风向距离 x 的变化由下式确定：

$$b = b_0 \left\{ 1 + 1.5 \left[\frac{gh_0(\rho_0 - \rho_a)}{\rho_a} \right]^{\frac{1}{2}} \frac{1}{vb_0} x \right\}^{\frac{2}{3}} \tag{3-73}$$

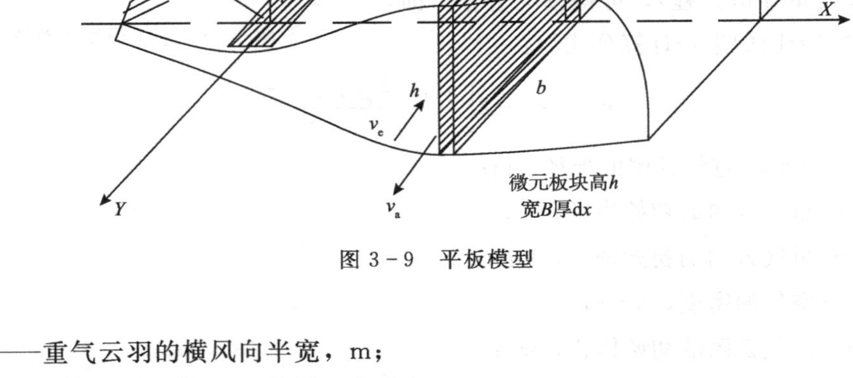

图 3-9　平板模型

式中 b——重气云羽的横风向半宽，m；

b_0——泄漏源点重气云羽的横风向半宽，m；

h_0——泄漏源点重气云羽的高度，m；

v——重气云羽的轴向蔓延速度，m/s。

而重气云羽高度的变化由下式确定：

$$\frac{dh}{dx}=\frac{W_e}{v} \tag{3-74}$$

式中 h——重气云羽的高度，m；

W_e——空气卷吸系数。

重气云羽中有毒气体的浓度 c 则由下式计算：

$$c=\frac{b_0 h_0 c_0}{bh} \tag{3-75}$$

这样，计算出重气云羽的横截面半宽、高度和有毒气体的浓度，便能较好地描述重气云羽的扩散过程。无论是重气云团还是重气云羽，随着空气的不断进入，重气云的密度将不断减小，一旦满足一定的转变条件，重力驱动扩散将转变为环境湍流驱动扩散，相应的扩散行为需要用非重气云扩散模型(高斯模型)来描述。在此不再分析。

6. 气体扩散的数值模拟

(1)数值求解的基本思想

在原来的时间域和空间域上连续的物理量的场，如速度场、浓度场、压力场，用一系列有限个离散点上的变量值的集合来代替，通过一定的原则和方式建立起关于这些离散点场变量之间关系的代数方程组，通过求解代数方程组获得场变量的近似值。

(2)数值求解的一般步骤

①建立控制方程。

②确定求解条件。

控制方程相应的求解条件组合构成了对一个物理过程的完整描述，求解条件包括初始条件和边界条件。

初始条件是开始时刻各个求解变量的空间分布情况，对于瞬态问题必须给出初始条件，对于稳态问题，最终结果与初始条件无关，可以不需要初始条件。

边界条件是在求解区域的边界上所求变量或其导数随地点和时间的变化规律，对于任何问题都必须给出边界条件。

③划分计算网格。

采用数值方法求解控制方程，都是想办法将控制方程在空间区域上进行离散，然后求解得到离散方程组，要想在空间上求解离散方程必须使用网格，即把整个求解区域用网格连接起来。对于二维问题，常用的网格有三角形网格和四边形网格，对于三维问题，网格单元有四面体、六面体等。

④建立离散方程。

把计算区域内网格节点(或中心点)上的因变量当作未知量来处理，从而建立起关于这些未知量的代数方程组，通过求解代数方程组获得这些节点上的值。

⑤求解离散方程。

通过迭代方法对离散方程进行求解，通常采用的迭代方法有 Gauss-Seidel 等。

⑥显示和输出计算结果。

即计算结果的后处理。求解得到各个节点上的解后，需要借助适当的手段将整个计算区域上的结果表示出来，通常采用矢量图、等值线图、云图等对计算结果进行表示。

(3)计算流体力学(CFD)软件简介

为了完成数值计算，过去多是用户自己编写计算程序，因而程序往往缺乏通用性。而 CFD 本身又具有鲜明的系统性和规律性，比较适合编制成商用软件。自 1981 年以来，出现了诸如 Phoenics、CFX、Fluent、Star-CD 等多个 CFD 商用软件。

获得数值解通常是很困难的，需要耗费大量的计算时间，而计算结果的正确与否也常常难以正确判断。

7. 高含硫天然气泄漏扩散模拟

(1)物理模型

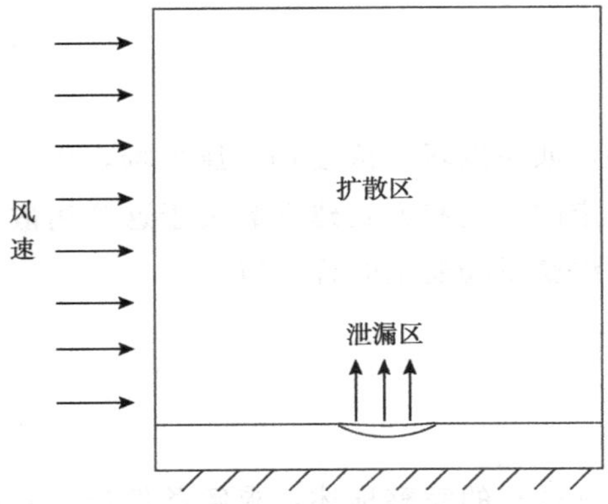

图 3-10　泄漏扩散模型

对于多组分混合的天然气泄漏过程及其着火危险性，受风速、重力、地形、气温、泄漏位置、输送压力、泄漏量、天然气各组分比例等因素的影响。取一个足够大且包含泄漏区域以及扩散区域在内的空间，研究天然气在此空间内的扩散情况，模型如图 3-10 所示。

(2)控制方程组

高含硫天然气的扩散可以认为是多组分气体相互作用的湍流。对计算条件和工程要求进行综合考虑，现采用 Reynolds 时均方程，湍流模型选择常用的标准 k-ε 模型，所有控制方程写成以下统一守恒形式：

$$\frac{\partial}{\partial t}(\rho\phi) + \mathrm{div}(\rho u\phi) = \mathrm{div}(\Gamma \mathrm{grad}\phi) + S\phi \tag{3-76}$$

式中，从左至右四项分别为非定长项、对流项、扩散项和源项；ϕ 为通用变量；Γ 为广义扩散系数。当 ϕ 取不同的参数时，分别表示不同的方程。

(3)网格划分

现将问题看作大空间的射流淹没问题。考虑到计算量和克服有限尺寸对计算结果的影响，该计算选定区域为 100m×100m。由于泄漏口附近压力梯度变化极大，因此在泄漏口及其附近要保证有足够的网格密度，否则计算可能发散。此外，考虑到壁面效应以及提高重气沉降模拟的精度，对靠近管壁的区域，网格也要适当加密。随着扩散向外围空间发展，流态变化变缓，为减少计算节点，提高计算效率，对应区域的计算网格进行逐渐稀疏处理。网格模型如图 3-11 所示。

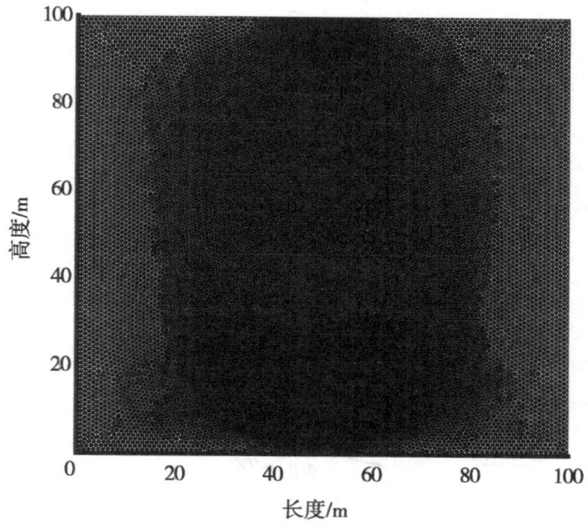

图 3－11　网格模型

(4)边界条件

定义泄漏孔中心坐标为(0，50)，泄漏口长度为 0.06m，由进口给定压力边界条件。计算区域底部边界给定无滑移条件，近壁处的 $k-\varepsilon$ 根据标准壁面函数给定，左、右及上面边界给定压力出口边界(大气压)。在考虑风速影响时，左边将压力出口边界条件改为对应的空气压力入口边界条件。

计算采用耦合隐式解法，湍流模型选标准 $k-\varepsilon$ 模型，组分影响采用燃烧模型中不发生化学反应的物质运移模型。

(5)模拟结果

模拟结果如图 3－12～图 3－16 所示。

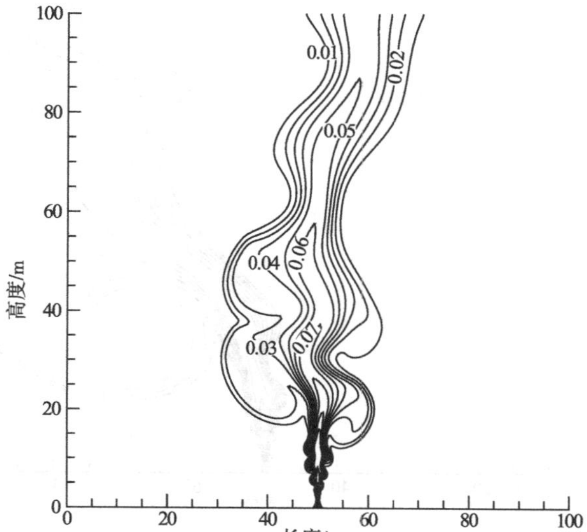

图 3－12　自由扩散条件下的甲烷浓度分布

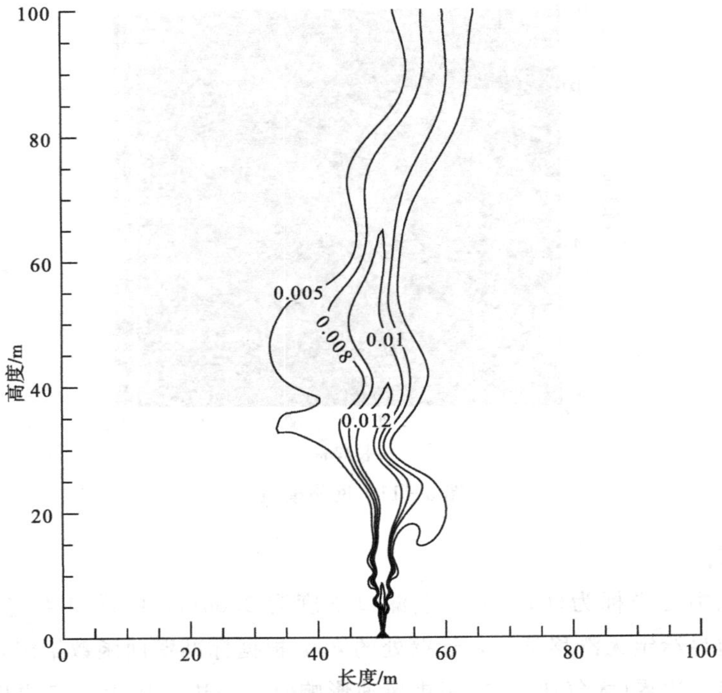

图 3-13　自由扩散条件下的硫化氢浓度分布

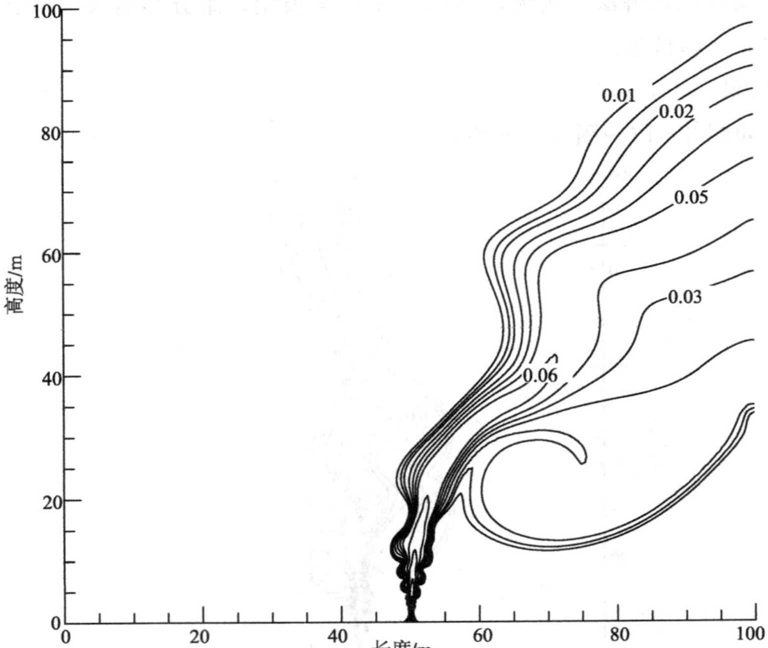

图 3-14　含硫天然气有风影响下的甲烷浓度分布

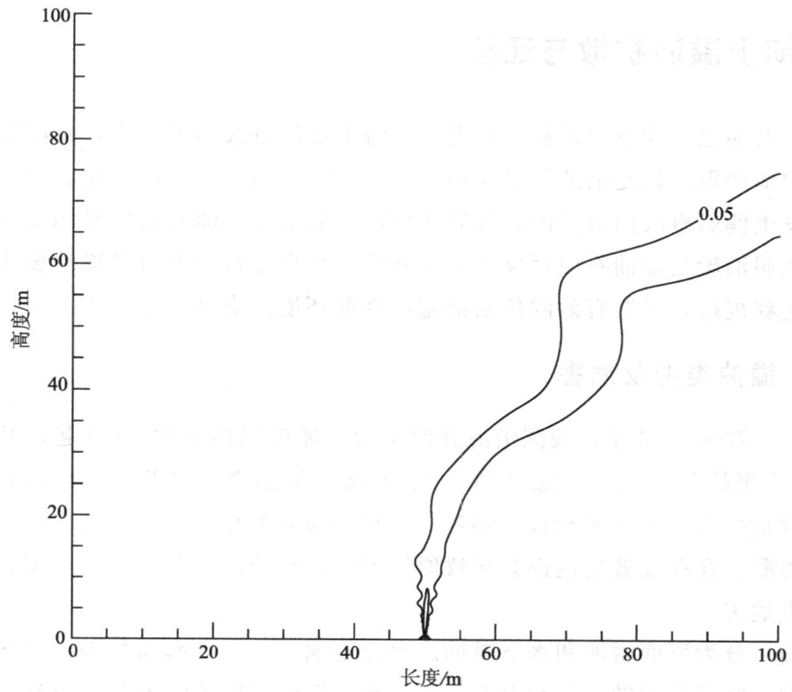

图 3－15　含硫天然气有风影响下的甲烷爆炸危险范围

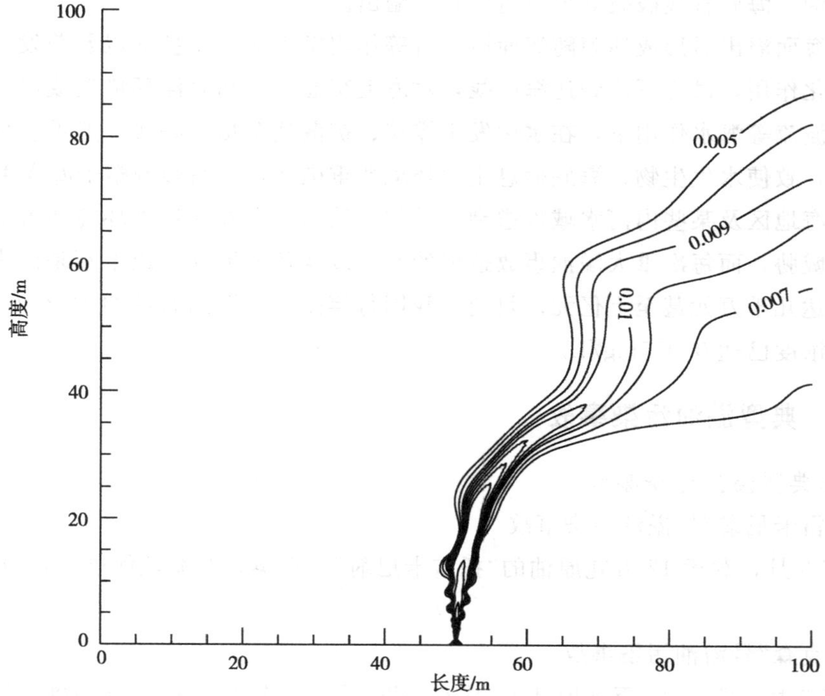

图 3－16　含硫天然气有风影响下的硫化氢浓度分布

3.4 海上溢油扩散与迁移

伴着海上石油工业和石油运输业的发展，海上溢油事故频繁发生，目前海洋石油污染是海洋污染中最严重、最复杂的污染问题之一，海洋溢油主要是由油轮、石油平台、储油和输油设施发生偶然事故而造成的。世界能源需求的上升，油轮的数量和总吨位都在不断增加，数据表明油轮是溢油石油污染的主要来源，其次是石油平台及输油设施。掌握海上溢油扩散与迁移规律，采取有效的控制措施，降低环境污染具有重要意义。

3.4.1 溢油类型及危害

据统计，1973～2006年，我国沿海共发生大小船舶溢油事故2635起，其中溢油量在50t以上的重大事故共69起，沉船事件达到40起，海面溢油以及船舶翻沉后水下溢油共达37077t；除此之外，石油平台以及各种海上储油设施发生意外，在海底管道运行的全过程中，管道渗漏、穿孔及破裂也都会导致原油泄漏。石油泄漏不仅浪费资源，同时对海洋环境造成严重危害。

海洋溢油可分为海面溢油和水下溢油。海面溢油指发生在海面的溢油事故，主要有船舶碰撞、触礁、搁浅等船舶事故和海上石油平台、石油井架等海上石油设施发生意外事故造成的石油在海面上溢出。水下溢油指发生在深水、中深水的溢油事故，主要有沉船事故、沉船驳油、海底管线破裂等事故造成石油溢出。

油品在海面溢出后形成油膜随海面风、流等作用发生漂移、扩散以及蒸发、乳化、生物降解等风化作用，最终可能到达海岸线，对海上交通安全和海洋环境造成严重影响。水下溢油则在波流等海水作用下，在水中发生漂移、扩散甚至粘附海底，严重破坏海水水质和海底底质，致使水生生物、海底栖息生存环境严重破坏，进而影响整个海洋生态系统。

我国沿海地区及某些内河水域也遭到严重的石油污染。溢油对水环境和人类的生存构成了严重的威胁，而每次重大溢油事故造成的影响以及环境治理的成本都是巨大的，每次损失最高可达几千万元甚至上亿元。目前，我国每年排入大海的石油约12×10^4t，近海海域石油平均浓度已达0.055mg/L。

3.4.2 典型溢油污染事故

1. 国际典型溢油污染事故

(1)“托雷卡尼翁”号溢油污染事故

1967年3月，载运12万吨原油的“托雷卡尼翁”号在英吉利海峡触礁，10天内溢油10万吨。

(2)“埃克森”号溢油污染事故

1989年3月，载有17万吨原油的“埃克森”号在阿拉斯加附近海域触礁，溢出3万多吨原油，造成严重的生态破坏，造成的经济损失约80亿美元。

(3)“威望”号溢油污染事故

2002 年 11 月，载有 7.7 万吨燃料油的“威望”号在西班牙属海域搁浅溢油，近 4 万吨燃料油溢出，严重影响渔业和水产养殖业，赔偿西班牙政府 20 亿欧元。

2. 国内典型溢油污染事故

(1)“东方大使”溢油事故

1983 年 11 月 25 日，船长 207m 的巴拿马籍“东方大使”油轮在青岛港黄岛油区装载 43000 多吨原油出港途中，行驶到中沙礁搁浅，导致货舱受损，漏出原油 3343t。经济损失达数千万元，损害赔偿 1775 万元。

(2)“闽燃供 2 号”溢油事故

1999 年 3 月 24 日，福建省厦门港油轮“闽燃供 2 号”装载重油 1032t 从下文驶往东莞途中，与另一船碰撞，溢出重油 589t，导致 300 多平方公里海域及 55km 海岸线遭到污染，导致直接经济损失 4000 多万元。

由于石油本身具有毒性，进入海洋后，不仅会对海洋环境、野生动物和养殖资源等造成危害，而且这种危害的周期会很长。

3. 溢油的危害

(1)溢油对鸟类的危害

海面上的溢油，对鸟类的危害很大，尤其是对于潜水摄食鸟类。这些鸟类常以海洋浮游生物和鱼类为食，在进食过程中，它们的羽毛能浸吸油类，导致失去防水能力。在溢油事故发生时，急救鸟类的工作非常重要。

(2)溢油对海洋浮游生物的影响

浮游生物是非常容易受污染的初级生物，一方面由于它们对油类的毒性特别敏感；另一方面由于浮游生物与水体是连成一体的；并且，它们又不可能像海洋中的动物那样避开污染区。另外，海面油膜对阳光的遮蔽作用影响着浮游植物的光合作用，会使其腐败变质。如果在溢油海域喷洒溢油分散剂，并且该水域的交换能力差，那么，被分散的油对海洋生物的危害将更为严重。

(3)溢油对渔业的危害

成鱼嗅觉器官非常敏感，因此，它们一旦嗅到油味，将会很快地游离溢油水域，幼鱼更容易受到溢油的污染。因此，当毒性较大的油品进入浅水湾时，不论是自然原因，还是使用分散剂，都将会对该水域的幼鱼造成危害。油品对成鱼的长期影响，主要是鱼的饵料。

(4)溢油对水产业的危害

养鱼场网箱里的鱼，因不会逃离此水域，受溢油污染后，将不能食用，近岸养殖的海带、扇贝也会受此影响。另外，用于养殖用的网箱在经受油污染后很难清洁，通常只有更换才能消除污染，导致出现昂贵的费用。

(5)溢油对海洋哺乳动物的危害

在海面上休眠或运动的海洋哺乳动物，如鲸鱼、海豚和海豹对油类异常敏感，它们有的能及时地逃离溢油水域，从而避免遭受污染。但有的动物栖息海滩时，有时会被油类的污染所困，严重时导致窒息死亡。

(6)溢油对浅水域及岸线的影响

浅水域一般是海洋生物活动非常集中的场所，如贝类、珊瑚、幼鱼等活动在该区域。溢油对该类水域的污染非常敏感，造成的危害也很严重。如果在此类水域使用溢油分散剂，更会造成非常大的危害。

(7)溢油对码头、工业的危害

码头和游艇停泊区对溢油也是非常敏感的，码头的其他日常活动都可能受到溢油事故的干扰，特别是轻原油、汽油或其他易燃易爆物质溢出后。如果受到溢油影响的岸线设有工厂取水口，那么一旦油进入工厂设备系统，整个工厂设备系统会被污染，影响设备的安全运行，严重的会导致停工。此外，海水淡化装置也会由于溢油的影响而停止工作，影响对用户供水并造成经济损失。

(8)溢油对人类的影响

海洋溢油污染破坏了海洋水产业的生产基础，最直接的后果是减少了人们赖以生存的动物蛋白的一个重要来源。石油及石油产品都具有一定的致癌物质，这些致癌物质很容易被海洋生物吸收，并在体内积累并且很难分解。人们食用这些受到污染的海产品就有可能将石油中的某些致癌物质吸收到体内，最终危害到人体的健康。

3.4.3 海上溢油的行为归宿

溢油过程受油品特性和多种环境因素支配，通常包括油膜的扩展和漂移，石油的乳化、分散、蒸发、溶解、沉积。溢油归宿示意图见图 3-17。

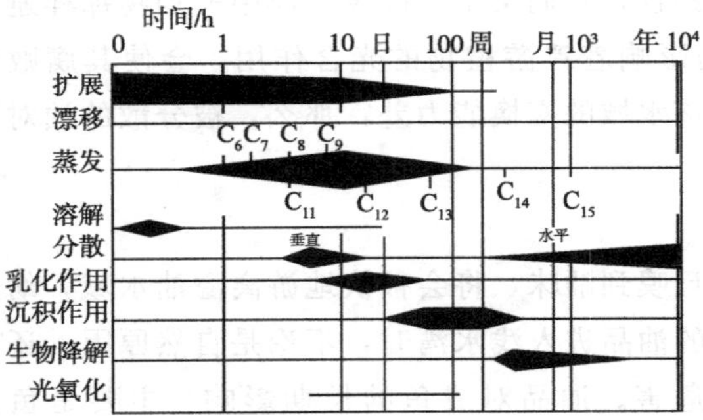

图 3-17 溢油归宿示意图

1. 蒸发过程(Evaporation)

石油进入海洋后，初期的风化阶段主要是蒸发。蒸发过程是海面溢油中的石油烃的较轻组分从液态变为气态向大气进行质量传输的过程，它是溢油质量传输过程的主要部分，一些学者认为仅仅蒸发过程就可以除去原油烃约 50%，特别对轻质原油或成品油(如汽油、柴油等)，蒸发损失有的可达溢油总量的 75%。

研究表明，石油中的烃组分，如小于 C_{13} 的所有烃类，将在 1 天内从水面完全挥发，大多数原油溢出后 24h 内其体积的损失约为 30%～40%。如汽油、煤油等在几小时内便可挥发干净。Kreider 指出，小于 C_{15} 的所有烃类(沸点小于 250℃)将在 10 天内从海面挥发；C_{15}～C_{25} 范围内的烃(沸点 250～400℃)有限地挥发，大部分残留于油膜中；C_{25} 以上(沸点大于 400℃)将很少损失。

一方面蒸发减少了海水相中的油的含量，并使油的某些物理化学性质(密度、黏度、组成等)发生改变。另一方面蒸发组分在太阳光的作用下，容易光氧化而生成复杂的各种化合物，可能随着降水而重返海洋或随风漂移而落入陆地造成各种不同危害。此外，蒸发还影响着其他的风化过程。

实际上对某种原油来说，蒸发量是一定的(因组成一定)，不过由于环境条件的差异造成蒸发速度不同而已。溢油的蒸发主要受油的成分、溢油面积、油膜厚度、风速、海面温度等影响，其中风的作用是主要控制因素。

2. 乳化过程(Emulsification)

溢油的乳化是石油进入海洋后所发生的许多变化中的一个重要过程。所谓石油乳化，是指在风化作用下石油和海水混合在一起形成了油水乳化液的过程。所形成的乳化液有两种形态：一种是油变成了很小的油滴分散在水层中，即所谓的水包油型乳化液；另一种是水以很小的水滴形式分散在油层中，即所谓的油包水型乳化液。油包水乳化物呈黑褐色黏性泡沫状，可长期漂浮在海面，通常被称作“巧克力奶油冻”(chocolate mousse)或“奶油冻”(mousse)。乳化过程非常复杂，它影响着溢油的归宿和清除。

当石油形成油包水型乳化液后，石油就改变了原来的形态和性质，使油的黏性和体积逐渐增大。促使溢油形成乳化液的因素主要有石油原油的种类、表面活性物质和机械搅动作用。形成乳化液的难易程度首先取决于原油的种类和性质。

研究得出，轻质原油不易形成乳化液，中质原油和重质原油容易形成油包水型乳化液，而且黏度很高，呈奶油冻状。表面活性物质和机械搅动作用是溢油发生乳化的必要因素。

3. 溶解过程(Dissolution)

当石油进入海洋后，在不断蒸发的同时，石油的溶解过程也开始进行。溶解是溢油在一定能量的搅动下，形成油粒均匀进入海水中的过程。这是漂浮或悬浮石油烃类进入水体的质量传输过程，有效时间仅有 1h 左右(在短时间内石油在扩散过程中，可溶性组分不断溶于海水中)。

溢油的溶解量根据油的成分和种类的不同，主要是低碳的石油烃，其中芳烃相对溶解度最大，其他组分在水中的溶解度一般都很低，润滑油及高沸点馏分的溶解度非常小。链烷烃在水中的溶解度因水的离子强度不同而有差异，在海水中溶解度比在淡水中低，并且随碳数增加而下降，同系列烃的化合物每增加两个碳原子则溶解度降低一个数量级。溶解度随着溢油漂浮在海上的时间的增加而增加，因为光化学作用可加强其油的溶解过程，但这一影响也会因乳化物的形成而延迟。研究表明，在平静的海况下，溢油 48h 内溶解量约为总油量的 0.52%。

Blumer(1970)通过对易溶于水体中溢油组分进行了研究，指出同一系列化合物中相对分子质量低的溶解多，而同样碳数的烃类、芳烃的溶解度和溶解速度都远大于烷烃。

溢油的溶解程度取决于溢油排放源的位置，如海上石油平台油井发生溢油，溢油在上浮过程中，大部分低分子芳香烃组分溶解在水中，其中以苯类烃最明显，溢油层下水中的苯含量一般大于 100mg/L。

溢油中单个组分的溶解主要取决于油/水分配系数 M 值，而不只受纯组分溶解度的制约。另外，范志杰(1996)提出溶解和时间有一定的规律可循，溢油最大溶解浓度发生在事故后的 8～12h 内，然后溶解成指数直线下降，这表明挥发和水团运动影响了溶解过程。以总芳烃为例，在开阔海域发生溢油几小时内，水中芳烃浓度可达 0.01～01mg/L，由于水团的运动和扩散，浓度很快降低。

石油烃的溶解度还与盐度、温度和海水中溶解的有机质(DOC)有关。多数烃类的溶解度随盐度增加而降低；溶解度随温度升高而增加；DOC 可促进链烷烃溶解，但芳香烃受 DOC 的影响很小。此外石油烃光氧化的产物能迅速溶解于水，增大了石油烃在海水中的含量。

4. 分散过程(Dispersion)

分散是海上溢油形成小的油滴进入水体中的过程。自然分散包括以下三个过程：

①成球过程：即在海浪作用下，油膜粉碎后形成小油滴的过程；

②分散过程：小油滴在海浪破碎波和上升力的净作用的作用下使油滴进入水体的过程；

③聚合过程：部分油滴和膜再聚合的过程。自然分散是这三个独立过程的共同结果。

影响分散的重要参数是海况、油膜厚度、油/水界面张力、油的密度和黏度。分散主要受海况的制约，波浪越大，则分散程度越高；油膜厚度越小，越易形成分散度较好的小油滴；油/水界面张力只影响成球过程和聚合过程，而不影响油滴在水体中的分散，油/水界面张力越小，越易形成油滴，增加分散度；油的密度和黏度也影响分散，密度越大，油水之间的差异越小，小油滴越易形成，分散程度越大，而黏度越大，形成油滴的能力越差。在海面平静时，较大的油滴(＞0.1mm)会重新回到海面，较小的油滴(＜0.1mm)会继续留在海水中，溢油发生 2～3d 内，由于油包水乳化液的生成，小油滴的扩散主要取决于黏度和表面张力，溢油黏度达到 2Pa·s 时，分散就停止了。在这种情况下，油膜会在大的海浪的作用下，粉碎成 1～3cm 的油滴，进入水体中，这部分溢油可以吸附在悬浮物上，也可由生物摄取，还可能再次浮到海面，最终形成沥青球沉入海底。

油滴的形成和分散增加总体表面积，更易于低相对分子质量芳烃化合物的溶解，这些油滴或被生物降解，或附在其他悬浮体上沉入海底。自然分散减少海面残留油膜的量，减少蒸发损失，但不导致如蒸发过程那样对溢油的物理化学性质的改变。

5. 沉降过程(Sedimentation)

由于一系列环境因素的影响，溢油附着于悬浮颗粒或自身絮凝沉入海底的过程称为沉降。沉降作用一般有三种类型：

①轻组分挥发和溶解使残余物密度增加而产生半固态小球下沉；

②油膜或分散的油滴附着在悬浮颗粒物上而下沉；

③溶解的石油烃吸附在固体颗粒物上下沉。

第一种类型只在温热带海区发生，一般不在寒冷海区发生。后两种类型比较普遍。在沿岸区特别是含有高浓度的河口区，类型②是从水体中出去石油烃的重要途径，特别是大规模溢油事故发生时，此类沉降作用可能大量发生。类型③也是较普遍的，有机物、生物体和黏土物质等悬浮物能大量吸附溶解在水中的石油烃。

沉降过程主要取决于颗粒物的性质和油的种类。石油的部分重组分可自行沉降或粘附在海水中的悬浮固体颗粒上并随之下沉到海底。海水中的悬浮颗粒物主要是浮游生物残骸的碎片和黏土物质(如黏土、方解石、文石、冰花或硅质等)。

沉降速率随水中的油浓度和附着物(悬浮颗粒)的含量而变化，一般在底质样品中可能检出 C_{25} 以上的石油烃类。由于浅海区涡动混合较甚，碎屑物质丰富，动力作用明显，所以在浅海区特别是潮间带区容易发生沉淀。Meyers(1973)提出造成吸附沉淀的这些颗粒物质，直径一般小于 44μm，在有黏土颗粒和有机物质时，当盐度增加时，吸附量随之增加，温度降低时吸附量也会增加，而吸附过程不是完全可逆的，季节性的凝聚和周期性的侵蚀也可以促使溢油发生吸附沉淀。

6. 光氧化过程(Photo-oxidation)

光氧化作用是溢油在阳光的照射下，发生自由基链式的氧化反应，产生一些极性的、水溶性的和氧化的碳氢化合物的过程。石油的光化学反应是一个化学动力学过程，在海洋环境中这种反应可能有两种途径：其一，石油中某种分子吸收光子获能后，由基态变成激发态，但由于其他分子的存在，可能使激发态分子失活，被猝灭，然后把能量传递给另一个分子，使该分子变成激发态；其二，石油中的某种成分受紫外线照射后，发生分解，产生自由基，这一自由基很容易与氧分子化合，产生新的含氧自由基，该含氧自由基与许多化合物都能发生反应，反应后又生成原来的自由基，使氧化作用不断进行。在石油氧化时可能这两种途径同时进行，也可能只存在一种，这主要取决于石油本身的性质。石油在海洋中的氧化，主要受阳光和温度的控制，其氧化速度随石油的品种、油膜厚度、照射光的强度、海水温度的不同而异。一般轻质油比重质油氧化速度快，在紫外线的照射下(300～350nm)，其光源越强，温度越高，氧化速度越快；光对较厚油膜的氧化作用非常微弱。

由于石油是一个复杂的混合物，因此其氧化产物也是一个复杂的混合物，对它们的研究通过不同的分离手段和各种不同的分析方法可以粗略的鉴别出几种主要氧化产物(酸类、酯类、酚类、过氧化物、醇类、羰基化合物等)。并且不同的油品其主要氧化产物是不同的，比如汽油的氧化主要产物是高分子的酯，而润滑油的主要氧化产物是酸、醇、酯和羰基化合物。石油光氧化是一个复杂过程，可能形成一些中间产物如醛、酮等，这些中间产物在氧化过程中反应速度是很快的。

在阳光的照射下，石油中某些成分与氧分子结合，形成新的含氧物质，由于新物质的形成，石油在海洋环境中的行为也发生了一系列的变化，其物理性质如颜色、黏度、密度和表面张力等都发生了变化，并且由于氧分子的进入，其极性、表面张力、表面活性都发生了变化，影响了石油在海洋环境中的溶解、扩散、乳化。石油经光氧化后，由于氧分子的进入，产生含氧极性化合物，极性明显增强，因此增大了水中的溶解度，特别是一些毒性较大的多环芳烃更为明显；由于这些极性化合物降低了表面张力，从而促进了油膜的扩散；由于原油中的某些氧化产物具有表面活性作用，在这些表面活性物质的作用和海浪的搅动下，氧化后的溢油最终一般都形成“巧克力奶油冻”。

尽管光氧化产物浓度不高，短期效应不太明显，但光氧化的长期效应愈明显，对溢油的物理过程影响很大，并且对生物的毒性增强。很多研究表明，经紫外光照射的石油与未经紫外光照射的石油，其毒性明显不同，前者对生物的毒性远远高于后者。消油剂被认为是无毒的物质，但是与石油混合后，再经光照射，对生物可产生较强的毒性，许多研究者通过对海藻、无脊椎动物、鱼、鱼卵以及细菌的石油光氧化毒性实验表明，石油的光氧化对所有生物都有危害，只是不同的氧化物对不同生物的毒性不同。

7. 生物降解过程(Biodegradation)

在众多的海洋溢油自净过程中，只有微生物的降解作用是从海洋环境中彻底去除溢油污染，使溢出的石油从有害的有机物最终转化为无害的有机物(CO_2、H_2O 等)，而溢油在海洋中的其他自然去除过程，如挥发、沉降、扩散等机理，都伴随着大气污染、生物积累等二次污染问题。因此生物降解决定海上石油的最终归宿。微生物对石油烃的降解作用实际上是一种生物氧化作用，因为绝大多数微生物的生存和繁殖是需要氧的。生物降解在长期风化过程(几个月到几年)中是非常重要的。

现已知，大约有 30 多种微生物能降解石油，这些微生物遍布于海洋各个角落。生物的降解速率主要与石油的组分、油膜厚度及其微生物种类和数量等有关，一般认为生物对石油烃的降解率顺序是正烷烃、支链烃、芳烃和环烷烃；微生物种类和数量又与环境条件有关，主要包括温度、盐度、pH 值、营养盐(包括磷、铁、铵、亚硝酸盐、硝酸盐)。降解作用的研究，大多是在实验室内进行小型实验，也有在海边用大型塑料容器或利用废盐池进行模拟实验。对石油烃降解速率的化学测试，主要是采用荧光、紫外，尤其是气相色谱和^{14}C 示踪等方法。实验室里能获得这些因素对微生物的线性影响，却很难模拟实际中各种因素对微生物种群和数目的非线性关系。

3.4.4 溢油影响因素

以上通过对溢油的蒸发、乳化、溶解、分散、光氧化、沉降、生物降解等风化过程的研究，初步弄清了溢油风化各过程的机制。可以得出影响溢油风化过程的因素总的分为两类：内因和外因。内因主要是石油的组成和性质，外因是外界环境的影响，主要有天气条件(风、波浪等)、海水的属性、溢油方式和数量等。

溢油风化的行为特点首先由其组成和性质所决定，因此溢油的组成和性质是研究风化过程的基础。

1. 风和波浪

不同的风速影响着溢油的风化过程，比如风速大加快了溢油的分散、蒸发，风向决定着溢油扩散的方向；同时风的大小又影响着波浪的大小，间接的影响着溢油的分散、乳化、溶解、沉降等。因此在溢油风化模型中必须考虑风的作用，但是风值不是一个常数，它随时间在不断的变化，因此在模型中应该不同的时间采用不同的风值，这样才能更好地拟合现实。波浪影响着溢油的破碎过程，波浪大可以使油分散得快。波浪的大小一般用波高衡量，波高可以通过海洋实测资料获得，溢油风化模型中加入波浪的影响可以更精确地模拟现实情况。

2. 海水的性质

溢漏出的石油分散到海面上，海水的性质影响着溢油的分散，主要有水温、盐度、悬浮物等。水温直接影响着油的密度、黏度和蒸发率，间接影响着乳化和分散。在模拟中一般假设油膜的温度与环境中的海水的温度相同，然而油膜的温度是在波动的，由于油蒸发的影响，使新鲜油的温度比周围海水的温度低，另一方面由于阳光的照射使得油膜的温度高于周围海水的温度。一般来说，油膜越薄，油的温度就越接近水温。

海水的盐度和温度决定着海水的密度。海水的密度是取决于油是漂浮在海面上还是沉入到海水中的主要因素，大部分油比水轻因而漂浮在水面上。在开阔的海洋区，盐度的范围一般在 33.00～37.00，海岸区一般在 15.00～33.00，特别是在较大河流的入海口处盐度较低，还有在冰区由于海冰的融化使得海水的盐度较低。

因此在海洋溢油应急中，必须考虑不同海区盐度的影响，这些盐度的值可以在以往观测的历史资料中获得。

海水中的悬浮物也是影响油膜的一个重要因素，悬浮物可以吸附油滴，密度变大，沉到海底。海水中含有很高的沉积物可以使油从水体中快速下沉，如果含有很少的沉积物油就会在水面停留很长的时间，油膜会分散到更大的海区。

3. 海流

在很多情况下，海流很大程度上影响着溢油的面积。流速的大小决定着溢油分散的速度，流向决定着溢油分散的方向，二者共同决定着溢油的面积。海流的流速、流向可以通过模拟得到，这为溢油的研究提供了方便。

综上所述，我们可以看出，影响溢油的风化的因素很多，过程特别复杂，这给精确的预测风化过程带来了困难。随着研究的深入，各个过程的考虑更加全面，溢油风化结果就会更接近现实情况。

3.4.5　溢油扩展模型

溢油在海洋中的行为和归宿包括扩散、迁移以及风化等过程。关于海上溢油，研究其扩展过程，采取紧急应对措施更具意义。在有关溢油扩展的研究中，油膜的扩展范围和厚度变化一直是研究者普遍关注的问题。早期，Blokker 以自由平面上的油作为扩展前提，从油膜的质量守恒出发，建立了扩展直径公式，该公式忽略表面张力和黏性力，只考虑重力和溢油体积，公式如下：

$$D=\left[D_0^3+\frac{24k_r}{\pi}(d_w-d_o)V_t\right]^{\frac{1}{3}} \tag{3-77}$$

式中，D_0 为初始时刻油膜直径，m；d_o、d_w 分别为油和水的相对密度；k_r 为 Blokker 常数；V 为溢出油的总体积，m^3。从上式中可以看出，该公式主要反映的是油在重力作用下的惯性扩展。Fay 提出了三阶段油膜扩展理论，该理论假设在海面平静的条件下(即不计风、流、浪等影响），大体积溢油在扩展过程中油的性质不变且在垂向受力平衡，油膜扩展始终保持圆形，扩展范围可以用直径来衡量。针对油在水面的实际受力情况，全面考虑了重力、表面张力、惯性力以及黏性力的作用，将油膜扩展的过程根据各个力在不同阶段所起的作用不同划分为三个阶段，即重力-惯性力阶段、重力-黏性力阶段以及表面张力一黏性力阶段。该理论在溢油扩展模型的研究应用方面取得了开创性的成果。

三个阶段油膜直径的计算公式分别为：

惯性扩展阶段： $D = 2k_1(g\beta Vt^2)^{\frac{1}{4}}$ (3－78)

黏性扩展段： $D = 2k_2(g\beta V^2/\sqrt{v_w})^{\frac{1}{6}}t^{\frac{1}{4}}$ (3－79)

表面张力扩阶段： $D = 2k_3(\sigma/\rho_w\sqrt{v_w})^{\frac{1}{2}}t^{\frac{1}{4}}$ (3－80)

扩展结束后，油膜直径保持不变：$D = 356.8V^{\frac{3}{8}}$ (3－81)

式中，D 为油膜直径，m；g 为重力加速度，m/s^2；V 为溢油体积，m^3；t，时间，s；ρ_w 为海水密度，kg/m^3；$\beta=1-\rho_o/\rho_w$，这里 ρ_o 为油的密度，kg/m^3；ν_w 为水的运动黏滞系数，m/s^2；σ 为空气-水表面张力系数与油-空气的表面张力系数以及油-水表面张力系数的差值，N/m；k_1，k_2，k_3 分别为惯性扩展阶段、黏性扩展阶段以及表面张力扩展阶段的经验系数。上述各阶段的分界时间可根据两相邻阶段扩展直径相等的条件来确定。

第 4 章　油气储运工程安全设计与管理技术

油气储运系统符合安全规范，是保障系统安全运行的最基本的保障。同时在运行过程中，也需要对管道、油库等油气储运单元特殊安全隐患进行分析，采取针对性管理措施。本章将介绍油气管道、油库工程安全设计方法，油气管道的损伤监测、剩余强度及剩余寿命评价、泄漏监测、流动保障技术以及油库安全管理技术。

4.1　油气储运工程安全设计

4.1.1　油气管道安全设计

1. 管道线路的布置及水工保护

输油气管道路由的选择，应结合沿线城市、村镇、工矿企业、交通、电力、水利等建设的现状与规划，以及沿线地区的地形、地貌、地质、水文、气象、地震等自然条件，并考虑到施工和日后管道管理维护的方便，确定线路合理走向。输油气管道不得通过城市水源地、飞机场、军事设施、车站、码头。因条件限制无法避开时，应采取必要的保护措施并经国家有关部门批准。输油气管道管理单位应设专人定期对管道进行巡线检查，及时处理输油气管道沿线的异常情况。

埋地输油气管道与地面建(构)筑物的最小间距应符合 GB 50251 和 GB 50253 规定。

埋地输油气管道与高压输电线平行或交叉敷设时，其安全间距应符合 GB 50061 和 GB 50253 规定；与高压输电线铁塔避雷接地体安全距离不应小于 20m。因条件限制无法满足要求时，应对管道采取相应的防雷保护措施，且防雷保护措施不应影响管道的阴级保护效果和管道的维修；与高压输电线交叉敷设时，距输电线 20m 范围内不应设置阀室及可能发生油气泄漏的装置。

埋地输油气管道与通信电缆平行敷设时，其安全间距不宜小于 10m；特殊地带达不到要求的，应采取相应的保护措施；交叉时，二者净空间距应不小于 0.5m；且后建工程应从先建工程下方穿过。

输油气管道沿线应设置里程桩、转角桩、标志桩。里程桩宜设置在管道的整数里程处，每公里一个且与阴极保护测试桩合用。输油气管道采用地上敷设时，应在人员活动较多和易遭车辆、外来物撞击的地段，采取保护措施并设置明显的警示标志。

根据现场实际情况实施管道水工保护。管道水工保护形式应因地制宜、合理选用；定期对管道水工保护设施进行检查，发现问题应及时采取相应措施。输油气管道地下阶梯墙剖面如图 4－1 所示。

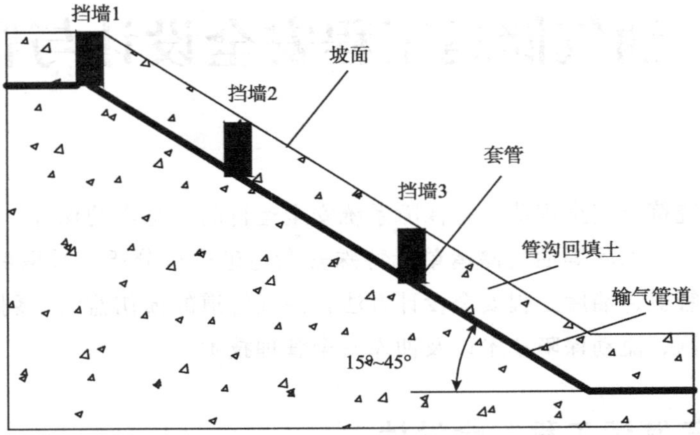

图 4－1　地下阶梯墙剖面

2. 线路截断阀

输油气管道应设置线路截断阀，天然气管道截断阀附设的放空管接地应定期检测，定期对截断阀进行巡检。有条件的管道宜设数据远传、控制及报警功能，天然气管道线路截断阀的取样引压管应装根部截断阀。

3. 管道穿跨越

输油气管道通过河流时，应根据河流的水文、地质、水势、地形、地貌、地震等自然条件及两岸的村镇、交通等现状，并考虑到管道的总体走向、日后管道管理维护的方便，选择合理的穿跨越位置。考虑到输油气管道的安全性，管道通过河流、公路、铁路时宜采用穿越方式。

输油气管道跨越河流的防洪安全要求，应根据跨越工程的等级、规模及当地的水文气象资料等，合理选择设计洪水频率。位于水库下游 20km 范围内的管道穿跨越工程防洪安全要求，应根据地形条件、水库容量等进行防洪设计。管道穿跨越工程上游 20km 范围内若需新建水库，水库建设单位应对管道穿跨越工程采取相应安全措施。输油气管道穿跨越河流、公路、铁路的钢管、结构、材料应符合国家现行的原油和天然气输送管道穿跨越工程设计规范的有关规定。管道跨越河流的钢管、塔架、构件、缆索应选择耐大气环境腐蚀、耐紫外线、耐气候老化的材料并做好防腐。管道管理单位应根据防腐材料老化情况，制定跨越河流管道的维修计划和措施。管道穿越河流时与桥梁、码头应有足够的间距，穿越河流管段的埋深应在冲刷层以下，并留有充足的安全余量。采用挖沟埋设的管道，应根据工程等级与冲刷情况的要求确定其埋深。穿越河流管段防漂管的配重块、石笼在施工时，应对防腐层有可靠的保护措施。每年的汛期前后，输油气管道的管理单位应对穿跨越河流管段进行安全检查，对不满足防洪要求的穿跨越河流管段应及时进行加固或敷设备用管段，对穿跨越河流臂段采用石笼保护时，石笼不应直接压在管道上方，宜排布在距穿越臂段下游 10m 左右的位置。

管道穿公路、铁路的位置，应避开公路或铁路站场、有值守道口、隧道，并应在管道穿公路、铁路的位置设立警示标志。输油气管道穿越公路、铁路应尽量垂直交叉。因条件限制无法垂直交叉时，最小夹角不小于 30°，并避开岩石和低洼地带。

输油气管道穿跨越河流上游如有水库，管道管理企业应与水利、水库单位取得联系，了解洪水情况，采取防洪措施。水利、水库单位应将泄洪计划至少提前两天告知管道管理企业，且应避免大量泄洪冲毁管道。

4.1.2　油气站场安全设计

1. 平面布置与防火间距

(1)总体布局

油气生产的厂、站、库经常散发易燃、易爆油气，对周围环境存在着已发生火灾的威胁。而其周围的企业、事业单位、服务行业、辅助性生产企业等火源种类复杂多样，对油气生产的厂、站、库也带来许多引燃油气的不安全因素。所以在进行总体布局时，站、厂、库址的选择必需合理布局和满足安全距离的要求，避免相邻企业发生事故。

(2)防火要求

①油气源应布置在火源的最小风频风向的上风侧；

②按厂、站级别确定防火安全距离；

③避免相互影响和干扰，在厂、站、库之间或它们与其他设施之间应留出一定的防火的安全距离；

④必须保证任何油气厂、站、库与其外部干线公路能通行车辆，路面不小于 3.5m 宽；

⑤在油气厂、站、库围墙外侧留出相应的防火空旷地带；

⑥与油气厂、站、库无关的油气管道、电力、电讯线路不得穿越或跨越厂、站、库区。

(3)风向玫瑰图

根据某一地区气象台观测的风气象资料，绘制出的图形成风玫瑰图，分为风向玫瑰图和风速玫瑰图两种，一般多用风向玫瑰图。风向玫瑰图表示风向和风向的频率，如图 4-2 所示。风向频率是在一定时间内各种风向出现的次数占所有观察次数的百分比。根据各方向的出现频率，以相应的比例长度，按风向中心吹，描在用 8 个或者 16 个方位所表示的图上，然后将各相邻方向的端点用直线连接起来，绘成一个形式宛如玫瑰的闭合折线，就是风向玫瑰图。图中线段最长者即为当地主导风向，建筑物的位置朝向和当地主导风向有密切关系。

(4)油气生产设施的总体布局及防火要求

石油库规划时，总平面布置要遵循分区原则、紧凑原则和合并原则。

①分区原则

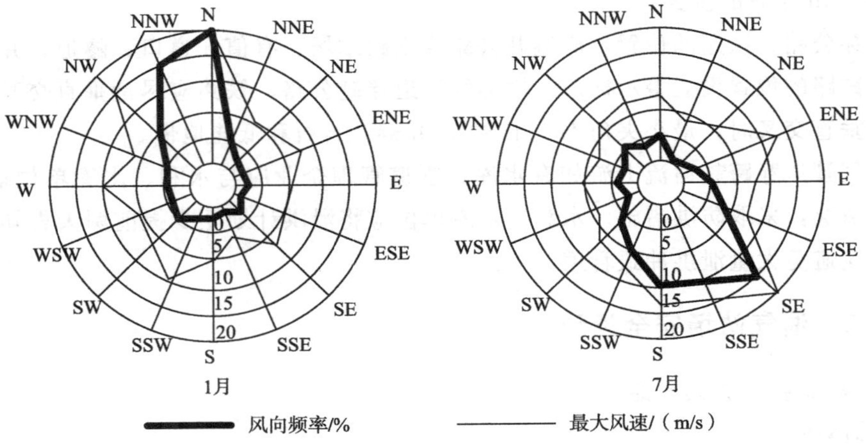

图 4－2　风频玫瑰图

根据生产操作、油气积聚程度及工作方式的不同，石油库内采用分区布置，以便区别对待。石油库各区内的主要(构)筑物或设施，宜按表 4－1 的规定布置。

表 4－1　石油库各区内的主要建(构)筑物或设施

序号	分区		区内主要建(构)筑物或设施
1	储罐区		储罐组、易燃和可燃液体泵站、变配电间、现场机柜间等
2	易燃和可燃液体装卸区	铁路装卸区	铁路罐车装卸栈桥、易燃和可燃液体泵站、桶装易燃和可燃液体库房、零位罐、变配电间、油气回收处理装置等
		水运装卸区	易燃和可燃液体装卸码头、易燃和可燃液体泵站、灌桶间、桶装液体库房、变配电间、油气回收处理装置等
		公路装卸区	灌桶间、易燃和可燃液体泵站、变配电间、汽车罐车装卸设施、桶装液体库房、控制室、油气回收处理装置等
3	辅助作业区		修洗桶间、消防泵房、消防车库、变配电间、机修间、器材库、锅炉房、化验室、污水处理设施、计量室、柴油发电机间、空气压缩机间、车库等
4	行政管理区		办公用房、控制室、传达室、汽车库、警卫及消防人员宿舍、倒班宿舍、浴室、食堂等

注：企业附属石油库的分区，尚宜结合该企业的总体布置统一考虑。

②紧凑原则

石油库总平面布置应保证安全距离的前提下，减少油品在库内的输送和运输距离，减少转折，方便人员操作和装卸。

库区布置应在各分区内适当集中，留有发展余地，避免在将来的发展中有大的变动，各种辅助设施应尽量靠近主要生产设施。

③合并原则

在符合生产使用和安全防火的要求下，库内建、构筑物可以合并建造，这样可减少占地面积，节约投资，便于同类及相关生产集中操作管理。

2. 油罐

(1)油罐分组

同一个油罐组内一般用来储存火灾危险性相同或相近的油品，甲$_B$、乙、丙$_A$类可以布置在同一罐区内；罐区内一般不宜布置不同安装形式的油罐(如立式与卧式罐不宜布置在同一油罐组内)。

同一个油罐组内油罐的总容量应符合下列规定：固定顶油罐组及固定顶油罐和浮顶、内浮顶油罐的混合罐组不应大于 120000m^3；浮顶、内浮顶油罐组不应大于 600000m^3。

同一个油罐组内的油罐数量应当符合下列规定：当单罐容量等于或者大于 1000m^3 时，不应多于 12 座；单罐容量小于 1000m^3 的油罐组和储存丙$_B$类油品的油罐组内的油罐数量不限。

地上油罐组内的布置应符合下列规定：单罐容量小于 1000m^3 的储存丙$_B$类油品的油罐不应超过四排；其他油罐不应超过两排。立式油罐排与排之间的防火距离不应小于 5m。卧式油罐排与排之间的防火距离不应小于 3m。

地上储罐组内相邻储罐之间的防火距离不应小于表 4－2 的规定。

表 4－2　地上储罐组内相邻储罐之间的防火距离

储存液体类别	单罐容量不大于 300m^3，且总容量不大于 1500m^3 的立式储罐组	固定顶储罐(单罐容量)			外浮顶、内浮顶储罐	卧式储罐
		≤1000m^3	＞1000m^3	≥5000m^3		
甲$_B$、乙类	2m	0.75 D	0.6D		0.4D	0.8m
丙$_A$类	2m	0.4 D			0.4 D	0.8m
丙$_B$类	2m	2m	5m	0.4 D	0.4 D与15m的较小值	0.8m

注：1 表中 D 为相邻储罐中较大储罐的直径。

2 储存不同类别液体的储罐、不同型式的储罐之间的防火距离，应采用较大值。

(2)油罐基础

地上油罐的基础分为素土层、灰土层、砂垫层、沥青砂垫层。油罐的均匀沉降量不得超过 50mm，基础稳定后，均匀沉降量不得超过 10mm。不均匀沉降量，要满足下列要求：

①在管壁圆周任意 10m 周长的范围内，沉降差不超过 25mm。

②任意直径方向上的沉降差：当油罐直径 $D \leqslant 22$m 时，沉降值＜0.007D；当 22m＜油罐直径 $D<30$m 时，沉降值＜0.006D。

③罐体的倾斜度不得超过设计高度的 1%，最大不超过 90mm。

④立式油罐的进油管，应从油罐下部接入；如确需从上部接入时，甲、乙、丙$_A$类油品的进油管应延伸到油罐的底部。卧式油罐的进油从上部接入时，甲、乙、丙$_A$类油品的进油管应延伸到油罐底部。

⑤下列油罐的通气管上必须装设阻火器：储存甲、乙、丙$_A$类油品的固定顶油罐；储存甲、乙类油品的卧式油罐；储存丙$_A$类油品的地上卧式油罐。

⑥储存甲、乙类油品的固定顶油罐和地上卧式油罐的通气管上应装设呼吸阀。

⑦地上立式油罐应设液位计和高液位报警器，频繁操作的油罐宜设自动联锁切断进油装置，有脱水操作要求的油罐宜装设自动脱水器。

3. 防火堤、隔堤

防火堤主要有两个作用，一是平时防止跑、冒、滴、漏油品流淌外溢；二是一旦发生火灾，阻止油罐内油品火势蔓延。防火堤及隔堤应满足以下设计要求：

(1)防火堤应采用非燃烧材料建造，并应能承受所容纳油品的静压力且不应泄漏；立式油罐防火堤的计算高度应保证堤内有效容积需要。防火堤的实高应比计算高度高出0.2m。防火堤的实高不应低于1m(以防火堤内侧设计地坪计)，且不宜高于2.2m(以防火堤外侧道路路面计)。卧式油罐的防火堤实高不应低于0.5m(以防火堤内侧设计地坪计)，如采用土质防火堤，堤顶宽度不应小于0.5m。

严禁在防火堤上开洞，管道穿越防火堤处应采用非燃烧材料严密填实。在雨水沟穿越防火堤处，应采取排水阻油措施。

油罐组防火堤的人行踏步不应少于两处，且应处于不同的方位上。

(2)地上立式油罐的罐壁至防火堤内堤脚线的距离，不应小于罐壁高度的一半。卧式油罐的罐壁至防火堤内堤脚线的距离，不应小于3m。依山建设的油罐，可利用山体兼作防火堤，油罐的罐壁至山体的距离不得小于1.5m。

(3)防火堤内的有效容量，应符合下列规定：

①对于固定顶油罐，不应小于油罐组内一个最大油罐的容量；

②对于浮顶油罐或内浮顶油罐，不应小于油罐组内一个最大油罐容量的一半；

③当固定顶油罐与浮顶油罐或内浮顶油罐布置在同一油罐组内时，应取以上两款规定的较大值；

④覆土油罐的防火堤内有效容积规定同上，但油罐容量应按其高出地面部分的容量计算。

(4)立式油罐罐组内应按下列规定设置隔堤

当单罐容量小于5000m^3时，隔堤内的油罐数量不应多于6座；当单罐容量等于或大于5000m^3至小于20000m^3时，隔堤内油罐的数量不应多于4座；当罐容量等于或大于20000m^3时，隔堤内油罐数量不应多于2座；隔堤内沸溢性油品储罐的数量不应多于2座；非沸溢性的丙$_B$类油品储罐，可不设置隔堤；隔堤顶面标高，应比防火堤顶面标高低0.2～0.3m；隔堤应采用非燃烧材料建造，并应能承受所容纳油品的静压力且不应泄漏。

4. 油泵房

(1)油泵站宜采用地上式。其建筑形式应根据输送介质的特点、运行条件及当地气象条件综合考虑确定，可采用房间式(泵房)、棚式(泵棚)，亦可采用露天式，泵房地坪标高一般比场坪标高高出0.2m。

(2)泵房(棚)的设置应符合下列规定：

①泵房应设外开门，且不宜少于两个，其中一个应能满足泵房内最大设备进出需要。

建筑面积小于 $60m^2$ 时可设一个外开门。

②泵房和泵棚的净空不应低于 3.5m。

(3)输油泵的设置，应符合下列规定：

①输送有特殊要求的油品时，应设专用输油泵和备用泵。

②连续输送同一种油品的油泵，当同时操作的油泵不多于 3 台时，可设一台备用泵；当同时操作的油泵多于 3 台时，备用泵不应多于 2 台。

③经常操作但不连续运转的油泵不宜单独设置备用泵，可与输送性质相近油品的油泵互为备用或共设一台备用泵。

④不经常操作的油泵，不应设置备用油泵。

(4)用于离心泵灌泵和抽吸运油容器底油的泵可采用容积泵。

(5)油泵站的油气排放管的设置应符合下列规定：

①管口应设在泵房(棚)外；

②管口应高出周围地坪 4m 及以上；

③设在泵房(棚)顶面上方的油气排放管，其管口应高出泵房(棚)顶面 1.5m 及以上；

④管口与配电间门、窗的水平路径不应小于 5m；

⑤管口应装设阻火器。

(6)没有安全阀的容积泵的出口管道上应设置安全阀。

(7)油泵机组的布置应符合下列规定：

①油泵机组单排布置时，原动机端部至墙(柱)的净距，不宜小于 1.5m。

②相邻油泵机组机座之间的净距，不应小于较大油泵机组机座宽度的 1.5 倍。

(8)油品装卸区不设集中油泵站时，油泵可设置于铁路装卸栈桥或汽车油罐车装卸站台之下，但油泵四周应是开敞的，且油泵基础顶面不应低于周围地坪。

(9)易燃油品的泵房和灌油间，除采用自然通风外，尚应设置机械排风进行定期排风，其换气次数不应小于每小时 10 次。

(10)泵房毗邻配电间的地坪应比泵房地坪标高高出 0.6m，且两者之间的活动门窗距离不应小于 3m。

5. 铁路专用线及栈桥

专用线设两组绝缘导轨；栈桥的耐火等级不低于二级。翻梯、平衡装置应采用胶垫包扎过度，避免撞击产生火花；栈桥上的工艺设备、金属物和专用线要用等电位接地，不使形成电位差；栈桥前设人体带电消除握把或栏杆；栈桥两侧应设保护栏杆。同时还应满足以下要求：

(1)装卸线上油罐车列的始端车位车钩中心线至前方铁路道岔警冲标的安全距离，不应小于 31m；终端车位车钩中心线至装卸线车挡的安全距离应为 20m。

(2)油品装卸线中心线至石油库内非罐车铁路装卸线中心线的安全距离，应符合下列规定：装甲、乙类油品的不应小于 20m；卸甲、乙类油品的不应小于 15m；装卸丙类油品的不应小于 10m。

(3)油品装卸线中心线至无装卸栈桥一侧其他建筑物或构筑物的距离，在露天场所不应小于3.5m，在非露天场所不应小于2.44m。

(4)铁路中心线至石油库铁路大门边缘的距离，有附挂调车作业时，不应小于3.2m；无附挂调车作业时不应小于2.44m。

(5)油品装卸栈桥应在装卸线的一侧设置；油品装卸栈桥的桥面，宜高于轨面3.5m。栈桥上应设安全栏杆。在栈桥的两端和沿栈桥每60～80m处，应设上、下栈桥的梯子。

(6)油品装卸鹤管至石油库围墙的铁路大门的距离不应小于20m。

6. 公路发油台

发油台宜建为通过形式，地形条件不允许时，可建成侧靠式或退靠式。场地不得用沥青路面，建筑材料应满足二级耐火要求。

工作间要求通风良好，场地无沟坑，否则爆炸危险等级增加一级，发油台下有泵一阀室的应四周开门，对流通风良好，并装设可燃气体报警仪。

管组设备与汽车油罐车的接地为等电位接地。操作台设安全保护栏杆，当撞击上油罐车作业的转梯时应不发火；发油台台阶附近应设静电消除装置，装油鹤管应能深入到汽车油罐车的地步，防止喷溅。

油品装车流量不宜小于30m^3/h，但装卸车流速不得大于4.5m/s。汽油总装车量(包括铁路装车量)大于20万吨/年的油库，宜设置油气回收设施。

7. 消防道路

(1)油库油罐区应设环行消防道路。四、五级油库、山区或丘陵地带的油库油罐区亦可没有回车场的尽头式消防道路。

(2)油罐中心与最近的消防道路之间的距离不应大于80m；消防道路与防火堤外堤脚线之间的距离，不宜小于3m；相邻油罐组防火堤外堤脚线之间应留有宽度不小于7m的消防通道。

(3)一级油库的油罐区和装卸区消防道路的路面宽度不应小于6m，转弯半径不小于9m，其地级别油库的油罐区和装卸区消防道路的路面宽度不应小于4m。

(4)铁路装卸区应设宽度不小于3.5m消防道路。铁路装卸区的消防道路宜与库内道路构成环行道，也可设有回车场的尽头式道路。

(5)汽车油罐车装卸设施和油桶灌装设施，必须设置能保证消防车辆顺利接近火灾场地的消防道路。

(6)油库通向公路的车辆出入口(公路装卸区的单独出入口除外)，一、二、三级石油库不宜少于2处，四、五级石油库可设1处。

(7)消防道路和防火堤之间不宜种树。油库内绿化，不应妨碍消防操作。

8. 消防泵房

(1)消防泵房应采用一、二级耐火等级的建筑，以保证在火灾情况下仍能工作。

(2)泵房内应同时设置供消防水装置和泡沫装置。位置在满足防火间距的前提下尽可能靠近油罐区，且应满足消防泵启动后将泡沫混合液送入到最远油罐内的时间不超过

5min 的要求。

(3)消防冷却水泵、泡沫混合液泵采用正压启动或自吸启动，当采用自吸启动时，自吸时间不应大于 45s。这就要求消防泵平时经常充满水，能够随时启动。

(4)消防冷却水泵、泡沫混合液泵应各设一台备用泵。消防冷却水泵与泡沫混合液泵的压力、流量接近时，可共用一台备用泵，但备用泵的流量、扬程不应小于最大泵的能力。四、五级石油库可不设备用泵。

(5)当多台消防水泵的吸水管共用一根泵前主管时，该管道应有两支管道接入水池，且每条支管道能通过全部用水量。

(6)泡沫液储罐应放在室内，其储存环境温度为：植物性蛋白泡沫液 0～40℃，动物性蛋白泡沫液和氟蛋白泡沫液－5～40℃。

(7)泡沫液罐的容量，不应小于所需的泡沫液量与充满管道的泡沫混合液中所含泡沫液量之和。

(8)一、二、三级石油库的消防泵房内应不间断供电，通常设两个动力源，如设两路市电，有困难时也可采用一路市电，另一路内燃机动力，以保证发生事故全面停电时，不间断供水、供泡沫。四、五级石油库可使用一个动力源。

(9)当采用环泵式比例混合流程时，泡沫混合液泵吸入管的压力不应大于 29.4kPa；泵的流量应包括比例混合器动力水的回流损耗。比例混合器吸液口标高，不得高于泡沫液罐的最低液面 1m，以满足比例混合器的工作条件；当采用压力比例混合流程时，比例混合器进口的工作压力应为 0.6～1.2MPa。

(10)消防水泵房应有不少于两条的出水管直接与环状管网连接。当其中一条出水管检修时，其余的出水管仍能供应全部用水量，出水管上宜设检查用的放水阀门。

9. 消防车库

消防车库的位置，应能满足接到火灾报警后，消防车达到火场的时间不超过 5min 的要求。消防车台数的确定，应符合以下规定：

(1)当采用水罐消防车进行油罐冷却时，水罐消防车的台数，应按油罐最大需要水量进行配备。

(2)当采用泡沫消防车进行油罐灭火时，泡沫消防车的台数，应按油罐最大需要泡沫液量进行配备。

(3)在设有固定消防系统、油罐总容量等于或大于 50000m^3 的二级石油库中，固定顶油罐单罐容量等于或大于 10000m^3、浮顶油罐单罐容量等于或大于 20000m^3 时，应配备一辆泡沫消防车或一台泡沫液储量不小于 7000L 的机动泡沫设备；设有固定消防系统的一级石油库中，拱顶油罐单罐容量等于或大于 100000m^3、浮顶油罐单罐容量等于或大于 20000m^3 时，应配备两辆泡沫消防车或两台泡沫液储量不小于 7000L 的机动泡沫设备。

(4)石油库应和邻近企业或城镇消防站协商组成联防。联防企业或城镇消防站的消防车辆符合下列要求时，可作为油库的消防计算车辆：

①在接到火灾报警后 5min 内能对着火罐进行冷却的消防车辆；

②在接到火灾报警后 10min 内能对相邻油罐进行冷却的消防车辆；

③在接到火灾报警后 20min 内能对着火油罐提供泡沫的消防车辆。

10. 防火间距

防火间距是根据防火的要求，在各建(构)筑物之间、油气储罐、设备之间以及相互之间必须留出的水平距离。火灾发生时，便于消防作业；减少火灾对邻近设施的辐射热，避免因烤热而爆炸着火的次生伤害。

防火间距确定原则有：避免或减少发生火灾的可能性和应满足消防扑救作业的距离要求。

11. 厂、站、库内部布置及防火要求

(1)根据厂站所属各生产设施的火灾危险性类别、生产工艺流程特点、功能及其交通运输情况，合理集中、分区块布置。

(2)油气生产设施、储罐区、污水处理的污油池、除油罐及油气装卸设施和场所应布置在全年最小风频风向的上风侧。

(3)原油、稳定轻烃和液化石油气储罐宜布置在地势较低处。

(4)全厂性锅炉房和 35kV 及以上的总变、配电所，加热炉和水套炉应布置在可能散发油气场所的全年最小风频风向的下风侧，且布置在厂区的边部。一、二、三、四级石油天然气站场内总平面布置的防火间距除另有规定外，不应小于表 4－3 规定。石油天然气站场内的甲、乙类工艺装置、联合工艺装置的防火间距，应符合：

①装置与其外部的防火间距按规范中表中甲、乙类厂房及密闭工艺设备的规定执行；

②装置之间的防火间距符合表规定；

③装置内部的设备、建(构)筑物间的防火间距应满足表 4－3 的规定。

表 4－3 埋地天然气集输管道与建(构)筑物的防火间距 m

公称压力/MPa	管径/mm	100人以上居民区、村镇、公共福利设施、工矿企业、重要水工建筑、物资仓库	非燃烧材料堆场、库房，建筑面积 500m² 以上的非居住建筑物	铁路	公路		与管线平行的 35kV 及以上架空电力线路和Ⅰ级架空通信线路	与管线平行的 10kV 架空电力线路	与管线平行的非同沟埋地电缆和其他埋地管线(技术上可以同沟的除外)
					国家干线	矿区公路			
$PN \leqslant 1.6$	$DN<200$	13							
	$200 \leqslant DN \leqslant 400$	30	5	5	5	3	10	8	5
	$DN>400$	40							
$1.6<PN \leqslant 4.0$	$DN<200$	20							
	$200 \leqslant DN \leqslant 400$	40	8	10	8	5	15	10	8
	$DN>400$	60							

续表

公称压力/MPa	管径/mm	100人以上居民区、村镇、公共福利设施、工矿企业、重要水工建筑、物资仓库	非燃烧材料堆场、库房，建筑面积500m²以上的非居住建筑物	铁路	公路		与管线平行的35kV及以上架空电力线路和Ⅰ级架空通信线路	与管线平行的10kV架空电力线路	与管线平行的非同沟埋地电缆和其他埋地管线（技术上可以同沟的除外）
					国家干线	矿区公路			
$PN>4.0$	$DN<200$	25	10	5	10	8	20	15	10
	$200\leqslant DN\leqslant 400$	50							
	$DN>400$	75							

注：1. 天然气与凝析油混输管道可按天然气管道执行；液化石油气和天然气凝液管道均按天然气管道对待。

2. 当受线路走向或特殊条件的限制，防火间距无法满足时，天然气管道可埋设在矿区公路路肩内；当管道压力在1.6MPa以下时，设计系数应取0.6；当压力在1.6MPa以上时，设计系数应取0.5。

3. 当受环境条件限制，管道局部段或埋在路肩内的局部管段与不同人数的居民区、村镇及公共福利设施、工矿企业、重要水工建(构)筑物、物资仓库(不包括易燃易爆仓库)的防火间距不能达到本表的规定要求时，可按照GB 50251的规定采取降低设计系数、增加管线壁厚的措施。

表4-4　埋地原油集输管道与建(构)筑物的防火间距　　m

公称压力/MPa	管径/mm	100人以上居民区村镇、公共福利设施、工矿企业、重要水工建筑、物资仓库	非燃烧材料堆场、库房，建筑面积在500m²以下的非居住建筑物	铁路	公路	
					国家干线	矿区铁路
$PN\leqslant 2.5$	$DN\leqslant 200$	10	5	10	5	3
	$DN>200$	15				
$PN>2.5$	$DN\leqslant 200$	20				
	$DN>200$	25				

注：1. 原油与油田气混输管道应按原油管线执行。

2. 当受线路走向或特殊条件限制、防火间距无法满足时，原油管道可埋设在矿区公路路肩下。当管道压力在1.6MPa以上时，应采取保护措施。

3. 管道局部管段与不同人数的居民区、村镇及公共福利设施、工矿企业、重要水工建筑物、物资仓库(不包括易燃易爆仓库)的防护间距，当环境条件不能达到本表的规定时，可采取降低设计系数增加管道壁厚的措施，其计算公式应符合GB 50183附录5的规定。

4. 通过100人以上的居民区的管段，当设计系数取0.6时，可按本表的规定减少50%。

5. 通过100人以下的零散居民点的管段，可按本表的规定减少50%。

4.1.3　液化烃球罐安全设计

1. 选址及区域布置

(1)选址

液化烃球罐区的选址要严格执行《石油化工企业设计防火规范》(GB 50160—2008)，油田企业、城镇燃气、油库等炼化板块以外的企业液化烃球罐区应执行相应行业的国家标准。在山区或丘陵地区的液化烃球罐区应避免布置在窝风地带。

(2)罐组

①液化烃球罐组应设防火堤。防火堤不应高于0.6m，且不应低于可燃气体(有毒气体)检测报警仪的安装高度。

②液化烃球罐不得与其他可燃、助燃气体储罐同组布置，但全压力式液化烃球罐可与可燃液体的压力储罐同组布置。

③球罐材质不能适应该罐组介质最低温度时不应布置在同一罐组内。

④同一罐组内全压力式或半冷冻式储罐的个数不应多于12个，且不超过2排。

⑤两个罐组相邻球罐之间的防火间距不应小于20m。

(3)道路

①液化烃罐组周边应设环形消防通道，路面宽度不小于6m，转弯半径不小于12m，净空高度不应小于5m。

②罐区内的产品运输道路距离球罐外壁水平距离不应小于15m。

2. 设计要求

(1)一般要求

球罐区的设计应符合《石油化工企业设计防火规范》(GB 50160—2008)、TSG R004《固定式压力容器安全技术监察规程》、SH 3136《液化烃球形储罐安全设计规范》、GB 12337《钢制球形储罐》、SH/T 3007《石油化工储运系统罐区设计规范》、TSG D0001《压力管道安全技术监察规程》、SH 3059《石化管道器材选用设计通则》等各专业现行规范的有关规定。

(2)设备材质

①球罐选材除符合相应标准和规范的要求外，还应符合以下条件：

a)采用低温钢时应有明确的技术要求，如P、S含量及冲击功要求等。

b)采用低合金高强钢应标明腐蚀介质的适用浓度，并要求在使用过程中工艺上严格执行腐蚀介质的控制浓度，不得超浓度使用。

②对于气候潮湿，且最低设计温度$T<0℃$球罐的阀门、螺栓、导淋管、管帽应选用可适用于液化烃介质且耐大气腐蚀的材质。

③球罐保温材料应使用具有阻火作用的材料，保冷必须采用不燃材料。

④操作平台和梯子应根据当地区气候条件选用耐腐蚀材料。

(3)工艺要求

①球罐应至少设2个安全阀和1个紧急放空线(安全阀副线)，每个都能满足事故状态下安全泄放量的要求；安全阀前后均应设手动全通径切断阀，切断阀口径不应小于安全阀出、入口口径，正常保持全开状态，并加设铅封或锁定；气体紧急放空管管径不应小于安全阀的入口直径。

②对易爆介质或者毒性程度为极度、高度或者中度危害介质的压力容器，应当在安全阀或者爆破片的排出口装设导管，将排放介质引至安全地点，并且进行妥善处理，不得直

接排入大气。

③球罐应根据存储介质的特性确定是否需要设置切水设施。球罐切水应遵循安全可靠、操作简便的原则。切水接管应位于球罐最低部位。如采用二次脱水系统，脱水罐应为压力容器，设计压力不应低于球罐的压力等级，设计温度应按照所存介质常压沸点考虑；与球罐之间的管道系统应为压力管道。寒冷(最冷月平均温度 0～10℃)、及严寒(最冷月平均温度＜－10℃)地区的脱水系统应采取保温伴热等防冻措施。

④液化烃球罐应视存储物料的性质设置合理的注水设施。注水设施的设计以安全、快速有效、可操作性强为原则。

⑤两端阀门关闭且因外界影响可能造成介质压力升高的液化烃管道应有泄压的安全措施或设施。

⑥携带可燃液体的低温可燃气体排放系统的设计应符合《石油化工企业燃料气系统和可燃性气体排放系统设计规范》SH 3009 的有关规定；低温管道器材的选用应符合《石化管道器材选用设计通则》SH 3059 的有关规定。低温气体如未设专用排放系统，则在排入全厂性火炬总管前应设置气化器。

⑦液化烃蒸发器的气相部分应设压力表和安全阀；液相部分应有液位指示仪表。

⑧有可能被物料堵塞或腐蚀的安全阀，在安全阀前应设爆破片或在其进出口管道上采取吹扫措施；在寒冷及严寒地区，对于含水物料的安全阀进出管道应采取防冻措施。

⑨储存不稳定的烯烃、二烯烃等物质时，应采取防止生成过氧化物、自聚物的措施。丁二烯球罐应采取以下措施：

a)设置氮封系统；

b)储存周期在两周以内时，应设置水喷淋冷却系统，使球罐外表面温度保持在 30℃以下；储存周期在两周以上时，应设置冷冻循环系统和阻聚剂添加系统，使丁二烯温度保持在 10℃以下；

c)丁二烯球形球罐安全阀出口管道应设氮气吹扫。

⑩液化烃设备应有事故紧急排放设施，可将设备内的液化烃排放至安全地点，剩余的液化烃应排入火炬系统。

⑪在非正常条件下，当设备顶部最高操作压力大于等于 0.1MPa(G)的压力容器应设安全阀；当设备顶部最高操作压力为 0.03～0.1MPa(G)的设备应根据工艺要求设置安全阀。

⑫液化烃泵房的地面不宜设地坑或地沟，泵房内应有防止可燃气体积聚的措施。

⑬相邻液化烃球罐宜设联合平台，联合操作平台应设不少于两个通往地面的梯子(至少两个是斜梯，斜梯与水平面的夹角不宜大于 42°)，作为安全疏散通道。

(4)仪表自控

①液化烃球罐区应设置仪表控制系统完成生产过程的数据采集、监控、报警及过程控制任务。控制系统可采用可编程序控制器(PLC)、分散型控制系统(DCS)、监控和数据采集系统(SCADA)和现场总线控制系统(FCS)等。

当罐区操作中有安全联锁要求时，应设置安全联锁回路及安全仪表系统。安全联锁回路中的测量元件(包括传感器、变送器等)、逻辑控制器和执行元件(包括电磁阀、控制阀、切断阀等)均应满足安全完整性等级(SIL)要求。

②液化烃球罐罐顶应设压力就地和远传仪表测量气相压力，压力表与压力变送器不得共用同一开口。宜单独设置压力高报警设施，压力高报警检测元件可采用压力开关或独立的压力变送器等可靠性强、有广泛应用的元件。

③液化烃球罐应设就地和远传液位计。就地液位计可采用磁翻板液位计、钢带液位计、雷达或伺服液位计的罐旁指示仪，不应使用玻璃管(板)液位计。当就地液位计采用雷达或伺服罐旁指示仪时，球罐还应设一种不同类别的液位远传仪表。寒冷及严寒地区使用的磁翻板液位计应采取伴热或保温措施。

④液化烃球罐应设高低液位报警和高高液位联锁切断进料措施。高高液位联锁的检测元件应独立设置，可采用超声波、音叉、浮球或电容式液位开关，并宜与雷达、伺服等远传液位计的高高液位信号组成“三取二”联锁切断进料，高高液位联锁的检测元件应能在线校验。高液位报警的设定高度应为球罐的设计储存液位。高高液位报警的设定高度，不应大于液相体积达到球罐计算容积90%时的高度。

⑤紧急切断阀

a)液化烃球罐液相进出口处应设紧急切断阀，紧急切断阀的执行机构可选用气动型、液压型或电动型(优先选用气动)。当切断阀的执行机构为气动执行机构时应选用单作用气缸执行机构(故障安全性型)；如已采用气动双作用气缸执行机构时应配事故空气罐。当执行机构为电动型时，其电源应通过电气 UPS 供电，其电源电缆、信号电缆和电动执行机构应做防火保护。

b)紧急切断阀应与工艺控制阀相区别。其密封结构应采用耐火结构并符合 ANSI/API STD607 标准；允许泄漏量应符合 ANSI B16.104(FCI 70－2)CLASS V 级或以上级。

c)液化烃球罐区防火堤外及控制室操作站(硬开关或软开关)应设置紧急切断阀联锁按钮，当球罐液位高高报警或发生火灾时，操作员能够遥控或就地手动关闭紧急切断阀，在紧急切断阀关闭后，自动联锁停止进料泵。紧急切断阀的关闭时间按表 4－5：

表 4－5　紧急切断阀的完全关闭时间

公称尺寸 DN/mm	完全关闭时间/s
≤50	≤5
65～350	≤10

d)紧急切断阀应能保证在易熔元件自动切断装置温度达到 75±5℃时自动关闭。

e)选用的紧急切断阀应为故障安全型。

⑥液化烃球罐区应设现场声/光报警设施。固定式可燃气体、有毒气体检测器及其他报警信号应接入现场声/光报警设施。探测器的设置及报警设定值的设定严格执行《石油化工可燃气体和有毒气体检测报警设计规范》GB 50493。

⑦液化烃球罐区现场远传仪表及仪表控制系统应采用 UPS 不间断电源供电，UPS 的后备电池供电时间不少于 30min。

⑧电缆宜按防火堤外桥架或埋地敷设，堤内埋地方式敷设，至设备处穿钢管保护。埋地敷设的电缆应考虑防止地下水的侵蚀。如果堤内采用仪表汇线槽盒架空敷设时，应选用阻燃型电缆。

⑨液化烃球罐区应根据所在地区雷击概率及相关标准设置相应的电涌保护器。

⑩液化烃球罐区仪表及控制系统的保护接地、工作接地、防静电接地、防雷接地应共用接地系统，接地电阻不应大于 4Ω。

(5)安全监控系统

①液化烃球罐区应设工业电视监控系统。室外安装的摄像机应置于接闪器有效保护范围之内；摄像机的视频线、信号线宜采用光缆传输，电源采用 UPS 供电，各类电缆两端加装浪涌保护器；摄像机应有良好的接地，接至接地网。

②远离生产厂区或独立的液化烃罐区应设周界报警系统，周界报警系统应能与工业电视监控系统联动。

(6)电气及防雷防静电

①液化烃球罐应设防雷接地。接地引下线不应少于 2 根，并沿罐周长均匀分布，冲击接地电阻不应大于 10Ω。

②液化烃球罐支柱应设接地板，球罐的接地板直接焊接在支柱上，接地线应采用螺栓与接地板可靠连接(如果 1 台球罐设有 n 根接地引下线，则至少 $n-1$ 根需要螺栓连接，另外 1 根可以直接焊接于接地板上，能消除基础沉降产生的应力)。

③接地引下线以及接地极宜采用铜材料，如果使用热镀锌扁钢，则腐蚀性土壤条件下宜采用 75mm×5mm 热镀锌扁钢，其余地区不应小于 40mm×4mm。采用铜线或圆铜材料的接地引下线的有效截面积应≥50mm^2。

④与罐体相接的电气、仪表配线(铠装电缆除外)应采用金属管屏蔽保护，电缆外皮或配线钢管与罐体作电气连接。在相应的被保护设备处，应安装与设备耐压水平相适应的浪涌保护器。

⑤液化烃储罐及管道应采取静电接地措施。在管道进出设施、泵房、防火堤处设静电接地。

⑥在防火堤外人行踏步处、液化烃泵房门口以及球罐扶梯入口处应设消除人体静电装置。

⑦4 根及以下螺栓连接的工艺管道法兰及阀门应做电气连接。

⑧防雷接地、防静电接地、电气设备的工作接地、保护接地、信息系统接地等应共用接地系统，实测的接地电阻不大于 4Ω。

⑨接地网应设检测井

(7)消防

①消防水泵房用电设备的电源，应满足现行国家标准《供配电系统设计规范》GB 50052

所规定的一级负荷供电要求。消防水泵房及其配电室应设事故照明，事故照明可采用蓄电池作备用电源，其连续供电时间不应少于20min。重要消防用电设备的供电，应在最末一级配电装置或配电箱处实现自动切换，其配电线路宜采用耐火电缆。油田、油库等另有专门规范规定的执行相关规定。

②消防水源

a)液化烃球罐区的消防水源应可靠，供水时间不低于8h。当球罐区附近有合适水源时，可设置为消防备用水源，消防备用水源上设可靠的取水设施。

b)液化烃罐区应设稳高压消防给水系统，其压力宜为0.7～1.2MPa(G)。独立或远离厂区单独的液化烃罐区应设独立的稳高压消防给水系统。

c)消防水泵、稳压泵应分别设置备用泵，其能力不得小于最大1台泵的能力。消防冷却水泵供水能力除满足额定工况要求外，在满足150％额定流量时，水泵扬程不低于65％额定扬程。稳压泵的流量不宜小于启动1只消火栓时的流量。若考虑备用动力源，应考虑100％流量备用。

d)消防水泵应在接到报警后2min以内投入运行。稳高压消防给水系统的消防水泵应能依靠管网压降信号自动启动。

③球罐区消防冷却水系统

a)液化烃罐区的消防冷却总用水量应按球罐固定式消防冷却用水量与移动消防冷却用水量之和计算。

b)消防冷却水管道应在防火堤外安全位置设置控制阀，控制阀前的配水管道宜采用内外壁热镀锌钢管或符合现行国家、行业标准规定的涂覆其他防腐材料的钢管，以及铜管、不锈钢管；控制阀后的管道应采用前述材质的管道。当控制阀前管道采用不防腐的钢管或者不能避免出现锈渣、焊渣及其他可能堵塞喷雾(喷淋)喷头的杂质时，阀前应设置带旁通阀的过滤器，管道可焊接连接；阀后管道应采用避免出现焊渣、锈渣的连接方式。阀后的镀锌钢管可采用沟槽式连接件(卡箍)、丝扣或法兰连接。严禁在预制及施工过程中损坏镀锌层。

c)容积大于等于1000m^3的液化烃球罐的消防水喷淋应采用远程手动启动程序控制系统，同时具备现场手动操作功能。

④液化烃罐区应设置消防应急广播。当使用扩音对讲系统作为消防应急广播时，应能切换至消防应急广播状态。

⑤液化烃罐组宜按防火堤内面积每400m^2配置1个手提式干粉灭火器，但每个球罐配置的数量不宜超过3个。

⑥有液化烃球罐(区)的石油化工企业，如单罐容积大于等于1000m^3或液化烃球罐区总容积大于等于2000m^3时，应配置干粉消防车。

⑦出罐区防火堤污水管道(沟)应设水封井及切断阀。

4.1.4　储运消防工程设计

1. 消防系统组成

消防工程设计是石油储运工程建设中一项重要内容，合理设置消防设施对迅速扑灭火灾，确保油气工程的安全生产和节省基建投资都有重要作用。

消防设施的设置，应根据站场的规模、油品性质、储存方式、容量、温度、火灾危害及所在区域消防站布局、装备情况及外部协作条件等综合考虑。

对于不同设备设施，消防要求也不相同：单罐容量大于或等于 $500m^3$ 的立式沉降罐宜采用移动式灭火设备；固定和半固定消防系统中的设备及材料应选用专用设备；钢制单盘式、双盘式内浮顶油罐的消防设施按浮顶油罐确定；浅盘式内浮顶、浮盘用易熔材料制作的内浮顶罐消防设施应按固定顶油罐确定。

石油企业内有大量的易燃、易爆、有腐蚀性物质，容易发生火灾爆炸事故。因此在石油企业内，应全面贯彻“以防为主、防消结合”的消防工作方针，在采取防火措施的措施，应建设相应的消防水源、消防泵房、消防站及配置一定数量的小型灭火器材。

(1)消防水源

水是灭火战斗中最主要的一种灭火剂，它能起到灭火和冷却双重作用。要有足够的消防水量和符合消防要求的水质。足够的消防水是指在灭火延续时间里的消防用水总量。消防用水可由给水管道、消防水池或天然水源，应确保枯水期在最低水位消防用水量的要求，并设置可靠的取水设备。

(2)消防管网

消防管网分消防给水管网和消防泡沫混合液管网。前者用于消防冷却、消防灭火和植被泡沫混合液供水；后者用于扑救甲、乙、丙类液体的燃烧火灾，大多建于储油罐区四周。应根据消防对象的重要性、规模大小、站库的地形地貌等条件选择不同形式的消防管网。

建于消防给水管网上的取水栓称为消防栓，建于泡沫混合液管网上的取水栓称为泡沫栓。

(3)消防泵房

凡高压消防管网或临时高压消防管网均要设消防泵房，其规模应能满足火场最大火灾时的冷却用水和泡沫灭火的流量和压力的需要。

消防泵房的位置宜在油罐区全年最小频率风向的下风侧，地坪宜高于油罐区地坪标高，避免流淌火灾的威胁和洪水的影响。

消防泵房应设双电源或双回路，应设置对外联络的通行设施。

(4)灭火器

灭火器是指能在其自身压力作用下，将其内部所充装的灭火剂喷出用以扑救火灾，并由人力移动的轻便灭火工具。

在油气储运工程的站、厂、库及其建筑物内除按防火规范要求设置固定式或半固定式消防设施外，还应配置一定数量的灭火器。配置类型和数量按现行国家标准《建筑灭火器配置设计规范》(GB 50140—2005)的规定。

2. 消防冷却水系统设计

油库消防冷却水系统主要由消防水源(含城市消防给水管网、稳定的天然水源和消防水池)、消防泵站、消防管网、消火栓以及喷淋水设备组成。

(1)消防水源与消防供水量

一、二、三、四级油库应设独立消防给水系统，五级油库的消防给水可与生产、生活给水系统合并设置。缺水少电的山区五级石油库的立式油罐可只设烟雾灭火设施，不设消防给水系统。消防给水系统应保持充水状态，严寒地区的消防给水管道，冬季可不充水。

油库的消防用水量，按油罐区消防用水量计算决定。油罐区消防用水量，为扑救油罐火灾配置泡沫最大用水量与冷却油罐最大用水量的总和。但五级石油库消防用水量应按油罐消防用水量与库内建、构筑物的消防计算用水量的较大值确定。消防水池容量可按下式计算：

$$V = 1.2(Q_{配} + Q_{冷}) \tag{4-1}$$

式中 V——消防水池容量，m^3；

$Q_{配}$——油罐灭火配制泡沫最大用水量，m^3；

$Q_{冷}$——冷却油罐最大用水量，m^3。

消防水池有补水措施时，补水时间不应超过96h。且消防水池容量为：

$$V = 1.2(Q_{配} + Q_{冷} - q_{补} T) \tag{4-2}$$

$$q_{补} = (Q_{配} + Q_{冷})/96 \tag{4-3}$$

式中 T——冷却水供给时间。

水池容量大于1000m^3时，应分隔为两个池，并用带阀门的连通管连通。

(2)消防给水网

油库消防给水可采用高压给水系统、临时高压给水系统或低压给水系统三种形式。

①高压消防给水系统

高压消防给水管网上设置的消防设备(消火栓、消防炮等)，不需消防车、机动泵进行加压，均具有防火规范规定的所需压力。一般情况下，采用高压消防给水管网时，在管网最不利点的消防水压力不应小于在达到设计消防水量时所需要的压力。

②临时高压消防给水系统

临时高压消防给水系统管网内平时没有消防水压要求，当发生火灾启动消防水泵后，管网内的压力达到高压消防管网压力的要求。设有固定冷却水设备和固定消防灭火设备的油库，常采用临时高压消防给水系统。

③低压消防给水系统

这种消防给水管网内的压力不能保证管网上灭火设备的水压要求，因此需用消防车或其他设备加压后才能达到所需的水压。为保证消防车取水，每个消火栓出口处在达到设计消防用水量时，给水压力不小于 0.15MPa。

在有强大移动式灭火设备和消防力量的油库，可采用低压消防给水系统。在无足够移动式灭火设备和消防力量的油库，宜采用高压或临时高压消防给水系统。

油库消防给水管网的布置形式应根据实际情况具体确定：一、二、三级油库油罐区的消防给水管道应环状敷设；四、五级油库油罐区的消防给水管道可枝状敷设；山区油库的单罐容量小于或等于 5000m^3 且油罐单排布置的油罐区，其消防给水管道可按枝状敷设。一、二、三级油库油罐区的消防水环形管道的进水管道不应少于两条，中间用阀门隔开，每条管能通过全部消防用水量。

(3)油罐消防冷却水的供应

①油罐冷却的要求

着火的地上固定顶油罐以及距该油罐罐壁 1.5D(D 为着火油罐直径)范围内相邻的地上油罐，均应冷却。当相邻的地上油罐超过三座时，应按三座较大的相邻油罐计算冷却水量；着火的浮顶、内浮顶油罐应冷却，其相邻油罐可不冷却。但距着火的浮顶油罐、内浮顶油罐罐壁 0.4D(D 为着火油罐与相邻油罐两者中较大油罐的直径)范区内的相邻油罐受火焰辐射热影响比较大的局部应冷却。当着火的浮顶油罐、内浮顶油罐浮盘为浅盘或浮舱用易熔材料制作时，其相邻油罐也应冷却；着火的覆土油罐及其相邻的覆土油罐可不冷却，但应考虑灭火时的保护用水量(指人身掩护和冷却地面及油罐附件的水量)；着火的地上卧式油罐应冷却，距着火罐直径与长度之和的一半范围内的相邻罐也应冷却。

②油罐消防冷却水供水范围和供给强度

地上立式油罐消防冷却水供水范围和供给强度不应小于表 4－6 的规定；覆土油罐的保护用水供给强度不应小于 0.3L/s·m，用水量计算长度为最大油罐的周长；着火的地上卧式油罐的消防冷却水供给强度不应小于 6L/min·m^2，其相邻油罐的消防冷却水供给强度不应小于 3L/min·m^2。冷却面积应按油罐投影面积计算；距着火的浮顶油罐、内浮顶油罐罐壁 0.4D(为着火油罐与相邻油罐两者中较大油罐的直径)范围内的所有相邻油罐的冷却水量总和不应小于 45L/s。油罐的消防冷却水供给强度应根据设计所选用的设备进行校核。

③油罐固定消防冷却方式

单罐容量不小于 5000m^3 或罐壁高度不小于 17m 的油罐，应设固定式消防冷却水系统；单罐容量小于 5000m^3 且罐壁高度小于 17m 的油罐，可设移动式消防冷却水系统或固定式水炮与移动式水枪相结合的消防冷却水系统；油罐抗风圈或加强圈没有设置导流设施时，其下面应设冷却喷水环管；冷却喷水环管上宜设置膜式喷头，喷头布置间距不宜大于 2m，喷头的出水压力不得小于 0.1MPa；油罐冷却水的进水立管下端应设锈渣清扫口。锈渣清扫口下端应高于罐基础顶面，其高差不应小于 0.3m；消防冷却水管道应在防火堤外设控制阀、放空阀。消防冷却水以地面水为水源时，消防冷却水管道上宜设置过滤器。

表 4-6 地上立式油罐消防冷却水供水范围和供给强度

油罐及消防冷却水型式			供水范围	供给强度		附注
				水枪 ϕ16mm	水枪 ϕ19mm	
移动式水枪冷却	着火罐	固定顶罐	罐周全长	0.6L/(s·m)	0.8L/(s·m)	
		浮顶罐内浮顶罐	罐周全长	0.45L/(s·m)	0.6L/(s·m)	浮盘为浅浮盘式或浮舱用易熔材料制作的内浮顶罐按固定顶罐计算
	邻近罐	不保温	罐周半长	0.35L/(s·m)	0.5L/(s·m)	
		保温		0.2L/(s·m)		
固定式冷却	着火罐	固定顶罐	罐壁表面积	2.5L/(min·m²)		
		浮顶罐内浮顶罐	罐壁表面积	2.0L/(min·m²)		浮盘为浅浮盘式或浮舱用易熔材料制作的内浮顶罐按固定顶罐计算
	罐壁表面积		罐壁表面积的一半	2.0L/(min·m²)		按实际冷却面积计算，但不得小于罐壁表面积的 1/2

注：着火单支水枪保护范 ϕ16mm 为 8～10m，ϕ19mm 为 9～11m；邻近罐单支水枪保护范 ϕ16mm 为 14～20m，ϕ19mm 为 15～25m。

④消防冷却水最小供给时间

直径大于 20m 的地上固定顶油罐(包括直径大于 20m 的浮盘为浅盘或浮舱用易熔材料制作的内浮顶油罐)应为 6h，其他油罐可为 4h。

(4)油库消防泵的设置

①消防泵房的设置要求

消防泵站应为一、二级耐火等级的建筑。附设在其他建筑内的消防泵站，应用耐火极限不低于 1h 的非燃烧体外围结构与其他房间隔开，并应有直通室外的出口。

一、二、三级油库的消防泵应设两个动力源，四、五级油库消防泵可设一个动力源；消防冷却水泵、泡沫混合液泵应采用正压启动或自吸启动，当采用自吸启动时，自吸时间不宜大于 45s；消防冷却水泵、泡沫混合液泵应各设一台备用泵。消防冷却水泵与泡沫混合液泵的压力、流量接近时，可共用一台备用泵，但备用泵的流量、扬程不应小于最大泵的能力。四、五级油库可不设备用泵。

消防水泵宜采用自灌式引水，并应保证消防泵在接到火警后 5min 内开始工作。消防管道上的阀门应有明显的启闭标志，且应位于操作方便的地方。为便于观察消防水池、水箱、水塔的水位，消防泵房内应设有水位指示器。

②消防水泵的流量与扬程

a)消防水泵的设计流量为着火罐和相邻罐冷却水之和

b)消防水泵的扬程按以下公式计算

$$h = h_r + h_z + \Delta z \tag{4-4}$$

式中　h——消防水泵的扬程，m；

h_r——给水管网的总摩阻损失，m；

h_z——消火栓出口压力(一般以 0.686MPa 计算)，m；

Δz——消防水池与消火栓出口的绝对高差，m。

(5)消火栓的设置

消防冷却水系统应设置消火栓。移动式消防冷却水系统的消火栓设置数量，应按油罐冷却灭火所需消防水量及消火栓保护半径确定，消火栓的保护半径为 120m，且距着火罐罐壁 15m 内的消火栓不应计算在内；固定式消防冷却水系统所设置的消火栓的间距不应大于 60m；寒冷地区消防水管道上设置的消火栓应有防冻、放空措施。

(6)油库消防冷却水用量计算

固定冷却水系统的用水量计算

①着火油罐冷却用水量

$$Q = q_1 T A_1 / 1000 \tag{4-5}$$

式中　Q——着火油罐冷却用水量，m^3；

q_1——冷却水供给强度，L/(min·m^2)；

T——冷却水供给时间，min；

A_1——罐壁冷却面积，m^2。

②相邻油罐冷却用水量

$$Q = q_2 T A_2 / 1000 \tag{4-6}$$

式中符号意义同上，但各参数的取值不同。

固定式冷却系统油罐冷却用水总量即为着火油罐冷却用水量和相邻油罐冷却用水量之和。

③消火栓的数量

固定式消防冷却水系统中，消火栓的间距按不大于 60m 设置。

移动式冷却水系统的用水量计算

①油罐冷却用水总量

$$Q = (q_1 L_1 + q_2 L_2) T \tag{4-7}$$

式中　Q——油罐冷却用水总量，m^3；

q_1——着火罐冷却水供给强度，L/(s·m)；

L_1——着火罐冷却范围(油罐周长)，m；

q_2——相邻罐冷却水供给强度，L/(s·m)；

L_2——相邻罐冷却范围(油罐半周长)，m；

T——冷却水供给时间，s。

②水枪数量

$$N = (Q_1 + Q_2) / q_3 \tag{4-8}$$

式中　Q_1、Q_2——着火罐和相邻罐冷却用水量，L/s；

q_3——每只水枪的流量(一般取7.5L/s)。

③消火栓的数量

$$N = 水枪数量/2 \tag{4-9}$$

式中　N——消火栓数量，个。

④消防车的数量

消防车数量(辆)，应根据消防车供水能力、水枪数量和喷嘴口径计算后确定。计算公式如下：

$$消防车的数量(辆) = \frac{冷却所需水枪数量}{每辆消防车可供的水枪数量} \tag{4-10}$$

(7)油库消防冷却系统模式选择

油库消防冷却系统模式分固定式、半固定式、移动式三种类型。

固定式消防冷却系统在罐上设有喷淋水装置，库内设有冷却水泵站和环形冷却水管及消火栓，如图4-3所示。

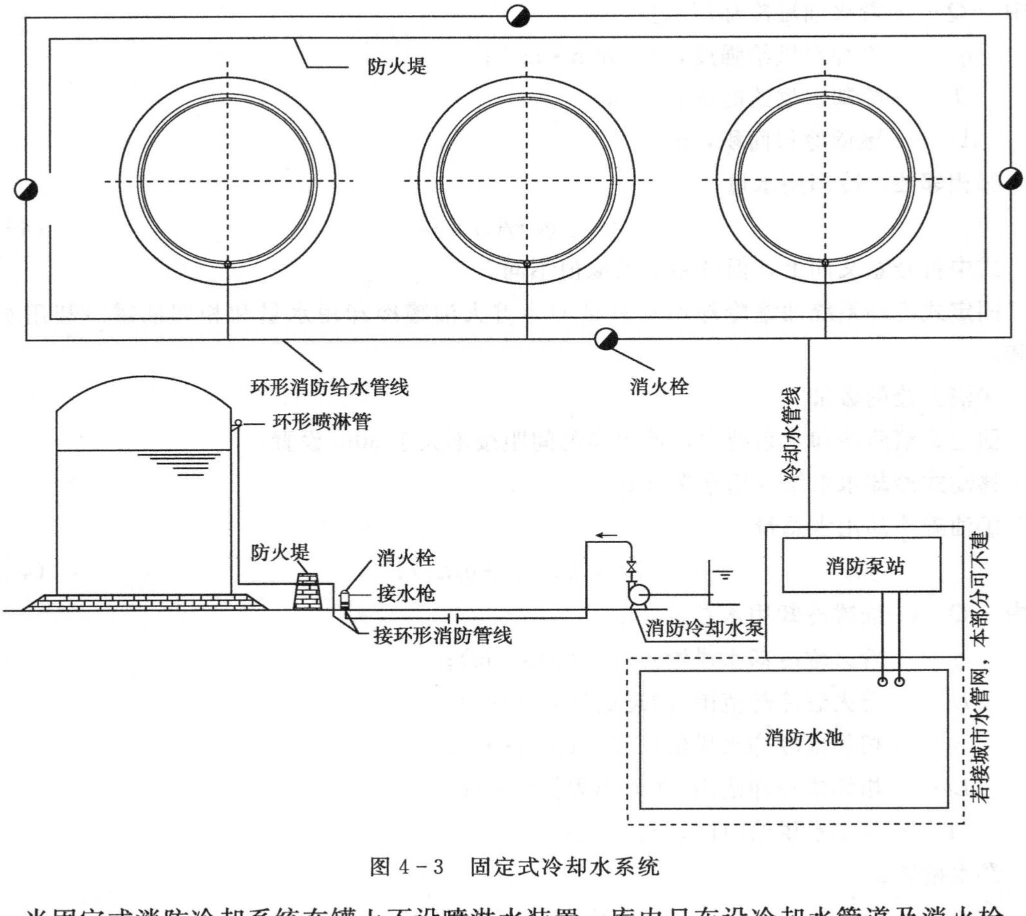

图4-3　固定式冷却水系统

半固定式消防冷却系统在罐上不设喷淋水装置，库内只布设冷却水管道及消火栓，采用移动水枪冷却，如图4-4所示。

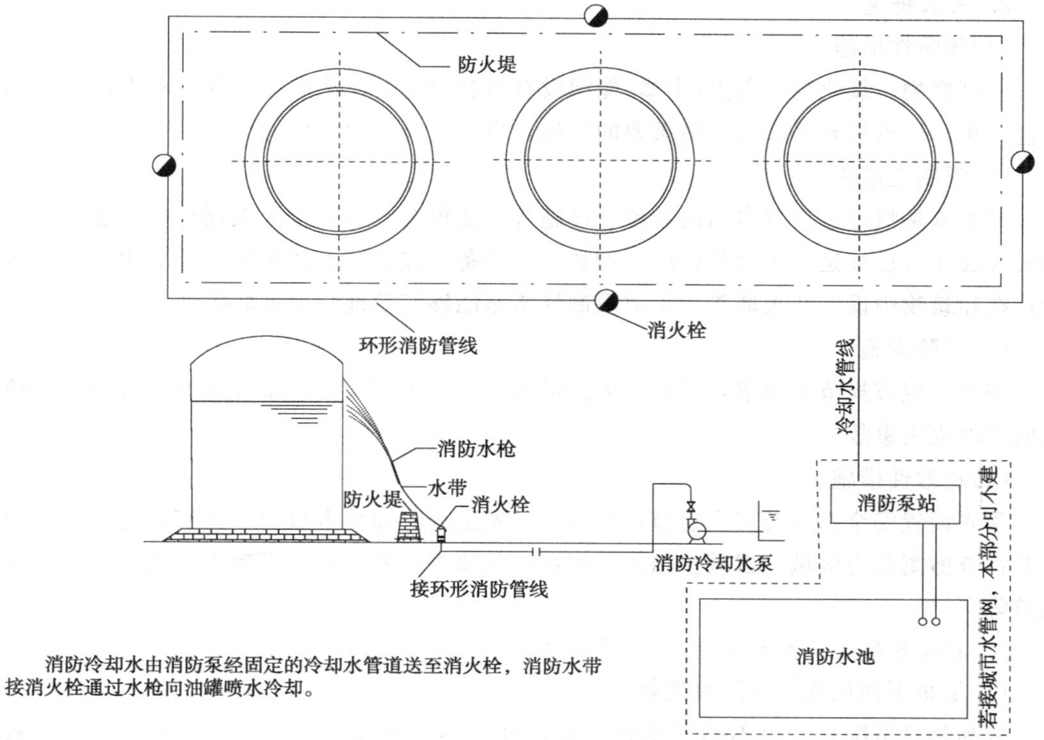

图 4-4　半固定式冷却水系统

移动式消防冷却系统在库内不设固定冷却水消防设备，采用消防车等机动消防设备灭火，如图 4-5 所示。

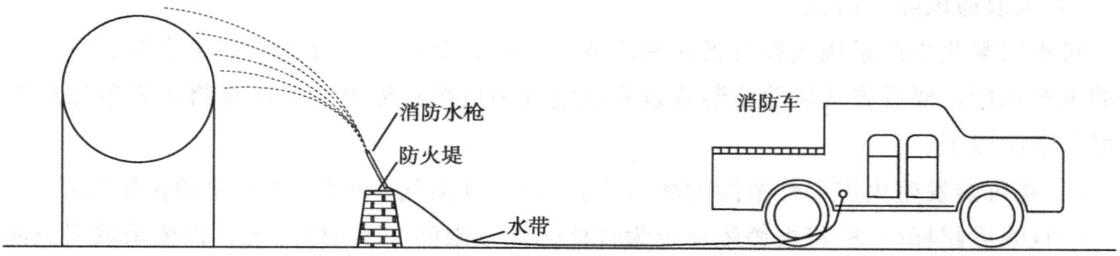

图 4-5　移动式冷却水系统

油库位于城区的地面油罐选用固定式冷却水系统；其他类型油罐和机场、码头油库，可选用半固定式冷却水系统；$200m^3$ 以下的地上轻油罐、地上黏油罐、覆土黏油罐采用移动式消防冷却系统。

4.1.5　防火防爆设计

1. 防火防爆基本原理

避免或消除引发火灾的条件、引发爆炸的条件，从而防止或消除火灾、爆炸事故。

2. 采取措施

(1)预防性措施

使可燃物、氧化剂与点火(引爆)能源没有结合的机会，从根本上杜绝着火(爆炸)的可能性。预防性措施是最理想、最重要的措施，也是防火防爆工作的重点。

(2)限制性措施

该措施是指通过设置专门的装置、设施等，使得在一旦发生火灾爆炸时，能够起到限制火灾爆炸事故蔓延、扩大的作用。例如，在设备上或者在生产系统中安装阻火、泄压装置；在建筑物中设置防火墙等。采取限制性措施能够有效地减少事故损失。

(3)消防设施

按照法规或规范的要求，采取的灭火措施。一旦火灾初起，就能够将其扑灭，避免发展成大的火灾事故。

(4)疏散性措施

预先设置安全出口及安全通道，使得一旦发生火灾爆炸事故时，能够迅速将人员或者重要物资撤离危险区域，以减少损失。如在建筑物中或者飞机、车辆上设置安全门、疏散通道等。

3. 消除导致火灾爆炸事故的物质条件

(1)尽量不使用或少使用可燃物

较为常见情况是，以不燃或难燃溶剂代替可燃或者易燃溶剂。一般说来，沸点较高(110℃)的液体，常温(20℃)下不会达到爆炸极限浓度，使用起来比较安全。

(2)生产设备及系统尽量密闭化

正压设备或系统要防止泄漏；负压设备或系统要防止空气的渗入。

(3)采取通风除尘措施

对于因某些生产系统或设备无法密闭或者无法完全密闭，可能存在可燃气、蒸气、粉尘的生产场所，要设置通风除尘装置以降低空气中可燃物浓度。要确保将可燃物浓度控制在爆炸下限以下。

(4)在可能发生火灾爆炸危险的场所设置可燃气(蒸气、粉尘)浓度检测报警仪器

一旦浓度超标(一般将报警浓度定为气体爆炸下限的25%)即报警，以便采取紧急防范措施。

(5)惰性气体保护

惰性气体有氮、氖、氩、氪、氙等，常用的是氮气和水蒸气，有时还可以用烟道气。

在存有可燃物料的系统中，加入惰性气体，使可燃物及氧气浓度下降，可以降低或消除燃爆危险性。

(6)对燃爆危险品的使用、储存、运输等都要根据其特性采取有针对性的防范措施

4. 消除或控制点火源

(1)防止撞击、摩擦产生火花

机器上转动部件的摩擦，钢铁的相互撞击或钢铁与水泥地面的碰撞，带压管道或钢铁

容器瞬间破裂时，物料高速喷出与容器壁摩擦等，都可能产生高温或者火花，成为火灾、爆炸的起因。

在危险区域可采取的措施：严禁穿钉鞋进入；严禁使用能产生冲击火花的工具；在机械设备中，凡可能发生撞击、摩擦的部分应采用不同的金属(如钢与铜，钢与铝等)；火药、炸药工房应铺设不发火地面等。

(2)防止因可燃气体绝热压缩而着火

主要由于可燃气体绝热压缩而使温度急剧上升而自燃着火。如氢气或者乙炔气等从钢瓶泄漏喷到空气中时，因喷气流猛撞空气，其一瞬间受到绝热压缩，温度上升而引起自燃着火。

(3)防止高温表面引起着火

工业生产中的加热装置、高温物料容器或者管道以及高温反应器、塔等，表面温度都比较高。其他常见的高温表面还有通电的白炽灯泡、因机械摩擦导致发热的转动部分、烟筒烟道、熔融金属等。如果可燃物与这些高温表面接触或接近时间较长，就可能被引燃。

为防止发生这类火灾，高温表面应当保温或隔热，可燃气排放口应远离高温表面，禁止在高温表面烘烤衣物等。此外，应注意清除高温表面的油污，以防其分解、自燃。

(4)防止热射线(日光)

直射的太阳光通过凸透镜、弧形、有气泡或者不平的玻璃灯，都会被聚焦形成高温焦点，可能会点燃可燃物。为此，有爆炸危险的厂房及库房必须采取遮阳措施，如将门窗玻璃涂上白漆或采用磨砂玻璃。

(5)防止电气火灾爆炸

由于电气方面的原因引起的火灾爆炸事故，在火灾爆炸事故中占相当大的比例。

(6)消除静电火花

静电指的是相对静止的电荷，是一种常见的带电现象。

(7)预防雷电

(8)防止明火

5. 生产过程中的明火控制

(1)加热用火的控制

加热可燃物时，应避免采用明火，宜采用水蒸气、热水或者其他热载体(导热油、联苯醚，等)间接加热。如果必须采用明火加热，加热设备应当严格密闭；燃烧室应当与加热设备分开设置；设备应定期检查，特别是注意防止可燃物的泄漏。

生产装置中加热设备的布置，应当按照规定，与可能发生可燃气体(蒸气、粉尘)的工艺设备和罐区保持足够的安全距离，并应布置在容易散发可燃物料设备、系统的上风向或侧风向；两个以上的明火加热装置，应当将它们集中布置在生产装置的边缘，并于其他设备、系统保持安全距离。

(2)维修用火

维修用火主要指焊接、切割以及喷灯作业等。在油气储运、石油化工等企业中，因维修用火引发的火灾爆炸事故较多。因此，对于维修用火一般都制定了严格的管理规定，必须严格遵守。

(3)其他火源

对于其他出现明火的设备要经常检查，防止烟道窜火等。例如，沥青熬炼设备，要注意烟囱飞火，注意选择适当的熬炼地点，并应指定专人看管，严格控制加热温度。

此外，要特别注意的是，在生产场所，因烟头、火柴引起的火灾也时有发生，应当引起足够的重视，防止此类事故的发生。

4.2 雷电和静电预防

4.2.1 储运防雷击

初步统计，从1972年到1999年，国内共发生较大的油罐雷击着火爆炸事故20多起，造成了巨大的经济损失。2006年、2007年两年连续发生了数起储罐雷击着火事故，如某输油站8·7雷击着火事故、某油库5·24、6·24两次雷击着火事故、某输油站7·7雷击事故等。2010年3月又发生一起十万方储罐雷击着火事故。

着火点的位置都在密封圈处，发生事故的储罐均有二次密封装置，一次密封都是机械式密封。储罐雷击着火事故如图4-6所示。

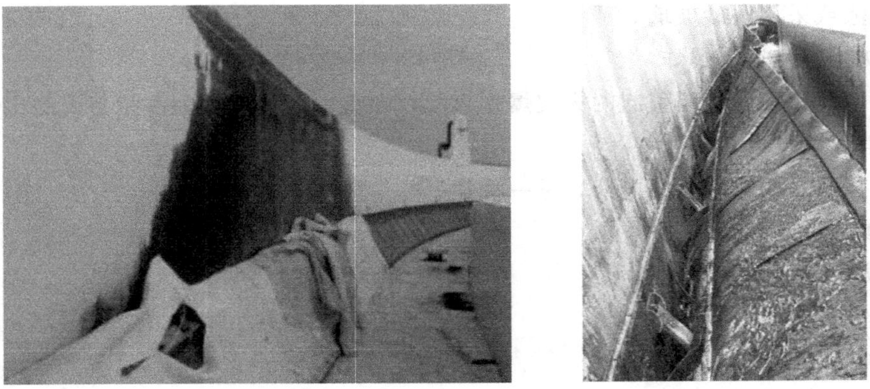

图4-6　储罐雷击着火

1. 雷电现象

一种常见的大气放电现象。在夏天的午后或傍晚，地面的热空气携带大量的水汽不断地上升到高空，形成大范围的积雨云，积雨云的不同部位聚集着大量的正电荷或负电荷，形成雷雨云，而地面因受到近地面雷雨云的电荷感应，也会带上与云底相反符号的电荷。当云层里的电荷越积越多，达到一定强度时，就会把空气击穿，打开一条狭窄的通道强行放电。

当云层放电时，由于云中的电流很强，通道上的空气瞬间被烧得灼热，温度高达

6000～20000℃，所以发出耀眼的强光，这就是闪电，而闪道上的高温会使空气急剧膨胀，同时也会使水滴汽化膨胀，从而产生冲击波，这种强烈的冲击波活动形成了雷声。

地球上，任何时刻都会有约 2000 个地点出现雷暴，平均每天要发生 800 万次闪电，每次闪电在微秒级瞬间可释放出 55kW·h 以上能量。闪电现象如图 4-7 所示。

图 4-7　闪电现象

2. 雷电危害

所谓雷击是指一部分带电的云层与另一部分带异种电荷的云层(云闪)，或者是带电的云层对大地之间迅猛的放电(地闪)。科学工作者的测试结果表明，大地被雷击时，多数是负电荷从雷云向大地放电，如图 4-8 所示。

由于雷电释放的能量相当大，它所产生的强大电流、灼热的高温、猛烈的冲击波、剧变的静电场和强烈的电磁辐射等物理效应给人们带来了多种危害。

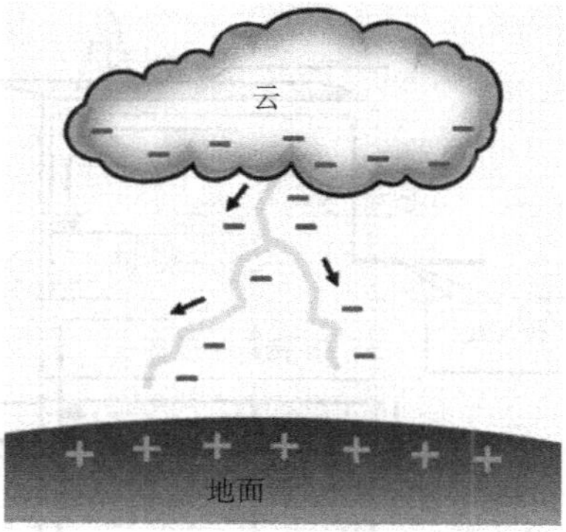

图 4-8　地闪

雷电损害类型：

(1)由于接触和跨步电压造成生物触电。

(2)物理损害(火灾、爆炸、机械损坏和化学物品泄漏等)。

(3)电气和电子系统由于过电压而失效或故障。

3. 雷击形式

(1)直击雷，如图 4-9 所示；

(2)雷电感应，也叫感应雷，如图 4-10 所示；

(3)雷电波侵入；

(4)球型雷。

小的球形雷直径仅几厘米，最大的达几十米，多为几十厘米。它的颜色多变，常见的呈橙色或红色，有时也显出绿色、蓝色或黄色。球形雷行走路线飘忽不定，有时在空中停留数十分钟，有时转瞬即逝。球形雷中心温度一般超过 1000℃，甚至达数千摄氏度，同时还带有高能量的电荷。球形雷有“跟风”的习性，即跟着气流运动。

4. 避雷针与保护距离

(1)避雷针

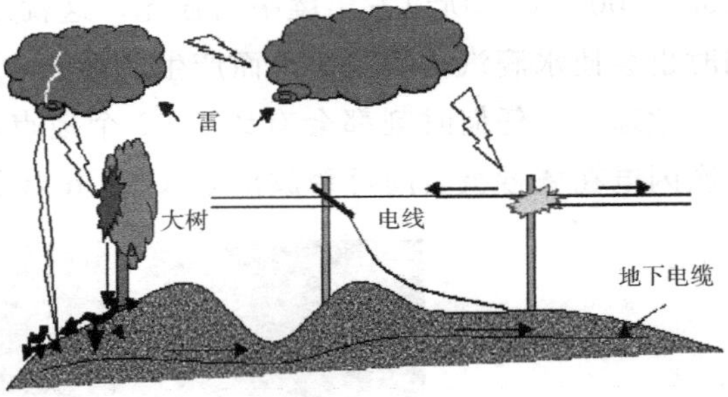

图 4－9　直击雷示意图

防直击雷的有效措施是安装避雷装置，俗称避雷针。避雷针是人为设立的最突出的良导体。在雷云的感应下，针的顶端形成的电场强度最大，所以最容易把雷电流吸引过来，完成避雷针的接闪作用。避雷针由三个组成部分：接闪器、引下线和接地体。其原理是将雷电能量沿设计的路线导入大地。

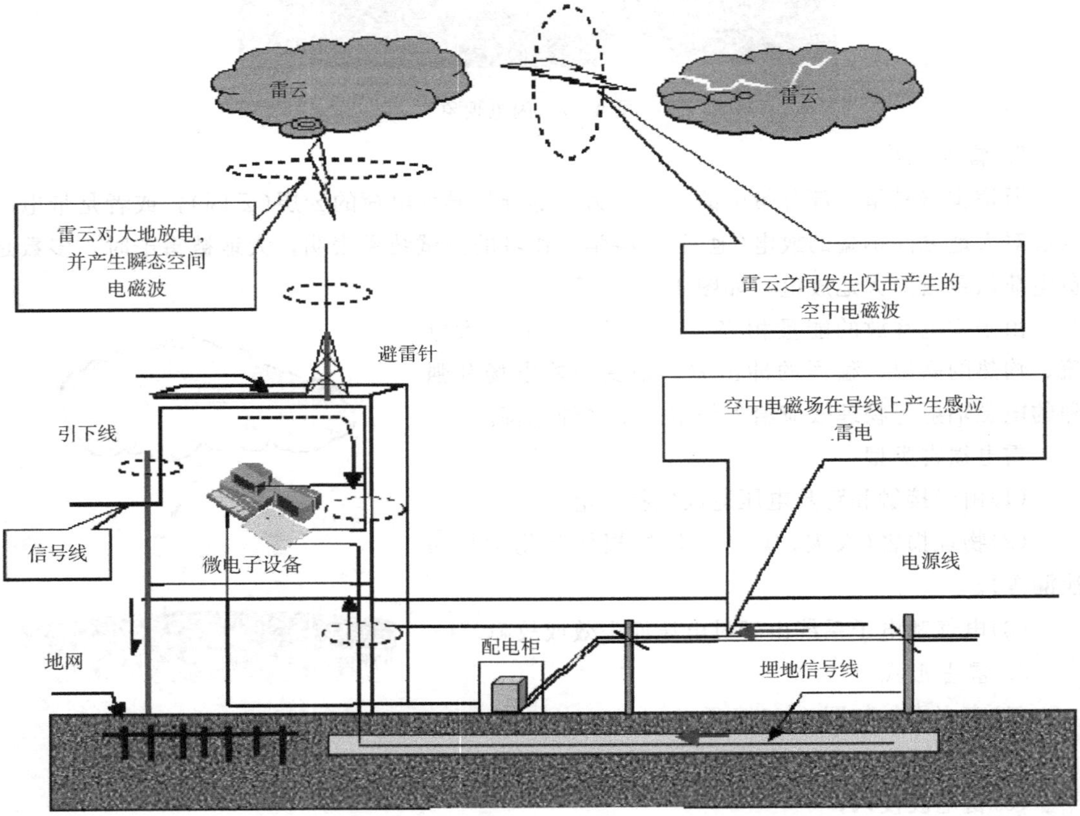

图 4－10　感应雷击示意图

接闪器：设置在建筑物最高处的金属物，用以吸引雷电；

引下线：连接接闪器和接地体的金属导线，用以将雷电导入大地；

接地体：保持与大地接触的金属导体。

避雷针处于地面建筑物的最高处，与雷雨云的距离最近，由于它与大地有良好的电气连接，所以它与大地有相同的电位，使避雷针附近空间的电场强度比较大，容易吸引雷电先驱，使主放电都集中到它的上面，从而使附近比它低的物体遭受雷击的几率大大减少，而避雷针被雷击的几率却大大地提高。

(2)避雷针保护范围设计

避雷针不但不能避雷反而引雷，它是自身的多受雷击而保护周围免受雷击。

由于避雷针与大地有良好的电气连接，能把大地积存的电荷能量迅速传递到雷雨云层中泄放；或把雷雨云层中积存的电荷能量传递到大地中泄放，使雷击而造成的过电压时间大大地缩短，从很大程度上降低了雷击的危害性，这就是避雷针的工作原理。

但需要说明，避雷针必须有足够可靠，并且有接地电阻尽量小的引下线接地装置与其配套，否则，它不但起不到避雷的作用，反而增大雷击的损害程度。

5. 油库系统雷电预防技术

(1)对可燃、易燃流体储罐的防雷设施应符合 GB 50074《石油库设计规范》有关要求，主要包括：

①当罐顶钢板厚度大于或等于 4mm，且装有呼吸阀和阻火器时，可不设防雷装置。但油罐应有良好接地，接地点不小于 2 处，间距不大于 30m，其接地装置的冲击接地电阻不大于 30Ω。

②当罐顶钢板厚度小于 4mm 时，虽装有呼吸阀和阻火器，也应在罐顶装设避雷针，且避雷针与呼吸阀的水平距离不应小于 3m，保护范围高出呼吸阀不应小于 2m。

③浮顶油罐(包括内浮顶油罐)，由于密封严密，可不设避雷装置，但浮顶与罐体间应采用两根截面积不小于 $25mm^2$ 的软铜绞线进行可靠的电气连接。

④非金属易燃液体储罐，应采取独立的避雷针以防直接雷击。同时还应有防雷感应措施，避雷针冲击接地电阻不大于 30Ω。

⑤覆土厚度大于 0.5m 的地下油罐，可不考虑防雷措施。但呼吸阀、量油孔、透光孔应作良好接地，接地点不少于 2 处，冲击接地电阻不大于 10Ω。

⑥易燃液体的敞开式储罐，应设独立的避雷针，其冲击电阻有大于 5Ω。

⑦储存可燃油品的油罐，都可不装防雷装置。

(2)定期检查接地状况

加强油罐防雷接地的测试，保证防雷设施有效，降低接地电阻值。例如：从罐壁接地卡直接入地的引下线要检查引线是否有破损，螺栓与连接件的表面有无松脱、锈蚀等现象。引下线宜在距离地面 0.3～1.0m 之间装设断接卡。断接卡与引下线的连接应可靠。断接卡如图 4－11 所示。

(3)布置合理的防雷接地装置

根据气象资料、罐区的容量、罐体材质、单罐容积设计避雷针、线的保护范围，设置防雷接地装置，接地装置的接地电阻必须满足现行国家标准。

(4)大型浮顶罐可不设避雷针

大型储罐上不应装设避雷针，浮顶应与罐体做电气连接，连接导线不少于 2 根，每根导线应选用截面积不小于 $50mm^2$ 的扁镀锡软铜复绞线，连接点用铜接线端子及 2 个 $M12$

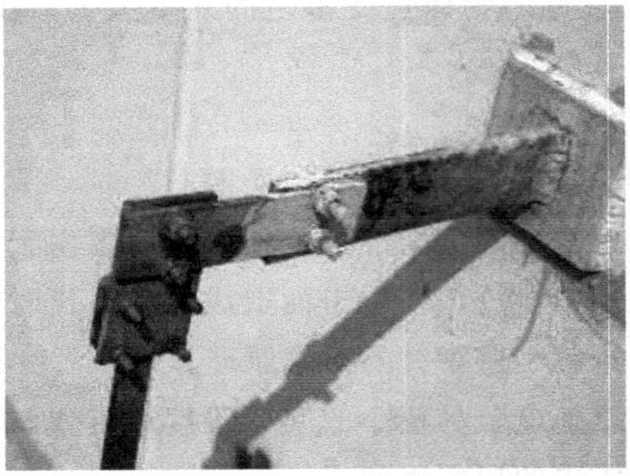

图 4-11　断接卡

的不锈钢螺栓连接并加防松垫片固定，采用可靠的连接方式将浮盘与罐体沿罐周做均布的电气连接。从雷电泄流的可靠性和畅通性来看，此做法是有利于浮顶罐的电荷泻放的。

(5)等电位保护

储油罐的呼吸阀、安全阀、阻火器、量油孔、人孔、透光孔等金属附件必须保持与罐体的等电位连接，如图 4-12 所示。罐区的防直击雷保护接地、防静电接地、电气设备接地和信息系统接地，应共用同一接地装置或进行接地网的等电位连接。储油罐防雷接地引下线不应少于 2 根，应沿罐周均匀或对称布置，接地点之间距离不应大于 30m。

(6)防止罐区可燃气体浓度超标

在雷雨季节可在一、二次密封之间充入微正压的氮气，抑制油气挥发并降低油气混合物中氧气浓度，另外也可以采用负压抽气法，将一、二次密封之间的油气混合物抽离到安全区域，利用自然空气置换密封间可燃油气。

图 4-12　大型储罐量油孔等需与浮顶做电气连接

(7)密封的设置

一次密封应有利于消除油气空间或形成液封，并应与罐壁应贴合严密。当一次密封选用软密封时，应选择浸入液面的安装方式，密封安装后下部凸出应规则，无扭曲现象；上部应平整，与罐壁应有良好的面接触。

二次密封应采用带油气隔膜的密封结构，安装后应平整，承压板之间间隙均匀、搭接严密。橡胶刮板与罐壁应贴合严密，无缝隙，且具有足够的调节能力以适应罐壁与浮顶周边环向间隙尺寸上的偏差；承压板与浮船板的紧密接触，防止胶条和防蒸发隔膜将浮船与承压板隔绝；橡胶刮板上设置包覆式静电导电片时，除有效的电气连接外还应增大雷电泄放通道。

4.2.2　储运工程防静电设计

在工业生产中静电现象较为普遍，一方面人们利用静电进行某些生产活动，如利用静电进行除尘、喷漆、植绒、选矿和复印等，另一方面人们要防止静电给生产和人身带来危害。在石化工业，美国 1960～1975 年由于静电引起的火灾爆炸事故 116 起。1969 年底在不到一个月的时间内荷兰、挪威、英国三艘 20 万吨超级邮轮洗仓时产生的静电引起爆炸，引起了世界科学及对静电防护的关注。

1. 静电产生

静电简单的说是对观测者处于相对静止的电荷。静电的产生主要是两个物体相互紧密接触时，在接触面产生电子转移，而分离时造成两物体各自正、负电荷过剩，由此形成了静电带电，如图 4－13 所示。影响静电产生的主要因素有：

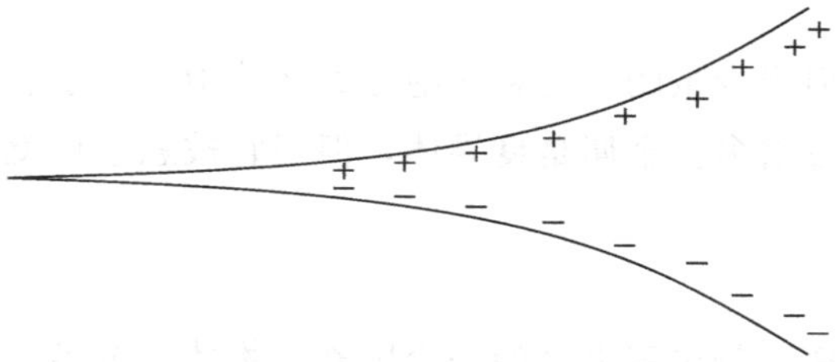

图 4－13　物体接触后再分离即能产生静电

(1)物体的种类

接触分离的两物质的种类及组合不同，会影响静电产生的大小和极性。通过大量实测试验，按照不同物质相互摩擦时带电极性的顺序，人们排出了静电带电序列表。图 4－13 是三个典型的静电序列表。

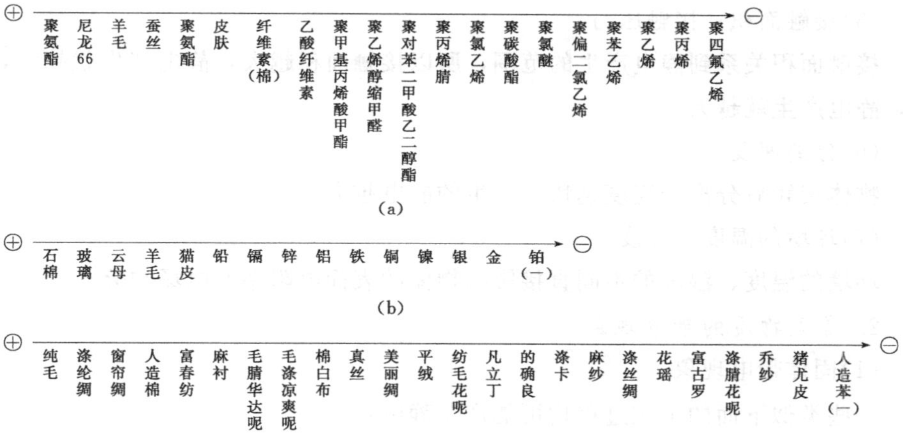

图 4－14　物质静电序列

在序列表中任何两物体紧密接触后迅速分开，靠前面的物体带正电，靠后面的物体带负电。在序列表中两物体所处位置相隔越远，静电起电量越多。

(2)物体电阻率

物体上产生了静电，能否积聚起来主要取决于电阻率。物体的电阻率如表 4－7 所示。

表 4－7　物体电阻率

	体电阻率	表面电阻率
静电导体	$\leqslant 1\times10^{6}\Omega\cdot m$	$\leqslant 1\times10^{7}\Omega\cdot m$
静电亚导体	$1\times10^{6}\Omega\cdot m\sim1\times10^{10}\Omega\cdot m$	$1\times10^{7}\Omega\cdot m\sim1\times10^{11}\Omega\cdot m$
静电非导体	$\geqslant 1\times10^{10}\Omega\cdot m$	$\geqslant 1\times10^{11}\Omega\cdot m$

静电导体难以积聚静电，而静电非导体在其上能积聚足够的静电而引起各种静电现象，静电亚导体介于其中。一般汽油、苯、乙醚等物质的电阻率在$10^{10}\sim10^{13}\Omega\cdot m$之间，它们容易积聚静电。金属的电阻率很小，电子运动快，所以两种金属分离后，显不出静电。

水是静电良导体，但当少量的水混杂在绝缘的液体中，因水滴液品相对流动时要产生静电，反而使液品静电量增多。金属是良导体，但当它被悬空后就和绝缘体一样，也会带上静电。

(3)物质介电常数

介电常数亦称电容率，是决定电容的一个因素，物体的电容与电阻结合起来，决定了静电消散规律。

(4)杂质的影响

任何物体都不同程度地含有各种杂质，有的杂质是自然存在的，有的是加工时加入的，也有的是在储运过程中难免混入的。杂质的存在，不仅影响带电程度，还影响到带电极性。

(5)接触面积、接触压力

接触面积关系到静电产生的范围，所以接触面积越大，静电产生就越大，接触压力越大，静电产生就越大。

(6)分离速度

物体接触后分离的速度越快，产生的静电越大。

(7)环境的温度、湿度

环境的温度、湿度的不同直接影响物体的表面电阻率及电场的分布。

2. 常见物质的带电现象

(1)固体带电现象

一些类似下面的工艺过程均可能产生静电：

①固体物质大面积的摩擦，如橡胶或塑料碾制、传动皮带与皮带轮或传送皮带与导轮摩擦等；

②固体物质在压力下接触而后分离，如塑料压制、上光等；

③固体物质在挤出过滤时与管道、过滤器等发生的摩擦，如塑料、橡胶的挤出等；

④固体物质的粉碎、研磨和搅拌过程。

(2)液体带电

液体在输送、喷射、混合、搅拌、过滤、灌注、剧烈晃动过程中，会产生带电现象。如在炼化企业中，从原油的储运、半成品、成品油的加工过程中，都需反复的加温、加压、喷射、输送、灌注运输等过程，都会产生大量的静电，有时达到数千至数万伏，一旦放电可造成非常严重的后果。液体的带电与液体的电阻率(电导率)、液体所含杂质、管道材料和管道内壁情况、注液管、容器的几何形状、过滤器的规格与安装位置、流速和管径等有关。

(3)气体蒸汽带电

纯净的气体在通常条件下不会引起静电，但由于气体中往往含有悬浮液体微粒或灰尘等固体颗粒，当高压喷出时相互间摩擦、分离、能产生较强的静电，如二氧化碳气由钢瓶喷出时静电可达8kV。

气体静电与气体的性质、喷出速度、管径及材质，固体或液体微粒的性质及几何形态、压力、密度、温度等有关。

(4)人体带电

通常情况下，人体电阻在数百欧姆至数千欧姆之间，可以说人体是一个静电导体。但当人们穿着一般的鞋袜、衣服时，在干燥环境中人体就成了绝缘导体。

当人进行各种活动时，由于衣服之间、皮肤与衣服、鞋与地面、衣服与接触的各种介质间发生摩擦，可产生几千伏甚至上万伏的静电。例如：在相对湿度39%的情况下，人体从铺有PVC薄膜的软椅上突然起立时人体电位可达18kV。

人体在静电场中，也会感应起电，如果人体与地绝缘，就成为独立的带电体。如果空间存在带电颗粒，人们在此环境中可产生吸附带电。人体静电的极性和数值受人们所处的环境的温湿度、所穿的内外衣的材质、鞋、袜、地面、运动速度、人体对地电容等因素影响。

静电电击可能导致不适感觉，且在某些情况下由于不自觉的反应可能造成伤害。自身的放电对人并没有危险，但可能造成不自觉的反应，导致跌倒或与运动机械缠在一起引发事故。静电对人体的影响如表4-8所示。

表4-8　静电对人体的影响

人体带电电位	电冲击程度	备注
1.0kV	没感觉	发生微弱放电音
2.0kV	手指尖有感觉但不疼	
2.5kV	吓一跳，好像碰到针尖，但不疼	
3.0kV	有点疼，用针轻轻刺一下的感觉	能见到放电的火光
4.0kV	手指头有轻微痛感，感觉用针刺一下	手指尖上放电火光
5.0kV	手心或胳膊腕子因电冲击感觉痛	
6.0kV	手指头好疼，感觉胳膊被电冲击	
7.0kV	手指头和手心上有强烈的疼痛和麻木	
8.0kV	手心和胳膊感觉麻木	
9.0kV	手腕强烈疼痛，感觉麻木	(注)人体静电容量90pF
10.0kV	手全部疼痛，感觉触电	
11.0kV	手指头有强烈的麻木，整个手被强烈电击	
12.0kV	因强烈电击，身体有触电感觉	

3. 油品储运中的静电现象

油品储运中，不论是接卸、调合、储存，还是输转、泵装、运输，哪一个过程中的油品都终处于流动状态、摩擦之中。因此，静电在每个中间环节都是客观存在的，有时条件具备，一个静电火花就会使一座油罐、一个装车台、一辆油罐车或一条油轮，瞬间发生着火爆炸。认清静电产生的规律，正确操作，防患于未然，对安全生产十分重要。

(1)油品在输转过程管道会产生静电，油品在管道输转过程中，因摩擦会有大量静电产生。静电大小随流速增加而增大，而且和管道内壁粗糙度，管路中阀件、弯头多少有关。实践证明，当流量增加时，管道内静电电流增加值远远超过泵内静电电流增加值。

(2)油品流经过滤器时会产生静电，为保证产品质量，有些油品，如航煤，在进成品罐和出厂过程中，都要流经过滤器，这时都要产生很高静电，有时会增加10～100倍，而且不同材质的过滤器产生静电大小也不相同。

(3)油品灌装过程中产生静电危害性最大，成品油经泵在向铁路油罐车、油罐车或油轮中装油时，都会产生静电。静电大小和装油流速、鹤管口位置高低、鹤管口形状、管材材质等有关。装油流速太快，其流速大，就会产生万伏静电电位。高位式喷装车，因油喷、摩擦也会产生很高静电，而低位液下装车则产生较小静电。实践表明，由于油品装车产生静电引起爆炸着火的事例最为突出。

(4)油罐收油及调合过程会产生静电，油罐收油时，特别是罐底有水及其他杂质，油品由于搅动，摩擦会产生静电，而且随进油时间增长直到油罐快满时，油面静电位值才达到最大值。另外，油品在经过喷嘴或风搅情况下，也会使油品产生很高静电。当油罐接地不好，罐内有异物时，极易产生静电打火，引起油罐着火爆炸。

(5)运送油品的车船在运输过程也会产生静电，油品装入铁路油罐车、汽车油罐车或油轮、油驳后，在运输过程中，由于油料在罐体或舱内剧烈摇晃、冲击、摩擦，也会产生很高静电。当电荷聚集到一定程度发生放电时，也很容易引起油气闪爆，造成车船烧毁，这种事例也屡见不鲜。

(6)易燃石油气体进罐及灌装时产生静电危害更大，易燃石油气体压力高，流速快，在进罐或装车、装船、装瓶过程中，由于和罐壁、胶管或油舱剧烈摩擦会产生很高静电。在设备接地不良情况下，因静电火花也极易引爆瓦斯，使设备、容器爆炸着火，所造成危害及后果十分严重。

4. 油气储运静电引发火灾爆炸条件

静电起电和由此引起而形成的正负电荷引起的各种效应，可能构成着火和爆炸的危险。静电作为点火源必须具备以下4个条件：

(1)必须存在产生静电的有效途径；

(2)必须存在积聚分离的电荷条件，并保持一定的电位差；

(3)必须有足够能量的电火花；

(4)静电必须出现在可引燃的混合物中。

5. 油品储运中静电防护措施

静电引燃条件如下：

(1)有足以产生引燃性放电的静电电荷的积聚；

(2)有合适的火花间隙，使积聚的电荷产生放电；

(3)在火花间隙中有可燃性液体的蒸气一空气的混合物。

防止静电危害基本措施主要有两条。一是防止并控制静电产生，二是静电产生后予以中和或导走，限制其积聚。在油品储运系统通常采取以下具体措施：

(1)防止人体产生静电

油品储运系统大多都是易爆作业区域，因此严禁穿用由化纤材料制成的衣服、围巾和手套到危险区操作，而且禁止在危险区场所脱掉衣服。禁止用化纤抹布擦拭机泵或油罐容器。所有登上油罐和从事燃料油灌装作业的人员均不得穿着化纤服装(经鉴定的放静电工作服除外)。上罐人员登罐前要手扶无漆的油罐扶梯片刻，以导除人体静电。储罐人体静电消除装置如图 4－15 所示。

（a）储罐防静电桩　　（b）消除静电扶梯

图 4－15　储罐人体静电消除装置

(2)石油产品中加入防静电添加剂

在石油产品中加入防静电添加剂，可增加油品的导电性能和增强吸湿性能，加速静电泄漏，减少静电聚集，消除静电危害。

(3)做好设备接地，消除导体上的静电

设备可靠接地是消除静电危害最简单最常用的方法。一切用于储存、输转油品的油罐、管线、装卸设备，都必须有良好的接地装置，及时把静电导入地下，并应经常检查静电接地装置技术状况和测试接地电阻。油库中油罐的接地电阻不应大于 10Ω(包括静电及安全接地)。立式油罐的接地极按油罐圆周长计，每 18m 一组，卧式油罐接地极应不少于两组。

(4)安装静电消除器

静电消除器又叫静电中和器，它是消除或减少带电体电荷的装置。

(5)减少静电的产生

①向油罐、汽车油罐、铁路槽车装油时，输油管必须插入油面以下或接近罐底，以减

少油品的冲击和与空气的摩擦。必须严格按照操作规程控制易燃液体在管道内的流速。灌装铁路槽车时，鹤管内的容许流速按 $v \cdot D \leqslant 0.8m^2/s$ 计算（v 是流速，m/s，D 是鹤管内径，m。大鹤管流速最大不得超过 5m/s）。灌装汽车槽车时，鹤管内的容许流速按 $v \cdot D \leqslant 0.5m^2/s$ 计算。

②在空气特别干燥、温度较高的季节，尤应注意检查接地设备，适当放慢装油速度，必要时可在作业场地和导静电接地极周围浇水。

③在输油、装油开始和装油到容器的四分之三至结束时，容易发生静电放电事故，这时应控制流速在 1m/s 以内。

④船舶装油时，要使加油管出油口与油船的进油口保持金属接触状态。

⑤油库内严禁向塑料桶里灌轻质燃料油，禁止在影响油库安全的区域内用塑料容器倒装轻质燃料油。

⑥设备内正在进行灌装、搅拌或循环过程时，禁止检尺、取样、测温等现场操作。在灌装、搅拌或循环停止后，应按操作规程或参照表 4-9 要求的静置时间，静置一定时间后，才允许进行上述操作或进行下一步工序。

表 4-9　静置时间表

易燃带电液体电导率/($S \cdot m^{-1}$)	所需静置时间/min			
	易燃带电液体的容积/m^3			
	小于 10	10～15	50～5000	大于 5000
大于 10^{-8}	1	1	1	2
10^{-12}～10^{-8}	2	3	20	30
10^{-14}～10^{-12}	4	5	60	120
小于 10^{-14}	10	15	120	240

6. 石油库防静电设计

(1)储存甲、乙、丙$_A$ 类油品的钢油罐，应采取防静电措施；钢油罐的防雷接地装置可兼作防静电接地装置。金属油罐静电接地点按油罐周长计算，每 30m 接地一处，且不得少于两处。

(2)浮顶油罐的浮盘与罐体之间，应用两根截面不小于 $25mm^2$ 的软铜线作电气连接并接地，接地电阻不应大于 10Ω。

(3)铁路油品装卸栈桥的首、末端及中间处，应与钢轨、输油(油气)管道、鹤管等相互做电气连接并接地，应作三处以上等电位跨接并接地，其接地电阻不应大于 10Ω，跨接线的截面面积不应小于 $48mm^2$。

(4)石油库专用铁路线与电气化铁路接轨时，电气化铁路高压电接触网不宜进入石油库装卸区。应符合下列规定：

①在石油库专用铁路线上，应设置两组绝缘轨缝。第一组设在专用铁路线起始点 15m 以内，第二组设在进入装卸区前。两组绝缘轨缝的距离，应大于取送车列的总长度。

②在每组绝缘轨缝的电气化铁路侧，应设一组向电气化铁路所在方向延伸的接地装置，接地电阻不应大于 10Ω。

③铁路油品装卸设施的钢轨、输油管道、鹤管、钢栈桥等应做等电位跨接并接地，两组跨接点间距不应大于 20m，每组接地电阻不应大于 10Ω。

(5)输油管线系统的所有金属件(包括护套和金属包覆层)均须接地。平行管线间距不足 10cm 者，每隔 20～30m 进行一次等电位连接。交叉管线间距小于 10cm 时，应进行等电位连接。输油管线接地电阻不应大于 30Ω，接地点宜设在固定管墩(架)处。

(6)金属管线的法兰连接处、金属软管、金属旋转接头，一般有不少于 5 根螺栓连接的法兰盘不需跨接。如其一端的接触面为绝缘材料时，应进行跨接。跨接时，其电阻值应小于或等于 30Ω。

(7)公路卸油场地的地衡、鹤管、加油枪、管线等均应跨接并设置静电接地装置。

(8)爆炸危险区域等级为 0 区和 1 区的作业地面(如轻油泵房、付油间等)，不宜涂刷绝缘油漆，严禁使用绝缘橡胶板、塑料板、地毯等绝缘物质铺地，作业地面通道的表面电阻值不应大于 10^8Ω。

(9)甲、乙、丙$_A$类油品(原油除外)泵房的门外、储罐的上罐扶梯入口处、装卸作业区内操作平台的扶梯入口处作业场所应设消除人体静电装置。

(10)当输送甲、乙类油品的管道上装有精密过滤器时，油品自过滤器出口流至装料容器入口应有 30s 的缓和时间。

(11)防静电接地装置的接地电阻不宜大于 100Ω。

(12)石油库内防雷接地、防静电接地、电气设备的工作接地、保护接地及信息系统的接地等，宜共用接地装置，其接地电阻不应大于 4Ω。

4.3　油气管道的完整性管理

管道运输已成为继铁路、公路、水运、航空运输以后的第 5 大运输工具，用以输送原油天然气和其他液气产品。世界上管道工业史大量的数据表明，管道同世界上其他事物一样，事故的发生都有称为“浴缸效应”的一般规律。

从图 4－16 所示的“浴缸效应”事故概率曲线表明，在整个管道寿命区内都有事故发生，事故发生的概率可分为三个阶段：管道在运行第一阶段(初生期)和第三阶段(衰老期)事故发生的概率较高，第二阶段(稳定期)事故发生的概率较低。其原因是：初生期管道在材质、防腐层、焊口等方面存在着未被检查发现的缺陷或调试过程有损坏。随着时间的延续，失效率逐渐降低。在稳定期，由于管道周围环境趋于稳定，在初期造成事故的管道本身的一些缺陷也通过维修得到了弥补，事故率比初生期显著降低，管道处于平稳运行期，因此这一时期影响事故率的主要因素是人为破坏或操作失误等。在管道运行的衰老期，由于腐蚀磨损，管道趋于老化，事故率上升。

统计资料表明，目前世界上总管网的 50％已经用了 30 年甚至更长时间。随着管道长

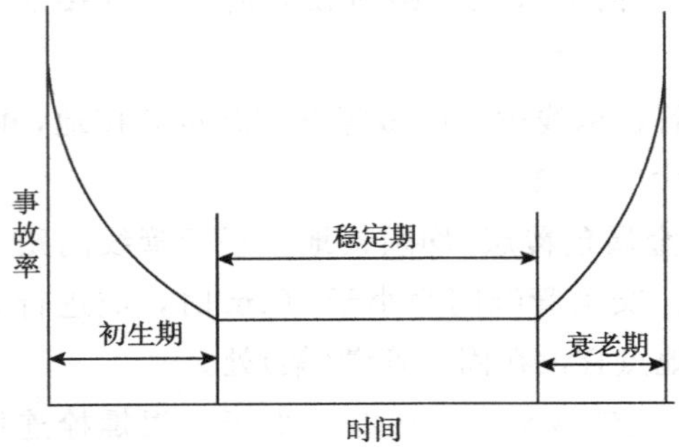

图 4-16　浴缸效应曲线

时间的运行磨损、设备自然老化、地理和气候环境的变化以及人为的破坏等缘由，泄漏事故时有发生，给人们的生命财产和生存环境造成巨大的威胁，同时也造成贵重资源的浪费。根据美国OPS(Office of Pipeline Safety)的统计结果，1970～1984年，美国共发生天然气管线失效事故5872起，平均每年404起，而1985～1992年，平均每年238起。1985～1992年，美国发生液体管道失效事故1591起，包括24起灾害事故和18起伤害事故，直接经济损失超过3500万美元。近20年来，加拿大每年发生油气管道失效事故30～40起。

在我国，油气输送管线失效事故也屡有发生。1971～1976间，东北曾发生过3次输油管道破裂事故。1992年，输油管道在试压时发生爆裂事故14次。1999年，采石输油管道在试压时发生爆裂事故12次。四川输气管网南干线1971～1990年的20年内，发生失效事故108起，每次事故停输处理时间超过24h。

国外在20世纪60年代末期就开始注意对在役管线的检测和剩余强度评价，并逐步把它纳入压力管道标准。90年代，随着国际上对管道运行经济性和安全兼顾的要求越来越强烈，欧美等发达国家提出了管道适用性评价和风险评价的概念。经过10余年的发展，已形成许多的评价标准和规范。之后，2001年，API和ASME提出管道完整性管理的概念，并颁布了有关的标准和规范，即API 1160和ASME B31.8s。

目前，油气管道完整性管理已成为管道工程领域研究的热点。通过管道完整性管理，不仅可以大大减小管线事故发生率，而且可以避免不必要的和无计划的管道维修及其更换，从而可获得巨大的经济效益和社会效益。例如，西欧17国现役长距离给油管道2000年总长约3.08×10^4km，42%的管道运行已超过35年，趋于事故多发阶段。由于重视安全并采取各种措施加强安全管理，泄漏事故率[单位：次/(千公里·年)]已从30年前的1.2下降至2000年的0.25，虽然管道总长度比70年代初期增加了近2倍，但每年的泄漏次数下降了30%。

4.3.1　管线完整性管理

1. 管道完整性

管道完整性(pipeline integrity)是指管道始终处于安全可靠的受控状态。它包含以下内涵：

(1)管道在物理状态和功能上是完整的；

(2)管道处于受控状态；

(3)管道管理者已经并仍将不断采取措施防止管道事故的发生。

2. 管道完整性管理

管道的完整性管理是指管道运营商持续地对管道潜在的风险因素进行识别和评价，并采取相应的风险控制对策，将管道运行的风险水平始终控制在合理的和可接受的范围之内。换言之，管道完整性管理，是对影响管道完整性的各种潜在因素进行综合的、一体化的管理。

油气管道完整性管理是跨学科的系统工程。它涉及自然科学与工程技术，还包括政策、法律、经济、管理等社会科学。在工程技术层面，完整性管理和石油工程、机械工程、材料科学与工程、工程力学、可靠性工程、信息科学与工程等学科有密切关系。从实用角度，它的关键技术包括失效分析及失效案例库的建立、危险因素与危险源识别技术、风险评价技术、管道检测技术、适用性评价技术、地质灾害评估技术、地理信息系统(GIS)的建立等。

3. 管道完整性管理的任务

(1)检测并及时发现管道的损伤情况；

(2)对管道的损坏及可能引起的后果进行评价；

(3)修复损坏或减轻管道损坏带来的影响；

(4)防止或延缓管道损坏的产生。

4. 管道完整性管理的内容

管道完整性管理是指对所有影响管道完整性的因素进行综合的、一体化的管理、大体上包括以下内容：

(1)建立完整性管理结构，拟定工作计划、工作流程和工作程序文件；

(2)进行管道风险分析，了解事故发生的可能性和将导致的后果，制定预防和应急措施；

(3)定期进行管道完整性检测和完整性评价，了解管道可能发生事故的原因和部位；

(4)采取修复或减轻失效威胁的措施；

(5)检查、衡量完整性管理的效果，确定再评价的周期；

(6)开展培训教育工作，不断提高管理和操作人员的素质。

5. 管道完整性管理的特点

管道完整性管理体系体现了安全管理的时间完整性、数据完整性和管理过程完整性及灵活性的特点。

(1)时间完整性

需要从管道规划、建设到运行维护、检修的全过程实施完整性管理，贯穿管道整个寿命，体现了时间完整性。

(2)数据完整性

要求从数据收集、整合、数据库设计、数据的管理、升级等环节，保证数据完整、准确，为风险评价、完整性评价结果的准确、可靠提供重要基础。特别是对在役管道的检测，可以给管道完整性评价提供最直接的依据。

(3)管理过程完整性

风险评价和完整性评价是管道完整性管理的关键组成部分，要根据管道的剩余寿命预测及完整性管理效果评估的结果，确定再次检测、评价的周期，每隔一定时间后再次循环上述步骤。还要根据危险因素的变化从完整性管理效果测试情况，对管理程序进行必要修改，以适应管道实际情况。持续进行、定期循环、不断改善的方法体现了安全管理过程的完整性。

(4)灵活性

完整性管理要适应于每条管道及其管理者的特定条件。管道的条件不同是指管道的设计、运行条件不同，环境在变化，管道的数据、资料在更新，评价技术在发展。管理者的条件是指该管理者要求的完整性目标和支持完整性管理的资源、技术水平等。因此，完整性管理的计划、方案需要根据管道实际条件来制定，不存在适于各种各样管道的“统一”的或“最优”的方案。

6. 油气管道完整性管理的流程

油气管道完整性管理的流程如图 4－17 所示。完整性管理是由以下步骤组成，并形成闭环系统：

(1)潜在危险因素的识别及分类；

(2)数据的采集、整合及分析；

(3)风险评价；

(4)完整性评价(在基于风险的检测前提下进行)；

(5)完整性评价结果的决策、响应和反馈。

管道完整性管理的基础是完整性评价，包括管道本体的适用性评价、站场设施(压缩机等)的故障诊断、地震及地质灾害评估等等。现代 IT 技术大大提升了油气管道完整性管理的水平。

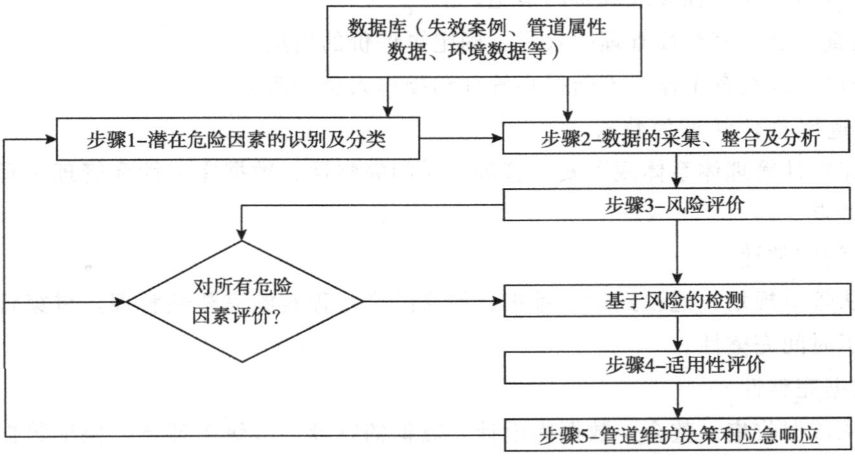

图 4－17　油气管道完整性管理流程

7. 管道的完整性评价

管道完整性评价是在役管道完整性管理的重要环节，主要用于风险排序结果表明需要优先和重点评价的管段。完整性评价内容包括：

(1)对管道及设备进行检测，评价检测结果。包括用不同的技术检测在役管道，评价检测的结果；

(2)评价故障类型及严重程度，分析确定管道完整性。对于在役管道，不仅评价它是否符合设计标准的要求，还要对运行后暴露出的问题、发生的变化和产生的缺陷进行评价；

(3)根据存在的问题和缺陷的性质、严重程度，评价存在缺陷的管道能否继续使用及如何使用，并确定再次评价的周期，即进行管道适用性评价。

4.3.2　油气管道的腐蚀和缺陷检测

管线检测是对管线状态进行调查评估，是管道完整性评价的一个非常重要的组成部分。油气管道外检测技术主要有电火花检漏法、管中电流法、DCVG 法。

1. 电火花检漏法

电火花检漏仪又称涂层针孔检测仪，是用来检测油气管道、电缆、金属储罐等金属表面防腐蚀涂层的针孔缺陷以及老化腐蚀所形成的微孔、气隙点，如图 4－18 所示。

(1)电火花检漏的原理

电火花检测仪通过对各种导电基体防腐层表面加一定量的脉冲高压，金属表面防腐蚀绝缘涂层过薄、漏铁微孔处的电阻值和气隙密度都很小，当检漏仪的高压探极经过针孔缺陷处时，形成气隙击穿产生电火花放电，同时给检漏仪的报警电路产生一个脉冲电信号，驱动检漏电路声光报警。

(2)电火花检漏的特点

易于操作，反应直观，工作效率高，对涂层本身没有破坏。

图 4－18　管道防腐层电火花检漏

2. 管中电流法(PCM)

(1)管中电流法原理

管中电流法原理如图 4－19 所示。

$$I = I_0 e^{-aX} \tag{4-11}$$

式中　I——管道上方读取的电流值(接受机测量的电流值)，A；

I_0——发射机向管道发射的电流值，A；

X——测量点到发射点的距离，m；

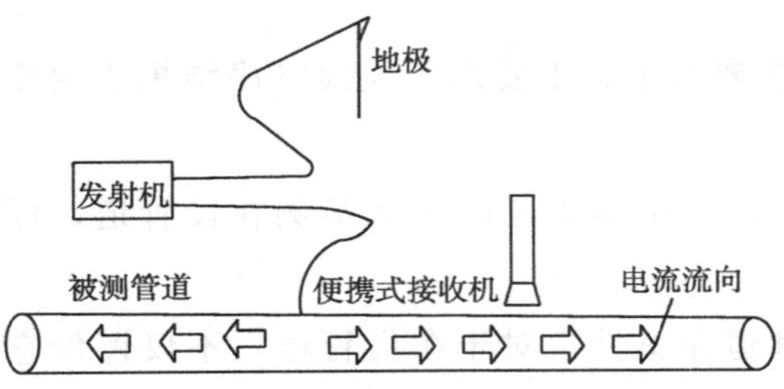

图 4-19　管中电流法原理

a——衰减系数，与管道特性参数有关。

(2)管中电流法特点

①适合于埋地钢管防护层质量的检测、评价及破损点的定位、检测管线的走向及埋深、搭接的定位、评价阴极保护系统的有效性。输送管线较长时准确度较高，适于外加电流保护系统，不适于太厚的管道；

②操作简便、效率高、可建立数据库；

③对穿孔过多的管道或设施过多的管道，如油田生产中的集油环管道或双管流程集、掺水管道，检测误差较大；

④只能评价管道的外防腐层状况，对管道是否腐蚀或腐蚀程度不能准确判断。

3. DCVG(direct current voltage gradient)法

DCVG 法是指沿管线且在管线周围测量电压梯度变化以定位涂层缺陷并描述腐蚀活性特征的方法，该技术是目前世界比较先进的埋地管道防腐层缺陷测试技术。

(1)DCVG 法的原理

在施加阴极保护的埋地管道上，电流流过土壤介质流入管道防腐层破损而裸露的钢管处，会在管道防腐层破损处的地面上形成一个电压梯度场；随着防腐层破损面积越大和越接近破损点，电压梯度会变得越大、越集中。通过测量高灵敏毫伏表上反映的两个探杖之间的电压指向，判断电压梯度中心，即缺陷位置。

为了简化该技术，通过使用通断器以约 1Hz 的频率以不对称方式进行间歇的阴极保护通/断，使施加的阴极保护电流与对管线的所有其他直流影响分开。

(2)DCVG 法所需要的设备

DCVG 法所需要的设备如图 4-20 所示。DCVG 法示意如图 4-21 所示。

①在阴极保护输出端上加一个通断器，其自动以 1s 为周期，2/3s 断开，1/3s 接通；

②用两个探杖($Cu/CuSO_4$ 电极)插入检测部位的地面，在毫伏表上显示出两探杖之间的电位差值和产生梯度的电流的方向；

③在测量过程中，操作员沿管道以 2m 间隔用探杖(两探杖一前一后)在管顶上方进行测量；

④当接近破损点时，毫伏表的指针指向靠近破损点的探极。当跨过此破损点时，梯度数值就会变号，指针指向后方的探极，并且梯度数值会随着远离破损点而逐渐减小；

⑤返回复测，就可以找到梯度值输出为零的位置，这时探杖在破损点两边的同一等位线上，破损点在两探极中间；

⑥在确定一个破损点后，继续向前测量时，要先以每差半米深测一点，在离开这个梯度场后，没有发生梯度数值改变符号，就可以按常规间距去进行测量；

⑦如果在离开一个破损点时又发现梯度数值改变符号，那就说明附近有新的破损点

灵敏毫伏表

探杖

通断器

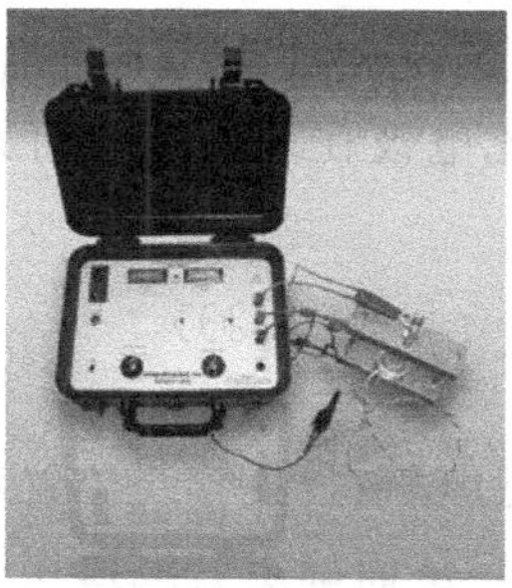

便携式整流器

电源

图 4－20　DCVG 测量所需要的设备

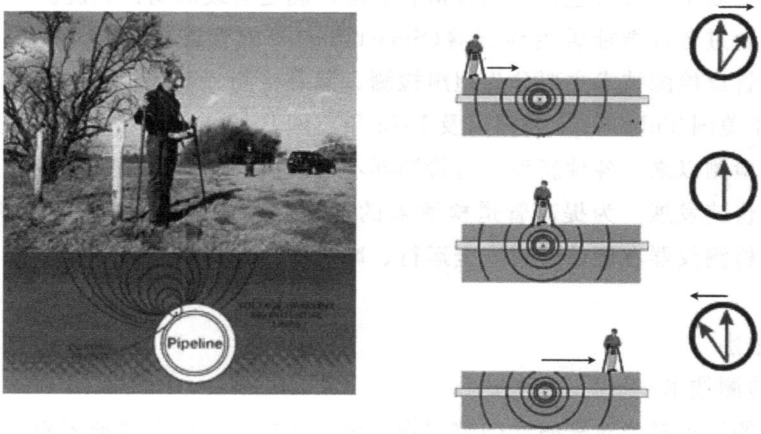

图 4－21　DCVG 法示意图

出现。

(3)DCVG 法的特点

①能够检测出较小的防腐层破损点，并可以精确定位，定位误差为 15cm；

②可以用于埋地管道防腐层状况的评价，为管道防腐层的维修提供准确、可靠的科学依据；

③管道防腐层缺陷处地表电场的描述可确定缺陷的形状以及缺陷所处管体的位置；

④DCVG 法中，由于采用了不对称信号，可以判断管道是否有电流流入或流出，因而可以判断管道在防腐层破损点是否有腐蚀发生，这是其他管道缺陷检测方法所不具备的特点

4. DCVG 法的局限性

①较大的缺陷可能会遮掩较小的缺陷；

②除非已经从线路中排除了较大的缺陷，对相邻区域进行重新测量；

③测量可能受到来自共用阴极保护系统上的另一条管线(例如平行管线)的错误指示；

④有可能由于超出了通断整流器的范围而遗漏了一些指示；

⑤参比电极与地面接触不良，观察不到通/断偏移，读数不稳定，可能需要润湿地面；

⑥防止参比电极同时处于不同类型的地面上，表面具有不同电阻率(例如地与沥青相比)，将测量到不同的电压，应避免使一个参比电极在地面上，而另一个参比电极在铺装的道路上。

4.3.3 油气管道的内检测

通过智能清管器在待测管线内行走，移动过程中收集管线位置和管壁状态信息，在管线末端取出，通过相应的软件读取记录的信息，从而确定管线损伤情况及损伤位置。

管线检测是通过漏磁、超声波、涡流、录像等技术将检测器从管道的一端放入，检测器在管道内部借助流动介质的推动顺流而下，利用各种技术采集管道内的各种信息，然后从管道的另一端取出，最后进行数据分析和处理，确定管线的腐蚀状况。

目前主要通过各种智能管道检测器(Smart Pig)实施管道在线检测。基于无损检测理论发展起来的管道检测技术主要分为超声检测、漏磁检测、射线检测、涡流检测及热像显示。继 1965 年美国 Tuboscope 公司以及 1973 年英国 British Gas 公司相继应用漏磁检测器对管道进行内检测以来，各种新型管道检测器不断问世；同时由于计算机、自动化以及数字处理技术的快速发展，为提高管道检测器的可靠性和检测效率提供了强有力的技术保证，各类管道检测仪器在促使管道安全运行、减少事故造成的危害和损失方面发挥了重要作用。

1. 检测方法

(1)漏磁检测技术

漏磁检测的原理是当对铁磁性的被测管道施加磁场时，在管道缺陷附近会有部分磁力线漏出被测管道表面，通过分析磁敏传感器的测量结果，可得到缺陷的有关信息，如图 4-22所示。

该方法以其在线检测能力强、自动化程度高等独特优点而满足管道运营中的连续性、快速性和在线检测的要求，使得漏磁检测成为到目前为止应用最为广泛的一种磁粉检测方法，在油田管道检测中使用极为广泛。此外与常规的磁粉检测相比，漏磁检测具有量化检测结果、高可靠性、高效、低污染等特点。

国外漏磁检测清管器(Magnetic Flux Leakage Intelligent Pig，简称 MFL Pig)的研制

始于 20 世纪 70 年代中期，至今已发展到第二代。美国、英国、加拿大、日本、德国等国家对漏磁检测的理论研究和应用研究较早，在深入理论研究的同时将该技术应用到生产实际中，并取得良好的效果。国外已经能够应用计算机和人工智能技术实现管道典型规则缺陷的三维图形构建，达到缺陷可视化。利用计算机成像技术(CITS)可有效地描述和评定反射信号，CITS 还具有探测缺陷所要求的基本扫查功能。将计算处理数据分析和显示技术与自动扫查机构联接可用来产生缺陷二维、三维图像，为检验管道的危险部位提供放大的能力计算机处理可以定量地评定用超声波或其他检测方法探到的缺陷类型、尺寸、形状、位置和方向。漏磁检测原理如图 4－22 所示。漏磁检测清管器的结构如图 4－23 所示。

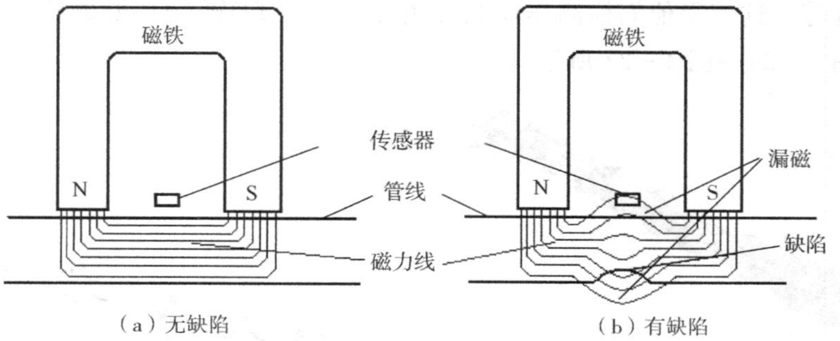

图 4－22　漏磁检测原理

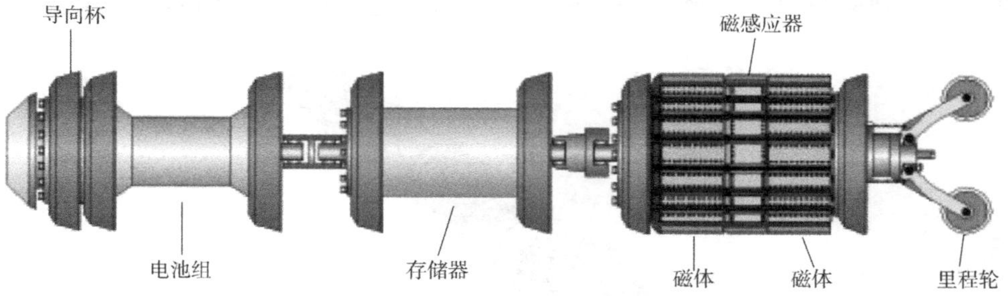

图 4－23　漏磁检测清管器

漏磁检测主要检测金属腐蚀、环焊缝裂纹、制造缺陷及其他。漏磁检测技术在我国的东北输油管网、秦京输油管道、青海的花土沟一格尔木输油管道、中国石油西南油气田分公司，新疆油气储运公司所属管线以及中国海洋石油公司的部分海底管道等范围内得到了应用，取得了令人满意的检测结果。

(2)世界上应用的典型漏磁检测器

世界上在管道漏磁检测技术上处于前列的有美国 GE PII 公司、德国 ROSEN 公司和美国 TD Williamson 公司，各家公司都有各自的长处。

GE PII 公司漏磁检测器为 Magnescan 高精度检测腐蚀器，对各种缺陷检测识别率高、准确率高，可检测大壁厚管道。

TDW 公司是专业的管道服务公司，专注于管道运营的各个环节，包括清管置换、带

图 4-24　TD Williamson 公司漏磁检测器

压开孔封堵等等，这使得他们检测作业服务更加专业。TDW 公司漏磁检测器及各种漏磁检测工具如图 4-24～图 4-27 所示。

图 4-25　固定磁环 ID/OD 漏磁检测工具

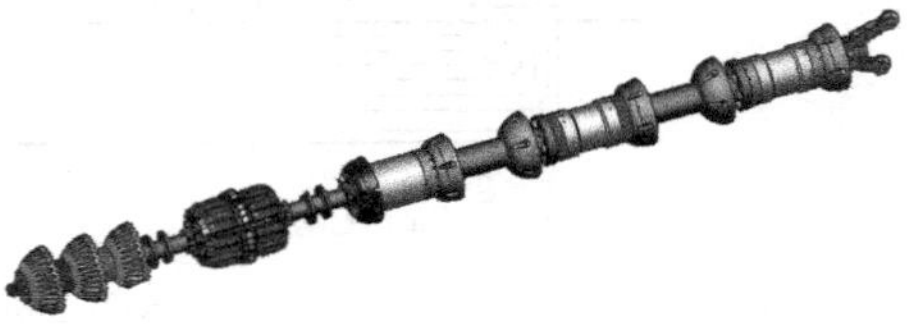

图 4-26　浮动磁环 ID/OD 漏磁检测工具

图 4-27　Combo 多功能漏磁检测工具

Rosen 公司提供了市场上最简洁的漏磁检测仪器，特别是对于大直径的应用。Rosen 公司漏磁检测器如图 4-28 所示。简洁的设计可以使得检测仪器的发送和接收更加简单，并且使用现有的收发球筒而免于改造。

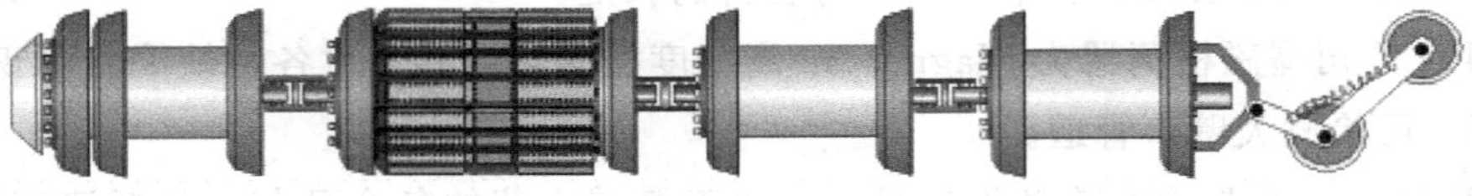

图 4-28　Rosen 公司漏磁检测器

(3)超声波检测技术

超声波检测技术原理如图 4－29 所示，是利用超声波匀速传播且可在金属表面发生部分反射的特性，来进行管道探伤和检测的。它通过电子装置，发送出超声波的高频(大于20kHz)脉冲，射到管壁上。反射回的超声波，再通过传感器探头接收回来，经过信号放大，显示出来波形。由于不同部位反射到探头的距离不同，因此超声波返回的时间也不同。监测器的处理单元便可以通过计算探头接收到的两组反射波的时间差乘以超声波的传播速度，得到管道的实际壁厚，从而显示出缺陷及腐蚀尺寸。超声波智能清管器结构、外形分别如图 4－30、图 4－31 所示。

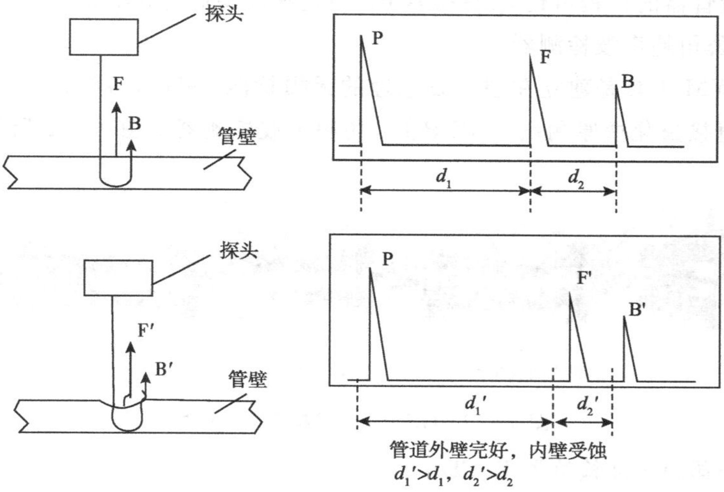

图 4－29　超声波检测技术原理

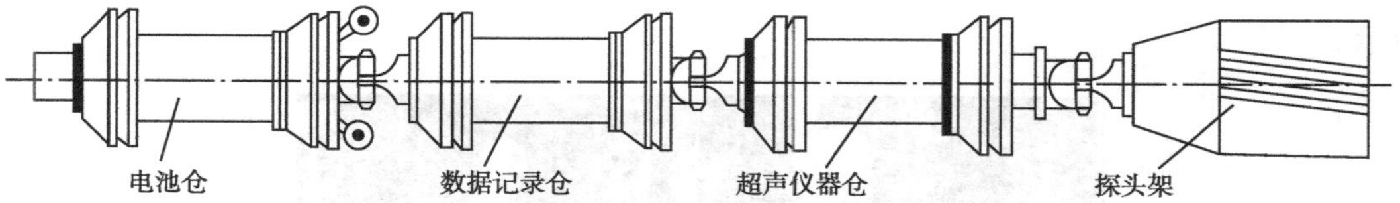

图 4－30　超声波智能清管器结构

图 4－31　超声波智能清管器

超声检测(UT)可分为主动检测和被动检测两类。主动检测即由超声探头发射超声波，通常称为超声无损检测技术；在被动检测技术中，超声波是被测试件受载荷时自发而出的，有时又称为声发射技术(AE)。与其他检测技术相比，超声检测具有被测对象范围广、缺陷定位准确、检测灵敏度高、成本低、对人体无害以及便于现场使用等优点。

(4)典型的超声波检测器

超声波技术是20世纪80年代末才被引入清管器的。国外最先将超声波技术引入腐蚀检测智能清管器的是日本的NKK(日本钢管株式会社)和德国Pipetronix公司，随后加拿大、美国等也相继研制了这类超声清管器。与漏磁检测清管器相比，超声检测清管器(Ultrasonic Intelligent Pig，简称UT Pig)由于检测时不受管道壁厚的限制，它的出现被认为是管道检测技术的一大进步，现在许多国家的管道检测技术人员也都在致力于这方面的研究。实践也证明采用超声波检测法得出的数据确实比漏磁法更为精确。现在国外的超声检测清管器的轴向判别精度达3.3mm，管道圆周分辨精度可达8mm，机体外径可由159mm到1504mm，清管器的行程可达50～200km，行走速度最高可达2m/s。

①GE PII公司超声波检测器

UltrascanWM工具是建立在超声波原理的无损检测(NDT)方法之上的，该技术的独特优势是能够直接量化壁厚测量。GE PⅡ公司超声波检测器如图4-32所示。

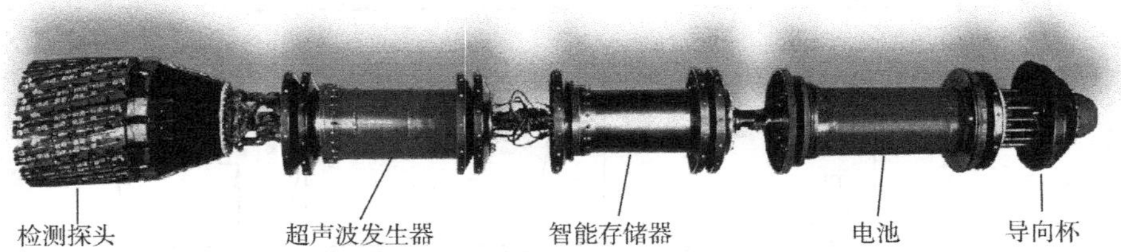

图4-32　GE PII公司超声波检测器

②Rosen公司超声波检测器RoCD

RoCD是一个独特的超声波检测工具，可以用于天然气管道。该工具是基于新概念的电磁声学传感器(EMAT)，能够同时检测的应力腐蚀开裂和涂层的结合破坏，如图4-33所示。

图4-33　Rosen基于EMAT技术的超声波裂纹检测器

(5)其他管道内部检测技术

①红外热脉冲成像。

红外热脉冲成像技术利用针对被检测物性质和检测条件而确定的脉冲热源照射被检测物体，从接收到的一系列物体表面温度场的变化数据，复原出物体内部的结构，用图像方式显示出来。由于红外测温不接触被测物体，不破坏温场，以热图像的形式反映被测物体的二维温度场，直观准确，而且测温距离可远可近，测量范围广，测温速度快。红外热成像技术正是适合一些特种要求需要的检测方法之一。

②光学检测技术。

接触式测量有可能损伤表面状态，且很难实现高精度与自动化，因此，管道内部无损检测技术应用日益普遍。但传统的 NDT 技术如涡流技术只能用于某些特定材料制成的管道，超声技术则需要水等传输介质。相比之下，基于光学技术的 NDT 技术，则以其高的尺寸测量精度及易于自动化而受到重视。新近发展的光学检测法有：CCTV(Close-circuit television)摄像技术、激光光源投射成像技术、激光光学三角法技术、工业内窥镜技术。

(6)输油与输气管道腐蚀、清管及内检测对比分析

①输油管道内检测方法。

漏磁检测方法和超声波检测方法都能用于输油管道的内部检测，涡流式检测器也可以用于检测输油管道。漏磁检测技术对于腐蚀缺陷检测效果较好，而超声波检测最适合裂纹检测。

漏磁检测法适用于检测中小型管道，可以对各种管壁缺陷进行检验，检测的管壁不能太厚，否则会导致干扰因素增多，空间分辨力降低。

对于超声波检测方法来说，由于超声波法对管壁表面平整度要求高，检测结果受管内杂质特别是蜡层的影响大，因此对于管壁结蜡严重而未进行彻底清管的管道不适合。另外，超声波检测存在检测盲区，无法检测到管道即将穿孔的缺陷。

②输气管道内检测方法。

因为超声波检测方法受输送介质限制，难以用于输气管道检测，所以对于输气管道，多数采用漏磁检测方法进行检测，涡流式检测器也可用于输气管道的检测。对于停产的输气管道，要用柴油或水等液体作耦合剂才可用超声波法进行检测，利用电磁超声波就可以免用耦合剂。

4.4　油气管道的剩余强度评价与剩余寿命预测

长输油气管道由于遭受很多内在和外在因素的破坏，使其管道强度、设计寿命严重地受到威胁。内在因素如管道本身的擦痕、划痕、压痕等机械损伤，管道轧制过程中的质量问题；外在因素如地下管道受到腐蚀、人为破坏、管道运行管理不善等。目前，美国、英国和加拿大等西方油气管道大国均面临着管道老化、变质等问题，管道使用强度和剩余使用寿命问题越来越受到重视。通过对管道的剩余强度评价和剩余寿命预测，可以确定管道的承载能力、有效剩余年限，减少经济损失，保障管道安全高效的运行。

剩余强度评价方法：管道剩余强度的评估，随着计算机的发展取得了较大发展，包括

应用的方法、研究思路、相关学科都得到较大发展。目前应用或处于研究阶段的方法有以下几种。

4.4.1 BS 7910 腐蚀管道平面缺陷评价

BS 7910《金属结构中缺陷验收评定方法导则》是英国标准委员会(BSI)在1999年底公布，2000年发表的最新完整版的英国标准，采用三级评定方法对金属结构中的缺陷进行安全评定。BS 7910主要用于平面型缺陷断裂评定。

1. 缺陷评定步骤

①确定缺陷类型。BS 7910标准所评定的平面型缺陷分为表面缺陷、埋藏缺陷和穿透缺陷三种类型，对于位置接近的缺陷可以通过计算进行复合，也就是把小缺陷复合为一个大缺陷，从而可以简化评定过程。BS 7910的附录中对缺陷的复合有详细说明。平面型缺陷包括裂纹、未熔合、咬边、凹面、焊瘤和某些其他类裂纹缺陷等。

②建立和相应结构相关的基本数据库。

③确定缺陷的尺寸。

④评定可能的材料断裂机制和断裂比率。

⑤确定最终失效模式的极限尺寸。

⑥根据断裂比率，评定缺陷是否会在结构的剩余寿命内扩展到极限尺寸，或者在役间隔检查亚临界裂纹扩展。

⑦评定失效后果。

⑧执行敏感性分析。

⑨如果缺陷不会增长到极限尺寸，包含适当的安全因子，则缺陷是可接受的，如果安全因子能考虑到评定的置信度和失效的后果是最理想的。

根据步骤⑤所获得的一系列极限缺陷形状可以确定原始缺陷尺寸在剩余寿命内是否会扩展到这些极限尺寸，从而可以估计平面缺陷容限尺寸。

2. 评定数据的收集

评定时所必需的原始数据见表4-10。

表4-10 评定数据表

序号	数据类型
1	缺陷的种类、位置和方向
2	结构和焊缝尺寸，制造工序
3	应力(压应力、热应力、残余应力和其他任何形式的机械载荷产生的应力)和温度(包括瞬态温度)
4	屈服强度或者0.2%条件屈服强度、抗拉强度和弹性模量(一定情况下，需要完整的工程应力一应变曲线)
5	断裂韧度(K_{IC}，J和CTOD)数据

3. BS 7910三级缺陷评定方法

BS 7910中的缺陷断裂评定共分为三个级别，一级简单评定、二级常规评定和三级延性撕裂评定，每种评定采用的方法大致相似。一级评定程序为最简单的评定方法，适用于材料性能数据有限时；二级评定为常规评定方法；三级评定为最高级别评定方法，主要是对高应变硬化指数的材料或需要分析裂纹稳定撕裂断裂时，才考虑使用此方法，对于常用的焊接结构用钢，一般不采用此程序。

对于一级评定认为不可以接受的缺陷，尚可在提高输入数据质量的前提下继续进行验证，或者在满足要求的条件下应用更高级别的评定标准进一步加以验证。

(1)一级评定(简单评定)

包括 FAD 法(1A)和当量裂纹法(1B)。本级规程中对施加应力、残余应力以及断裂韧度都作了保守性估计，且不采用局部安全因子，一级评定的流程如图 4－34 所示。

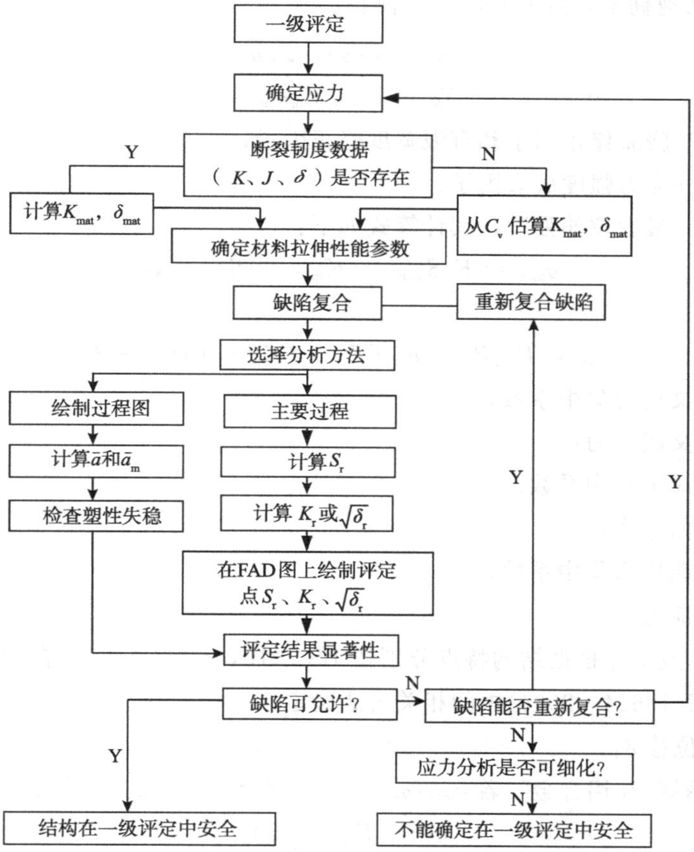

图 4－34　一级评定的流程图

K_{mat}为断裂韧度的下边界估计值，$N/mm^{3/2}$；C_v 为夏比冲击功，J

①1A 级评定

1A 级评定的 FAD 图如图 4－35 所示，坐标轴和评定线围成的面积为矩形。当 K_r 或 $\sqrt{\delta_r}$ 小于，$1/\sqrt{2}$，S_r 小于 0.8 时，缺陷可接受。FAD 图包含一个安全因子(通常取 2)。

a)载荷比 S_r

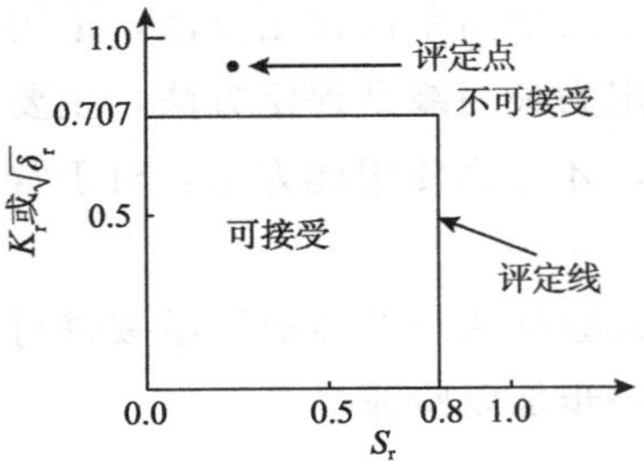

图 4-35　1A 级评定的 FAD 图

$$S_r = \frac{\sigma_{ref}}{\sigma_f} \quad (4-12)$$

式中　σ_{ref}——裂纹参考压力，由计算得到；

σ_f——流变应力，屈服强度和拉伸强度的算术平均值，最大为 $1.2\sigma_s$。

b)断裂比 K_r 或 $\sqrt{\delta_r}$

$$K_r = K_I / K_{mat} \quad (4-13)$$

$$\sqrt{\delta_r} = \sqrt{\delta_I / \delta_{mat}} \quad (4-14)$$

式中　K_I——应力强度因子；

K_{mat}，δ_{mat}——断裂韧度，按 BS744 试验测得。

$$K_I = (Y\sigma) / \sqrt{\pi a} \quad (4-15)$$

$$Y\sigma = Mf_w M_m \sigma_{max} \quad (4-16)$$

式中　M，f_w——膨胀修正因子和有限宽度修正因子；

M_m——应力强度放大因子；

σ_{max}——最大拉伸强度，其计算式如下：

$$\sigma_{max} = K_t S_{nom} + (K_m - 1) S_{nom} + Q \quad (4-17)$$

或

$$\sigma_{max} = K_{tm} P_m + K_{tb} [P_b + (K_m - 1) P_m] + Q \quad (4-18)$$

式中　K_t——名义应力集中系数；

S_{nom}——名义膜应力；

K_{tm}——膜应力集中系数；

P_b——弯曲应力；

K_{tb}——弯曲应力集中系数；

P_m——膜应力。

其中 M，f_w 及 M_m 根据结构特点分别按 BS 7910，SINTAP 和《在用含缺陷压力容器安全评定》(GB/T 19624—2004)中的相关公式确定。

c)裂纹张开位移 δ_I

钢(包括不锈钢)和铝合金，若 $\sigma_{max}/\sigma_s \leqslant 0.5$，其他材料 σ_{max}/σ_s 为任意值，则：

$$\delta_I = K_I^2 / (\sigma_s E) \quad (4-19)$$

钢(包括不锈钢)和铝合金，若 $\sigma_{max}/\sigma_s > 0.5$，则：

$$\delta_I = \frac{K_I^2}{\sigma_s E} \left(\frac{\sigma_s}{\sigma_{max}}\right)^2 \left(\frac{\sigma_{max}}{\sigma_s} - 0.25\right) \quad (4-20)$$

②1B 级评定

1B 级评定也叫当量裂纹法，不需要 FAD 图，也称“人工评定”。首先将结构中各种形式的缺陷按其性质、形状、部位和尺寸复合后，再通过查表、计算将表面裂纹、埋藏裂纹换算成当量(或称等效)的贯穿裂纹尺寸 $\bar{a}$ (贯穿裂纹的半长即为当量裂纹长度)，然后将其按照与一定程序求解得到的允许裂纹尺寸 $\bar{a}m$ 相比较。若 $\bar{a} \geqslant \bar{a}m$，则缺陷不能接受；当 $\bar{a} < \bar{a}m$ 时，则缺陷是允许的，可以接受。

缺陷验收尺寸 $\bar{a}m$ 由以下计算得到：

若已知 K_{mat} 时

$$\bar{a}_m m = \frac{1}{2\pi}\left(\frac{K_{mat}}{\sigma_{mat}}\right)^2 \tag{4-21}$$

若已知 δ_{mat} 时

a) $\sigma_{max}/\sigma_s \leqslant 0.5$ 的钢和铝合金及其他材料

$$\bar{a}_m = \frac{\delta_{mat}E}{2\pi\left(\frac{\sigma_{mat}}{\sigma_s}\right)^2\sigma_s} \tag{4-22}$$

b) $\sigma_{mat}/\sigma_s > 0.5$ 的钢和铝合金

$$\bar{a}_m = \frac{\delta_{mat}E}{2\pi\left(\frac{\sigma_{mat}}{\sigma_s} - 0.25\right)^2\sigma_s} \tag{4-23}$$

(2)二级评定(常规评定)

它包括两种方法。每种方法都有一条由曲线方程和截断线组成的评定线。如果评定点位于坐标轴和评定线围成的区域内，则缺陷是可以接受的；否则缺陷不可接受。截断线的取舍点采用平均值，是为防止局部塑性破坏，其取值点位于 $L_r = L_{rmax}$（载荷比 L_r 的允许最大值)，其中

$$L_{rmax} = (\sigma_s + \sigma_b)/(2\sigma_s) \tag{4-24}$$

本级规程中缺陷尺寸和应力应乘以相应的安全系数，但是断裂韧度和屈服强度则应除以安全系数。BS 7910 二级评定是基于单个韧度值，该值可以是塑性撕裂极限，但是在对塑性撕裂进行全面分析时，需要采用第三级评定程序。二级评定的流程见图 4－36。

①2A 级评定曲线

2A 级评定不需要应力一应变数据，用于描述评定线的方程如下：

若 $L_r \leqslant X_{max}$，则

$$\sqrt{\delta_r} \text{ 或 } K_r = (1 - 0.14L_r^2)[0.3 + 0.7\exp(-0.65L_r^6)] \tag{4-25}$$

若 $L_r > L_{max}$，则

$$\sqrt{\delta_r} \text{ 或 } K_r = 0 \tag{4-26}$$

其 FAD 曲线如图 4－37 所示，对不同的材料，取舍点不同。对应力一应变曲线具有屈服平台或应力一应变不连续性的材料，取舍点的值取 1.0 或者用 2B 级评定。

如果 2B 评定中的 FAD 图无法得到，则对于 $L_r = 0$ 或 $L_r > 1.0$ 时，采用下式进行评估：

$$\sqrt{\delta_r}(L_r = 0) \text{ 或 } K_r(L_r = 1.0) = \{1 + E\varepsilon_L/\sigma_s{}^U + 1/[2(1 + E\varepsilon_L/\sigma_s{}^U)]\}^{-0.5} \tag{4-27}$$

其中，$\varepsilon_L = 0.0375(1 - \sigma_s^U/1000)$（此关系限制在 $\sigma_s{}^U < 976\text{N/mm}^2$ 内)，$\sigma_s{}^U$ 是屈服强度的上界(如不能得到 $\sigma_s{}^U$，用屈服强度或 0.2％的条件屈服强度代替)。

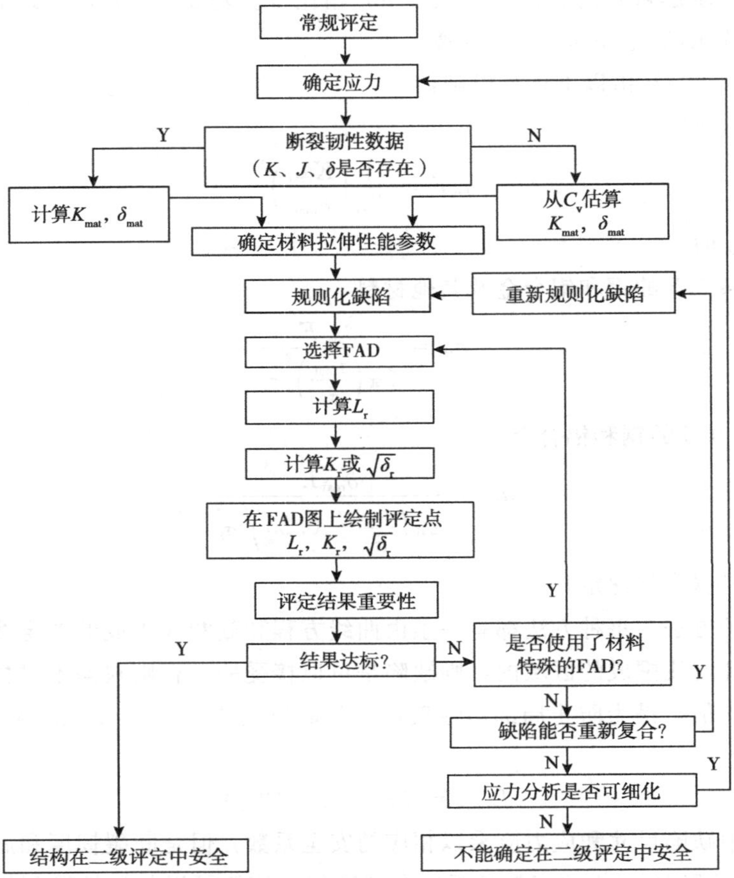

图 4-36　二级评定的流程图

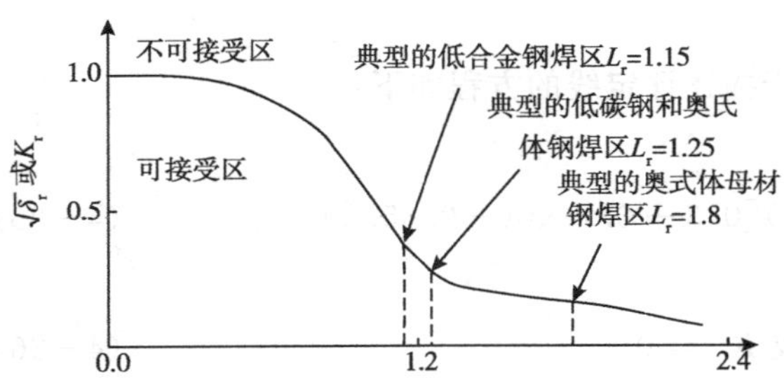

图 4-37　2A 级评定的 FAD 曲线图

$$\sqrt{\delta_r}(L_r > 1.0) = \sqrt{\delta_r}(L_r = 1.0)L_r^{\frac{N-1}{2N}}$$

或 $K_r(L_r > 1.0) = K_r(L_r = 1.0)L_r^{\frac{N-1}{2N}}$

其中 $N = 0.3(1 - \sigma_s/\sigma_b)$ 是下界应变硬化指数。

②2B 级评定曲线(材料特殊曲线)

2B 级评定曲线几乎适合于各种类型的母材和焊缝金属，得到的结果要比 2A 级更加准确，但不太适用评定热影响区域(可用 2A 级评定)。2B 级评定中，需要提供在适当温度下的母材和焊缝金属明确的应力一应变曲线数据。对于应变低于 1%的应力一应变曲线，推荐采用施加应力与屈服强度在下列比值点处的值来准确定义工程应力一应变曲线：

σ/σ_s =0.7，0.9，0.98，1.0，1.02，1.1，1.2，及以 0.1 为间隔直到 σ_b 评定线方程如下：

若 $L_r \leqslant L_{max}$

$$\sqrt{\delta_r}\ 或\ K_r = \left(\frac{E\varepsilon_{ref}}{L_r\sigma_s} + \frac{L_r{}^3\sigma_s}{2E\varepsilon_{ref}}\right)^{-0.5} \tag{4-28}$$

若 $L_r > L_{max}$

$$\sqrt{\delta_r}\ 或\ K_r = 0 \tag{4-29}$$

ε_{ref} 是由单轴拉伸真应力一真应变曲线确定的，即真应力 $L_r\sigma_s$ 下的真应变。典型的 FAD 图见图 4-38。

a)载荷比 L_r

在二、三级别评定中，载荷比 L_r 可以通过下式得到：

$$L_r = \sigma_{ref}/\sigma_s \tag{4-30}$$

b)断裂比 K_r

K_r 的计算式同式(4-13)，K_I 的计算式同式(4-15)，但

$$Y\sigma = (Y\sigma)_p + (Y\sigma)_s \tag{4-31}$$

式中，$(Y\sigma)_p$、$(Y\sigma)_s$ 一分别为一次和二次应力分布，可参考 BS7910 的附录确定。

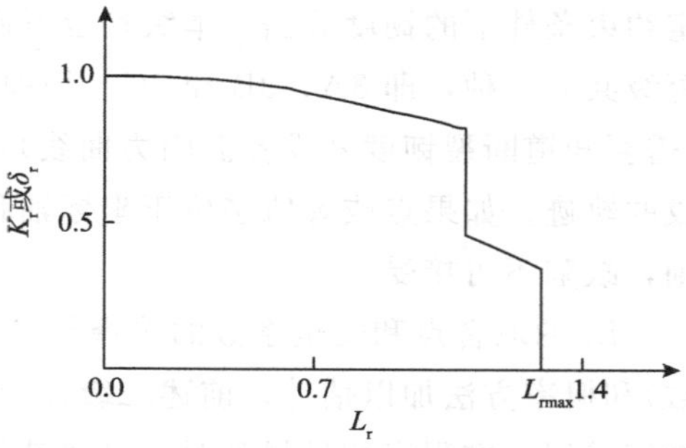

图 4-38　2B 级评定的典型的 FAD 图

当出现二次应力时，塑性校正因子 ρ 对一次应力 $(Y\sigma)_p$ 和二次应力 $(Y\sigma)_s$ 分布间的相互作用有影响，此时

$$K_r = \frac{K_I}{K_{mat}} \tag{4-32}$$

对于表面破坏和深埋缺陷，应力强度因子 K_I 的计算值在裂纹前端附近的区域内是不同的，应当计算沿裂纹前端多点处的 K_I。同样，也因为缺陷所在材料的非均质性或者约束条件的不同而产生比较大的差别。一般来说在断裂评定中，K_{mat} 应当取裂纹前端计算值的最大值。

c)断裂比 δ_r

$$\delta_I = \frac{K_I^2}{X\sigma_s E} \tag{4-33}$$

其中 X(其值介于 1～2 之间)是受裂纹尖端、几何约束及材料加工硬化性能影响的因子。它可通过弹塑性分析加以估计，如果 X 的数值不能由结构分析量化，那么就取其为 1。

当采用通过 J_{mat} 得到的 K_{mat} 进行断裂评定时，并利用相同的试验所得的 δ_{mat}，可由下式得到 X 值

$$X = \frac{J_{mat}}{\sigma_s\delta_{mat}(1-\upsilon^2)} \tag{4-34}$$

对于没有二次应力的评定，参数 δ_r 是许用 CTOD 值 δ_I 与断裂韧度 δ_{mat} 的比值，为便于 FAD 图的绘制，δ_r 的平方根可由下式计算得到：

$$\sqrt{\delta_r} = \sqrt{\delta_I / \delta_{mat}} \tag{4-35}$$

当存在二次应力时，必须采用附加校正因子 ρ，此时：

$$\sqrt{\delta_r} = \sqrt{(\delta_I / \delta_{mat})} + \rho \tag{4-36}$$

对于表面和深埋缺陷，K_I 在裂纹前端变化较大。由式(4－36)得到的 δ_I 将产生类似的变化，选用最大值。

(3)三级评定(延性撕裂评定)

它适用于具有稳定撕裂特征的塑性材料(如奥氏体和铁素体钢)。然而，只要能获得一定约束条件下的韧度数据，本级别也可用于经纯延性撕裂之后表现出脆性失效的材料。此等级共分三种，即3A、3B和3C。每种方法使用不同的评定线且均需进行延性撕裂分析(需要知道断裂韧度 δ 或者 J 阻力曲线)，分析结果表现为评定图中的一个点或者多个点形成的轨迹。如果点或者轨迹位于坐标轴和评定线围成的区域内，则缺陷是可以接受的；否则，缺陷不可接受。

L_r 的取舍点和安全系数的选择与二级评定相同，安全余量一般采用保守因子(备用系数)和概率方法加以估计。前述二级评定中所描述的FAD用于较高的结构约束条件下。当韧度采用标准程序测量得到时，可对其加以修正或选择适当的试验几何尺寸以适合较低约束条件下的FAD，评定流程见图4－39。

①3A评定

3A评定是2A级的推广(不需要应力－应变数据)，3A级中的FAD图与2A中相似，但是在应力－应变曲线中初始硬化速率较高的情况下(如处于应变老化的材料)，这种低估就过于严重，此时应考虑采用3B级评定。对于具有不连续屈服点(具有屈服平台)的材料，若采用3A级评定，应该严格限制在 $L_r \leqslant 1.0$ 条件下，或者最好使用3B级。

②3B评定(特定材料曲线)

3B中的特定材料FAD图由2B级得到。需要知道材料的应力－应变数据，尤其在应变小于1%时，此图适合于所有金属，无论何种应力－应变行为。

③3C评定(J 积分)

对于特殊材料和几何尺寸的特殊FAD图，可通过对相关载荷条件下含缺陷结构进行弹性和弹塑性分析来确定其 J 积分数值得到。对一定范围内的载荷求解相应 J_e、J 值，得到的评定线可通过下列方程加以描述：

当 $L_r \leqslant L_{max}$ 时

$$K_r = (J_e / J)^{1/2} \tag{4-37}$$

当 $L_r > L_{max}$ 时

$$K_r = 0 \tag{4-38}$$

式中　J_e 和 J——对应统一载荷(相同的 L_r)；

K_r——L_r 的函数。

对于延性撕裂分析，断裂撕裂阻力 K_{mat}、J_{mat} 或 δ_{mat} 定义为延性裂纹扩展量(或撕裂量)Δa 的函数。必须根据BS7448－4测出 K_{mat} 等与 Δa 的关系，获得撕裂阻力曲线，该阻

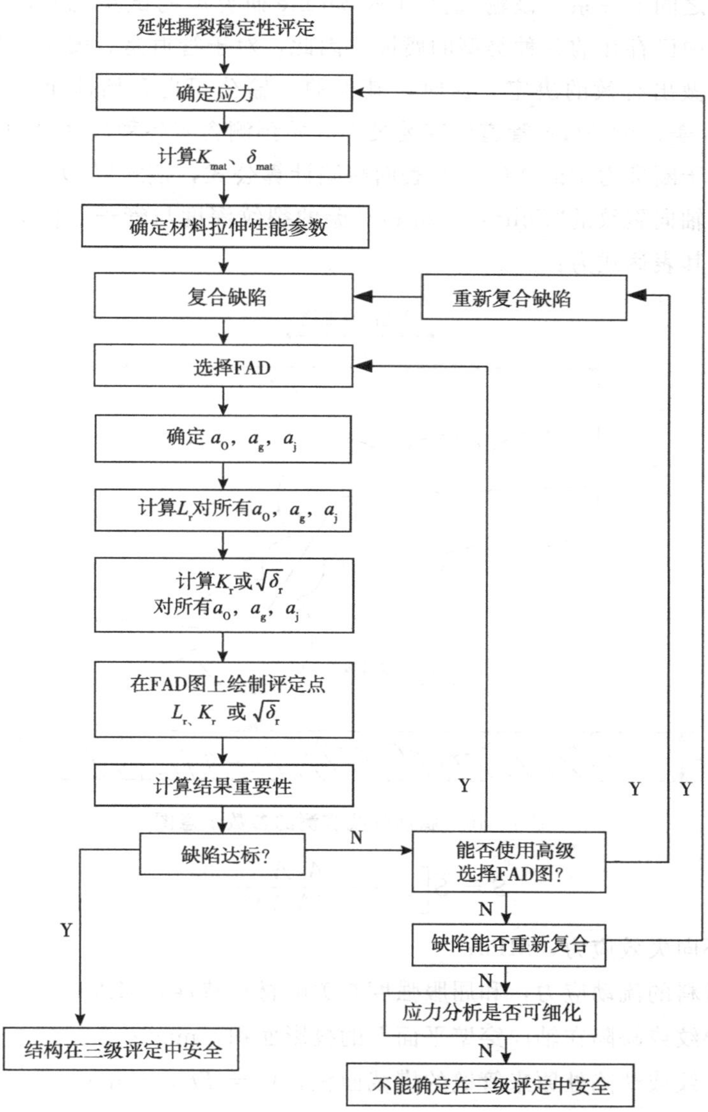

图 4-39 三级评定的流程图

图中，a_o 为已知缺陷的尺寸；a_j 为缺陷扩展的间隔；a_g 为撕裂裂纹扩展的极限。

力曲线最小需 6 个有效试样，如分散性过大，则需选用更多的试样，韧度值可通过 J 求得的一系列 δ_{mat} 或 K_{mat} 值求出。

4.4.2 ASME B31G 评价方法

1. ASME B31G 简介

在 20 世纪 60 年代末，美国一家著名的输气管道公司与美国的 Batelle 研究所合作，开始着手研究管道中各种腐蚀类型的断裂引发行为。包括确定缺陷尺寸和引起缺陷泄漏或爆裂的内压等级之间的关系。该输气公司和 Batelle 研究所的试验说明，有可能发展一种方法来分析管道中已存在的各种类型的腐蚀。因此，对于管道是否安全地继续服役，还是维修或更换可以做出有效的决定。这时，其他的运输公司也开始涉足这方面的研究。20 世纪 70 年代初，美国的 AGA 管道研究委员会开始预测含有各种尺寸腐蚀缺陷管道的压力强度，提出了基于断裂力学的 NG－18 表面缺陷计算公式，该式以 Dugdale 塑性区尺寸模型、受压圆筒的轴向裂纹的“Folias”分析和经验的裂纹深度与管子厚度关系式为基础，如图 4－40 所示，其表达式为：

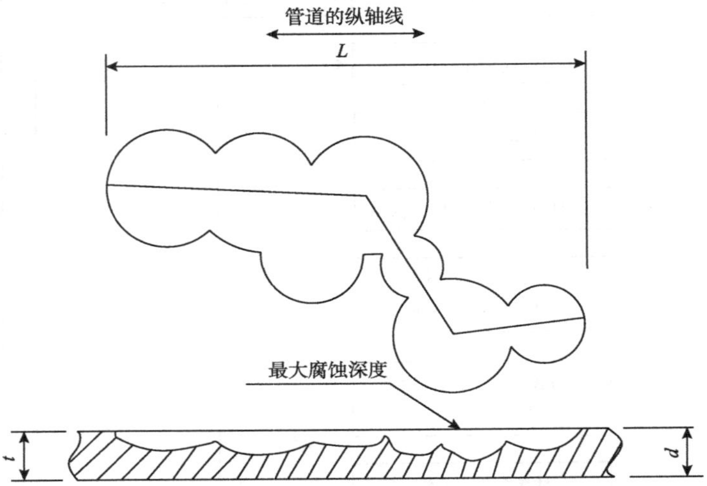

图 4－40　腐蚀管线实测的参数示意图

$$S=\overline{S}\left[\frac{1-A/A_0}{1-(A/A_0)M_t^{-1}}\right] \tag{4-39}$$

式中　S——环向失效应力，MPa；

$\overline{S}$——材料的流动应力，和屈服强度有关的材料特性，MPa；

A——裂纹或缺陷在轴向穿壁平面上的投影面积，mm^2；

A_0——裂纹或缺陷处原来管壁的横截面积，$A_0=Lt$，mm^2；

L——缺陷的轴向长度，mm；

t——管子厚度，mm；

D——管子直径，mm。

M_t——Folias 系数，它是 L,D 和 t 的函数，由下式确定：

$$M_t=\sqrt{1+\frac{2.51(L/2)^2}{Dt}-\frac{0.054(L/2)^4}{(Dt)^2}} \tag{4-40}$$

此式可以用于评估有表面缺陷的管道。Kiefner 对有腐蚀缺陷的管子所做的大量试验表明，NG－18 表面缺陷公式用来评估腐蚀管道的剩余强度是可行的。在 Kiefner 和 Duffy 工作的基础上，以 NG－18 表面缺陷公式为基础，提出了 B31G 准则。这个准则是目前西方国家流行的评价方法，它的理论基础是基于中低强度材料的弹塑性断裂力学，其目的是力求采用解析式来表达材料不连续时管道的强度或应力，其手段是采用实验的归纳综合和理论的分析研究相结合，其结果实际上得到的是半经验半理论表达式。

B31G 准则基于以下假设：

①式(4－39)中的 Folias 系数表达式简化为：

$$M_t = \sqrt{1+\frac{0.8L^2}{Dt}} \tag{4-41}$$

式中　D——管子公称外径，mm。

②式(4－39)中，材料的流动应力 $\overline{S}$ 为最小屈服强度（$SMYS$）的 1.1 倍，即 $\overline{S}=1.1SMYS$；

③式(4－39)中，腐蚀缺陷的金属损失面积可用矩形或者抛物线来近似，一般来说，短腐蚀缺陷用抛物线近似，而长腐蚀缺陷用矩形近似。图 4－41 是抛物线近似的情况。

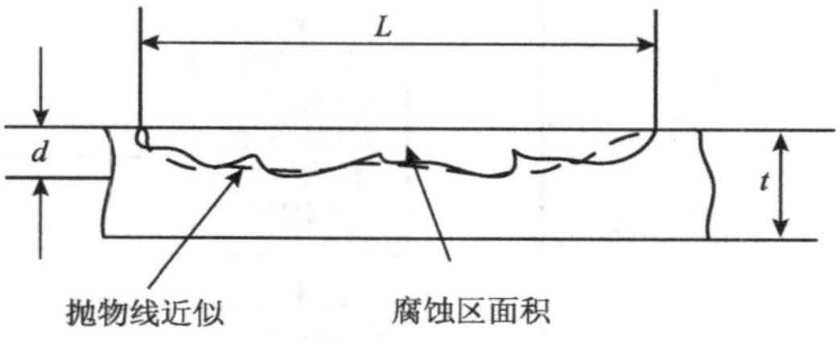

图 4－41　金属损失面积用抛物线近似

2. ASME B31G 评价程序

程序框图如图 4－42 所示。

在上述假设的基础上，B31G 准则的主要公式如下：

(1)最大允许设计压力 p

B31G 准则中，完好管道的最大允许设计压力为：

$$p = \frac{2SMYS}{D}Ft \tag{4-42}$$

式中　p——允许设计压力，MPa；

$SMYS$——管材的最小屈服强度，MPa；

F——设计系数，在准则中 $F=0.72$。

(2)最大安全压力 p'

对于短的腐蚀，腐蚀区的金属损失用抛物线来近似时，即 $A=\frac{2}{3}LD$，最大安全压力 p' 为：

$$p' = 1.1p\left[\frac{1-\frac{2}{3}\left(\frac{d}{t}\right)}{1-\frac{2}{3}\left(\frac{d}{t\sqrt{N^2+1}}\right)}\right] \qquad p' \leqslant p,\ N \leqslant 4 \tag{4-43}$$

对长的腐蚀，腐蚀区的金属损失用矩形来近似时，即 $A=Ld$，最大安全压力 p' 为：

$$p' = 1.1p\left[\frac{1-\left(\frac{d}{t}\right)}{1-\left(\frac{d}{t\sqrt{N^2+1}}\right)}\right] \qquad p' \leqslant p,\ N \leqslant 4 \tag{4-44}$$

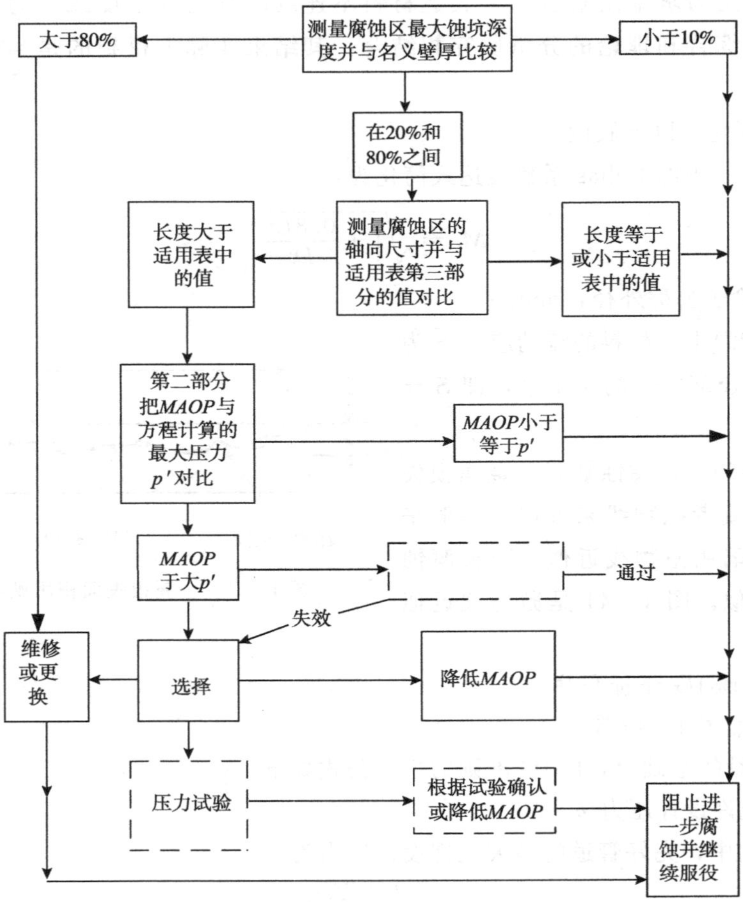

图 4－42　腐蚀管道强度分析程序图

当腐蚀很长时，即 N 很大，这时最大安全压力 p' 可简化为：

$$p' = 1.1p\left(1 - \frac{d}{t}\right) \qquad p' \leqslant p \tag{4-45}$$

在式(4－43)和式(4－44)中，N 可表示为

$$N = \sqrt{M_{\mathrm{T}}^2 - 1} = 0.894\left(\frac{L}{\sqrt{Dt}}\right) \tag{4-46}$$

当 N 很大时，可直接用(4－45)式计算。其实对不同 d/t 的腐蚀，式(4－44)和式(4－45)的误差在 0.6％～20％之间，如图 4－43 所示。当 d/t 不太大时，用式(4－45)代替式(4－44)是合适的。

图 4－44 给出了不同 d/t 情况下的最大允许压力与设计压力比 p'/p 和 $L/\sqrt{Dt}$ 的关系曲线。

(3)腐蚀缺陷的最大允许长度

在 B31G 准则中，对于一给定深度为 d 的腐蚀缺陷，且 $0.2 < d/t < 0.8$，t 为壁厚，腐

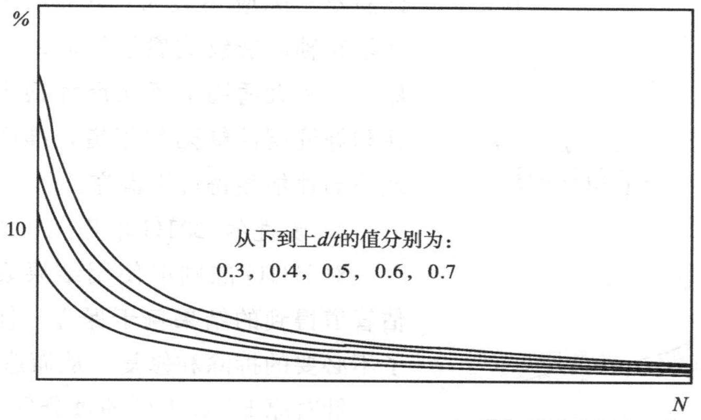

图 4－43　不同的 d/t 下，式(4－44)和式(4－45)的误差

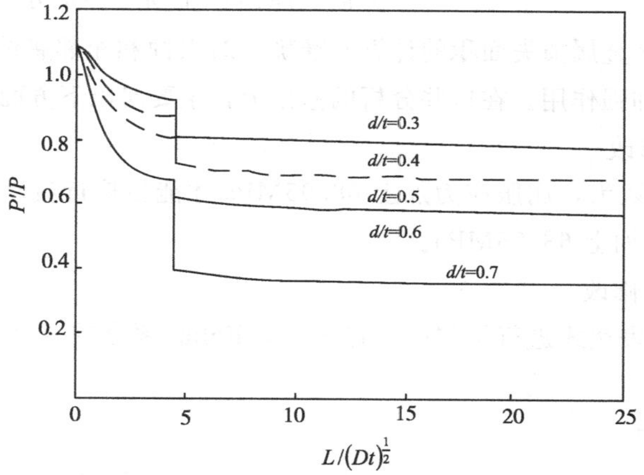

图 4－44　对不同 d/t 缺陷，p'/p 和 $L/\sqrt{Dt}$ 的关系曲线

蚀缺陷用抛物线近似时，这个缺陷最大允许长度为

$$L_{\text{allow}} = 1.12B\sqrt{Dt} \tag{4-47}$$

式中　L_{allow}——腐蚀的最大允许轴向长度，mm；

B 由下式确定：

$$B = \sqrt{\left(\frac{d/t}{1.1d/t - 0.15}\right)^2 - 1} \tag{4-48}$$

由式(4－47)、式(4－48)可以看出，对确定的管道，腐蚀的最大允许长度只与腐蚀的深度有关。图 4－45 给出了 $L_{\text{allow}}/(Dt)^{\frac{1}{2}}$ 和 d/t 的关系曲线

$$L = 1.12B\sqrt{Dt} \tag{4-49}$$

其中 B 是由图 4－45 确定的值。

当 $0.1 < d/t < 0.175$ 时，　　$B = 4$　　(4－50)

当 $0.175 < d/t < 0.8$ 时，B 为式(4－48)。

深度 d 大于壁厚的 80％的蚀坑是不能接受的，因为这样深的蚀坑将引起泄漏。

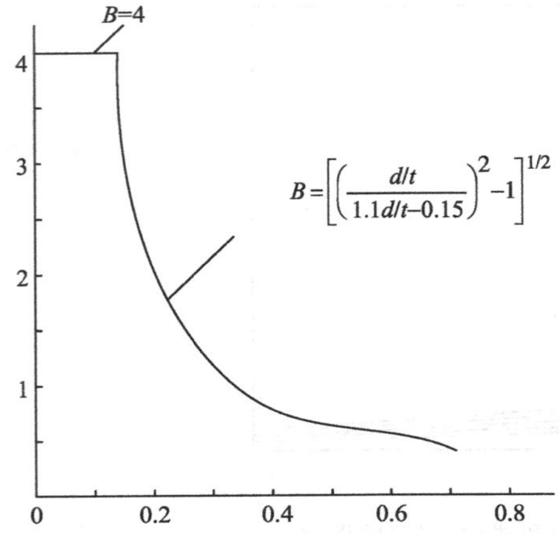

图 4-45　确定 B 值的曲线

试验及实际应用表明，ASME B31G 准则适用于评估有轴向裂纹或腐蚀缺陷的管道，结果有一定保守。不大适用于环向尺寸很大的缺陷、螺旋腐蚀和焊缝腐蚀缺陷的管道，准则中没有考虑多个缺陷的评估显得过于保守。

3. 改进的 B31G 准则

对 B31G 准则的使用结果表明，用它进行评估管道得到的结果偏于保守，使得很多管道进行了不必要的拆除和修复，从而造成很大的浪费。

针对原 B31G 准则的过分保守性，对引起保守的原因进行了分析，分析结果发现主要是以下几个方面的原因：流动应力的定义，Folias 系数的近似表达式不正确，腐蚀区金属损失面积的计算不准确，对点蚀和相邻腐蚀的情况没有考虑中间的间隔对腐蚀材料的加强作用。在这些分析的基础上，主要对以下方面作了改进。

(1)流动应力的修改

Maxey 经过试验认为，屈服应力加上 68.95MPa 才能更接近流动应力，所以修改后的流动应力等于 *SMYS* 加上 68.95MPa。

(2)Folias 系数的修改

对 Folias 系数的表达式进行了修改。修改后，Folias 系数有两种表达方法，适用于不同情况。

当 $L^2/Dt \leqslant 50$ 时

$$M_t = \left[1 + 0.6275\frac{L^2}{Dt} - 0.003375\frac{L^4}{D^2t^2}\right]^{1/2} \tag{4-51}$$

当 $L^2/Dt > 50$ 时

$$M_t = 0.032(L^2/Dt)L^2/Dt + 3.3 \tag{4-52}$$

(3)腐蚀区金属损失面积计算方法的改进

在原来的准则中，对金属损失面积的计算只规定了两种形状，矩形和抛物线形。试验表明，用抛物线可得到较符合实际的结果。但是，对不太长的金属损失面积，用抛物线法总是低估管子的强度。对很长的腐蚀面积，用抛物线法反而过高的估算了管子的强度。所以需要对金属损失面积的计算方法进行修改。

在改进的 B31G 准则中，用更精确的方法计算金属的损失面积。计算方法如下：

①精确面积法

这种方法是通过详细测量腐蚀坑的深度剖面，来计算出腐蚀区面积的方法。如图 4-46 所示的腐蚀区为例，设沿管线轴向金属区的长度为 L_{total}，将其划分为 n 个相等的测量间隔 l，并将此 l 看作梯形的高，间隔 l 的两端处腐蚀坑的深度分别为 d_{n-1} 及 d_n，并看作梯形的上底与下底。于是，即可利用梯形面积的计算公式计算出每个小间隔 l 的面积，将第

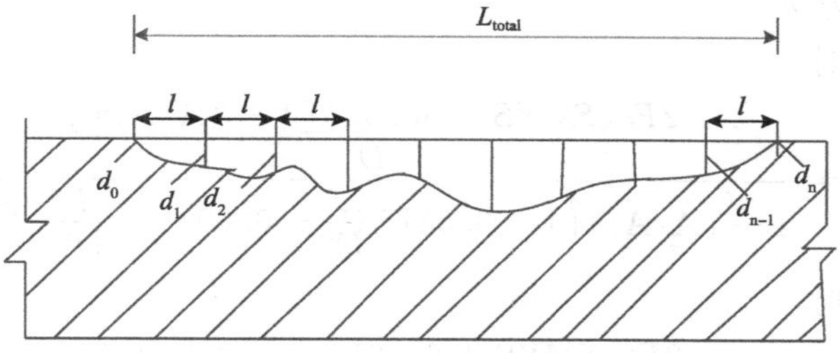

图 4－46　腐蚀区的精确面积表示法

一个小间隔一直到第 n 个小间隔的计算面积叠加起来，即为整个腐蚀区的面积 A。其计算表达式为

$$A = l\left(\frac{d_0 + d_1}{2}\right) + l\left(\frac{d_1 + d_2}{2}\right) + \cdots + l\left(\frac{d_{n-1} + d_n}{2}\right) = l\left(\frac{d_0 + d_n}{2} + \sum_{i=1}^{n} d_i\right) \quad (4-53)$$

式中　A——金属损失面积；

l——两次深度测量的间隔；

d_i——第 $i+1$ 次测量的深度值；

d_0，d_n——腐蚀区两端处的深度。

理想情况下，d_0 和 d_n 为零，这时有

$$A = \sum_{i=1}^{n-1} d_i n l = n l d_{avg} = L_{total} d_{avg} \quad (4-54)$$

可以看出，腐蚀区的精确金属损失面积可以用一个长方形的面积来代替，等于腐蚀区的总长度和平均深度的乘积。

②等效面积法

把式(4－54)作变换即可得到另一种计算方法：

$$A = l_{total} d_{avg} = L_{total}(d_{avg}/d)d = L_{eq} d \quad (4-55)$$

这里 L_{eq} 称为等效长度，可表示为：

$$L_{eq} = L_{total}(d_{avg}/d) \quad (4-56)$$

以上两种计算方法原理一样，但是在用式(4－51)和式(4－52)计算 M_t 时不一样。

③有效面积法

对不规则的腐蚀缺陷，根据缺陷的总面积和总长度计算得到的管子的强度常常不是最小值。第三种精确方法是取腐蚀坑的最大深度作为计算深度 d，以腐蚀坑的最大长度作为计算长度 l。然后按下列公式来计算有效面积 A：

$$A = 0.85dl \quad (4-57)$$

因腐蚀坑的最大深度 d 远较平均深度 d_{avg} 容易测量，故应用有效面积法较精确面积法方便，因而在实际工程中应用较多。

4. 改进 B31G 相关计算式

(1)最大允许设计压力 p

在改进的 B31G 准则中，完好管道的最大设计压力的计算和原准则相同。

(2)最大安全压力 p'

当 $L^2/Dt \leqslant 50$ 时

$$p' = \frac{\dfrac{2Ft(SMYS + 68.95)[1-(A/A_0)]}{D}}{1-(A/A_0)\left(1+0.6275\dfrac{L^2}{Dt}-0.003375\dfrac{L^4}{D^2t^2}\right)^{-1/2}} \tag{4-58}$$

当 $L^2/Dt > 50$ 时

$$p' = \frac{\dfrac{2Ft(SMYS + 68.95)[1-(A/A_0)]}{D}}{1-(A/A_0)\left(1+0.032\dfrac{L^2}{Dt}+3.3\right)^{-1}} \tag{4-59}$$

(3)腐蚀缺陷的最大允许长度

修改后的准则中流动应力变为 $\overline{S} = SMYS + 68.95$。定义流动应力比 q,即令

$$q = \frac{SMYS + 68.95}{SMYS} \tag{4-60}$$

对式(4-39)求解得到 M_t :

$$M_t = \sqrt{Dt}\left[-\frac{(-1/q)(A/A_0)L^2}{1-A/A_0-1/q}\right]^{1/2} \tag{4-61}$$

分别让式(4-51)与式(4-52)的右端等于式(4-61)的右端，则可得到给定深度的腐蚀缺陷的最大允许长度 L_{allow}。

当 $L^2/Dt \leqslant 50$ 时

$$L_{allow} = \sqrt{Dt}\left[92.963 - \left[(92.963)^2 + 296.296\left[1-\frac{(-1/q)^2(A/A_0)^2}{(1-A/A_0-1/q)^2}\right]\right]^{1/2}\right]^{1/2} \tag{4-62}$$

当 $L^2/Dt > 50$ 时

$$L_{allow} = \sqrt{Dt}\left[\frac{31.25(-1/q)(A/A_0)}{1-A/A_0-1/q} - 103.125\right]^{1/2} \tag{4-63}$$

4.4.3 腐蚀管道 DNV 评价方法

1. DNV 方法的基本概念及其计算式

腐蚀管道 DNV 评估方法由挪威船级社于 1999 年正式出版发行，是用于对含缺陷腐蚀管道安全评定的方法。

DNV 方法主要是研究在荷载作用下的管道腐蚀缺陷的安全评定，给出了两种方法，即分安全系数法和许用应力法。作用的荷载包括只有内压作用和内压与轴向压应力共同作用两种。腐蚀缺陷包括三种，即单个缺陷、相互作用的缺陷和复杂形状缺陷。此方法适用于含有腐蚀缺陷的碳钢管道，为其提供了一种简单的腐蚀管道评定方法。

腐蚀管道 DNV 评定方法的基本公式为：

$$p = \frac{2t\sigma_{TS}}{D-t}\,\frac{1-\dfrac{d}{t}}{1-\dfrac{d}{tQ}} \tag{4-64}$$

$$Q=\sqrt{1+0.31\left(\frac{l}{\sqrt{Dt}}\right)^{2}}\ ;\tag{4-65}$$

式中　Q——长度校正系数；

p——管道可承受的内压，MPa；

t——管道壁厚，m；

σ_{TS}——管材拉伸强度，MPa；

D——管道外径，m；

d——缺陷深度，m；

l——缺陷长度，m。

工程上，当圆筒的壁厚 t 远小于它的外径 D（$t<D/20$），称为薄壁圆筒，石油输送管道就是薄壁圆筒。圆筒受内压 p 的作用，在圆筒轴向截面上产生环向应力 σ_y，用相距为 a 的两个横截面 mm 和 nn 和包含直径的轴向平面，从圆筒中截取一部分，如图 4-47 所示，在圆筒的轴向截面上，内力为

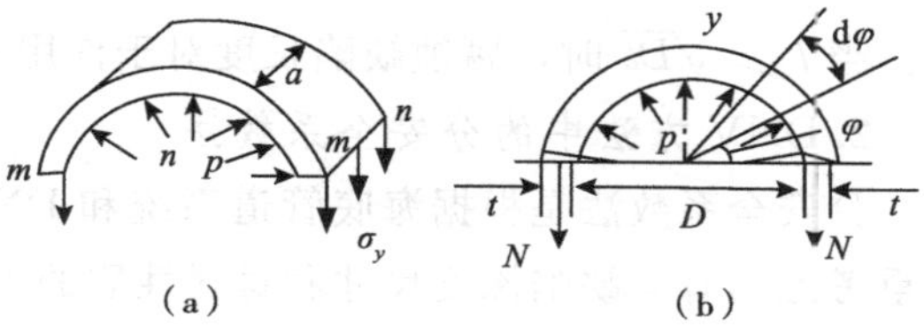

图 4-47　薄壁圆筒的环向应力

$$N=\sigma_y ta\tag{4-66}$$

在这一部分圆筒内壁的圆弧微分面积 $a\dfrac{D-t}{2}\mathrm{d}\varphi$ 上的压力为

$$pa\frac{D-t}{2}\mathrm{d}\varphi\tag{4-67}$$

它在垂直方向上的投影为

$$pa\frac{D-t}{2}\sin\varphi\mathrm{d}\varphi\tag{4-68}$$

通过积分求出上述投影的总和为

$$\int_0^{\pi}pa\frac{D-t}{2}\sin\varphi\mathrm{d}\varphi\tag{4-69}$$

由图 4-47(b)所示，考虑垂直方向的平衡条件，得

$$2N-pa(D-t)=0\tag{4-70}$$

故管壁上的环缝应力为

$$\sigma_y=\frac{p(D-t)}{2t}\tag{4-71}$$

管道内压力为

$$p=\frac{2t\sigma_y}{D-t}\tag{4-72}$$

考虑到腐蚀坑的影响

$$p_{corr}=\frac{2t\sigma_y}{D-t}\left(1-\frac{d}{t}\right)\tag{4-73}$$

从式中可以看出，缺陷深度 d 直接影响管道的强度。实践研究也发现，缺陷长度 l 对管道的强度也会起到很大的影响。上式为内压载荷作用下的腐蚀管道、单个轴向腐蚀缺陷许用工作压力的理论解，在实际使用中，可用下式对理论公式进行修正。

$$p_{corr}=\frac{2t\sigma_y}{D-t}\frac{1-d/t}{1-\frac{d/t}{Q}} \tag{4-74}$$

$$Q=\sqrt{1+0.31\left(\frac{l}{\sqrt{Dt}}\right)^2} \tag{4-75}$$

当 $l=0$ 时，$Q=1$，相当于腐蚀缺陷没有对许用应力产生任何影响；

当 $l<\sqrt{Dt}$ 时，腐蚀缺陷的长度对于许用应力产生影响很小；

当 $l\geqslant\sqrt{Dt}$ 时，腐蚀缺陷长度对于许用应力产生很重要的影响。

2. DNV 方法中的分安全系数法

分安全系数法是根据海底管道系统和 DNV 近海标准——F101 中的安全准则提出的。着重考虑到有关缺陷深度尺寸和材料性质的不确定性，使用概率修正公式来确定腐蚀管道的许用操作压力。这些公式是按照荷载和阻力系数设计方法得到的。

(1)分安全系数法中的几个基本参数

分安全系数是通过两种全面的检测方法(绝对测量法和相对测量法)，四种不同水平的检测精度以及三种不同的可靠度来确定的，此可靠度是根据 DNV 近海标准——F101 中的安全等级分类来确定的，下面介绍 DNV 规范中的几个基本概念。

①可靠度

按照 DNV 规范，管道设计是根据定位等级、流体类别和每个失效模式的潜在失效后果而划分安全等级的，如表 4-11 所示。

表 4-11　安全等级和最终极限状态的目标年失效概率

安全等级	目标年失效概率
高	$<10^{-5}$
正常	$<10^{-4}$
低	$<10^{-3}$

无人类频繁活动处的油气管道可归入正常安全等级，对于立管、接近平台和人类频繁活动的油气管道，应划分为高等级。

②检测尺寸的精度

检测尺寸的精确性通常是根据管壁厚度和指定的置信度来确定的，置信度是指测量尺寸的哪一部分在给定尺寸精度范围内。若假定置信度是正态分布，可估计出标准方差(StD)，如表 4-12 所示。

表 4-12　标准方差与置信度测量比率(d/t)的标准方差

尺寸相对精度	置信度	
	80%	90%
精确	$StD[d/t]=0.00$ ①	$StD[d/t]=0.00$
±5%	$StD[d/t]=0.04$	$StD[d/t]=0.03$
±10%	$StD[d/t]=0.08$	$StD[d/t]=0.06$
±20%	$StD[d/t]=0.16$	$StD[d/t]=0.12$

①测量比率（d/t）的标准方差。

③分安全系数

分安全系数是测量缺陷深度时尺寸精度的函数，测量时采用相对深度测量法和绝对深度测量法，应参考所使用的测量仪器选择一个适当的尺寸精度。分安全系数主要有以下几种：

r_m——模型预测的分安全系数；

γ_d——腐蚀深度的分安全系数；

ε_d——定义腐蚀深度的分数值的系数；

StD—— 测量比率 d/t 的标准方差。

④材料等级和材料要求

采用的方程中使用指定的最小拉伸强度（SMTS）。对于每种材料等级，最小拉伸强度在钢管材料规范中都有介绍。

⑤相对深度测量方法

表 4-13、表 4-14 中所给出的分安全系数是使用相对深度测量法进行测量，将所得到的观测结果进一步计算得到的。

表 4-13　使用相对深度测量法时的分安全系数 γ_m

指定补充要求“U”	安全等级		
	低	正常	高
没有	$\gamma_m=0.79$	$\gamma_m=0.74$	$\gamma_m=0.70$
有	$\gamma_m=0.82$	$\gamma_m=0.77$	$\gamma_m=0.73$

表 4-14　使用相对深度测量法时的分安全系数 γ_d 和 ε_d

安全等级	γ_d	范围
低	$\gamma_d=1.0+4.0StD[d/t]$	$StD[d/t]<0.04$
	$\gamma_d=1+5.5StD[d/t]-37.5StD[d/t]^2$	$StD[d/t]<0.08$
	$\gamma_d=1.2$	$StD[d/t]\leqslant 0.16$
正常	$\gamma_d=1+4.6StD[d/t]-13.9StD[d/t]^2$	$StD[d/t]\leqslant 0.16$
高	$\gamma_d=1+4.3StD[d/t]-4.1StD[d/t]^2$	$StD[d/t]\leqslant 0.16$
$\varepsilon_d=0$		$StD[d/t]\leqslant 0.04$
$\varepsilon_d=-1.33+37.5StD[d/t]-104.2StD[d/t]^2$		$0.04<StD[d/t]\leqslant 0.16$

⑥绝对深度测量法

表 4－15 中所给出的分安全系数是使用绝对深度测量法进行测量，将所得的观测结果进一步计算而得到的。

表 4－15　使用绝对深度测量法时的分安全系数 γ_m

指定补充要求“U”	安全等级		
	低	正常	高
没有	$\gamma_m = 0.82$	$\gamma_m = 0.77$	$\gamma_m = 0.72$
有	$\gamma_m = 0.83$	$\gamma_m = 0.80$	$\gamma_m = 0.75$

分安全系数 γ_d 和 ϵ_d 在绝对深度测量法中的值与在表 4－16 中给出的相对深度测量法中的值相同。

⑦环向腐蚀

在表 4－16 和表 4－17 中给出的是在内压和轴向压应力共同作用下的单个环向腐蚀缺陷的分安全系数。

表 4－16　分安全系数 γ_{mc}

指定补充要求“U”	安全等级		
	低	正常	高
没有	$\gamma_{mc} = 0.81$	$\gamma_{mc} = 0.76$	$\gamma_{mc} = 0.71$
有	$\gamma_{mc} = 0.85$	$\gamma_{mc} = 0.80$	$\gamma_{mc} = 0.75$

表 4－17　分安全系数 η

指定补充要求“U”	安全等级		
	低	正常	高
没有	$\eta = 0.96$	$\eta = 0.87$	$\eta = 0.77$
有	$\eta = 1.00$	$\eta = 0.90$	$\eta = 0.80$

⑧轴向应力的使用系数

轴向应力的使用系数见表 4－18。

表 4－18　使用系数 ξ

安全等级	使用系数 ξ
低	$\xi = 0.90$
正常	$\xi = 0.85$
高	$\xi = 0.80$

3. 含单个缺陷管道的承压能力评定

(1)单个缺陷判断

如图 4－48 所示，单个缺陷是指不与临近缺陷相互作用的缺陷，单个缺陷的失效压力与管道中其他缺陷无关。

符合下列条件下的缺陷可视为单个缺陷。

a)临近缺陷间的环向角度空间(ϕ)

$$\phi > 360\sqrt{\frac{t}{D}} \tag{4-76}$$

b)临近缺陷间的轴向距离(s)

$$s > 2.0\sqrt{Dt} \tag{4-77}$$

式中　t——壁厚；

D——管道外径。

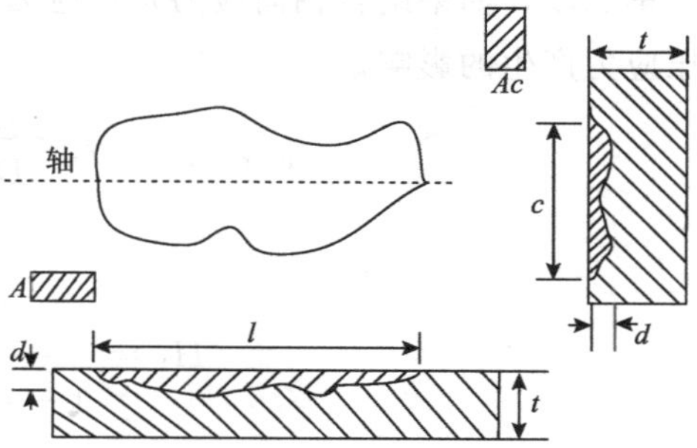

图 4-48　单个缺陷尺寸

(2)内压载荷下腐蚀缺陷管道许用应力的计算

根据单个腐蚀缺陷的作用载荷和形状的不同，可将腐蚀缺陷分为三类：只受内压载荷作用的腐蚀缺陷；内压和轴向压应力共同作用下的轴向腐蚀缺陷和环向腐蚀缺陷。

①只受内压载荷作用下的单个缺陷的腐蚀管道的许用工作压力，可根据以下方程进行确定。

$$p_{corr} = \gamma_m \frac{2tSMTS}{D-t} \frac{1-\gamma_d (d/t)^*}{1-\dfrac{\gamma_d (d/t)^*}{Q}} \tag{4-78}$$

$$Q = \sqrt{1+0.31\left(\frac{l}{\sqrt{Dt}}\right)^2} \tag{4-79}$$

$$(d/t)^* = (d/t)_{meas} + \varepsilon_d StD[d/t] \tag{4-80}$$

若 $\gamma_d (d/t)^* \geqslant 1$，则 $p_{corr} = 0$。

式中，p_{corr} 不允许超过 p_{mao}，缺陷深度的测量值可超过壁厚的 85%。p_{corr} 为单个腐蚀缺陷的许用工作压力，N/mm²；p_{mao} 为最大许用操作压力，N/mm²；$SMTS$ 为规定的最小拉伸强度，N/mm²；t 为未腐蚀的管壁测量厚度，mm；D 为管道名义外径，mm；l 为腐蚀区域的轴向长度，mm；d 为腐蚀区域的深度，mm；Q 为腐蚀长度校正系数；γ_m 为按轴向腐蚀模型预测的分安全系数；γ_d 为腐蚀深度的分安全系数；ε_d 为定义腐蚀深度分数值的系数；$StD[d/t]$ 为腐蚀深度的标准方差。

②内压和轴向压应力共同作用下的腐蚀缺陷管道的许用压力

含内压和轴向压应力共同作用下的轴向单个缺陷的腐蚀管道许用压力的评定可采用以下方法。

第一步，计算由外部载荷在腐蚀缺陷处引起的轴向应力。

$$\sigma_A = \frac{F_x}{\pi(D-t)t} \tag{4-81}$$

$$\sigma_B = \frac{4M_y}{\pi(D-t)^2 t} \tag{4-82}$$

组合名义轴向应力为：

$$\sigma_L = \sigma_A + \sigma_B \tag{4-83}$$

第二步，如果组合轴向应力是拉应力，则计算腐蚀管道许用压应力，包括校正由于周向压应力产生的影响。

$$p_{corr,comp} = \gamma_m \frac{2tSMTS}{D-t} \frac{1-\gamma_d(d/t)^*}{1-\dfrac{\gamma_d(d/t)^*}{Q}} H_1 \tag{4-84}$$

$$H_1 = \frac{1+\dfrac{\sigma_L}{\xi SMTS}\dfrac{1}{A_r}}{1-\dfrac{\gamma_m}{2\xi A_r \dfrac{1-\gamma_d(d/t)^*}{1-\dfrac{\gamma_d(d/t)^*}{Q}}}} \tag{4-85}$$

$$A_r = 1-\frac{d}{t}\frac{c}{\pi D} \tag{4-86}$$

式中，$p_{corr,comp}$ 为受内压力和轴向压力共同作用的管道，单个轴向腐蚀缺陷的许用工作压力，N/mm^2；F_x 为外部施加的轴向力，N；M_y 为外部施加的轴向弯矩，N·mm；σ_A为由于受轴向外力而产生的轴向应力，N/mm^2；σ_B为由于受外部弯矩影响而产生的轴向应力，N/mm^2；σ_L为由于外部弯矩影响而产生的轴向应力；ξ 为计算轴向应力的使用系数；A_r为环向而积减小系数；c 为缺陷宽度，即缺陷的环向尺寸，mm。

③内压和轴向压力共同作用下的环向腐蚀缺陷

第一步，在内压和周向压力共同作用下的腐蚀缺陷处的轴向压力，按式(4-84)、式(4-85)、式(4-86)计算；

第二步，计算许用工作压力，其计算式为

$$p_{corr,circ} = \min\left[\gamma_{mc}\frac{2tSMTS}{D-t}\frac{1+\dfrac{\sigma_L}{\xi SMTS}\dfrac{1}{A_r}}{1-\dfrac{\gamma_{mc}}{2\xi}\dfrac{1}{A_r}}, \gamma_{mc}\frac{2tSMTS}{D-t}\right] \tag{4-87}$$

式中，$p_{corr,circ}$为内压和轴向压应力共同作用下的环向腐蚀缺陷的许用工作压力，N/mm^2；其他符号同式(4-84)；

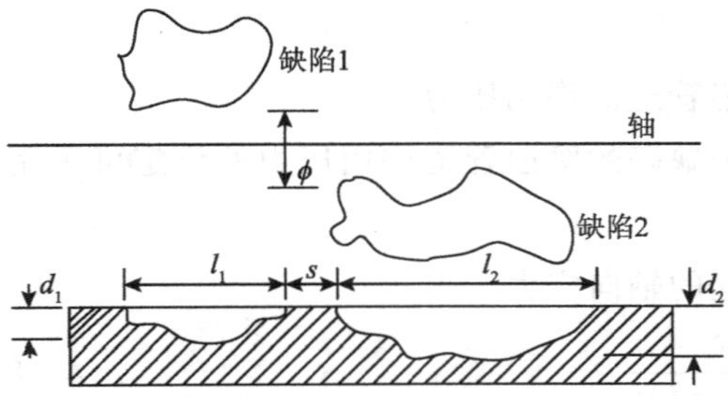

图 4-49　相互作用的缺陷尺寸

4. 含相互影响的缺陷管道的承压能力评定

相互影响的缺陷(如图 4-49 所示)是指在轴向或环向与邻近缺陷相互影响的缺陷。由于缺陷之间的相互作用，其失效压力小于单个缺陷的失效压力。为了确定失效压力的最小值，在一组相互作用的缺陷中，要考虑所有的缺陷和所有邻近缺陷的组合。组合缺陷可使用全长(包括间距)和有效深度按照单个缺陷方程进行计算，其计算步骤如下：

第一步：管道腐蚀部分可划分为最小长度为 5.0 $\sqrt{Dt}$ ，最小重叠长度 2.5 $\sqrt{Dt}$ 的多个部分。

第二步：建立一系列轴向投影线，具有环向角度为

$$Z = 360\sqrt{\frac{t}{D}} \tag{4-88}$$

第三步：按顺序考虑每条投影线，如果缺陷位于± Z 的范围内，它们应投影到目前的投影线上，如图 4-50 所示。

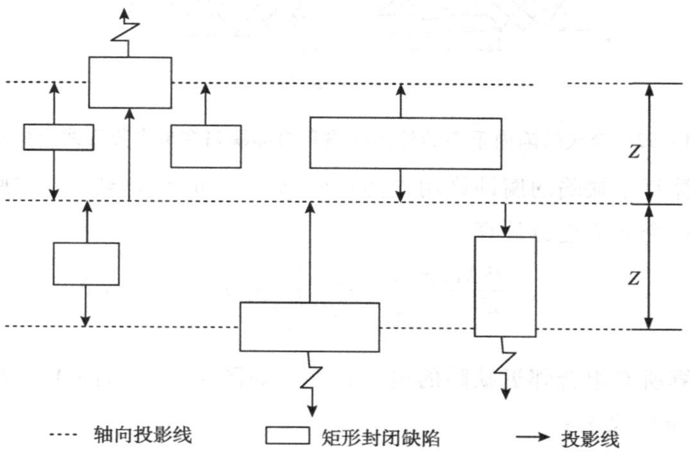

图 4-50　环向相互作用缺陷的投影

第四步：当缺陷重叠时，应将其组合成一个缺陷，此合成缺陷采用组合长度和所有缺陷中最大的深度，如图 4-51 所示。如果此缺陷是由重叠的内缺陷和外缺陷组成，那么合成缺陷应为内部缺陷和外部缺陷最大深度之和，如图 4-52 所示。

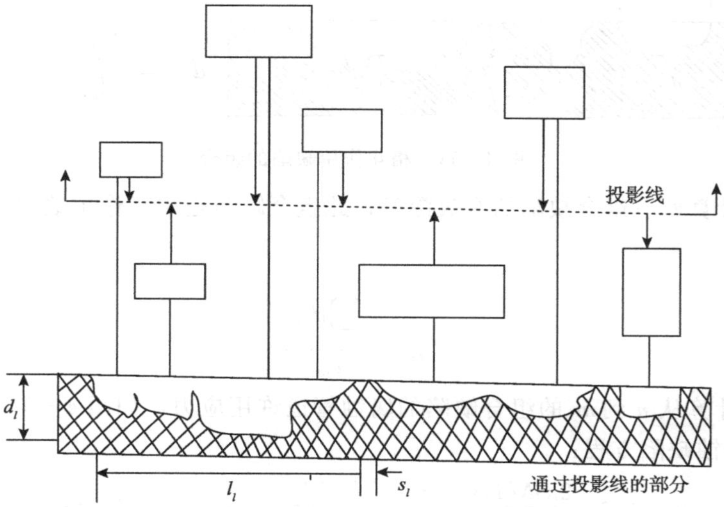

图 4-51　合成缺陷内重叠尺寸在单个投影线上的投影

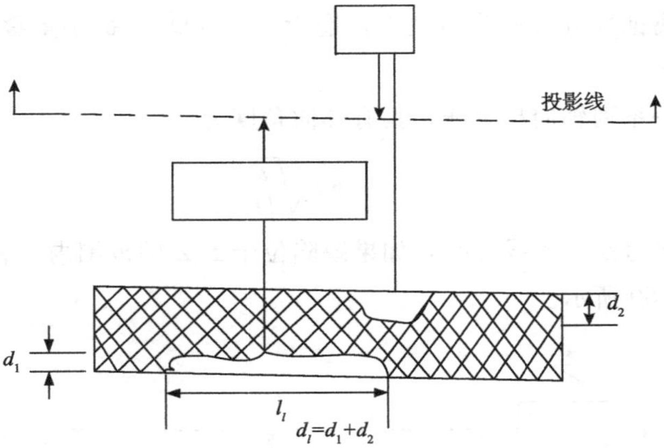

图 4-52　合成缺陷内重叠的外部缺陷和内部缺陷在单个投影线上的投影

第五步：计算每个缺陷的腐蚀许用应力（$p_1, p_2, \cdots, p_N$），直到 N 个缺陷，将每个缺陷或合成缺陷当作一个缺陷进行计算。

$$p_i = \gamma_m \frac{2tSMTS}{D-t} \frac{1-\gamma_d (d/t)^*}{1-\dfrac{\gamma_d (d/t)^*}{Q}} i = 1, \cdots, N \tag{4-89}$$

第六步：计算所有组合邻近缺陷的组合长度，如图 4-53 和图 4-54 所示，从缺陷 n 到缺陷 m 的全长被定义为：

$$l_{mn} = l_m + \sum_{i=n}^{m-1}(l_i + s_i) \qquad n, m = 1, \cdots, N \tag{4-90}$$

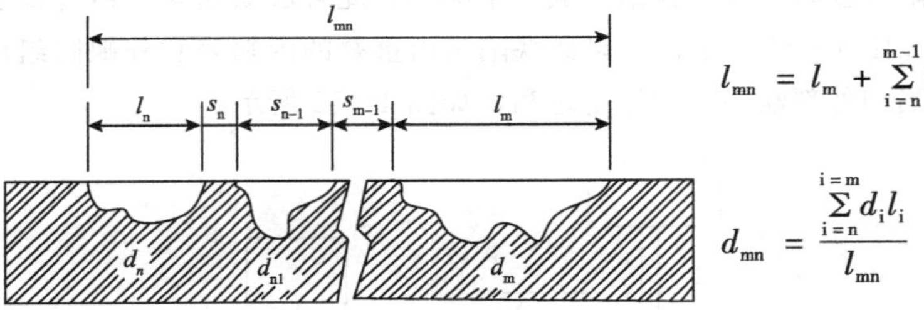

图 4-53　相互作用缺陷的组合

第七步：计算所有组合缺陷的有效深度，此组合缺陷是相互作用缺陷形成的，计算方法如下：

$$d_{nm} = \frac{\sum_{i=n}^{m} d_i l_i}{l_{nm}} \tag{4-91}$$

第八步：计算从 n 到 m 的组合缺陷的腐蚀管道许用应力，如图 4-57 所示，将 l_{nm} 和 d_{nm} 带入单个腐蚀缺陷方程：

$$p_{nm} = \gamma_m \frac{2tSMTS}{D-t} \frac{1-\gamma_d (d/t)^*}{1-\dfrac{\gamma_d (d/t)^*}{Q}} \qquad n, m = 1, 2, \cdots, N \tag{4-92}$$

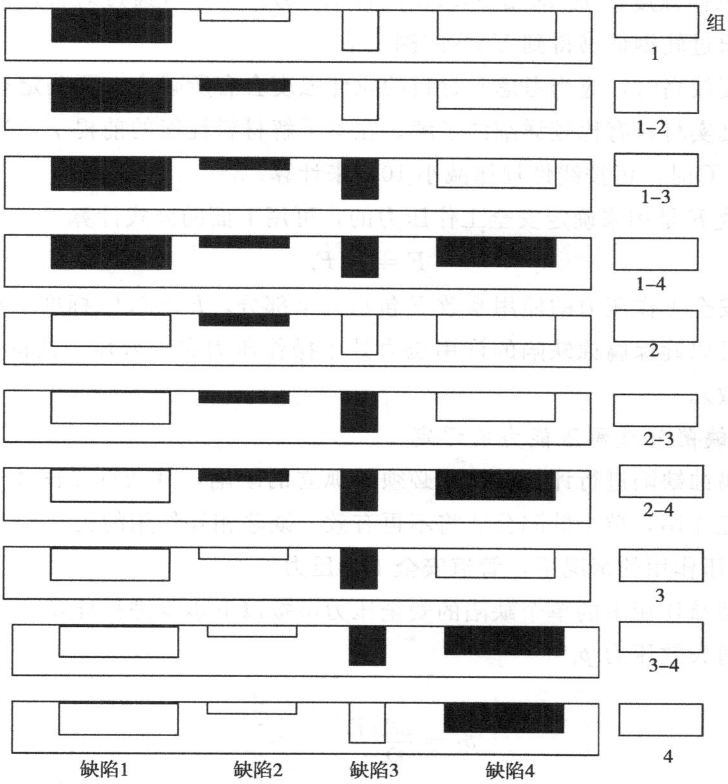

图 4－54　通过一组邻近相互作用缺陷的计算确定其最小失效压力

第九步：目前投影线上的腐蚀管道许用压力可取为此投影线上所有单个缺陷（p_1 到 p_n）和所有单个缺陷（p_{nm}）组合最小失效压力

$$p_{corr} = \min(p_1, p_2, \cdots\cdots, p_N, p_{nm}) \tag{4-93}$$

式中 p_{corr} 不允许超过 p_{mao}。

第十步：腐蚀管道部分的许用应力定义为圆周上每条投影线上的许用压力最小值。

第十一步：对管道腐蚀的下一部分重复第二步到第十步。

需要注意的是，从第二步到第十一步应当对每一部分长度进行重复，评定所有可能的相互影响。

4.4.4　许用应力法

1. 简介

许用应力法是建立在许用应力设计（ASD）法之上的，计算了腐蚀缺陷管道的失效压力（极限承载能力），此失效压力需要乘以一个安全系数，而这个单个安全系数是在原始设计系数的基础上得到的。

在评估腐蚀缺陷时，应考虑到测量缺陷尺寸和管道的几何形状的不确定性。

在以下的公式中，要引用拉伸强度极限（UTS）。如果拉伸强度极限未知，那么将使用指定的最小的拉伸强度极限(即用 SMTS 代替 UTS)。一般可通过对管道样本进行标准的拉伸试验或者通过轧钢证书得到 UTS 的测量值。

当操作温度较高时，应当考虑到材料的拉伸强度会有所减小。要确定拉伸强度减小的程度，应当对真实材料有比较详细的了解。在不了解材料性能的前提下，当管道材料操作温度从 50～200℃时，可按线性规律减小 10%来计算。

总使用系数 F 是用来确定安全工作压力的，可用下面的公式计算

$$F = F_1 F_2 \tag{4-94}$$

用来决定安全工作压力的使用系数 F 包括两个部分，$F_1=0.9$(标准系数)，F_2 为操作使用系数，它可以确保腐蚀缺陷的许用压力处于操作压力和失效压力之间的安全范围(通常等于设计系数)。

2. 含单个缺陷管道承压能力的评定

作为单个腐蚀缺陷进行评估的缺陷必须是孤立的缺陷，其条件见图 4-51。如其邻近缺陷会产生相互作用，单个缺陷公式将不再有效。缺陷相互作用的关键尺寸可见图 4-52。

(1)只受内压作用的情况下，管道安全工作压力

只在内压载荷作用下的单个缺陷的安全压力可按以下步骤进行计算。

①计算管道失效压力 p_f

$$p_f = \frac{2tUTS}{D-t} \frac{1-\frac{d}{t}}{1-\frac{d}{tQ}} \tag{4-95}$$

$$Q = \sqrt{1+0.31\left(\frac{l}{\sqrt{Dt}}\right)^2} \tag{4-96}$$

②计算腐蚀管道的安全工作压力

$$p_{SW} = Fp_f \tag{4-97}$$

上式没有考虑缺陷尺寸测量和管道几何形状的不确定性。

(2)内压和轴向压缩载荷共同作用下的安全工作压力

①计算外部载荷在腐蚀处引起的轴向应力。根据名义管壁厚度计算管道腐蚀缺陷处的名义周向应力

$$\sigma_A = \frac{F_x}{\pi(D-t)t} \tag{4-98}$$

$$\sigma_B = \frac{4M_y}{\pi(D-t)^2 t} \tag{4-99}$$

组合名义轴向应力为

$$\sigma_L = \sigma_A + \sigma_B \tag{4-100}$$

②确定是否需要考虑轴向压缩载荷对单个缺陷失效压力的影响。如果载荷满足下列条件，则不需要考虑外部载荷

$$\sigma_L > \sigma_1 \tag{4-101}$$

$$\sigma_1 = -0.5UTS \frac{1-d/t}{1-d/(tQ)} \tag{4-102}$$

③计算内压作用下的单个缺陷的失效压力

$$p_{\text{press}} = \frac{2tUTS}{D-t} \frac{1-d/t}{1-d/(tQ)} \tag{4-103}$$

$$Q = \sqrt{1+0.31\left(\frac{l}{\sqrt{Dt}}\right)^2} \tag{4-104}$$

④计算轴向破裂的失效压力，校正轴向压应力产生的影响

$$p_{\text{comp}} = \frac{2tUTS}{D-t} \frac{1-\frac{d}{t}}{1-\frac{d}{tQ}} H_1 \tag{4-105}$$

$$H_1 = \frac{1+\frac{\sigma_L}{UTS}\frac{1}{A_r}}{1-\frac{1}{2A_r \frac{1-d/t}{1-d/(tQ)}}} \tag{4-106}$$

$$A_r = 1 - \frac{d}{t}\theta \tag{4-107}$$

⑤确定在内载荷和轴向压应力共同作用条件下，单个腐蚀缺陷的失效压力

$$p_f = \min(p_{\text{press}}, p_{\text{comp}}) \tag{4-108}$$

⑥计算管道的安全工作压力

$$p_{SW} = Fp_f \tag{4-109}$$

3. 含相互影响缺陷的管道承压能力评定

(1)相互作用的缺陷

判断缺陷是否相互影响至少需已知以下条件：

①周长方向，每个缺陷的位置角度；

②相邻缺陷之间的轴向距离；

③是内部缺陷还是外部缺陷；

④每个单个缺陷的长度；

⑤每个单个缺陷的深度；

⑥每个单个缺陷的宽度。

(2)计算安全工作压力。

为了确定安全工作压力的最小值，在一组相互作用的缺陷中，要考虑所有的单个缺陷和所有邻近缺陷的组合。组合缺陷可以使用单个缺陷的公式来计算其安全工作压力，使用全长(包括间距)和有效深度(根据全部长度和组合缺陷中独立缺陷的腐蚀区域内垂直深度的近似值)。在金属损失少于管壁厚度的 10％时，可使用局部管壁厚度和缺陷深度，具体评价步骤可参考分安全系数方法进行。

4.4.5 SY/T 6151—2009 管道腐蚀评价方法

1. 管体腐蚀损伤评定类别划分

管体腐蚀损伤评定类别依据其继续使用的能力划分，见表 4－19。

表 4－19 管体腐蚀损伤评定类别划分

类别	修复计划	评定与结论
1	立即修复	腐蚀程度很严重，应立即修复
2	限期修复	腐蚀程度较严重，应制定修复计划或降至安全工作压力运行
3	监测使用	腐蚀程度不严重，能维持正常运行，但监测使用，如果管体存在较大附加应力，应另行考虑

2. 管体腐蚀损伤尺寸评定方法

(1)按蚀坑相对深度评定

蚀坑相对深度按式(4－110)进行计算：

$$A = \frac{d}{t} \times 100\% \tag{4-110}$$

式中 A——蚀坑相对深度；

d——实测的腐蚀区域最大蚀坑深度，mm；

t——管道公称壁厚，mm。

如果 $A \leqslant 10\%$，属于第 3 类腐蚀；$A \geqslant 80\%$，属于第 1 类腐蚀；如果 $10\% < A \leqslant 80\%$，可根据下面介绍的腐蚀纵向长度评定和环向腐蚀影响评定来进行。

(2)腐蚀纵向长度评定

最大允许纵向长度按式(4－111)计算：

$$L = 1.12B\sqrt{D \cdot t} \tag{4-111}$$

式中 L——最大允许纵向长度，mm；

D——管道公称外径，mm；

B——系数。

当 $10\% \leqslant A \leqslant 17.5\%$时，$B=4.0$；

当 $A > 17.5\%$，

$$B = \sqrt{\left(\frac{A}{1.1A - 0.15}\right)^2 - 1} \tag{4-112}$$

当计算的 L 值大于实测的腐蚀区域最大纵向投影长度 L_m 时(如图 4－55 所示)，属第 3 类腐蚀；当 L 小于或等于 L_m 时，应按最大安全工作压力评定法来评定。当相邻蚀坑之间未腐蚀区域小于 25mm 时，应视为同一腐蚀坑，即蚀坑长度为相邻蚀坑长度与未腐蚀区长度之和。

(3)环向腐蚀影响的评定

环向腐蚀长度以实测的蚀坑在垂直于管道轴线的圆周方向上的投影弧线长 C 计算。当相邻蚀坑之间未腐蚀区的最小尺寸小于 $6t$（6 倍壁厚）时，应视为同一腐蚀坑计算其投影长。

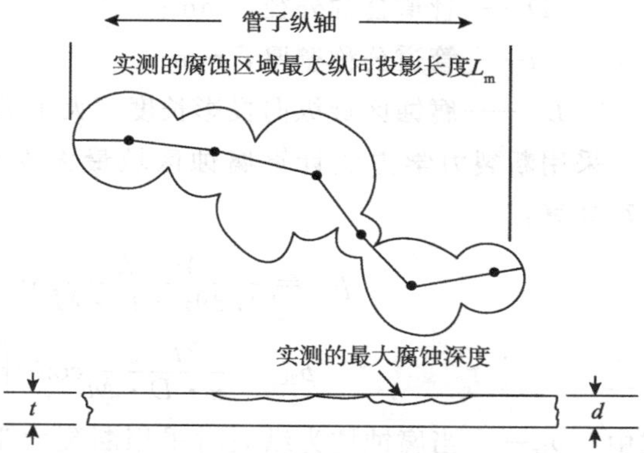

图 4－55　腐蚀管道实测的参数示意图

C 的影响按下列条件评定。

条件 1：

①$10\% < A \leqslant 20\%$；

②$20\% < A \leqslant 50\%$，且 $C \leqslant \pi D/3$

③$50\% < A \leqslant 60\%$，且 $C \leqslant \pi D/6$

④$60\% < A < 80\%$，且 $C \leqslant \pi D/12$

当满足上述条件时，不必考虑 C 的影响，按“腐蚀纵向长度评定”进行。

条件 2：

①$20\% < A \leqslant 50\%$，且 $C > \pi D/3$

②$50\% < A \leqslant 60\%$，且 $C > \pi D/6$

③$60\% < A < 80\%$，且 $C > \pi D/12$

当满足上述条件时，应计算 L 值。当 L 大于 L_m 时，属于第 4 类腐蚀；当 L 小于 L_m 时，则应考虑 C 的影响，根据最大安全工作压力评定法进行计算和评定。

（4）最大安全工作压力评定法

按腐蚀区域最大安全工作压力 p' 评定时，应分别用屈服强度理论和断裂力学理论计算得到 p_{sw}，取其中较小者为 p'。

采用最大剪应力屈服强度理论计算腐蚀区域最大安全工作压力 p_{sw}时，按式（4－113）计算：

$$p_{sw} = (\sigma_s + 68.95)\frac{2F \cdot t}{D}\left[\frac{1 - 0.85\dfrac{d}{t}}{1 - 0.85\dfrac{d}{t} \cdot \left(\dfrac{1}{M}\right)}\right] \tag{4-113}$$

当 $L_m \leqslant \sqrt{50D \cdot t}$时：

$$M = \left\{\left[1 + 0.6275\left(\frac{L_m}{\sqrt{D \cdot t}}\right)^2 - 0.003375\left(\frac{L_m}{\sqrt{D \cdot t}}\right)^4\right]^{\frac{1}{2}}\right\} \tag{4-114}$$

当 $L_m > \sqrt{50D \cdot t}$时：

$$M = 0.032\left(\frac{L_m}{\sqrt{D \cdot t}}\right)^2 + 3.3 \tag{4-115}$$

式中　p_{sw}——管道最大安全工作压力，MPa；

F——管道的设计系数；

M——管道的鼓胀系数；

σ_s——最小规定屈服强度，MPa；

D——管道公称外径，mm；

t——管道公称壁厚，mm；

L_m——腐蚀区域纵向投影长度，大于 D 时，取 D，mm。

采用断裂力学方法计算腐蚀区域最大安全工作压力 p_{sw} 时，按式(4－116)、式(4－117)计算：

$$p_{1c}=\frac{4t\cdot\sigma_s}{1.39\pi\cdot D\cdot M}\cos^{-1}\left[\exp(-\frac{\pi\cdot E\cdot\delta_c}{8\sigma_s\cdot a})\right] \tag{4-116}$$

$$p_{2c}=\frac{8t\cdot\sigma_s}{\pi\cdot D\cdot M}\cos^{-1}\left[\exp(-\frac{\pi\cdot E\cdot\delta_c}{8\sigma_s\cdot a})\right] \tag{4-117}$$

式中 p_{1c}——当腐蚀坑为纵向时采用断裂力学理论计算得出的管线所能承受的最大压力值，MPa；

p_{2c}——当腐蚀坑为环向时采用断裂力学理论计算得出的管线所能承受的最大压力值，MPa；

σ_s——最小规定屈服强度，MPa；

E——材料的弹性模量，MPa；

δ_c——材料的 COD 值；

M'——基于断裂力学的管道鼓胀系数；

a——腐蚀区域的当量半裂纹长度，mm。

①纵向裂纹：

当 $L_m>D$ 时：

$$M'=\sqrt{1+3.22\left(\frac{a^2}{D\cdot t}\right)} \tag{4-118}$$

当 $L_m\leqslant D$ 时：

$$M'=\sqrt{1+2.51\left(\frac{a^2}{D\cdot t}\right)-0.054\left(\frac{a^2}{D\cdot t}\right)^2} \tag{4-119}$$

②环向裂纹：

$$M'=\sqrt{1+0.64\left(\frac{a^2}{D\cdot t}\right)} \tag{4-120}$$

$$a=S/2t \tag{4-121}$$

式中 S——腐蚀坑截面积，采用多项面积叠加法计算。

计算 S 值时：

①纵向裂纹：

当 $L_m\leqslant 1.2\sqrt{D\cdot t}$ 时：

$$S=\frac{2}{3}d\cdot L_m \tag{4-122}$$

当 $1.2\sqrt{D\cdot t}<L_m\leqslant\sqrt{50D\cdot t}$ 时：

$$S=0.8d\sqrt{D\cdot t}+0.25d(L_m-1.2\sqrt{D\cdot t}) \tag{4-123}$$

当 $L_m > \sqrt{50D \cdot t}$ 时：

$$S = 0.8d\sqrt{D \cdot t} + 0.25d(\sqrt{50D \cdot t} - 1.2\sqrt{D \cdot t}) + 0.125d(L_m - \sqrt{50D \cdot t}) \tag{4-124}$$

②环向裂纹：

式(4－122)、式(4－123)、式(4－124)中的 L_m 应为 C。

式(4－116)、式(4－117)中所涉及的材料力学性能应以使用后发生强度退化的材料测定，其检测方法如下：

a)E 值按 GB/T 228 测定。

b)COD 值按 GB/T 21143 测定。

c)对难以测定的 COD 值，可采用 J 积分换算，J 积分按 GB/T 21143 测定。

d)对于难以确定力学性能的材料，可取原始母材相应值的 80％计算。

腐蚀管道所能承受的最大安全工作压力 p_{sw} 按下式计算：

$$p_{sw} = 1.1MAOP(1 - d/t)$$

当 p_{1c} 小于 p_{sw} 时，取 $p_{1c} = p_{sw}$；当需要考虑 C 的影响时，如果 p_{2c} 小于 p_{sw} 时，取 $p_{2c} = p_{sw}$。

腐蚀损伤类别评定：

当 $p'/MAOP > 1$ 时，属第 3 类腐蚀($MAOP$ 指最大允许工作压力，F 为管道的设计系数，下同)。

当 $F < p'/MAOP \leqslant 1$ 时，属第 2 类腐蚀。

当 $p'/MAOP \leqslant F$，属第 1 类腐蚀。

4.4.6　基于有限元法的剩余强度分析

近年来，很多学者采用有限元方法分析腐蚀管线的剩余强度，取得了很大的进展，有限元分析主要有弹性分析和非线性分析两种方法。

弹性分析就是以材料的弹性极限为根据分析管线失效。Wang 对腐蚀管线进行了弹性分析，提出了一种用弹性极限原则来评估管线剩余强度的方法。推导出了在受内压、轴向载荷和弯曲载荷的情况下管线腐蚀区应力集中系数的计算公式。

非线性分析就是采用三维弹塑性大变形单元，用有限元方法对腐蚀管线进行塑性失效分析，分析中应考虑几何形状和材料的非线性。加拿大的 Chouchoaui、Pick、Bin Fu 和 m. G. Kirkwood 等都对腐蚀管线进行了非线性有限元分析，并进行了试验验证。

应用有限元方法对腐蚀管线的剩余强度进行研究，可以考虑多种载荷的联合作用，同时可以模拟复杂的腐蚀形状，使得分析模型更接近于实际，所得结果的精确度和可信度较高。

1. 有限元法概述

(1)有限元法的起源

有限元法分析的概念可以追溯到 20 世纪 40 年代。1943 年，Courant 第一次在他的论文中，取定义在三角形分片上的连续函数，利用最小势能原理研究了 St. venant 的扭转问题。但是直到 1960 年，美国的克拉夫(Clough R. W.)在一篇论文中首次使用“有限元法”这个名词。在 20 世纪 60 年代末 70 年代初，有限单元法在理论上已基本成熟，并开始陆续出现商业化的有限元分析软件。

有限元法的出现与发展有着深刻的工程背景。20 世纪 40～50 年代，美、英等国的飞机制造业有了大幅度的发展，随着飞机结构的逐渐变化，准确地了解飞机的静态特性和动态特性越来越显得迫切，但是传统的设计分析方法已经不能满足设计的需要，因此工程设计人员便开始寻找一种更加适合分析的方法，于是出现了有限单元法的思想。

(2)有限元基本理论

有限单元法的基本思想是将连续的结构离散成有限个单元，并在每一个单元中设定有限个节点，将连续体看作是只在节点处相连接的一组单元的集合体；同时选定场函数的节点值作为基本未知量，并在每一单元中假设一近似插值函数以表示单元中场函数的分布规律；进而利用力学中的某些变分原理去建立用以求解节点未知量的有限元法方程，从而将一个连续域中的无限自由度问题化为离散域中的有限自由度问题。一经求解就可以利用解得的节点值和设定的插值函数确定单元上以至整个集合体上的场函数，有限元求解程序的内部过程可从图 4－56 中看出。

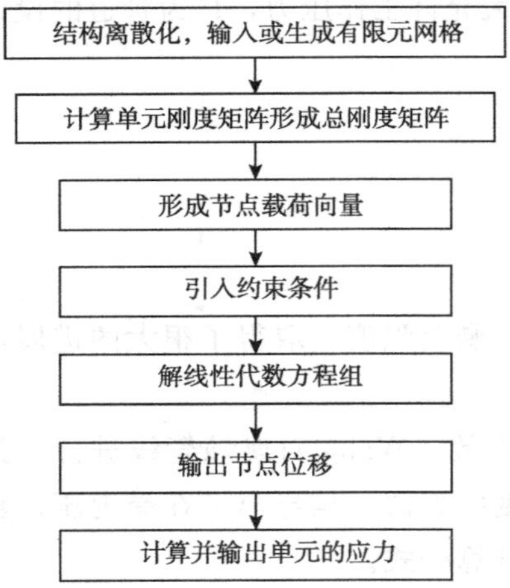

图 4－56　有限元程序图

由于单元可以设计成不同的几何形状，因而可灵活地模拟和逼近复杂的求解域。显然，如果插值函数满足一定要求，随着单元数目的增加，解的精度会不断提高而最终收敛于问题的精确解。虽然从理论上说，无限制地增加单元的数目可以使数值分析解最终收敛于问题的精确解，但是这却增加了计算机计算所耗费的时间。在实际工程应用中，只要所得的数据能够满足工程需要就足够了，因此，有限元分析方法的基本策略就是在分析的精度和分析的时间上找到一个最佳平衡点。

有限元法是根据变分原理求解数学物理问题的一种数值方法，其理论基础就是微分方程的解与其变分原理的等价原理，并通过求解变分原理获得微分方程的解。具体做法是，需要先进行离散化，将连续的物体分解成小的单元，然后通过物理方程和几何方程获得单元刚度矩阵，最后组合成总体刚度矩阵，或者叫系统刚度矩阵。在引入边界条件后，使相应的线性方程组得到进一步简化，最后求解方程组，获得关于连续体的应力—应变场信息。有限元的核心思想是结构的离散化，就是将实际结构假想地离散为有限数目的规则单元组合体，实际结构的物理性能可以通过对离散体进行分析，得出满足工程精度的近似结果来替代对实际结构的分析，这样可以解决很多实际工程需要解决而理论分析又无法解决的复杂问题。

(3)有限元法的优越性

有限元法处理问题的特点，使其具有独特的优越性，主要表现在以下几个方面：

①能够分析形状复杂的结构；

②能够处理复杂的边界条件；

③能够保证规定的工程精度；

④能够处理不同类型的材料。

(4)有限无常用术语

①单元

结构单元的网格划分中的每一个小的块体称为一个单元，常见的单元类型有线段单元、三角形单元、四边形单元、四面体单元和六面体单元几种。由于单元是组成有限元模型的基础，因此单元的类型对于有限元分析是至关重要的。一个有限元程序所提供的单元种类越多，这个程序的功能则越强大。

②节点

确定单元形状的点就叫节点。例如，线段单元只有两个节点，三角形单元有三个或者六个节点，四边形单元至少有四个节点等。

③载荷

工程结构所受到的外在施加的力称为载荷。包括集中力和分布力等，在不同的学科中，载荷的含义也不尽相同。

④边界条件

边界条件就是指结构边界上所受到的外加约束。在有限元分析中，边界条件的确定是非常重要的因素。错误边界条件的选择往往使有限元中的刚度矩阵发生奇异，使程序无法正常运行。施加正确的边界条件是获得正确的分析结果和较高的分析精度的重要条件。

2. ANSYS 有限元软件简介

ANSYS 是融结构、流体、电场、声场分析于一体的大型通用有限元分析系统，已广泛用于航空航天、机械、能源、电工、土木工程等领域。

(1)ANSYS 发展过程

ANSYS 公司成立于 1970 年，总部位于美国宾夕法尼亚州的匹兹堡，目前是世界 CAE 行业最大的公司。其创始人 John Swanson 博士为匹兹堡大学力学系教授、有限元界的权威。ANSYS 公司一直致力于分析设计软件的开发和维护，领导着有限元界的发展趋势，并为全球工业界所广泛接受，拥有全球最大的用户群。ANSYS 软件的最初版本与今天的版本相比有很大的区别，最初版本仅仅提供了热分析及线性结构分析功能，是一个批处理程序，只能在大型计算机上使用。20 世纪 70 年代初，增加了非线性、子结构等功能和更多的单元类型。70 年代末，图形技术和交互式操作方法的应用使得 ANSYS 无论在性能上还是在功能上都得到了很大改善。ANSYS 经过四十多年的发展，使得其软件更加趋于完善，功能更加强大，使用更加便捷。

(2)ANSYS 的分析过程

结构的离散化是有限元分析的第一步，它是有限元法的基础。结构的离散化就是把要分析的结构划分成有限个单元体，并在单元体的指定位置设置节点，把相邻单元在节点处连接起来组成单元的集合体，以代替原来的结构。若分析的结构是连续弹塑性体，则为了有效地逼近实际连续体，就要根据计算精度的要求和使用计算机的容量大小，合理地选择单元的形状，确定单元的数目和较优的网格划分方案。

对于不同方面的有限元分析，ANSYS 所提供的基本分析过程均大同小异，总的可以表述如下：

a)建模。包括确定工作文件名，定义单元类型、实常数、材料属性，划分网格等一系列工作；

b)施加载荷并求解。包括施加位移约束条件、外力作用、温度载荷以及求解；

c)提取分析结果。此过程先进入通用后处理器，由此可以绘制结构的变形过程，绘制应力分布图等。

ANSYS 软件功能的强大与其有着诸多应用模块是分不开的，ANSYS 的模块化结构如图 4－57 所示。

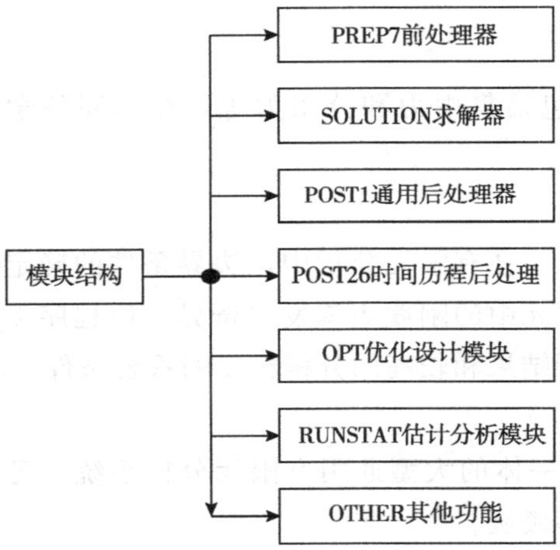

图 4－57　ANSYS 程序的模块化结构

在有限元的分析过程中，程序通常使用以下几个部分，前处理模块(PREP7)、分析求解模块(SOLUTION)和后处理模块(POST1 和 POST26)。前处理模块为一个强大的实体建模和网格划分的工具，通过这个模块用户可以建立自己想要的工程有限元模型。分析求解模块即是对已建立好的模型在一定的载荷和边界条件下进行有限元计算，求解平衡微分方程。后处理模型是对计算结果进行处理，可将结果以等值线、梯度、矢量、粒子流及云图等图形方式显示出来，也可以用图表、曲线的方式输出。

下面对 ANSYS 软件三种模块的功能进行简要的介绍。

(1)前处理模块(PREP7)

ANSYS 软件的前处理模块主要实现三种功能：参数定义、实体建模和网格划分。

①参数定义

ANSYS 程序在进行结构建模的过程中，首先要对所有被建模型的材料进行参数定义。包括定义使用单位制，定义所使用单元的类型，定义单元的实常数，定义材料的特性以及使用材料库文件等。在单位制的制定中，ANSYS 并没有为分析指定固定的系统单位。除了磁场分析之外，可以使用任意一种单位制，只要保证输入的所有数据都是使用同一单位制里的单位即可。单元类型的定义是结构进行网格划分的必要前提，ANSYS 程序根据所定义的单元类型进行实际的网格划分。而单元实常数的确定也依赖于单元类型的特性。材料的特性是针对每一种材料的性质参数，例如在对材料进行线性分析的过程中，首先要知道这种材料的弹性模量和泊松比。在一个分析过程中，可能有多个材料特性组，每一组材料特性有一个材料参考号，ANSYS 通过独特的参考号码来识别每个材料特性组。对于每一有限单元分析，尽管可以分别定义材料特性，ANSYS 程序允许用户将材料特性设置存储进一个档案材料库文件。然后，在多个分析中取出该设置重复使用，这样可以大大提高工作效率。

②实体建模

在实体建模过程中，ANSYS 程序提供了两种方法：从高级到低级的建模与从低级到高级的建模。对于一个有限元模型，图元的等级从低到高分别是：点、线、面和体。ANSYS 程序提供了很多高级图元的建立，如球体、圆柱等。当用户直接构建高级图元时，程序则自动定义相关的低级图元(面、线和关键点)。此外，用户也可以先定义点、线、面，然后由所定义的图元生成体。无论用户采用哪种方式进行建模，都需要进行布尔操作来组合结构数据，以构建用户想要得到的模型，例如加运算、减运算、相交、删除、重叠和粘贴等。

③网格划分

ANSYS 系统的网格划分功能十分强大，使用起来十分便捷。从使用选择的角度来讲，程序的网格划分可以分为系统智能划分和人工选择划分两种。从网格划分的功能来讲，则包括四种划分方式：延伸划分、映像划分、自由划分和自适应划分。延伸划分是将一个二维网格延伸成一个三维网格单元。映像网格划分是将一个几何模型分解成为几部分，然后选择合适的单元属性和网格控制，分别加以划分生成映像网格。ANSYS 程序提供了六面体、四面体和三角形的映像网格划分。自由划分是由 ANSYS 程序的网格自由划分器来实现的，通过这种划分可以避免不同组件在装配过程中网格不匹配带来的问题。自适应网格划分是在生成了具有边界条件的实体模型以后，用户指示程序自动产生有限元网格，分析、估计网格的离散误差，然后重新定义网格大小，再次分析计算、估计网格的离散误差，直至误差低于用户定义的值或者达到用户定义的求解次数。图 4－58 为 ANSYS 系统智能网格划分在不同尺度下的网格划分情况。

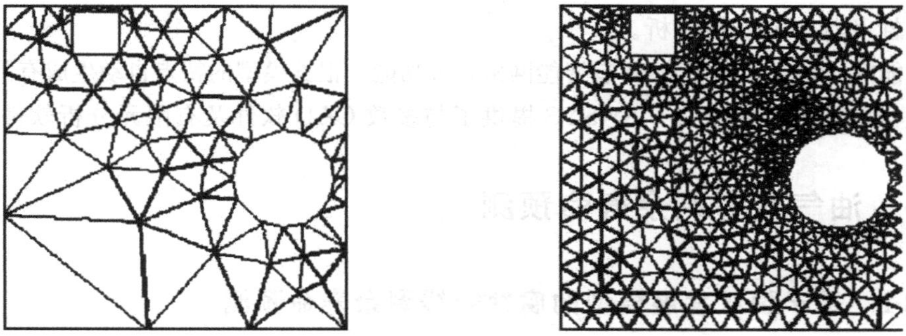

图 4－58　ANSYS 程序的自动网格划分功能

(2)求解模块(SOLUTION)

求解模块是程序用来完成对已经生成的有限元模型进行力学分析和有限元求解的。在此阶段，用户可以定义分析类型、分析选项、载荷数据和载荷步选项。

①定义分析类型和分析选项

用户可以根据所施加载荷条件和所要计算的响应来选择分析类型。

②载荷

一般所谓的载荷应该包括边界条件(约束作用载荷)。在 ANSYS 程序中，载荷分为六类：DOF 约束、力、表面分布载荷、体积载荷、惯性载荷和耦合场载荷。

③指定载子步

载荷步选项是用于更改载荷步的选项，如子步数、载荷步的结束时间和输出控制。根据所作分析的类型，载荷步选项可有可无。

(3)后处理模块

ANSYS 提供了强大的后处理功能，可以使用户很方便地获得分析结果。其功能包括：

①结果的彩色云图、等值线(面)、梯度、矢量、粒子流、切片、透明显示；

②变形及动画显示；

③图形的 BMP、PS、TIFF、HPGL、WMF 等格式的输出与转换；

④计算结果的排序、检索、列表及数学运算；

⑤其他功能还包括优化功能、子结构、子模型、死活单元等。

(4)ANSYS 主要技术特点

ANSYS 作为一个功能强大、应用广泛的有限元分析软件，其技术特点主要表现在以下几个方面。

①数据统一。ANSYS 使用统一的数据库来存储模型数据及求解结果，实现前后处理、分析求解及多场分析的数据统一。

②强大的建模能力。ANSYS 具备三维建模能力，可建立各种复杂的几何模型。

③强大的求解功能。ANSYS 提供了数种求解器，用户可以根据分析要求选择合适的求解器。

④强大的非线性分析功能。ANSYS 具有强大的非线性分析功能，可进行几何非线性、材料非线性及状态非线性分析。

⑤智能网格划分。ANSYS 具有智能网格划分功能，根据模型的特点自动生成有限元网格。

⑥提供与其他程序接口。ANSYS 提供了与多数 CAD 软件及有限元分析软件的接口。

4.5 油气管道剩余寿命预测

4.5.1 基于裂纹发展模型的腐蚀管线剩余寿命预测

1. 管线寿命预测的裂纹发展模型

管内压力的波动和环境载荷的周期性变化，造成管壁应力的循环变化。具有初始腐蚀裂纹的管道在循环载荷作用下，即使最大载荷产生的应力强度远小于材料的断裂韧性，裂纹也会慢慢扩展，一旦达到临界尺寸，立即失稳扩展，突然断裂。因此，寿命预测的关键在于：

①建立腐蚀缺陷裂纹扩展速率数学模型并进行求解；

②确定给定腐蚀缺陷尺寸下的临界腐蚀缺陷尺寸。

2. 估算疲劳裂纹的扩展速率

在单调载荷作用下，只有当外载荷与裂纹长度组合产生的应力强度因子 K 大于该物体材料的断裂韧性 K_c 时，裂纹才会起裂扩展。但是如果外加载荷是交变载荷，虽然最大载荷产生的应力强度因子远小于材料的断裂韧性 K_c，在多次循环载荷的作用下，裂纹仍然会慢慢扩展。这表明，在循环载荷的作用下，裂纹的扩展机制和单调加载下的机制是不同的。裂纹由初始长度扩展到发生失稳的裂纹临界长度对所经历的循环次数 N 为裂纹的疲劳寿命。在交变载荷作用下，裂纹的扩展速率 $\mathrm{d}a/\mathrm{d}N$ 是疲劳裂纹扩展规律中最主要的特征量，一般可以用下列函数来表达：

$$\frac{\mathrm{d}a}{\mathrm{d}N} = f(\sigma, \sigma_a\ \text{材料性质,环境}) \tag{4-125}$$

式中　σ——外加应力；

a——裂纹长度；

N——交变应力的循环次数。

定量地表达 $\mathrm{d}a/\mathrm{d}N$ 与各参数的数学表达式有很多，目前应用最广泛的是 Paris 公式。Paris 公式能较好地反映各种材料亚临界扩展的规律，它以应力强度因子作为控制裂纹扩展速率的主要参量，具体表达式如下：

$$\frac{\mathrm{d}a}{\mathrm{d}N} = C(\Delta K)^{n} \tag{4-126}$$

式中，$\Delta K = K_{\max} - K_{\min}$ 为应力强度因子的变化幅度；C 和 n 是材料常数，可由实验确定；$\mathrm{d}a/\mathrm{d}N$ 为裂纹扩展速率；N 为疲劳寿命。

对于裂纹的扩展，按式(4－126) 将 $\mathrm{d}a/\mathrm{d}N - \Delta K$ 用双对数曲线作图，得到裂纹扩展速率曲线(图 4－59)。可将该曲线分成三个区域，在区域Ⅰ内裂纹萌生与微观扩展，这里有一个门槛值 ΔK_{th}。当 ΔK 低于此值，则裂纹基本不扩展；随着 ΔK 的增加，当 ΔK 达到门槛值 ΔK_{th} 时，裂纹扩展速率急剧增加。在区域Ⅱ内，宏观裂纹稳定扩展(即亚临界扩展)。在双对数曲线坐标中，在区域Ⅱ内 $\mathrm{d}a/\mathrm{d}N$ 和 ΔK 之间常常有一个线性关系，工程结构的疲劳裂纹的扩展大都处于此阶段。描述这一阶段的基本关系式就是 Paris 公式，Paris 公式很好地描述了疲劳裂纹在亚临界扩展中的扩展规律。最后，在区域Ⅲ，疲劳裂纹快速(失

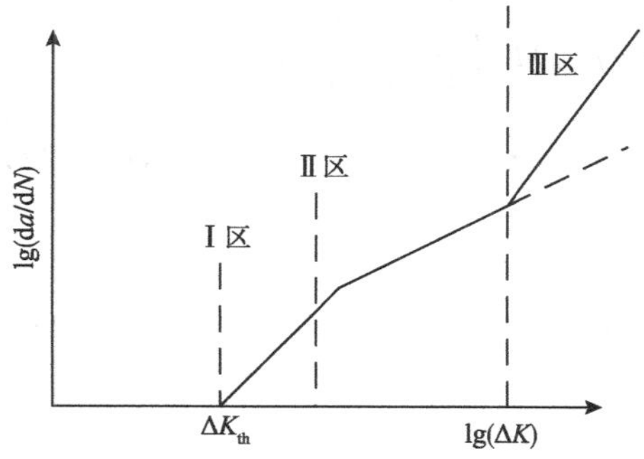

图 4－59　疲劳裂纹扩展速率曲线

稳)扩展，裂纹扩展速率曲线上升并趋于一条渐进线。在这种情况下，当疲劳应力循环中的最大应力强度因子 K_{max} 等于临界应力强度因子 K_{Ic}，裂纹出现疲劳失稳。

式(4-126)中的 ΔK 对于无限大板中心贯穿裂纹有

$$\Delta K = K_{max} - K_{min} = \sigma_{max}\sqrt{\pi a} - \sigma_{min}\sqrt{\pi a} = \Delta\sigma\sqrt{\pi a} \tag{4-127}$$

式中，$\Delta\sigma = \sigma_{max} - \sigma_{min}$ 是每次应力循环的应力幅值。

裂纹疲劳扩展寿命，即裂纹由初始裂纹 a_o 扩展到临界裂纹 a_c 所经历的循环次数，可以通过对 Paris 公式积分得到，当 $\Delta\sigma$ 为常数时，由 Paris 公式得到：

$$N = \int_{a_0}^{a_c} \frac{da}{C(\Delta\sigma\sqrt{\pi a})^n} \tag{4-128}$$

当 $n \neq 2$ 时

$$N = \frac{2}{C(n-2)(\Delta\sigma\sqrt{\pi})^n}\left(\left(\frac{1}{a_0}\right)^{\frac{n-2}{2}} - \left(\frac{1}{a_c}\right)\right) \tag{4-129}$$

当 $n = 2$ 时

$$N = \frac{1}{C(\Delta\sigma\sqrt{\pi})^n}\ln\left(\frac{a_c}{a_0}\right) \tag{4-130}$$

对于无限大板中心贯穿裂纹，只要知道管道的初始裂纹长度 a_0 和临界裂纹的长度 a_c，就可以根据上面的公式积分计算出其寿命。

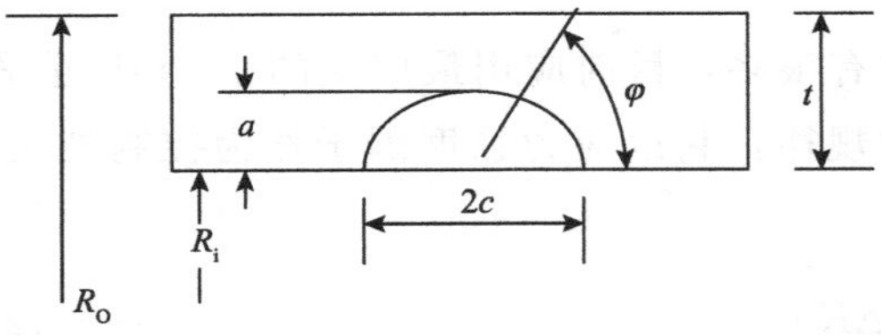

图 4-60　管道内壁表面裂纹

由于管道的环向应力是主要破坏应力，因此纵向裂纹是主要的研究对象。管道内壁的纵向裂纹一般考虑为未穿透的半椭圆表面裂纹(图 4-60)。对于长输油气管道，作为受内压作用的圆筒考虑，其内壁含纵向未穿透的半椭圆表面裂纹时的应力强度因子 K_I 的计算公式如下。

$$K_I = \frac{R_i p\sqrt{\pi a}}{tE(k)}F_I\left(\frac{a}{c},\frac{a}{t},\frac{R_i}{t},\varphi\right) \tag{4-131}$$

则有

$$\Delta K = K_{max} - K_{min} = \frac{R_i\sqrt{\pi a}}{tE(k)}(p_{max} - p_{min})F_I\left(\frac{a}{c},\frac{a}{t},\frac{R_i}{t},\varphi\right)$$
$$= \frac{R_i}{tE(k)}\Delta p F_I\sqrt{\pi a} = \varphi\sqrt{a} \tag{4-132}$$

其中

$$\varphi = \frac{R_i}{tE(k)}\Delta P F_I\sqrt{\pi} \tag{4-133}$$

式中　a——管道内壁纵向裂纹的深度；

$2c$——管道内壁纵向裂纹的长度；

p——管道所受的内压；

t——管道壁厚；

R_i——管道内半径；

φ——裂纹角度，见图 4-63。

$$E(k)=\sqrt{1+1.464\left(\frac{a}{c}\right)^{1.65}} \tag{4-134}$$

$$F_{\mathrm{I}}=0.97\left[M_1+M_2\left(\frac{a}{t}\right)^2+M_3\left(\frac{a}{t}\right)^4\right]gf_{\varphi}f_c \tag{4-135}$$

在以上各式中：

$$M_1=1.13-0.09\frac{a}{c} \tag{4-136}$$

$$M_2=-0.54+\frac{0.89}{0.2+\frac{a}{c}} \tag{4-137}$$

$$M_3=0.5-\frac{1}{0.65+\frac{a}{c}}+14\left(1-\frac{a}{c}\right)^{24} \tag{4-138}$$

$$g=1+\left[0.1+0.35\left(\frac{a}{t}\right)^2\right](1-\sin\varphi) \tag{4-139}$$

$$f_{\varphi}=\left[\sin^2\varphi+\left(\frac{a}{c}\right)^2\cos^2\varphi\right]^{\frac{1}{4}} \tag{4-140}$$

$$f_c=\left[\frac{R_o^2+R_i^2}{R_o^2-R_i^2}+1-0.5\sqrt{\frac{a}{t}}\right]\frac{t}{R_i} \tag{4-141}$$

管道内壁纵向裂纹长度 $2c$ 和裂纹深度 a，在裂纹扩展时存在一定的比例关系，通过实验可以测出这个比例系数 $\beta=c/a$ 来。这时的 Paris 公式应写为

$$\frac{\mathrm{d}a}{\mathrm{d}N}=\frac{1}{\beta}C(\Delta K)^n \tag{4-142}$$

或

$$\frac{\mathrm{d}a}{\mathrm{d}N}=\frac{1}{\beta}C(\varphi\sqrt{a})^n \tag{4-143}$$

类似无限大平板中心贯穿裂纹通过 Paris 公式的积分求疲劳寿命，通过对式(4-137)积分求得管道的疲劳寿命。

$$N=\int_{a_0}^{a_c}\frac{\beta\cdot\mathrm{d}a}{C\varphi^n a^{n/2}} \tag{4-144}$$

当 $n\neq 2$ 时

$$N=\frac{2\beta}{(n-2)C\phi^n}\left[\left(\frac{1}{a_0}\right)^{\frac{n-2}{2}}-\left(\frac{1}{a_c}\right)^{\frac{n-2}{2}}\right] \tag{4-145}$$

当 $n=2$ 时

$$N=\frac{\beta}{C\varphi^n}\ln\left(\frac{a_c}{a_0}\right) \tag{4-146}$$

3. 临界裂纹深度 a_c 的计算

为了计算裂纹的疲劳寿命 N，在已知初始裂纹的长度 a_0 时，应计算出裂纹扩展到最终时的临界长度 a_c。

对于线弹性断裂，由下式计算

$$K_{\mathrm{I}} = M_1 M_2 \frac{\sigma\sqrt{\pi a}}{\varphi} \tag{4-147}$$

当裂纹由初始长度 a_0 扩展到临界长度 a_c 时，根据断裂判据应力强度因子应等于材料的断裂韧性 K_{Ic}，由此可以得出临界长度

$$a_c = \frac{1}{\pi}\left(\frac{K_{\mathrm{Ic}}\varphi}{M_1 M_2 \sigma}\right)^2 \tag{4-148}$$

式中　a_c——裂纹的临界长度；

K_{Ic}——材料的断裂韧性；

σ——外加应力；

M_1——前表面修正系数，$M_1 = 1 + 0.12\left(1 - \frac{a}{2c}\right)^2$；

M_2——后表面修正系数，$M_2 = \sqrt{\frac{2t}{\pi a}\tan\frac{\pi a}{2t}}$；

φ——第二类完整的椭圆积分，见表 4-20；

$2c$——表面半椭圆裂纹长度(椭圆长轴)；

a——表面半椭圆裂纹的深度(椭圆的短轴的一半)；

t——板厚。

表 4-20　第二类完整的椭圆积分 φ 与 a/c 的关系

a/c	φ	a/c	φ
0.0	1.0000	0.60	1.2764
0.10	1.0148	0.70	1.3456
0.20	1.0505	0.80	1.4181
0.30	1.0965	0.90	1.4935
0.40	1.1507	1.00	1.5708
0.50	1.2111		

对于弹塑性情况，计算临界裂纹深度 a_c，可根据公式

$$J = \frac{8\sigma_s^2 a}{\pi E'}\ln\sec\left(\frac{\pi\sigma}{2\sigma_s}\right) \tag{4-149}$$

式中　a——裂纹深度(见图 4-61)。

当裂纹尖端出现扩展时，$J = J_{\mathrm{Ic}}$，则有临界裂纹深度为

$$a_c = \frac{\pi E' J_{\mathrm{Ic}}}{8\sigma_s^2 \ln\sec\left(\frac{\pi\sigma}{2\sigma_s}\right)} \tag{4-150}$$

$$E' = \frac{E}{1-\nu^2} \tag{4-151}$$

由 J 积分和材料断裂韧性的关系，可利用式(4－151)得到用 K_{Ic} 计算临界裂纹深度的公式

$$a_c = \frac{K_{\mathrm{Ic}}^2 \pi}{8\bar{\sigma}^2 \ln\cos\left(\frac{\pi\sigma M}{2\bar{\sigma}}\right)} \tag{4-152}$$

式中　a_c——材料的临界裂纹深度；

K_{Ic}——材料的断裂韧性；

$\bar{\sigma}$——材料的流变应力，$\bar{\sigma}=(\sigma_s+\sigma_b)/2$；

σ——管壁的环向应力；

M——膨胀效应因子。

$$M = \sqrt{1+1.61\frac{c^2}{Rt}} \tag{4-153}$$

式中　$2c$——管道壁轴向裂纹长度；

t——管道的壁厚；

R——管道的半径。

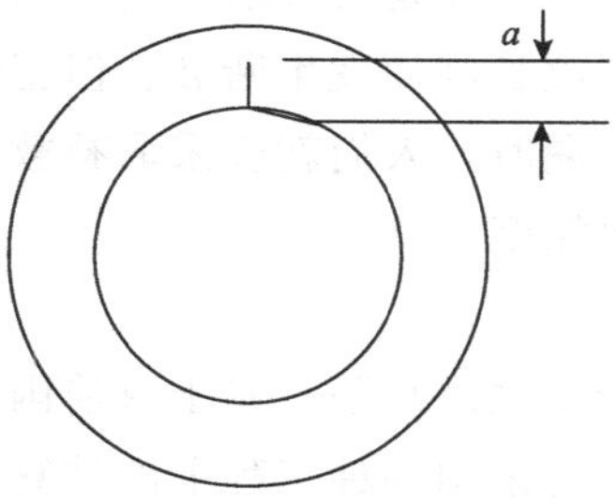

图 4－61　管道内壁纵向裂

工程中使用的油气管道是薄壁管道，如按照式(4－148)、式(4－150)或式(4－152)计算临界裂纹深度，则算出的临界裂纹深度 a_c 均要远大于管道的壁厚。也就是说在发生断裂之前，管道已先发生泄漏。有的文献中提到可以用壁厚的 1/2 作为此时的临界裂纹深度 a_c，计算也表明，当裂纹扩展到壁厚的 1/2 时，管道的寿命已经消耗了 93% 以上。也有文献中直接用管道的壁厚作为裂纹临界深度 a_c 来计算疲劳寿命，因为在实验中发现，当疲劳裂纹扩展到壁厚的 70%～80%，由于剩余的壁厚已经很小，剩余寿命很小，裂纹很快就失稳了。

一般管道在交变应力的作用下，裂纹沿着管壁厚度扩展。当裂纹的深度达到管壁厚度时，管道发生泄漏。发生泄漏以后，如果没有及时发现并加以修理，裂纹则沿着管道的轴向继续扩展下去，直至裂纹沿着管道轴向的长度达到临界裂纹长度而发生断裂。一般在发生泄漏以后，如果发现及时，管道可以修理、避免产生断裂事故。断裂造成的经济损失比泄漏要大得多。在事故的总数中，断裂占 1/3，单纯泄漏占 2/3。所以预测管道泄漏前的剩余寿命对预防泄漏事故的产生，进而避免断裂事故是必要的。

为了说明管道产生泄漏及最终断裂的过程，研究图 4－62 中的半穿透表面裂纹。裂纹沿厚度方向的深度用 a 表示，沿管轴向长度为 $2c$，管壁厚度为 T。由于内压的作用，在管壁轴向截面受均匀分布的环向拉应力 σ。最严重的情况为裂纹很长，即 $c \gg T > d$，在图中假想裂纹的前沿为一条水平直线，这样问题成了一个平面应变问题并且只与裂纹的深度 a 有关。

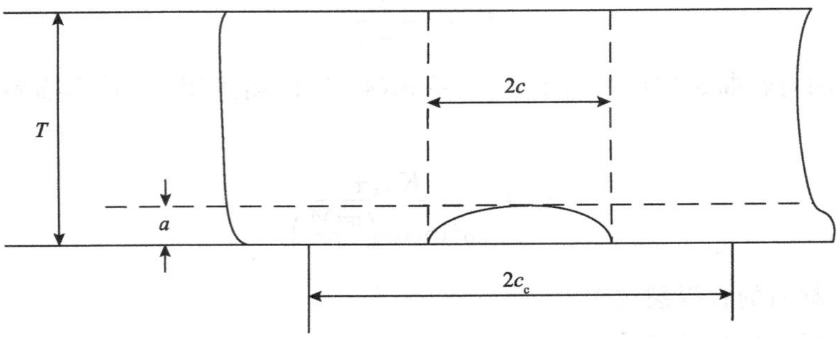

图 4-62　半穿透型表面裂纹

在具体的管道问题中，由于管壁很薄，管壁厚度远小于通过公式计算出来的临界裂纹深度，也就是 $T \ll a_c$。这样管道在内压的作用下，裂纹向壁厚的深度方向扩展，当裂纹深度等于壁厚时，就出现了贯穿裂纹，泄漏就发生了。但这时裂纹轴向长度 c 还未达到临界裂纹长度 c_c，断裂不会发生。如果管道仍然受着交变应力的作用，则穿透裂纹将由 $2c$ 的长度沿着管壁的轴向扩展，直至达到临界裂纹长度而产生材料的失稳断裂。如果初始裂纹本身很长，也就是初始裂纹的半长度 c 达到或超过材料的临界裂纹，在裂纹沿深度方向扩展并贯穿管壁时，断裂就会立即发生，也就是泄漏和断裂同时发生。通常情况下，初始裂纹很少有达到或超过材料的临界裂纹长度 c_c，所以，比较常见的情况是裂纹沿深度方向扩展到穿透，产生泄漏；再沿管壁的轴向扩展，直到达到临界裂纹长度而发生断裂。但正常情况下，对于长度不大的缺陷，在管道将要产生或一旦产生泄漏时，人们就会采取补救措施，而不至于造成严重事故。所以，可以将管道壁厚取作临界深度。

4. 缺陷无明显裂纹时的初始裂纹深度 a_0 的确定

很多管道，从现场实测的数据看，管道的缺陷多为一个个孤立的缺陷。鉴于目前国内尚无直接检测管道裂纹的数据，而检测出来的是体积缺陷，暂时采用一种工程上的估算方法。即设每一个体积缺陷的最深处存在微小裂纹，把现场实测到的缺陷深度和这些微小裂纹折算成等效裂纹，然后用这种等效裂纹作为计算剩余寿命时的初始裂纹 a_0，下面简单说明这种方法。

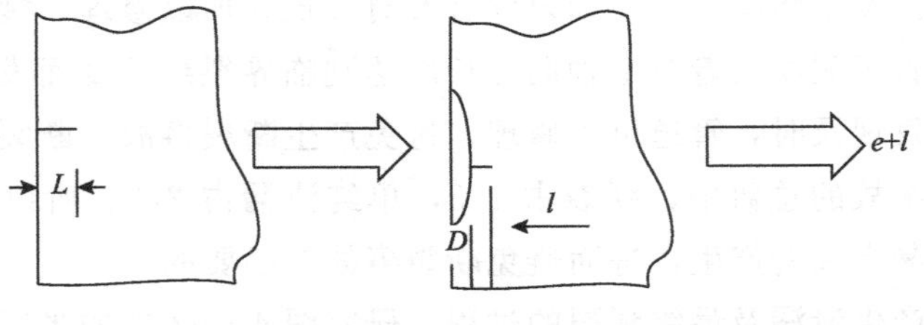

图 4-63　无缺口和有缺口构件的等效裂纹，两者具有同样的应力强度因子

图 4-63 表示一个缺陷前有一深为 l 的微小裂纹，这条裂纹的扩展率能用材料相同并承受同样外载荷的从光滑处开始扩展的深度为 L 的裂纹的扩展率来比较。通常可以先确定一个附加长度 e，然后将缺口处的微小裂纹深度 l 加上一个附加长度 e，即可得到等效裂纹深度 L

$$L = l + e \tag{4-154}$$

式中　L——有缺陷材料中的缺陷在无缺陷材料中的等效裂纹；

　　　l——缺陷前端的裂纹(也可能是极小的裂纹源)。

附加长度 e 的计算，可采用下面的近似方法。

①影响裂纹扩展的缺陷应力场的范围，近似为 $0.13\sqrt{D\rho}$，其中 D 和 ρ 分别是缺陷的深度和根部的曲率半径；

②对于深度小于 $0.13\sqrt{D\rho}$ 的短裂纹，有 $e = 7.69\sqrt{\frac{D}{\rho}l}$；

③对于深度大于 $0.13\sqrt{D\rho}$ 的短裂纹，有 $e = D$。

由此，对于从缺陷深度为 D、根部曲率半径为 ρ 的缺陷开始扩展的深度为 l 的裂纹，可以得到其等效裂纹深度 L，进而得到裂纹的近似应力强度因子

$$K_{\mathrm{I}} = \sigma\sqrt{\pi L} \tag{4-155}$$

对于深度小于 $0.13\sqrt{D\rho}$ 的短裂纹

$$L = l + 7.69\sqrt{\frac{D}{\rho}l} \tag{4-156}$$

其应力强度因子为

$$K_{\mathrm{I}} = \sqrt{1 + 7.69\sqrt{\frac{D}{\rho}}}\sigma\sqrt{\pi l} \tag{4-157}$$

在讨论管道的疲劳剩余寿命时，根据对实测缺陷表面的调查分析，缺陷表面并非为光滑的平面。在缺陷的深部，即在缺陷深度 D，存在着局部不平，假设其曲率半径 $\rho = 1\text{mm}$，而在缺陷的前端存在微小的裂纹源，设其深度为 $l = 0.15\text{mm}$。这样可以通过上面的公式计算出等效裂纹深度 L，并以此作为初始裂纹 a_0 的数据，并用 Paris 公式来预测达到泄漏时的剩余寿命。考虑管壁比较薄，到泄漏发生时，裂纹深度并未达到材料的临界裂纹深度 a_c，只是达到管子的壁厚 T，故 Paris 公式的积分上限取为管道的壁厚 T，积分下限则取初始裂纹 a_0，也就是前面计算出的等效裂纹深度 L。

4.5.2　最大腐蚀坑深的极值统计处理及使用寿命估测方法

1. 方法概述

应用极值统计中的二重指数分布公式和 Gumbel 概率纸作图法，由小面积测量区上的最大腐蚀坑深度值推算大面积上整个调查部位的最大腐蚀坑深度。然后，应用幂指数形式的局部腐蚀进展公式，来估计最大腐蚀坑深度达到金属壁厚时的使用寿命。

2. 最大腐蚀坑深度估算

(1)极值统计数学原理

最大腐蚀坑深数据的常见分布形式之一是二重指数分布，其数据的累积分布函数 $F(x)$ 的数学模型为

$$F(x) = \exp\left(-\exp\left[-\frac{(x-\lambda)}{a}\right]\right) \tag{4-158}$$

式中　λ——数据分布的位置参数；

a——数据分布的尺度参数。

数据累计分布函数 $F(x)$ 可按以下方法计算。

将 N 个在同样条件下测得的最大腐蚀坑深数据从小到达排成一个序列，标出序号 i 和相应的坑深值 x_i，按平均排列法计算累计分布函数：

$$F(x_i) = \frac{i}{N+1} \tag{4-159}$$

(2)Gumbel 概率纸

为了避免繁琐的公式计算，可用 Gumbel 概率纸作图法，见图 4－64。横轴为等分刻度，表示腐蚀坑深数据。纵轴的左边刻度为累计分布函数 $F(x)$ 值，纵轴的右边刻度为放大因子值，又称回归期 T 值，其定义如下：

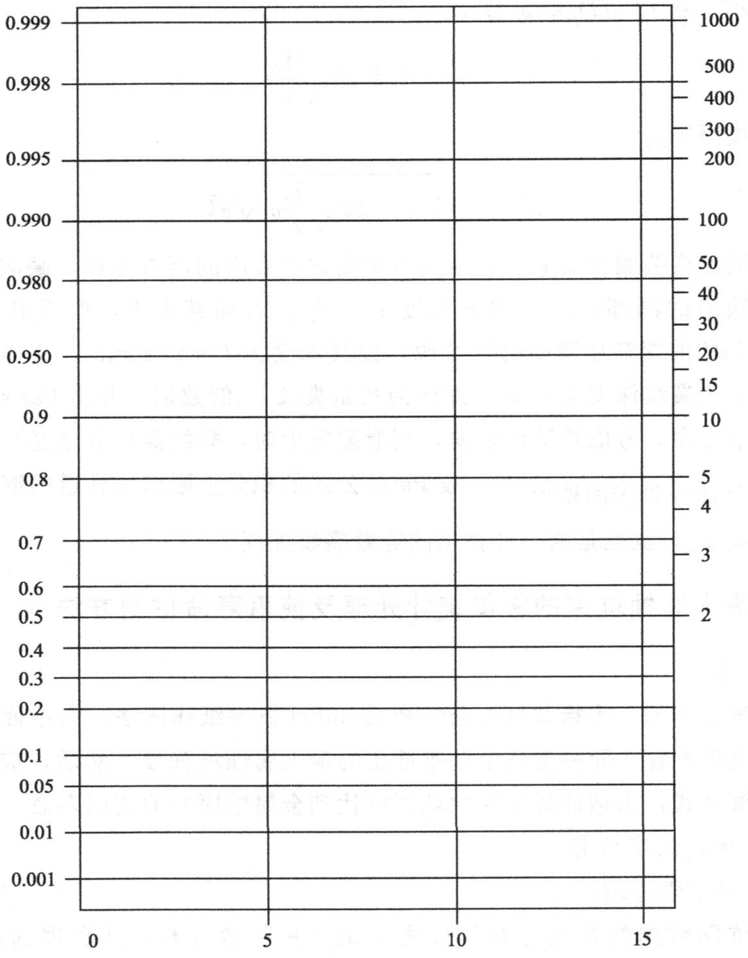

图 4－64　Gumbel 概率纸图

$$T(x)=\frac{1}{1-F(x)} \tag{4-160}$$

(3)最大腐蚀坑深的估算

由小面积上测得的最大腐蚀坑深可以估算大面积试样的最大腐蚀坑深，将最大腐蚀坑深数据从小到达排成一个序列，求出各数据的累计分布函数值，将该值和其相应的坑深值绘于 Gumbel 概率纸上。所得的实验点应近似为一条直线。将该直线外推到放大因子 T 的位置，所对应的横轴的 x 值即为预测的、面积放大 T 倍后的最大腐蚀坑深估计值。

(4)应用极值统计法应注意事项

①原则上，极值统计处理时数据量越多，统计预测的可靠性也越高，按一般经验，数据量不应少于 16～20 个；

②用来处理数据和用于预测的目标应当属于同一样本体系，即要保证所有测量区和要预测的腐蚀状况基本一致；如果不符合此条件，可以适当地缩小测量和预测区域的范围，以满足上述条件；

③测量点面积(长度)和预测面积(长度)的比值，即放大因子不宜过大，一般应控制在 1000 以下，否则会造成较大误差；

④当测量数据在 Gumbel 概率纸上作图得不到直线时，说明数据分布不符合二重指数分布模型，其原因可能是测量上的问题，也可能是腐蚀体系类型的问题。如属后者，可试用极值统计方法中的其他分布函数形式来计算。

4.6 油气管道流动安全保障技术

4.6.1 油气管道水击现象及控制

1. 水击现象及发生机理

输油管道的密闭输油流程使管道全线成为一个统一的水力学系统，管道沿线某一点的流动参数变化会在管内产生瞬变压力脉动。该压力脉动从扰动点沿管道上下游传播，即引起管道的瞬变流动，管道瞬变流动引起的压力波动称为水击。

以下面的简单管路阀门突然关闭为例进行水击现象分析。设有水平等径管路 OB，如图 4－65 所示，不计摩擦损失，考虑水的可压缩性和管道的变形。相关参数如下：管长 L、直径 D、管道截面积 A、流速 v_0、进口 O、阀门位置 B、原始压力 p_0、水击波的速度 C_0、受压缩水层 bb'。

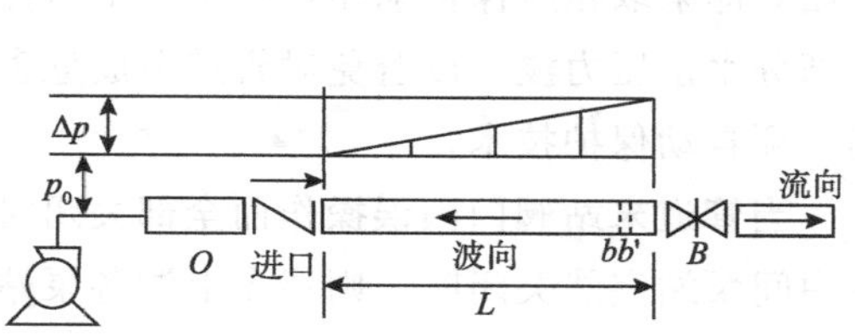

图 4－65　水击压力分布

当水管处阀门突然关闭时，紧贴阀门上的一层液体受阀门所阻，首先停止了流动，流速突变为零。

流速突变为零的水层出现能量的转换，流动动能转化为压力势能，压力升高而被压缩；同时腾出极小空间，使相邻断面液体以原流速继续向阀门流动；该层液体同时受到在水流惯性作用下继续流来的未变流速流体的压缩，共同导致压力升高 Δp，液体被压缩，管壁同时膨胀。

这种状况依次向后传递，使后面的各水层相继停止流动，遂造成整个管路液体被压缩、压力升高、管壁胀大的水击状况。密闭输油具有突出特点，它的应用已成为管道输送工艺的一个发展方向。采用密闭输油工艺就存在着水击事故预测和保护的问题，由于对这一问题认识不够，改进后的密闭输油管线曾发生过严重水击事故，造成原油大量泄漏。不仅影响到油厂的正常生产，而且对泄漏地的生态环境造成了极其严重的破坏。管道产生瞬变流动，流量变化量越大，变化时间越短，产生的瞬变压力波动越剧烈。管道产生水击主要是由于管道系统事故引起的流量变化造成的。引起管道流量突然变化的因素很多，基本上可分为两类：一类是有计划的调整输量或切换流程；另一类是事故引起的流量变化，如泵站突然停泵、机泵故障停泵、进出站阀门或干线截断阀门故障关闭、调节阀动作失灵误关闭等原因。另外，对于顺序输送的管道，两种油品的交替过程，也会在管内产生瞬变流动。

对于有计划调整流量或改变输送流程，可以人为地采取措施，防止或减小压力的波动，使产生的压力波动处于允许的范围之内。

对于事故引起的流量变化，产生的瞬变流动剧烈程度，取决于事故本身的性质。如果压力变化引起的瞬变压力超过管道允许的工作条件，就需要对管道系统采取相应的调节与保护措施。

2. 水击保护方法

水击保护的目的是由事先的预防措施使水击的压力波动不超过管子与设备的设计强度，不发生管道内出现负压与液体断流情况。保护方法按照管道的条件选择，采用的设施根据水击分析的数据确定。

水击保护方法有管道增强保护、超前保护与泄放保护三种。

(1)管道增强保护

当管道各处的设计强度能承受无任何保护措施条件下水击所产生的最高压力时，则不必为管道采取保护措施。小口径管道的强度往往具有相当裕量，能够承受水击的最高压力。

(2)超前保护

超前保护是在产生水击时，由管道控制中心迅速向上、下游泵站发出指令，上、下游泵站立即采取相应保护动作，产生一个与传来得水击压力波相反的扰动，两波相遇后，抵消部分水击压力波，以避免对管道造成危害；超前保护是建立在管道高度自动化基础之上的一项自动保护技术。

当管道末站阀门因误操作而全部关闭时，上游各泵站当即接受指令顺序全部关闭。某一中间泵站突然关闭时，则指令上游各泵站按照调节阀节流、关闭一台输油泵、关闭两台输油泵的顺序动作，同时指令下游泵站也按照上述顺序动作。如果泵站装备调速输油泵机组，在调节阀节流与关闭一台泵两种动作之间，尚可增加调速泵机组降速运转动作。上述上、下游泵站调节阀的节流幅度，根据水击分析结果确定。当各泵站采取的动作已达到水击分析结果所定压力与流量要求时，即不再继续执行下一步保护动作。

(3)泄放保护

泄放保护是在管道的一定地点安装专用的泄放阀，当出现水击高压波时，通过阀门从管道中泄放出一定数量的液体，从而削弱高压波，防止水击造成危害。

泄放阀设置在可能产生高压波的地点，即首站和中间泵站的出站端、中间泵站和末站的入口端。

3. 水击控制及保护设施

(1)调节阀

管道系统中的调节阀是一种阻力可变的截流元件，通过改变阀门的开度，改变管道系统的工作特性，实现调节流量、改变压力的目的。调节阀由两部分组成：执行机构和调节部件。执行机构的参数决定阀门开度的变化过程，调节部件(节流元件)的参数决定了阀门的水力特性。一般泵站的出站端设置调节阀，用于调节流量和调节管道水击过程中管道系统的压力波动，防止管道进站压力过低和出站压力过高，维持管道的正常运行。

调节阀的动作为：当出站压力高于限定值时，调节阀向关闭方向动作，使出站压力下降；当进站压力低于限定值时，调节阀同样向关闭方向动作，使进站压力升高；管道的进出站压力均未超出限定值时，调节阀保持全开状态。

(2)泄压阀

泄压阀是保护管道安全的重要设备，要求运行安全可靠，便于维修，使用寿命长，保证管道的安全运行。

泄压系统一般由三部分组成：泄压阀、泄压罐和连接管道。

目前输油管道应用较广的泄压阀有三种类型，即先导式泄压阀、氮气胶囊式泄压阀和氮气轴流式泄压阀，其压力泄放效果都能满足管道的要求。

胶囊式泄压阀是利用外加氮气系统设定泄压阀的泄放设定值，需要一套复杂的氮气系统，结构复杂，体积大。胶囊式泄压阀内胶囊易老化，需要定期更换。另外，在管道投产初期，管道内含有较多的杂质，如焊渣、焊接熔结物以及其他杂物，当泄压阀泄放时，高速泄放的液体中夹杂的杂质可能划伤胶囊。但是胶囊式泄压阀对输送介质的黏度和凝点没有特殊要求，适用于高黏油品。

先导式泄压阀是依靠阀体内部的导阀来开启的，其结构简单，安装方便，不需要额外的辅助设施，输送介质黏度大于 $50mm/s^2$ 以上时不适用，先导式泄放阀的缺点是不适用于高黏油品，由于先导式泄放阀的导管较细，高黏油品易在导管内粘结，影响泄放效果。

氮气式轴流泄压阀的结构原理类似于先导式泄压阀，所不同的是利用外加氮气系统，适用于各种油品，缺点是需要一套复杂的氮气系统，投资和运行费用较高。

泄放阀选型方法为先按照经验初选泄放阀口径，将阀的参数输入水击分析程序进行运算，如果分析结果表明保护效果符合要求，则所选泄放阀型号与口径适合；否则，应重新选取泄放阀口径，并进行计算，直至满意为止。

泄放阀参数的计算在于根据阀的口径及所定压力给定值确定其泄放量，计算公式如下：

$$Q = 0.865KF\sqrt{\frac{p_s}{d}} \tag{4-161}$$

式中 Q——泄放阀泄放能力，m^3/h；

p_s——给定值，kPa；

d——油品相对密度；

K——黏度修正系数，按照液体的黏度大小取0.7～0.9，黏度高者取较小值；

F——流量系数，随泄放阀口径与超过压力给定值的百分数而异。一般情况下，超过压力给定值的百分数取10%。流量系数还与泄放阀的构造有关。

表4-21列出美国格罗夫(Grove)阀门厂生产的887型中、低与高压泄放阀的流量系数值(中低压型入口耐压Class150、高压型入口耐压Class600)。

表4-21 泄放阀流量系数(中低压型/高压型)

阀口径/in	超过压力给定值百分数						
	10%	13%	15%	20%	30%	42%	55%
6	141/90	169/108	186/119	225/144	282/180	338/215	395/252
8	250/187	300/225	330/247	400/300	500/375	600/450	700/525
10	346/232	415/277	457/305	554/370	692/462	831/555	970/647
12	505/335	606/402	666/442	808/536	1010/670	1212/804	1412/938

4.6.2 输气管道水合物风险控制

1. 天然气冰堵事故

在石油、天然气的开采加工及储运过程中，当满足一定温度和压力条件时，若天然气与液态水发生接触，将形成笼型冰雪状固体，形成冰堵，如图4-66所示。该固体实质上为天然气水合物。少量天然气水合物的形成会减少输气管道的流通面积，产生节流，造成管线压差的增大，并且加速水合物的进一步形成。当水合物继续聚集生长，将会造成管线、阀口及设备的堵塞，导致管件损坏，甚至造成严重的管道事故。

(a) 管道水合物堵塞 (b) 水合物柱塞

图4-66 管道水合物冰堵事故

在我国，管线水合物堵塞现场时有发生。2010 年月底潘-宁-兰输气管道发生水合物堵塞事故，事故过程中兰州末站各供气支路发生压力降低的现象，而调压阀前的压力逐渐上升，前后压差逐渐增加，最高时达到了 0.7MPa。2011 年 10 月秦皇岛到沈阳输气管道(秦沈线)沈阳末站发生水合物堵塞事故，2011 年 12 月大连到沈阳输气管道在投产过程中，管道干线发生水合物堵塞事故。截止 2010 年 1 月，西气东输二线投产以来，累计发生水合物事故 50 次。站场水合物发生的区域主要集中在工艺管线的气液聚结器底部排污管、过滤器集液包下排污管线、进出汇管排污管、收球筒排污管和残液罐装车管线，仪表的进站管线上的压力变送器、气液聚结器上液位计、气液聚结器及过滤器上的差压变送器引压管。

2. 天然气水合物性质

天然气水合物是白色结晶固体，外观类似松散的冰或致密的雪，相对密度为 0.96～0.98，因而可浮在水面上和沉在液烃中。水合物是由体积分数 90%水和 10%的某些气体组分(一种或几种)组成。天然气中的气体组分是甲烷、乙烷、丙烷、丁烷、二氧化碳、氮气及硫化氢等。其中丁烷本身并不形成水合物，但却可促使水合物的形成。

天然气水合物是一种非笼形晶体化合物，即水分子(主体分子)借氢键形成具有笼形空腔(孔穴)的晶格，而尺寸较小且几何形状合适的气体分子(客体分子)则在范德华力作用下被包围在晶格的笼形空腔内，几个笼形晶格连成一体成为晶胞或晶格单元。

目前发现的天然气水合物分为 3 种，分别为结构 I 型水合物、结构 II 型水合物及结构 H 型水合物，见表 4－22。

表 4－22　天然气水合物结构类型

	晶体类型	水分子数	空腔类型	晶穴数	晶穴结构
Ⅰ型	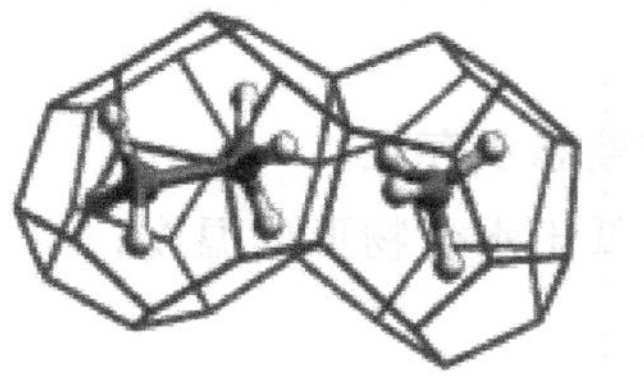	46	小	2	512
			大	6	51262
Ⅱ型	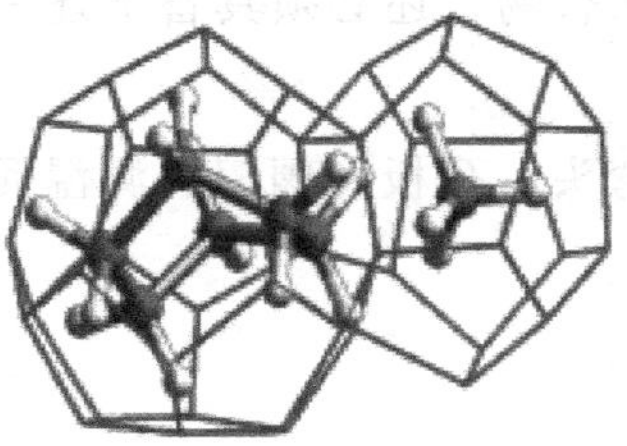	136	小	16	512
			大	8	51264
H 型	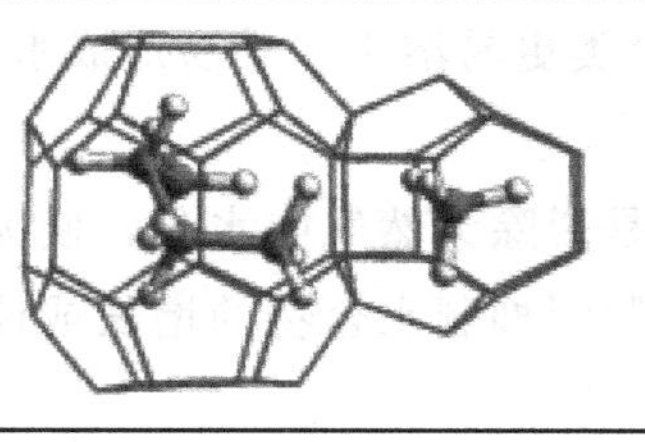	34	小	3	512
			中	2	435663
			大	1	51268

结构Ⅰ型天然气水合物为立方晶体结构，由水分子形成的结构孔穴中能容纳CH_4、C_2H_6、N_2、CO_2、H_2S、O_2等小气体分子。这种水合物中甲烷普遍存在的形式是构成$CH_4 \cdot H_2O$的几何架构，每个水合物的单元晶胞中包含96个水分子以及2个小空腔和6个大空腔。其中，小空腔为正五边形十二面体(512)结构，形状近似为球形，而大空腔为扁平的十四面体(51262)结构，形状近似为椭圆体。

Ⅱ型天然气水合物为菱形晶体结构，其孔穴可容纳CH_4、C_2H_6、N_2、CO_2、H_2S、O_2等小气体分子以及C_3H_8等体积稍大的轻类分子。每个单元晶胞包含136个水分子，并包括16个小空腔和8个大空腔。与结构Ⅰ型水合物类似，其小空间也为正五边形十二面体(512)。而大空腔为十六面体结构，形状近似为球形，其笼型空间构架(51264)由4个六边形和12个五边形组成。

结构H型水合物属于六面体结构，其单元晶胞包含34个水分子。其中，每个单元晶胞包含6个空腔，空腔包括小空腔、中空腔化及大空腔3种形式。其中小空腔与Ⅰ型、II型相同，为正五边形十二面体(512)。中空腔是由3个正四边形、6个正五边形和3个正六边形构成的多面体(435663)。大空腔(51268)则由12个正五边形和8个正六边形组成。

在三种水合物结构类型中，结构II型和结构H型水合物比结构Ⅰ型水合物更稳定，而结构Ⅰ型气水合物在自然界的分布却最为广泛。

3. 水合物形成条件及相特性

水合物的形成与水蒸气的冷凝不同，当压力一定，天然气温度等于或低于露点温度时就要析出液态水，而当天然气温度等于或低于水合物形成温度时，液态水就会与天然气中的某些气体组分形成水合物。所以，水合物形成温度总是等于或低于露点温度。由此可知，引起水合物形成的主要条件是：

①天然气的温度等于或低于露点温度，有液态水存在；

②在一定压力和气体组成下，天然气温度低于水合物形成温度；

③压力增加，形成水合物的温度相应增加。

当具备上述主要条件时，有时仍不能形成水合物，还必须具备下述一些引起水合物形成的次要条件：

①流速很快，或者通过设备或管道，诸如弯头、孔板、阀门、测温元件套管等时，使气流出现剧烈扰动；

②压力发生波动；

③存在小的水合物晶种；

④存在CO_2或H_2S等组分，因为它们比烃类更易溶于水并易形成水合物。

4. 防止天然气水合物形成的方法

为防止生成水合物，可采用两种方法，一是脱除天然气中水分，使天然气水露点降低到操作温度以下；二是向气体中加入水合物抑制剂抑制水合物的增长或使水合物的形成温度降低到操作温度以下。

脱水需要建脱水装置，在气体处理规模较大且过程温度较低时才比较经济方法，加注水合物抑制剂方法应用最为广泛。抑制剂又分为热力学抑制剂和动力学抑制剂，目前以热力学抑制剂应用最多，主要有甲醇、乙二醇、二甘醇等。

(1)干燥脱水

将能形成水合物的成分，即水和低相对分子质量的烃类物质或气体含量降低到一定程度使水合物失去形成的基础。对水的脱除而言，目前已有冷冻分离、固体燥剂吸附、溶剂吸收以及近年来发展起来的膜分离等技术，三甘醇溶剂吸收是目前应用最广泛的方法。对天然气长输管道一般要求：水的含量在 17～125mg/m^3 之间(国内外要求不同)，露点温度要求比管道沿途最低温度低 5～10℃。脱水需要对所产生的水进行处理。除去形成水合物的气体组分，也就是降低压力从重组分中分离出轻组分，通常需要进行连续的压缩和泵送对轻组分进行远距离输送。对于较轻的油藏流体，这种脱除是不利的，对较重的流体，这种方法的效果有限。

(2)加热保温法

通过加热保温，使流体的温度保持在水合物形成的平衡温度以上。对海底管道，可通过包裹绝热层来保温；对陆地管道，可通过绝热或掩埋管道降低管道热量的损失；对天然气管道，常用蒸汽逆流式套管换热器和水套加热炉在节流前加热天然气，使其流动温度保持在水露点以上。

(3)降低管道压力

此外，当管道中被水合物堵塞时，还可采用降低管道压力的办法来解堵。但是，必须同时降低水合物堵塞处两侧的压力。如果仅仅降低一侧的压力，那是极其危险的。因为此时堵塞的水合物块会碎解成坚硬如冰的小块，它们在管道内高压侧压力的推动下，将以极高的速度流向低压侧。当其撞击到弯头或节流元件时，就会使管子损坏，甚至使埋地管线露出地面，造成严重事故。

(4)加注化学抑制剂方法

通过加入一定量的化学添加剂，改变水合物形成的热力学条件、结晶速率或聚集形态，来达到保持流体流动的目的，化学添加剂有以下两类：

①热力学抑制剂(防冻剂)：通过抑制剂分子或离子增加与水分子的竞争力，改变水和烃分子间的热力学平衡条件，使温度、压力平衡条件处在实际操作条件之外，避免水合物的形成，或直接与水合物接触，移动相平衡曲线，使水合物不稳定，从而使水合物分解而得到清除。

②动力学抑制剂：根据分子作用的不同机理，将动力学抑制剂分为水合物生长抑制剂、水合物聚集抑制剂和具有双重功能的抑制剂。水合物生长抑制剂可以延缓水合物晶核生长速率，使水合物在一定流体滞留时间内不至于生长过快而发生沉积。

5. 水合物抑制剂的选择

对热力学抑制剂的基本要求是：

①可能大大降低水合物的形成温度；

②不和天然气的组分反应，且无团体沉淀；

③不增加天然气及其燃烧产物的毒性；

④完全溶于水，并易于再生；

⑤来自源充足，价格便宜；

⑥冰点低。

实际上，完全满足上述要求的抑制剂是不存在的，目前常用的抑制剂只是在某些主要方面满足上述要求。经常采用的水合物抑制剂（又称防冻剂）有甲醇（CH_3OH）、乙二醇（C_2HO_2）、二甘醇（$C_4H_{10}O_3$）、三甘醇（$C_6H_{14}O_4$）等。

(1)甲醇

甲醇可用于任何操作温度下的天然气管道和设备，但由于其沸点低，操作温度较高时，气相损失过大，故多用于低温场合。当操作温度低于－10℃时，一般不再采用二甘醇，这是因其黏度太大，与液烃分离困难；操作温度高于－7℃时，可优先考虑二甘醇，它与乙二醇相比，气相损失较少。如按水溶液中相同质量分数抑制剂引起的水合物形成温度降来比较，甲醇的抑制效果最好，其次为乙二醇，再次为二甘醇。

通常，甲醇适用的情况是：

①量小，不宜采用脱水方法；

②采用其他水合物抑制剂时用量多，投资大；

③在建设正式厂、站之前，使用临时设施的地方；

④水合物形成不严重，不常出现或季节性出现；

⑤只是在开工时将甲醇注入水合物容易生成的地方；

⑥管道较长（例如超过 1.5km）。

如果注入甲醇的天然气输至集中处理站后还要采用三甘醇或分子筛脱水，由于天然气中含有甲醇，将会引起以下几个问题：

①甲醇蒸气与水蒸气一起被三甘醇吸收，因而增加了甘醇富液再生时的热负荷。而且，甲醇蒸气会与水蒸气一起由再生系统的精馏柱顶部排向大气，这也是十分危险的。

②甲醇水溶液可使再生系统精馏柱及重沸器气相空间的碳钢产生腐蚀。

③由于甲醇和水蒸气在团体干燥剂表面共吸附和与水竞争吸附，因而，也会降低固体干燥剂的脱水能力。

此外，当天然气在下游进行加工时，注入的甲醇就会聚集在丙烷馏分中，而残留在丙烷馏分中的甲醇将会使下游的某些化工装置催化剂失活。

一般情况下，注入天然气中的甲醇蒸发到气相中的那部分不再回收，而在水溶液中的那部分甲烷可经蒸馏回收后循环使用。然而，如果注入甲醇的天然气还要在集中处理站内采用三甘醇脱水，则损失到气相中的那部分甲醇就可经济、方便地从三甘醇再生塔的顶部加以回收。

(2)甘醇类

甘醇类抑制剂无毒，沸点远高于甲醇，因而在气相中的蒸发损失少，一般可回收循环使用，适用于气量大而又不宜采用脱水方法的场合。使用甘醇类作抑制剂时应注意以下事项：

①保证抑制效果，甘醇类必须以非常细小的液滴(例如呈雾状)注入到气流中。如果注入的甘醇液滴未与天然气充分混合，注入的甘醇还是不能防止水合物的形成。

②甘醇类黏度较大，特别当有液烃(或凝析油)存在时，操作温度过低会使甘醇水溶液与液烃分离困难，增加了甘醇类在液烃中的损失。因此，甘醇类抑制剂通常用于操作温度不是很低的场合中才在经济上有明显的优点。

③如果管道或设备的操作温度低于 0℃，注入甘醇类抑制剂时还必须根据图 4－67 判断抑制剂水溶液在此浓度和操作温度下有无“凝固”的可能性。

实际上，所谓甘醇类水溶液“凝固”，并不是真正冻结成固体，只不过是变成黏稠的糊状体而已，然而，它却严重影响了气液两相的流动与分离。因此，最好是保持甘醇类抑制剂水溶液中的质量分数在60％～70％之间。

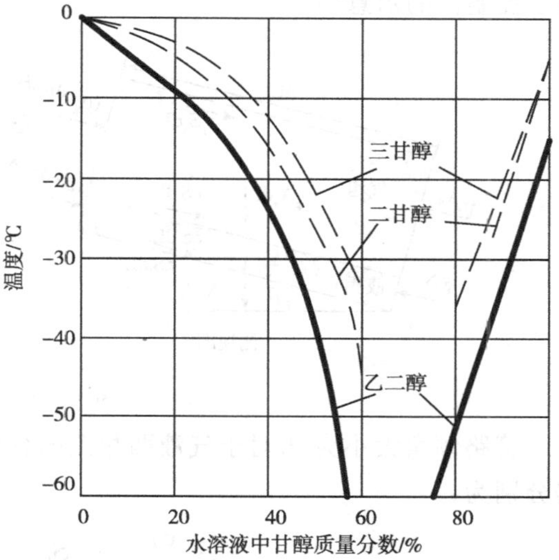

图 4－67　甘醇水溶液的“凝点”

一般说来，采用甲醇作抑制剂时投资费用较低，但因其气相损失较大，故操作费用较高。采用乙二醇或二甘醇作抑制剂时投资费用较高，但操作费用低。根据经验，当需要注入的甲醇量超过 115L/h 时，就应采用甘醇类抑制剂。

甘醇类虽可用来防止水合物的形成，但却不能分解或溶解已经形成的水合物。相反，甲醇可在一定程度上溶解已有的水合物。

4.6.3　集输管道积液预警与控制

1. 起伏管路积液现象及危害

在湿气集输过程中，随着运行压力和温度的下降，天然气的水露点也不断上升，从而析出冷凝水，同时，随着气田不断开发，地层边底水将陆续采出，导致集输管线中产生液相，特别是类似于普光气田的复杂山地集输管道，液体将聚积在管线的低点。积液存在会引起如下问题：

①降低了管道的有效输送截面积，导致管输效率降低；

②管线过流面积减小，输送阻力增加，导致单位长度管线压降增大，增加了能耗；

③在一定压力、温度条件下会形成水合物，造成冰堵事故；

④产生地形诱导段塞流，导致末端分离器压力和液位剧烈波动，将给正常生产带来困难，严重时会导致停产；

⑤当输送气体为高含 H_2S 和 CO_2 酸性气体时，积液的存在还会导致管线腐蚀加剧，增加泄漏风险。

2. 积液预测模型

针对复杂地形的湿气集输工艺，根据不同的流型建立了包括水力计算公式、闭合方程以及持液率计算公式的水力计算模型，分析集输过程中的参数变化规律。

(1)分层流模型

分层流动中，气相和液相流动是独立的。由于密度不同，气相在管道上部流动，液相在管道底部流动。双流体模型已经广泛应用于描述分层流动。双流体模型包含有两个动量方程，一个是气相，一个是液相。图 4-68 所示为倾斜管道内流型为分层流时，各种力作用于控制体的示意图。

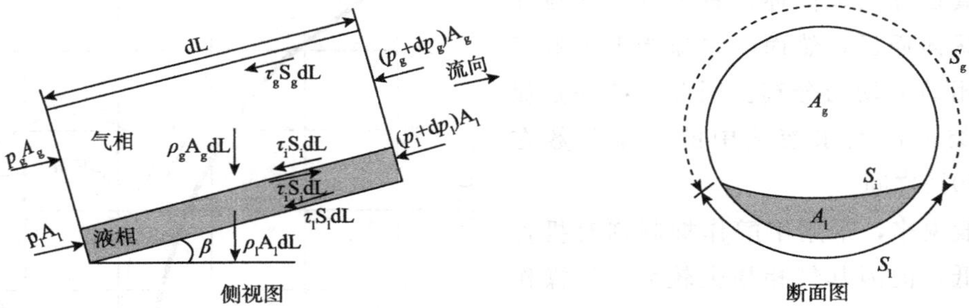

图 4-68　分层流模型

管路倾角大小为 β，对于气液两相流的分层流，其一维流动模型的气相和液相的动量方程分别为：

$$-A_l\frac{\mathrm{d}p}{\mathrm{d}L}-\tau_{wl}S_i-\tau_iS_i+\rho_lA_lg\sin\beta=0 \tag{4-162}$$

$$-A_g\frac{\mathrm{d}p}{\mathrm{d}L}-\tau_{wg}S_g+\tau_iS_i+\rho_gA_gg\sin\beta=0 \tag{4-163}$$

式中　A_l,A_g——截面上液相和气相的面积，m^2；

S_l,S_g——液相湿周，气相湿周，m；

S_i——管路横断面上气液界面长度，m；

τ_{wl}——液相与管壁之间的剪切应力；

τ_{wg}——气相与管壁之间的剪切应力；

τ_i——气相与液相之间的剪切应力。

由公式(4-162)和公式(4-163)消去压力梯度项，得：

$$\tau_{wl}\frac{S_l}{A_l}-\tau_{wg}\frac{S_g}{A_g}-\tau_iS_i\left(\frac{1}{A_l}+\frac{1}{A_g}\right)-(\rho_l-\rho_g)g\sin\beta=0 \tag{4-164}$$

上述一维气液两相流动动量方程对于 FLAT 模型、ARS 模型、MARS 模型均适用，本研究仅针对 FLAT 模型和 MARS 模型的持液率计算做了研究。

定义管内液体界面距管底高度为 h_l，则 A_g，A_l，S_g，S_l，A_i 与 h_l 之间的关系表达式为：

$$A_l=\frac{1}{4}d^2\cos^{-1}\left(1-\frac{2h_l}{d}\right)-\frac{1}{4}d^2\left(1-\frac{2h_l}{d}\right)\sqrt{1-\left(1-\frac{2h_l}{d}\right)^2} \tag{4-165}$$

$$A_g = \frac{1}{4}\pi d^2 - A_l \tag{4-166}$$

$$S_l = d\cos^{-1}(1 - \frac{2h_l}{d}) \tag{4-167}$$

$$S_g = \pi d - S_l \tag{4-168}$$

$$S_i = d\sin[\cos^{-1}(1 - \frac{2h_l}{d})] \tag{4-169}$$

式中各剪切应力按照以下公式计算：

$$\tau_{wl} = \lambda_l \frac{\rho_l {v_l}^2}{2} \tag{4-170}$$

$$\tau_{wg} = \lambda_g \frac{\rho_g {v_g}^2}{2} \tag{4-171}$$

$$\tau_i = \lambda_i \frac{(v_g - v_l)^2}{2} \tag{4-172}$$

关于水力摩擦系数 λ 的选取和计算，Taitel 在流型划分中对分层光滑流采用了 Blasius 方程 $\lambda = CRe^{-n}$ 计算。而液相摩擦系数则按照 Liang-Biao 和 Aziz 推荐的公式计算。具体公式如下：

$$\lambda_l = \frac{1.6291}{{Re_l}^{0.5161}}\left(\frac{v_{sg}}{v_{sl}}\right)^{0.0926} \tag{4-173}$$

$$\lambda_g = \begin{cases} \dfrac{16}{Re_g} \cdots\cdots\cdots\cdots Re_g \leqslant 2000 \\ \dfrac{0.046}{{Re_g}^{0.2}} \cdots\cdots\cdots\cdots Re_g \geqslant 2000 \end{cases} \tag{4-174}$$

对于分层流，可认为两相间的摩擦系数近似等于气相与管壁间的摩擦系数，即 $\lambda_i = \lambda_g$，且即使在液面波动较大时亦能成立。

气相雷诺数和液相雷诺数计算公式分别为：

$$Re_l = \frac{d_l v_l \rho_l}{\mu_l} \tag{4-175}$$

$$Re_g = \frac{d_g v_g \rho_g}{\mu_g} \tag{4-176}$$

液相和气相水力直径使用 Agrawl 提出的公式计算：

$$d_l = \frac{4A_l}{S_l} \tag{4-177}$$

$$d_g = \frac{4A_g}{S_g + S_i} \tag{4-178}$$

又由于 $v_l = \frac{Q_l}{A_l}$，$v_g = \frac{Q_g}{A_g}$，$v_{sl} = \frac{Q_l}{A}$，$v_{sg} = \frac{Q_g}{A}$，而 Q_l，Q_g 是已知参量，很明显，公式(4－165)是一个仅关于未知量 $\frac{h_l}{d}$ 的隐式方程，可以用迭代的方法进行求解，求解过程可能存在多重根，通常取其最小值。

(2)段塞流模型

段塞流模型的建立基于以下几点假设：

①液膜区内液膜的高度均匀一致，液膜含液率和液膜速度为定值；

②液塞内的小气泡和液相以相同的速度运动，并且都是以混合物速度运动；

③液膜内不含小气泡，气泡中也不含小液滴；

④液塞前锋拾液量和尾部脱液量相等，即液塞长度保持不变。

段塞流计算中，建立如图 4－69 所示段塞单元模型。将一个段塞单元的全部液膜区(包括液膜和气泡)作为控制体，连续方程是基于平移速度推导出来的。

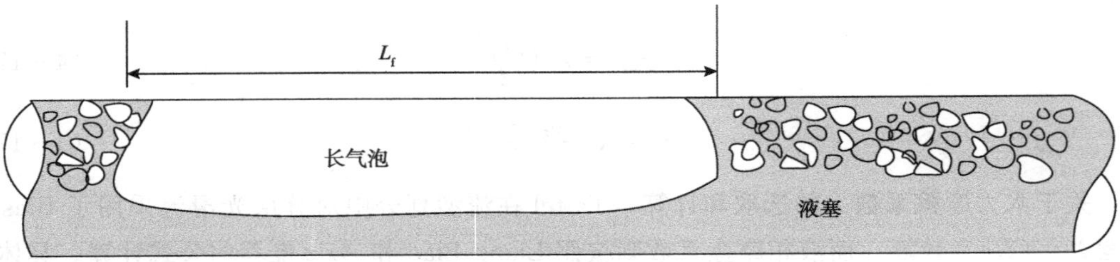

图 4－69　模型的控制体单元

液相连续方程：

$$H_{LS}(v_T - v_M) = H_{LF}(v_T - v_F) + H_{LC}(v_T - v_C) \tag{4-179}$$

气相连续方程：

$$(1 - H_{LS})(v_T - v_M) = (1 - H_{LF} - H_{LC})(v_T - v_C) \tag{4-180}$$

对于段塞体单元，满足以下关系式：

$$L_U v_{SL} = l_S H_{LS} v_S + l_F(H_{LF} v_F + H_{LC} v_C) \tag{4-181}$$

$$L_U v_{SG} = l_S(1 - H_{LS}) v_S + l_F(1 - H_{LF} - H_{LC}) v_C \tag{4-182}$$

将段塞单元膜区中的液膜和气泡区分别列出控制体建立动量方程。

液膜动量方程：

$$\frac{p_2 - p_1}{l_F} = \frac{\rho_L(v_T - v_F)(v_S - v_F)}{l_F} + \frac{\tau_I S_I - \tau_F S_F}{H_{LF} A} - \rho_L g \sin\theta \tag{4-183}$$

气泡动量方程：

$$\frac{p_2 - p_1}{l_F} = \frac{\rho_C(v_T - v_C)(v_S - v_C)}{l_F} - \frac{\tau_I S_I + \tau_C S_C}{(1 - H_{LF})A} - \rho_C g \sin\theta \tag{4-184}$$

将式(4－183)和式(4－184)联立得到压降计算的动量方程：

$$\frac{\rho_L(v_T - v_F)(v_M - v_F) - \rho_C(v_T - v_C)(v_S - v_C)}{l_F} - \frac{\tau_F S_F}{H_{LF} A} + \frac{\tau_C S_C}{(1 - H_{LF})A} + \tau_I S_I\left(\frac{1}{H_{LF} A} + \frac{1}{(1 - H_{LF})A}\right) - (\rho_L - \rho_C) g \sin\theta = 0 \tag{4-185}$$

式(4－185)的左边第一项是段塞体和膜区间的动量交换，液膜特性由以上连续和动量方程控制。

通用模型的优劣取决于基本方程和闭合关系式，闭合关系式从开放文献中筛选并经过了校验和应用。

剪切力关系式：

$$\tau_F = f_F \frac{\rho_L W_F^2}{2} \tag{4-186}$$

$$\tau_C = f_C \frac{\rho_G W_C^2}{2} \tag{4-187}$$

$$\tau_I = f_I \frac{\rho_C (W_C - W_F) \mid W_C - W_F \mid}{2} \tag{4-188}$$

壁面摩擦系数关系式：

$$f = \frac{16}{Re} \qquad Re < 1000 \tag{4-189}$$

$$f = 8\left[\left(\frac{8}{Re}\right)^{12} + \frac{1}{(A+B)^{1.5}}\right]^{\frac{1}{12}} \qquad Re \geqslant 1000 \tag{4-190}$$

式中 $A = \left[2.457\ln\left[\frac{1}{(7/Re)^{0.9} + 0.27\varepsilon}\right]\right]^{16}$，$B = \left[\frac{37530}{Re}\right]^{16}$

雷诺数计算式：

$$Re_F = \left|\frac{\rho_L v_F D_F}{\mu_L}\right|, Re_C = \left|\frac{\rho_G v_C D_C}{\mu_G}\right| \tag{4-191}$$

式中　膜区水力直径 $D_F = \frac{4A_F}{S_F + S_I}$，气芯水力直径 $D_C = \frac{2A_C}{S_C + S_I}$

膜区面积 $A_F = H_{LF}A$，　　气芯面积 $A_C = (1 - H_{LF})A$

膜区速度 $v_F = \frac{v_{ST}(1 - F_E)}{H_{LF}}$，气芯速度 $V_C = \frac{v_M - v_{SL}(1 - F_E)}{1 - H_{LF}}$

气核中的液体夹带：

Oliemans 给出了一个用于液体夹带率计算的经验公式，该公式基于 AERE Harwell 数据库。

$$\frac{F_E}{1 - F_E} = 0.003 We_{SG}^{1.8} Fr_{SG}^{0.92} Re_{SL}^{0.7} Re_{SG}^{-1.24} \left(\frac{\rho_L}{\rho_G}\right)^{0.38} \left(\frac{\mu_L}{\mu_G}\right)^{0.97} \tag{4-192}$$

式中　$We_{SG} = \left|\frac{\rho_G v_{SG}^2 D}{\sigma}\right|$　$Fr_{SG} = \left|\frac{\sqrt{gD}}{v_{SG}}\right|$　$Re_{SG} = \left|\frac{\rho_G v_{SG} D}{\mu_G}\right|$　$Re_{SL} = \left|\frac{\rho_L v_{ST} D}{\mu_L}\right|$

在段塞体中液相湍动能和分散气泡的表面自由能之间平衡的基础上建立段塞持液率计算模型：

$$H_{LS} = \frac{1}{\dfrac{T}{3.16Ce[(\rho_L - \rho_G)g\sigma]^{0.5}} + 1} \tag{4-193}$$

式中　$T = T_1 + T_2$；

$$T_1 = \frac{D[\rho_L H_{LF}(v_M - v_F)(v_T - v_F) + \rho_C(1 - H_{LF})(v_M - v_C)(v_T - v_C)]}{4l_S};$$

$$\rho_C = \frac{\rho_L H_{LC} + \rho_G(1 - H_{LC} - H_{LF})}{1 - H_{LF}};$$

$$T_2 = \frac{1}{2} f_M \rho_L v_M^2;$$

$$\mathrm{Re}_{MX} = \left| \frac{D v_M \rho_L}{\mu_L} \right|$$

平移速度采用 Nicklin(1962)、BenDiksen(1984)、Zhang 等(2000)关系式

$$v_T = C_S v_M + (0.54\cos\theta + 0.35\sin\theta)\sqrt{\frac{(\rho_L - \rho_G)gD}{\rho_L}} \tag{4-194}$$

式中　当 $Re_{MX} < 2000$ 时，$C_S = 2$

当 $Re_{MX} > 4000$ 时，$C_S = 1.3$

当 $2000 < Re_{MX} < 4000$ 时，$C_S = 2 - \frac{0.7(Re_{MX} - 2000)}{2000}$

根据 Taitel、Barnea 和 Brauner 的分析报告，对于水平和竖直流动，段塞平均长度分别为 32 D 和 16D 。对倾斜流动，段塞长度用下式计算：

$$l_S = (32.0\cos^2\theta + 16.0\sin^2\theta)D \tag{4-195}$$

由以上闭合关系式以及控制方程建立复杂地表条件下湿气混输段塞流计算模型。

以上所述为复杂地表条件下湿气混输水力计算模型，根据建立的模型可以计算得到管道的压降等重要参数。

3. 积液影响因素分析

(1)入口气量的影响

以某气田多起湿气集输为例，对入口气量、入口含液率、气体输送压力等参数对积液分布规律的影响进行分析。气相流速较高时，气液相间的剪切应力较大，气体携液能力增加，从而导致更多的液相被携带进入下游，导致管道积液量减少，入口气量与持液率沿线分布特征关系如图 4-70 所示。

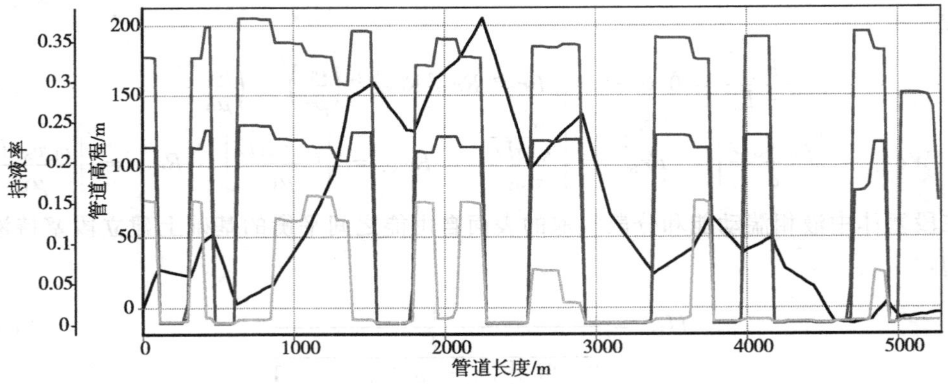

图 4-70　持液率沿线分布特征

(注：上面线为 $300\times10^4\,m^3/d$，中间为 $500\times10^4\,m^3/d$，下面线为 $700\times10^4\,m^3/d$)

(2)入口含液率影响

管道积液量主要取决于气体的携液能力，气体携液能力由气液相速度差决定。由于液相流速远低于气相，当气体流量一定时，携液能力基本一致。入口液量越多，被携带进入下游的液相也越多，液体流速越大，但管内积液量变化不大，入口含液率与持液率沿线分布特征关系如图 4－71 所示。

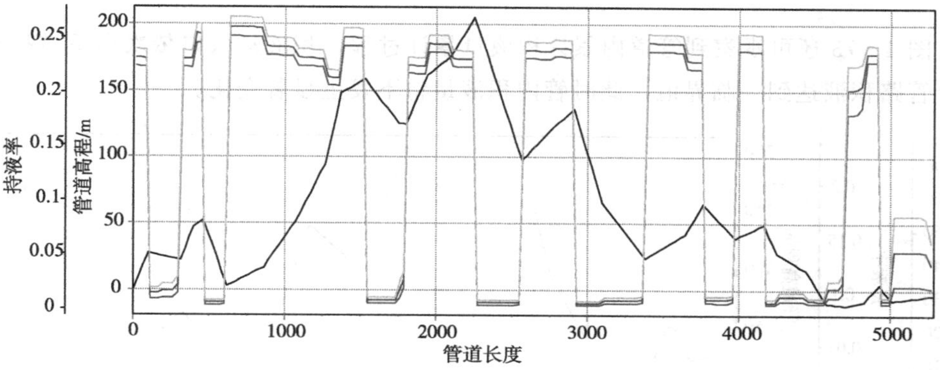

图 4－71　持液率沿线分布特征

(注：上面线含液率为 0.09，中间含液率为 0.06，下面线含液率为 0.03)

(3)气体输送压力的影响

图 4－72 为气量保持不变，输送终点压力为 6MPa、7MPa、8MPa 条件下，管道持液率以及累积积液量沿管道变化曲线。

由图可知，在气量保持 $500\times10^4 m^3/D$，质量含液率保持 0.09 不变条件下，随着末站压力的降低，持液率及管道积液量均有较大幅度的下降。在末站压力为 6MPa 时，管道积液量最低，为 $23m^3$；在末站压力为 8MPa 时，管道积液量最高，为 $49m^3$；末站压力为 7MPa 时，管道积液量介于两者之间，为 $32m^3$。这主要是因为输送压力不同，气体流速不同，气相携液能力亦不一样。

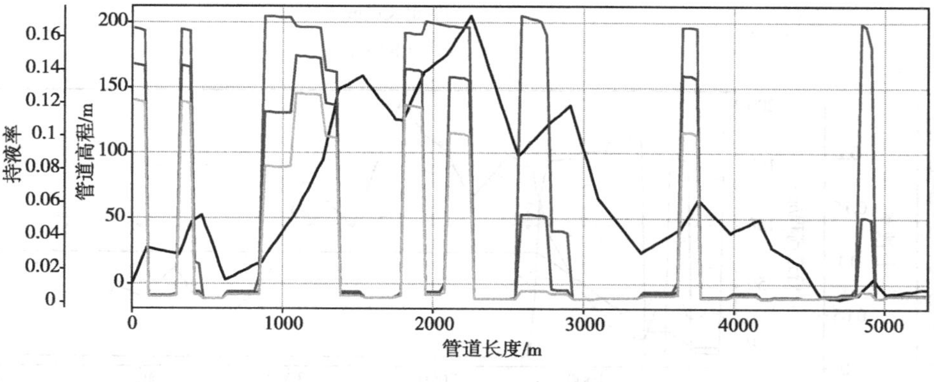

图 4－72　持液率分布特征

(注：$Q=500\times10^4 m^3/D$，上面线指末站压力 8MPa，中间指末站压力为 7MPa，下面线指末站压力为 6MPa 的持液率)

(4)积液分布与演化规律

图 4－73(a)～(g)为一个清管周期内积液量变化特征。刚清管后，管道积液基本为 0，随着入口含液湿气不断进入集输管道，在距离入口管道最近的上坡段开始产生积液。随着积液的积聚，管道气相流体流通面积减少，气相流动速度增加，携液能量增加，当气相聚集到一定程度时，会将液体携带进入下游管道，重新在下一低点聚集。

由图 4－73 还可观察到管道内累计积液量累计过程，积液从入口依次向下游推进，直至整个管路积液达到一临界值，此时管内积液量将不发生显著变化。

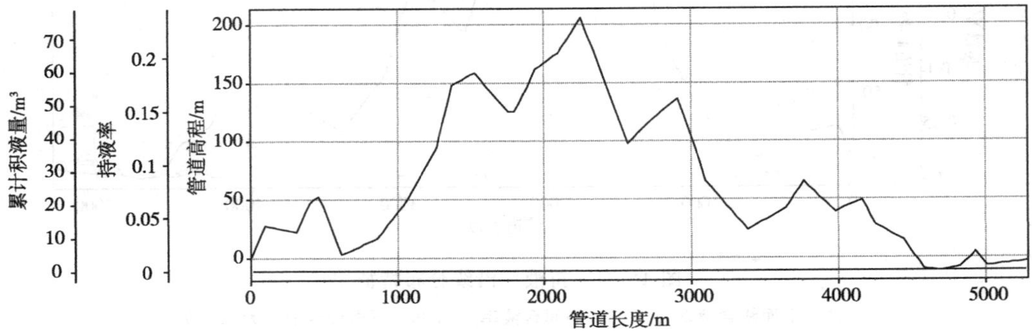

(a) 0h

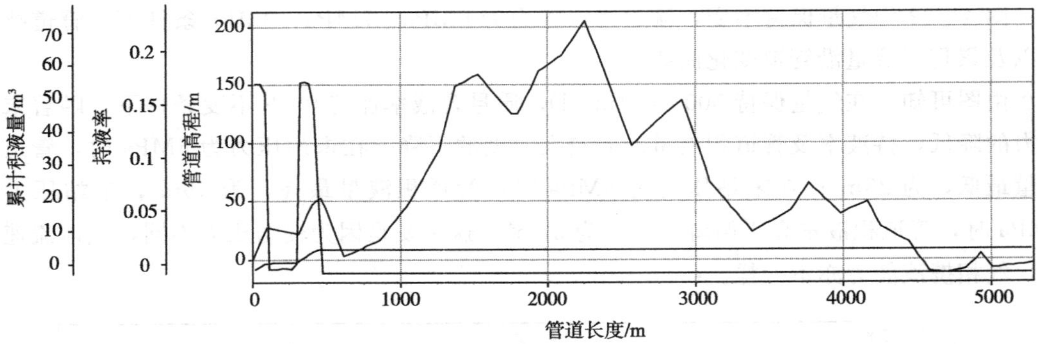

(b) 6h

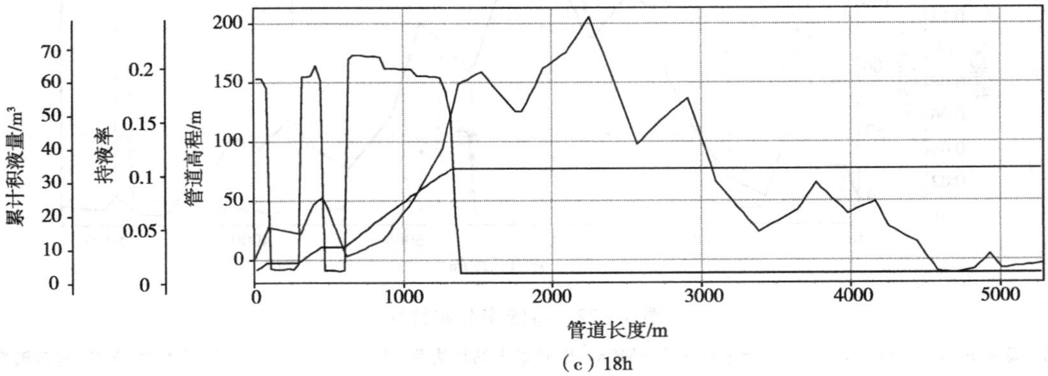

(c) 18h

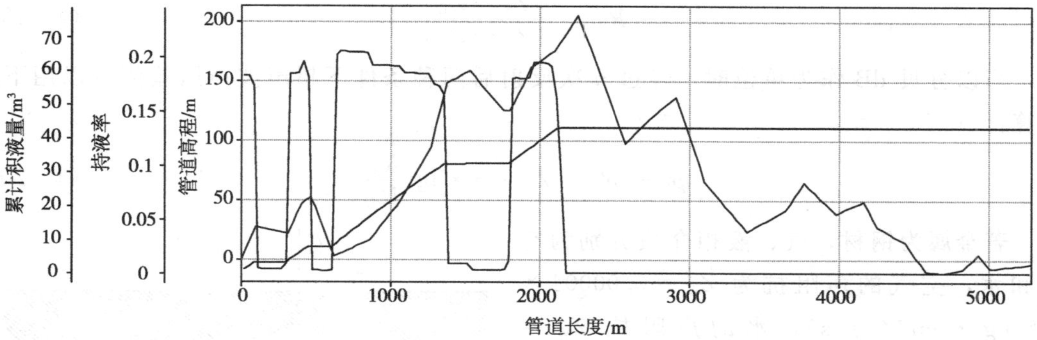

（d）24h

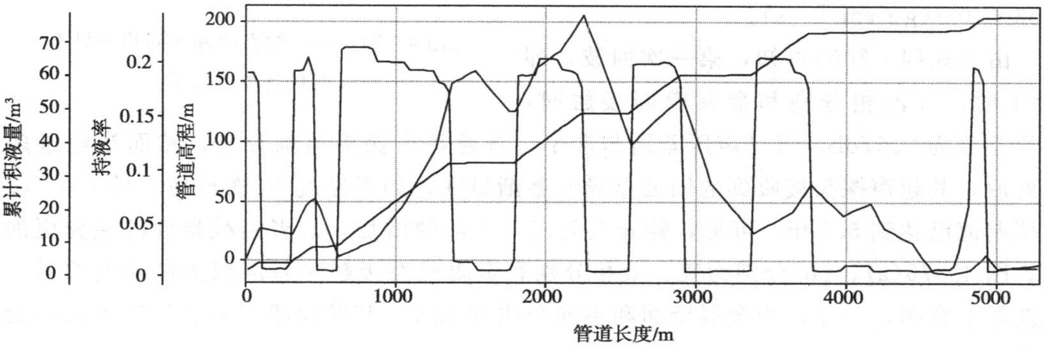

（e）36h

图 4－73　持液率随时间变化特征

4. 积液超声回波检测技术

壁面超声回波信号衰减特性垂直入射的超声波通过两种不同介质时，会在介质与管内壁的接触处将会发生透射与反射，如图 4－74 所示。反射率和透射率的大小取决于两种介质的声阻抗：

$$R_i = \frac{Z_2 - Z_1}{Z_2 + Z_1} \tag{4-196}$$

$$D_i = \frac{2Z_2}{Z_2 + Z_1} \tag{4-197}$$

式中　R_i——反射率；

D_i——透射率；

Z——介质声阻抗。

下标 1 表示介质 1，下标 2 表示介质 2。

若是气体和金属接触，声压反射系数为：

$$R_{iG} = \left| \frac{Z_S - Z_G}{Z_S + Z_G} \right| \tag{4-198}$$

若是液体和金属接触，声压反射系数为：

$$R_{iL} = \left|\frac{Z_S - Z_L}{Z_S + Z_L}\right| \tag{4-199}$$

当以分贝 dB 作为单位时，经过 n 次反射后两种条件下超声波声压差值可以用下式计算：

$$p_G^n - p_L^n = 20 \times n \times \lg(\frac{R_{iG}}{R_{iL}}) \tag{4-200}$$

若金属为钢材，气、液相介质分别为空气和水，空气的声阻抗为 $Z_A = 0.00004 \times 10^6/(g \cdot cm^{-2} \cdot s)$，水的声阻抗 $Z_W = 0.148 \times 10^6/(g \cdot cm^{-2} \cdot s)$，钢的声阻抗$Z_S = 4.53 \times 10^6/(g \cdot cm^{-2} \cdot s)$。

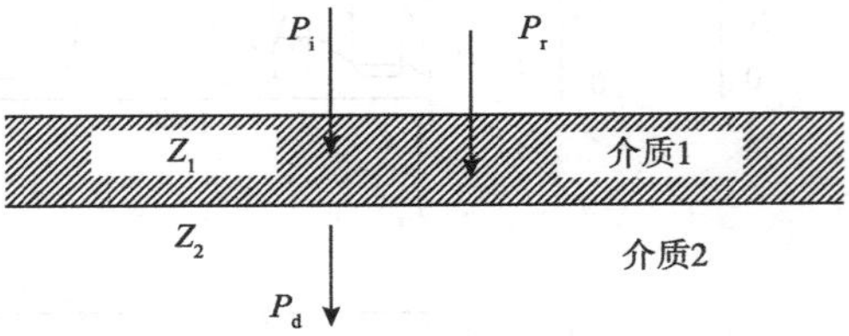

图 4－74　超声波在两种不同物质界面时的透射和反射

由公式(4－200)可知，第一次回波，即 $n=1$ 时，气液相分别和金属壁面接触时，声压差值为 0.57dB，可见声压差别非常小，普通超声探头很难分辨。然而当经过多次反射后，其超声探头接收到的回波差异性逐渐显现，如当经过 10 次反射，即 $n=10$ 时，声压差值已达到 5.7dB。可见，随着反射回波次数的增加，二者衰减特性的差异更加明显。图 4－75(a)、(b)分别为气、液相分别和金属壁面接触时超声探头接收到的界面回波波形示意图。可见，当金属壁面和不同介质接触时，其壁面超声回波具有不同的衰减特性。

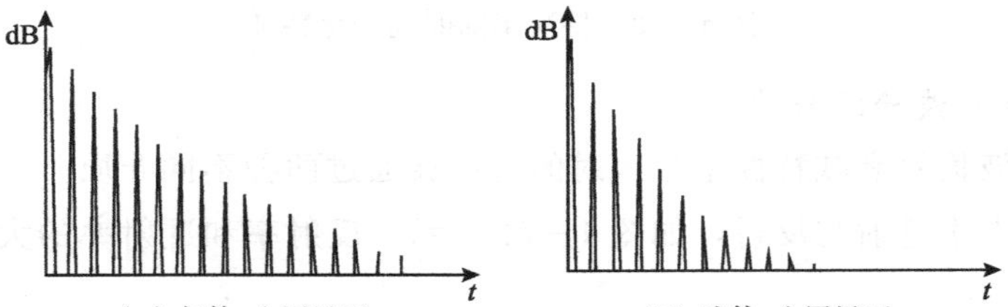

(a) 气体-金属界面　　(b) 液体-金属界面

图 4－75　超声波回波衰减特性示意图

5. 基于超声回波的积液检测原理

如图 4－76 所示，在气液两相分层流型下，气液界面以上是气相空间，管壁和气相接触，气液界面以下为液相空间，管壁和液相接触。根据超声探头接收到的反射回波的衰减特性，可判断探头所在位置是在气液界面以上还是在气液界面以下。超声探头在管外壁沿周向方向移动，捕捉根据气液界面上反射回波的特性发生突变的位置，此即气液界面位置。记录当前超声探头所在位置的周向角 α，由于被测金属管道内径 d 通常已知，根据几何关系很容易确定出积液高度 h 的大小。

$$h = \frac{d}{2}(1 - \cos\alpha) \tag{4-201}$$

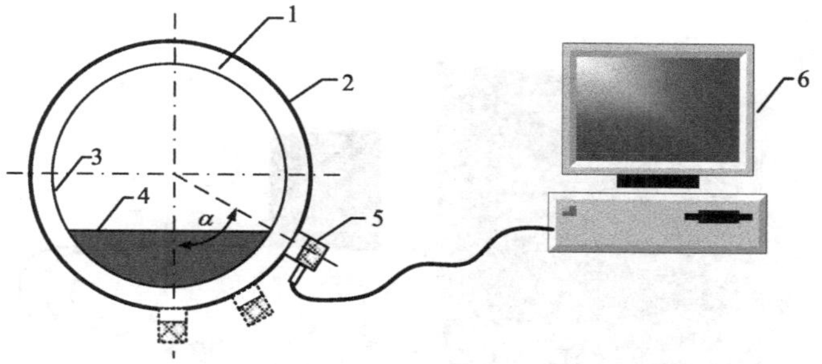

图 4－76　超声积液测量原理图

1—管壁；2—外壁；3—内壁；4—气液界面；5—超声探头；6—超声信号采集与控制系统

6. 超声积液监测装置

超声波积液检测系统主要包括检测传感器部分、同步控制电路、超声发射电路、超声波信号接收电路、视频信号处理电路、增益位置调整、采样模式控制、波门控制器、同步跟踪控制、接口模块控制器、通信接口、主控计算机系统、I/O 接口模块、检测小车控制器、伺服电机控制、位置检测电路等。总体结构如图 4－77 所示。

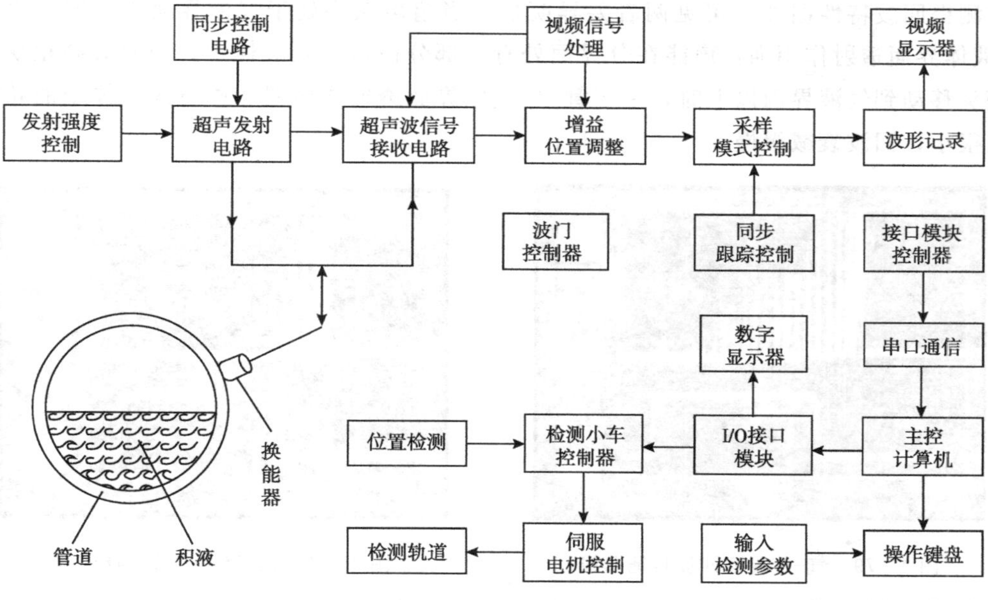

图 4－77　积液超声检测设备总体结构

超声传感系统核心部件为超声传感探头，超声探头耦合在被测管道的管外壁上，超声探头同时具有发射和接受超声信号的功能。超声探头在管外向管内垂直发射高频超声波，超声波在管内壁与内部介质界面处发生反射，反射回来的回波信号重新被超声探头接收。行走定位系统由周向轨道主要记录超声回波信号特征发生突变位置，根据超声积液监测原理，此处即为气液界面。探头轨道系统主要为探头沿管道周向行走提供路径和向导，探头定位系统用于显示超声探头实时周向角度。积液超声检测仪实物照片如图4－78 所示。

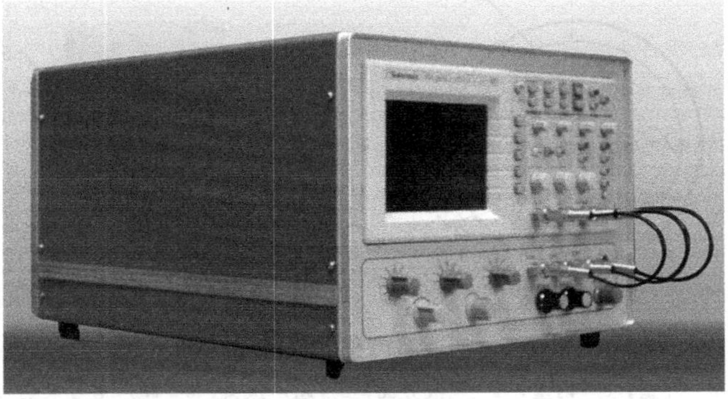

图 4-78　积液超声检测仪实物照片图

7. 积液测量实验

实验在湿气集输测试管段上进行，钢管规格为 508mm×22.2mm，材质为 L360。管段上安装有玻璃管液位计，用以记录真实积液高度。测量时，探头周向角度 α 可通过测量测点到管线顶部的弧长来确定。图 4-79、图 4-80 分别为超声探头处于气液界面上方和下方测得回波特性曲线，可见两者差异明显。当超声探头处于气液界面以下时，由于管壁/液体界面透射作用强，声能在分界面处有一部分被透射入液体中，因此衰减很快。而当探头移动到气液界面以上时，由于管壁/气体界面透射作用弱，透射入气体中的超声波能量很小，回波衰减缓慢。

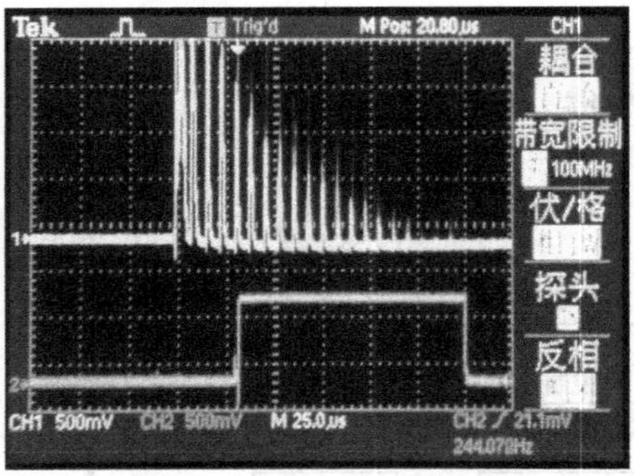

图 4-79　气-壁界面回波特征曲线

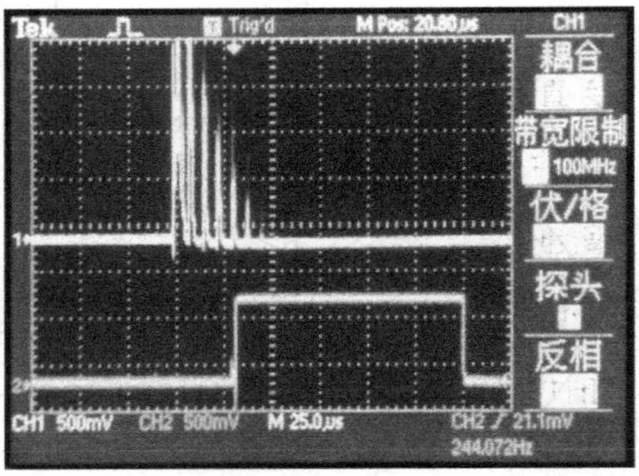

图 4-80　液-壁面回波特征曲线

8. 积液控制技术

(1)轴心射流积液清管控制技术

轴心射流清管器操作效果如图 4-81 所示。清管器中心开有旁通管，顶部安装有射流喷嘴；旁通的气体吹扫清管器前的液塞，使液体在更长的管段分布，抑制了清管前端段塞流的生成，减小了末端分离器的波动。由于射流孔的作用清管器前后压差较小，清管器速度较低，可避免清管时产气量的大幅调低，减少清管作业对生产的影响。

(2)轴心射流清管器

中国石油大学(华东)研发了清管器，结构由筒体骨架、密封皮碗、导向盘、射流喷

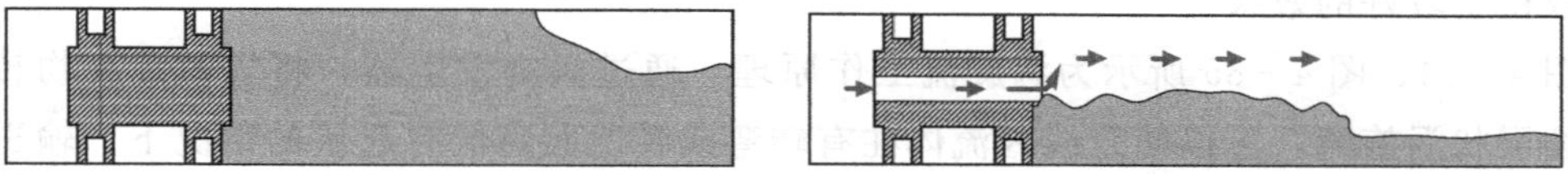

（a）无旁通　　（b）有旁通

图 4－81　轴心射流清管器操作的效果图

嘴、喷嘴支座、止回阀门等组成，如图 4－82 所示。射流喷嘴安装在清管器前端固定槽内，射流喷嘴有多种孔径，可以根据需要调节，为了防止在爬越上倾管路时液体回来，在尾部安装有止回机构。止回机构由进气阀和弹簧组成，可对进气量进行自适应调节，以保证清管器的平稳运行。

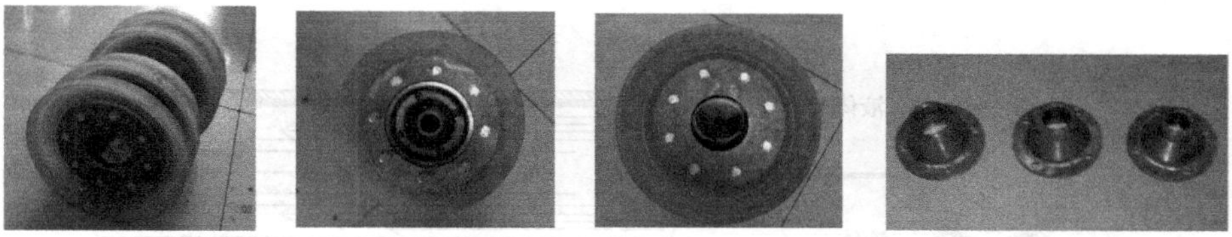

（a）射流清管器I　　（b）射流喷嘴I　　（c）止回机构I　　（d）喷嘴系列I

图 4－82　轴心射流清管器结构

9. 气液螺旋流携液技术

涡旋流在自然界中十分常见，例如龙卷风等，它属于湍流中一种特殊而规则的涡旋运动，如图 4－83 所示。涡旋流的基本特征是具有一个与轴向速度相当量级甚至更高数值的切向速度，其大小和分布对旋流的流动特性及应用有决定性影响。

图 4－83　自然界的螺旋流—龙卷风

涡旋流技术最初用于气井排水采气，改善气井生产状态、提高气井采收率，目前在北美、澳大利亚数千口天然气井获得应用。而在地面集输系统中，该装置的使用尚处在实验阶段。2012 年 10 月，涩北气田台井投产使用地面涡旋流装置；2013 年 12 月，子洲气田 19—18 洲和洲 19—25 井在井口安装地面涡旋流装置，增强了管线携液量，降低了管线压降，取得了较好的效果。

图 4-84、图 4-85 所示为涡旋流工作原理，通过涡旋发生器，将气液混合物转变为稳定的层状涡旋流，可以使管线内流体在有转弯或者地面高低有起伏的情况下，输送更长的距离。

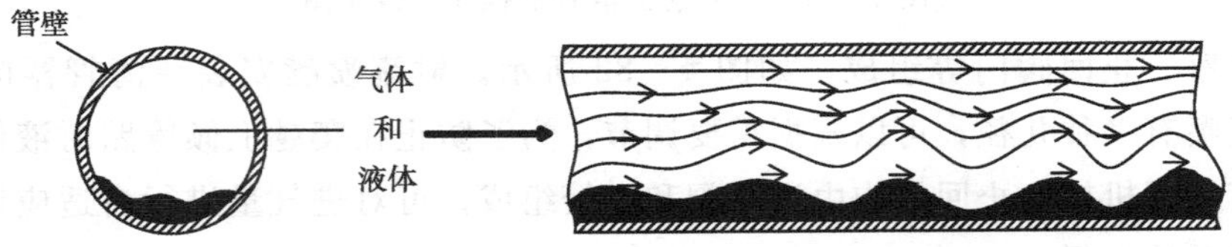

图 4-84　无地面涡旋流装置的流态

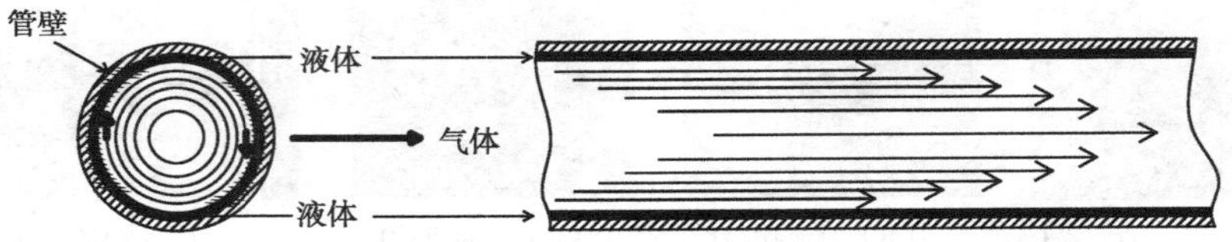

图 4-85　通过地面涡旋流装置的流态

螺旋流的旋转流场流动形式具有轴向速度和周向速度分量，流场中质点沿管道中心螺旋前进。与普通管流相比，螺旋流具有以下特征：

①较好的结构稳定性，湍流度低；

②具有周向速度分量，管道中心压强低，外壁压强高，流体运动具有向心聚集的趋势，这样在物质传输过程中，能使物质输运更远；

③管道横截面内轴向速度分布与普通管内湍流更陡峭，流动主要集中在中心。涡旋流需要人工方法强制形成，产生方法主要有安装旋流器、安装导流片、切向喷射和旋转轨道。

4.6.4　输油管道蜡沉积预测与控制

1. 原油蜡沉现象及危害

原油中的石蜡是指十六烷以上的正构烷烃的混合物，其中中等相对分子质量的蜡组分含量最多，低相对分子质量和高相对分子质量的蜡所占的比例都比较小。蜡在原油中的溶解度随其相对分子质量的增大和熔点的升高而下降，随原油密度和平均相对分子质量的减小而增加。不同熔点的蜡在同一种原油中有不同的溶解度。含蜡原油在温降过程中，其中所含的蜡总是按相对分子质量的高低，次第析出。当温度降到其含蜡量高于溶解度时，某种熔点的蜡就开始从液相中析出。由于蜡晶粒刚开始析出时，不易形成稳定的结晶核心，故原油常在溶蜡量达到过饱和时，才析出蜡晶。

所谓的原油管道的蜡沉积，是指原油中的蜡结晶析出并与胶质、沥青质、部分原油及其他杂质沉积在管道内壁上，如图 4-86 所示，根据分析统计，我国含蜡原油管道沉积物中石蜡含量一般在 40％～50％，胶质、沥青质含量在 10％～20％，此外还包括 30％～40％的凝油和一定量的砂、铁锈等。

图 4－86　管道蜡堵塞

管壁上的凝结层一般比较松软，且沉积物有明显的分界，紧贴管壁的是黑褐色发暗、类似细砂的薄层，其组成主要是蜡，是真正的结蜡，有一定的剪切强度，这一层的厚度一般只有几毫米，与管壁粘结较牢固，在蜡层上面是厚度要大得多的黑色发亮的沉积物，主要是凝油，即在蜡和胶质、沥青质构成的网络结构中包含着部分液态黏油。在管道沿途某一温度范围内是结蜡高峰区，过了结蜡高峰区后结蜡层有减薄现象，在末端结蜡层厚度又上升，这是由于油流带来的前面冲刷下来的“蜡块”重新沉积的缘故。我国所产原油 80％以上为含蜡原油，表 4－23 为我国典型油田蜡含量。

表 4－23　我国典型油田蜡含量

油田名称	20℃原油密度/(g/cm^3)	50℃原油动黏度/(cP)	凝点/℃	蜡含量/％	胶质含量/％
大庆	0.8554	20.19	30	26.2	15.0
胜利	0.9005	83.36	24	14.6	23.2
辽河	0.9204	109.00	17	9.5	11.9
中原	0.8466	10.30	33	19.7	9.5
华北	0.8837	57.10	36	22.8	23.2
新疆	0.8538	18.80	12	7.2	11.3
大港	0.8826	17.37	28	15.4	13.1
孤岛	0.9495	333.70	2	4.9	24.8
吉林	0.8684	26.38	26	22.3	17.2
冀东	0.8552	8.46	28	20.5	15.7
南阳	0.8662		39	30.9	14.8
江汉	0.8640	25.51	31	14.6	23.0
江苏	0.8450		43	37.0	16.5
四川	0.8413	13.39	30	17.1	3.7
青海	0.8400	9.12	25	20.0	10.5
玉门	0.8520	9.73	18	10.0	17.9
吐哈	0.8120	5.02	16	12.0	10.0
任丘	0.8785	40.50	38	23.1	18.1
魏岗	0.8585		47	45.0	13.3
内蒙二连	0.8949	83.60	26	16.6	20.6
广西百色	0.8711	19.24	36	25.1	15.0
大民屯	0.8675	118.50	49	55.3	5.35
南海北部湾	0.8450	10.71	32	27.8	1.3

蜡沉积发生后使流通截面减少，摩阻增大，管道输送能力降低；同时又增大了油流至管内壁的热阻，使总传热系数下降，并使输送费用增加，严重时会导致管道堵塞。如铁大线熊岳至复线站间自 1975 年投产到 1979 年年底未进行清蜡，管壁的当量结蜡厚度达 26mm，摩阻上升 1.2MPa，管道效率下降了 20%。

2. 管壁结蜡的机理

管内壁结蜡实际上是石蜡在管内壁的沉积过程和油流的冲刷过程共同作用的结果。不少学者认为含蜡原油管道中的蜡沉积机理有分子扩散、布朗运动、剪切弥散。

(1)分子扩散

含蜡原油在管内输送过程中，油温不断降低，当油温降低到某一温度时，由于管壁温度总是低于油温，靠近管壁处的溶解石蜡首先达到饱和状态，如果油温再降低，则会出现过饱和，借助管内壁提供的结晶中心(粗糙突起、杂质)而首先析出。管壁处石蜡的析出，使其浓度降低，这样便会在管壁和紊流核心之间产生浓度梯度(Concentration Gradient)。该浓度梯度使溶解在原油中的石蜡分子从管中心向管壁扩散，为管壁上的继续结蜡创造条件。

石蜡分子向管壁的扩散速率可用 Fick 扩散方程计算：

$$\frac{\mathrm{d}G}{\mathrm{d}\tau}=-\rho_{\mathrm{L}}D_{\mathrm{m}}\frac{\mathrm{d}C}{\mathrm{d}r} \tag{4-202}$$

由 $W_{\mathrm{mL}}=\frac{\mathrm{d}G}{\mathrm{d}\tau}$ 和 $\frac{\mathrm{d}C}{\mathrm{d}r}=\frac{\mathrm{d}C}{\mathrm{d}T}\frac{\mathrm{d}T}{\mathrm{d}r}$ 可得

$$W_{\mathrm{mL}}=-\rho_{\mathrm{L}}D_{\mathrm{m}}\frac{\mathrm{d}C}{\mathrm{d}T}\left(\frac{\mathrm{d}T}{\mathrm{d}r}\right)_{\mathrm{r=R}} \tag{4-203}$$

式中 W_{mL}——单位时间扩散通过单位面积的蜡分子的质量，即由分子扩散引起的蜡沉积速率，kg/(s·m²)；

ρ_{L}——蜡的密度，kg/m³；

D_{m}——分子扩散系数，m²/s；

$\mathrm{d}C/\mathrm{d}T$——温降 1℃析出的蜡晶量的百分数，即蜡晶在原油中的溶解度系数，1/℃；

$\mathrm{d}T/\mathrm{d}r$——管壁处径向温度梯度，℃/m。

$$D_{\mathrm{m}}=B/\mu \tag{4-204}$$

式中 μ——原油的动力黏度，Pa·s；

B——常数，近似取 2.4×10^{-2}N。

管壁处径向温度梯度可根据微元管段上的热平衡求得：

$$\left(\frac{\mathrm{d}T}{\mathrm{d}r}\right)_{\mathrm{r=R}}=\frac{GC_{\mathrm{y}}}{\lambda_{\mathrm{y}}\pi D_0}\frac{\mathrm{d}T}{\mathrm{d}L} \tag{4-205}$$

$\mathrm{d}T/\mathrm{d}L$ 为轴向温度梯度，可由轴向温降公式计算。

严格地说，Fick 定律只适用于静止油品被冷却时的扩散情况。流动流体内部的质量传递机理取决于流体的流动状态，紊流时，管内油品的流动可分为三层：层流边层、紊流核心以及处于两者之间的过渡层。在紊流核心中，流体中充满了旋涡和湍动而使流体质点产生垂直于流动方向的移动，故紊流核心中温度梯度几乎为零，浓度梯度也为零，即温度和浓度均匀一致，但在紧贴管壁的层流边层内质点只沿流动方向移动，垂直于流动方向的质量传递只能靠分子扩散，所以在层流边层内仍可用 Fick 定律描述。

(2)布朗运动(Brownian movement)

布朗扩散是指悬浮在油相中的蜡晶由于布朗运动从小颗粒变成大颗粒，当油流中有浓度梯度时，蜡分子便会向管壁移动，并沉积在管壁上。

(3)剪切弥散(Shear Dispersion)

当原油温度降到析蜡点以下时，石蜡分子就形成微小的蜡晶从原油中析出。悬浮在层流中的蜡晶颗粒，由于流速梯度场的存在，会以一定的角速度作旋转运动，并出现横向的局部平移，如图 4-87 所示，使蜡晶向管壁移动，最后沉积在管壁上。

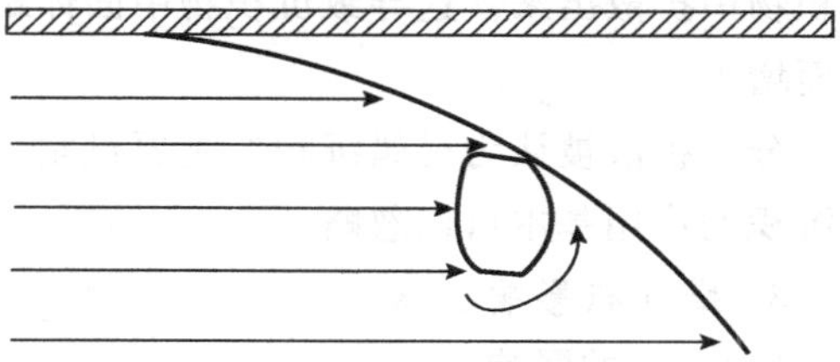

图 4-87　蜡沉积机理

由于油品具有黏性，旋转的蜡晶颗粒会使靠近颗粒表面的流层产生环流。处于环流区的颗粒对相邻的颗粒会产生吸引力，使之互相碰撞。如果原油中蜡晶颗粒很少，相互碰撞只产生暂时的位移，以后仍然回到原来的流线，并不产生净的径向移动。如果原油中蜡晶颗粒很多，则互相碰撞会造成净的横向分散，称为剪切弥散，使石蜡结晶从紊流核心向管壁传递，传递来的石蜡便在管壁处沉积起来。另外原油中的微晶蜡处于热运动状态，因此产生布朗运动，由于径向存在浓度梯度，布朗运动的净结果，使蜡晶颗粒由高浓度区向低浓度区扩散。上述两种扩散作用引起的石蜡沉积速率可表示为：

$$W_{dL} = K^* C^* (du/dr)_{bi} \tag{4-206}$$

式中　$(du/dr)_{bi}$——管壁处的速度梯度，1/s；

K^*——沉积速率常数，可由试验确定，kg/m^2；

C^*——管壁处蜡晶的体积分数。

所得的沉积速率相加，就得到由分子扩散及蜡晶横向移动引起的总的蜡沉积率：

$$W_{tL} = W_{mL} + W_{dL} \tag{4-207}$$

考虑到管壁上的结蜡层实际上是由蜡结晶作网络骨架的凝油，故凝结层的总沉积速率 W_t 应为 W_{tL} 除以质量分数表示的原油含蜡量 C_L，即：

$$W_t = W_{tL}/C_L \tag{4-208}$$

试验表明，油温高、热流强度大、油壁温差大、油流黏度又小时，分子扩散对沉积速率起主要影响；油温低、热流弱、剪切速率又大时，剪切弥散起主要作用。但随着剪切速率的上升，由于剪切应力增大，又可能剪掉管壁上的凝油层。当两者达到动态平衡时，冲刷速率等于沉积速率，结蜡层厚度达到稳定值。

(4)重力沉降

重力沉降是指油流中析出的蜡晶在重力作用下向管道底部移动并沉积。

(5)剪切剥离

石蜡沉积层的凝结生长还存在另一个相反作用，即油流的冲刷作用。流体在管内流动时，管壁处的剪切应力最大，随着结蜡层在管壁上的生长，管内流速不断增大，管壁处的剪切应力也不断增大，当管壁处的剪切应力大于沉积层的破坏强度时，就会有部分沉积物从管壁上剥落下来。随着外部沉积物的剥落，凝结层还会生长，最后凝结层的生长和油流冲刷处于动平衡状态，凝结层厚度达到一个稳定值，即由于冲刷过程的存在使结蜡层不会无限制地增长。

(6)老化

老化作用使沉积物的硬度随时间增加而增大。管壁处沉积的蜡将油圈闭在蜡质网状结构中。重质分子穿过圈闭的油扩散进入沉积的凝胶结构，而被圈闭的油在逆扩散作用下从沉积物中扩散出来。这导致沉积物中固体蜡组分增加，从而使凝胶结构的硬度随时间的增加而增大。

分子扩散被认为是蜡沉积的主要机制，大多数文献指出，布朗扩散、重力沉降对管壁蜡沉积的作用基本可以忽略。

3. 蜡沉积影响因素

(1)油温的影响

试验表明，在接近析蜡点的高温和接近凝固点的低温下输送时，管内壁结蜡较轻微，在两者之间有一个结蜡严重的温度区间。这个温度区间大致与原油中大量析蜡的温度范围相近。图 4 - 91 是实测的大庆原油温度与管壁结蜡速率的关系曲线。

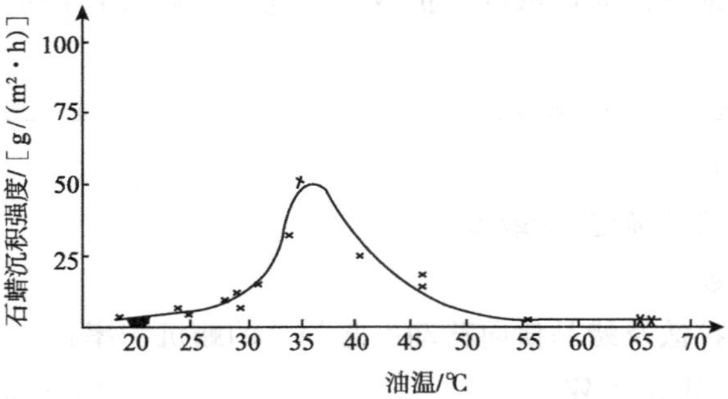

图 4 - 88　大庆原油温度与管壁结蜡速率关系

从图 4 - 88 可以看出，油温高于 45℃时随油温的下降为结蜡缓增区，在 30～40℃之间为结蜡高峰区，低于 30℃为结蜡递降区，这与石蜡组成的图形基本一致。在结蜡高峰区，析出的是含量较高的中等相对分子质量石蜡，在此温度范围内，管截面上浓度梯度大，油流黏度却不大，因而分子扩散作用强，且由于蜡晶颗粒的大量析出，一方面碰撞的机会增多，容易互相粘结而沉积在管壁上；另一方面，蜡晶颗粒浓度的迅速增大使剪切弥散作用加强，故形成了结蜡高峰区。

低温时，油流黏度大，分子扩散作用很弱，虽然此时剪切弥散作用较强，但管壁处的剪应力较大，且此时形成的凝结层的附着强度不大，凝油层又会被剪掉一部分，故低温时凝油层较薄。

(2)油壁温差的影响

沉积速率随油壁温差的增大而增大。这是因为油壁温差越大，浓度梯度和蜡晶浓度就愈大，从而分子扩散和剪切弥散作用都加强。油壁温差的大小不仅取决于油温和周围介质温度，还与管道的热阻大小有关。在冬季，地温低，油壁温差大，结蜡较严重。在某些散热很大的局部段落，地下水位高并有渗流处，保温层破损的水下管道，或覆土太浅的管段，结蜡层的厚度可能最大。

对于埋地管道，凝油层厚度的变化还随季节而不同，当地温逐渐下降时，凝油层逐渐增厚；当地温逐渐上升时，凝油层又逐渐减薄。当输量和油温稳定时，在某一季节，凝油层厚度常保持在某一范围内。

(3)流速的影响

流速对管壁结蜡强度的影响主要表现为，随着流速的增大，管壁结蜡强度减弱。层流时的结蜡比紊流严重，*Re* 数愈小，结蜡愈严重。因为随着流速的增大，虽然管壁处剪切速率的增大会使蜡晶的剪切弥散作用有所加强，但层流边层的减薄，油壁温差的减小，管壁处剪切应力的增大，这些因素都会使管壁上的结蜡层减薄。实践表明，当流速大于1.5m/s时，管内就较少结蜡。流速对凝油层剪切冲刷的强弱，还与决定于温度、原油物性、热处理条件等的凝油层网络结构强度有关。右图为大庆原油蜡沉积强度与流速的关系。

(4)原油组成的影响

油品中含蜡是管壁结蜡的根本原因。因此油品含蜡量的大小将直接影响石蜡沉积速率，含蜡量越高，石蜡沉积速率越大。大多数含蜡原油中都含有数量不等的胶质和沥青质。一般认为胶质沥青质对石蜡沉积的影响表现为两个方面：一方面是当油温高于析蜡点时，由于胶质沥青质的存在，增加了原油的黏度，不利于石蜡分子的径向扩散。另一方面当油温低于析蜡点时，胶质沥青质会吸附在蜡晶表面上，阻碍蜡晶的互相聚结，从而消弱了剪切弥散作用，显然原油中的胶质沥青质的含量越高，石蜡沉积速率越小。原油含水率增大，蜡沉积速率降低，原油中含砂或其他机械杂质容易成为蜡结晶的核心，使结晶强度增大。

(5)管壁材质的影响

试验表明管壁材质和表面粗糙度对结蜡也有明显的影响。由于管壁或涂料的表面结构和性质不同，在石蜡结晶过程中内壁所提供的结晶核心的多少和结晶的难易程度就不同，因此结蜡速率也不同。管壁的表面粗糙度越大，越容易结蜡。

4. 管道防蜡技术

(1)加热输送

保持沿线油温均高于析蜡点，可大大减少石蜡沉积。

(2)冷流输送

蜡沉积在零热通量情况下是可以忽略的，即使在析蜡点以下。为此采用冷流技术，通过降低管线内油流的温度至与周围环境温度一样，由此消除温度梯度，进而防止管壁上的蜡沉积。

(3)管道内涂层

即采用排斥石蜡的材料涂覆在输油管线内表面，抑制蜡沉积。当前研究已表明聚乙烯树脂、硅橡胶、丙烯酸甲酯共聚物涂层的低表面能可增加前接触角和滞后作用，还能减少钢表面对沥青、原油或石蜡的润湿特性。

(4)化学防蜡

化学防蜡技术是目前应用最广泛的一种防蜡方法，也是最简单、最有效的解决蜡沉积问题的方法之一。可采用表面活性剂作为防蜡剂，阻止蜡分子在已结晶的表面上继续析出。也可以在原油中加入蜡晶改良剂，使石蜡晶体分散在油流中并保持悬浮，阻碍蜡晶的聚结或沉积。

5. 管道清蜡技术

目前长输管道上广泛采用的是清管器清蜡。目前最常用的清管器有机械清管器和泡沫塑料清管器。在机械清管作业中，一项重要的工作就是确定清管周期。清管周期长，则动力消耗大，热损失小，清管费用也小；而清管周期短，动力消耗小，但热损失和清管费用大，因此存在一个使总费用最小的最优清管周期。确定最优清管周期有两种方法。一种方法是根据过去历次的清管实践，统计计算出不同清管周期下的总费用，通过比较选择最优清管周期，这种方法的计算工作量相当大，且有很大的局限性。另一种方法是列出该问题的数学模型，通过优化方法进行求解，但这种方法要求知道管壁的结蜡规律(即结蜡层厚度与时间的关系)。

图 4-89　WSP 型电子定位刮蜡器

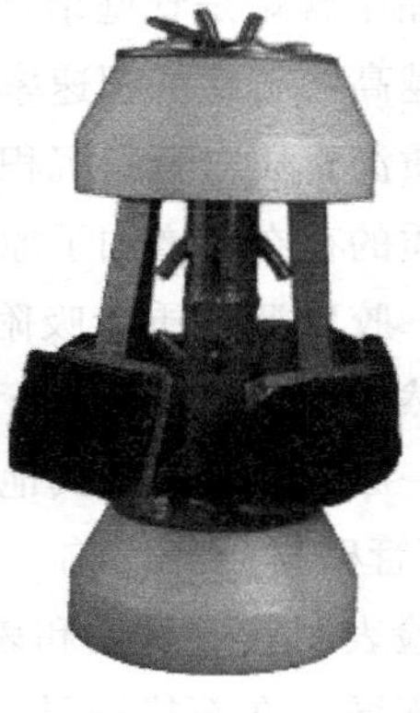

图 4-90　毛刷清管器

图 4-91　TDW 刮蜡器

4.6.5　油气管道安全清管技术

1. 清管前的调查

清管前需要对管线及其附件参数、管线收发球筒及相应附件、管输天然气组分及性质、管线历史清管状况和管线设计及操作运行参数的资料进行收集，以便确认管线清管方案并对管线进行风险分析。

检测设备对管道干线的要求：

①被检测管道直管段变形不得大于13％ D，弯头变形不得大于10％ D。

②沿线弯头的曲率半径不得小于5 D，且连续弯头间直管段不得小于1200mm。

③沿线三通必须有挡条，且支线开孔直径不得大于干线管径。

④沿线阀门在检测器运行期间必须处于全开状态，且全开后的阀门孔径不得小于正常管道内径。

⑤运行管段如有斜接存在，则其角度不得大于15°。

2. 清管风险的评估

要通过对管线的调研情况分析其风险因素(主要包括卡球或硫化亚铁自燃等问题)，并提出相应的解决措施。

3. 清管方案的确定

清管方案的确定需要考虑的因素有：清管方案的制定依据、清管可行性的分析、清管器的选择、清管推动介质的选择、清管速度的控制、清管器过盈量的选择、清管器的维护和相应的计算书等。

(1)管道基本状况

根据清管前调查进行编写，包括管线状况、管线清管器收发球站场、管线三通及阀门、管线输送介质及介质物性等。

(2)清管器的选择

清管器类型包括清管球、泡沫清管器、皮碗清管器、双向直板清管器、磁力清管器、除垢清管器、除蜡清管器、除锈清管器、管道变形检测清管器、管道裂纹检测清管器以及管道腐蚀检测清管器等，需要根据管道状况及清管器的特性进行清管器的选择。

(3)制定清管方案的依据

制定方案的依据有：有关法规和规范、上级有关的文件和设计资料、管道概况描述、组织领导及分工、管道运行工作状况、清管器的选择、清管操作规程、故障预想及措施、清管工作日程安排等。

(4)清管技术方案的编写

清管技术方案的编写主要包括：清管前运行参数计算结果、管线积液状况分析、清管过程及清管后运行参数测算、清管步骤和要求安排、清管安排及时间等。

(5)清管速度的控制

对于气体管道，速度过快会使清管器磨损严重，速度太慢又会使得清管器旁通量增大，建议清管时速度应控制在 3.5～5.0m/s。

(6)清管器过盈量选择

①清管球注满水过盈量为 3%～10%。

②皮碗、直板清管器过盈量为 1%～4%。

(7)清管器位置的确定

通过清管收发球指示器以及清管推动介质注入量的多少，预测和掌握清管器的位置。

(8)清管器的维护

从收球筒内取出清管器后，应对清管器进行清洗、检测和分析。清管器的皮碗如有损坏或皮碗唇边厚度小于原尺寸的 1/3 时，应更换皮碗，软质清管器不宜重复使用。

(9)清管过程的记录

清管过程中需要对出入口参数进行记录，记录主要内容如表 4-24 所示。

表 4-24　清管作业参数记录表

XXXXXXX 平台清管作业参数记录表					
作业管段	作业日期	海管长度	海管直径		
XXXX 至 YYYY		km	mm		
清管器长度/mm	清管器直径/mm	清管器形式	清管器材质	清管器测量负责人签名(两人)	
通球开始时间	通球结束时间	预计通球时间	实际通球时间		
清管时间	外输气量/(m^3/h)	海管入口压力/MPa	海管出口压力/MPa	海管入口温度	海管出口温度

4. 清管球运行故障及处理

(1)处理办法

①发放第二个球顶走第一个球，两球同时运行，使漏气减少而解卡；第二个球的质量要好，球径过盈量较大。

②增大球上游进气量，提高球的推力。

③排放球下游管线天然气，以增大压差，使球启动运行。

④第二、第三两种方法同时使用，以增大推球压差。

(2)球破裂

因球的制作质量差，清管段焊口内侧太粗糙，或因输气管线球阀未全开，球被刮破或削去一部分。

处理方法：检查和判断破裂的原因，排除故障后发放第二个球推破球一道运行。

(3)卡球

清管球在行进中遇到较大物体或因管道变形而卡在管内，卡球的现象是球后压力持续上升，球前压力下降。

处理方法：

①首先采用增大进气量，提高压力，以增大压差，使之运行。

②降低清管球下游的压力，以建立一定压差，使之继续运行。

③排放清管球上游天然气，反推清管球解卡。

④以上方法均不能解卡，采取断管取清管球解卡。

4.7　油气管道泄漏检测与定位技术

4.7.1　泄漏检测的重要性

管道运输作为一种新兴的、发展潜力巨大的运输方式，随着近些年来突飞猛进的发展，现已跻身于五大运输行业之一。与此同时，管道安全运营的问题倍加突出，也逐渐受到各界的重视。泄漏事故一旦发生，便会造成一连串十分严重的连锁反应，如能源浪费、经济财产损失、环境破坏等。因此管道泄漏检测与定位技术已经成为重要的研究课题。泄漏点定位是管道泄漏检测中一项关键技术，如何快速准确地确定泄漏点的位置是管道泄漏检测系统的重要组成部分。

管道的老化、锈蚀、突发性自然灾害及人为破坏等，都会造成管道破裂乃至泄漏，如不及时发现并加以制止，不仅造成经济损失，污染环境，还会危及人身安全，甚至造成灾难事故。因此，对管道泄漏检测技术的研究是有实际意义的。

其实际意义主要表现在以下几个方面：

(1)为管道安全运行提供了保障

对由于管道腐蚀、突发性自然灾害以及人为破坏等造成管道破裂乃至泄漏所造成的管道安全问题及时报警，大大提高了管道运行的安全性。

(2)减少盗油案件的发生

对于输油管道泄漏盗油进行实时监测报警，能够随时发现盗油情况，及时予以抓捕，从而有力的打击犯罪分子的嚣张气焰，起到很好的威慑作用，减少盗油案件的发生，减少国家损失。

(3)减少巡线工作量

由于生产运行管理人员能够随时掌握管道的运行状况，能够知道泄漏是否发生以及泄漏点的位置，大大减轻了对管道的巡查工作压力，使巡查工作能够做到有的放矢，减少了盲目巡查工作量。

(4)减少漏油损失

一旦泄漏发生后，站上管理人员能够立即得知泄漏位置和泄漏孔径，从而迅速采取相应的措施，减少泄漏损失以及由此带来的环境污染和经济损失。

(5)提高长输管道的现代化管理水平

实现了管道进出站的数据的自动采集与处理，实现了管道安全运行的自动监控，为管理层决策提供了依据。

4.7.2 管道泄漏检测方法综述

对管线的泄漏在某一段时间所进行的测试，叫做检测(Inspection)，若在相当长的一段时间内连续不断地实行检测，称为监测(Monitoring)。管道泄漏监测技术的分类方式有多种，根据检测对象的不同，大致可分为直接检漏法和间接检漏法，如图4-92所示。

- 泄漏检测方法
  - 直接检漏法
    - 人工巡线法
    - 检漏电缆法
    - 示踪剂检测法
    - 光纤检测
    - 负压波法
  - 间接检漏法
    - 压力梯度法
    - 流量平衡法
    - 实时模型法
    - 应力波法
    - 声波法

图4-92 泄漏检测方法分类

1. 直接检漏法

(1)人工巡线

由有经验的技术人员携带检测仪器设备或经过训练的动物分段对管道进行泄漏检测和定位，或者在管道沿线设立标志桩，公布管道所辖单位的电话号码，管道发生泄漏时由附近居民打电话报警。这类方法定位精度高，误报率低，但依赖于人的敏感性、经验和责任心。最初，油气长输管道的泄漏监视常采用人工巡线的方法。但该方法不能及时发现油气泄漏，只有在管道泄漏处表面出现油迹，气味散发才能发现，局限性较大。

近年来搭载热成像相机的无人机开始用于管道巡线，通过红外图像记录管道附近土壤温度异常来发现泄漏，如图4-93所示。

(2)检漏电缆法

检漏电缆法多用于液态烃类燃料的泄漏检测。电缆与管道平行铺设，当泄漏的烃类物质渗入电缆后，会引起电缆特性的变化，并被转变为电信号或光信号输出，通过特定的仪器即可知泄漏的发生。

检漏电缆法能够快速而准确地检测管道的微小渗漏及其渗漏位置，但其必须沿管道铺设，施工不方便，且发生一次泄漏后，电缆受到污染，在以后的使用中极易造成信号混乱，影响检测精度，如果重新更换电缆，将是一个不小的工程。

图 4-93　无人机管道泄漏检测

目前研究出的电缆有渗透性电缆、油溶性电缆、碳氢化合物分布式传感电缆。

①渗透性电缆

这种电缆与渗漏油接触就会发生电缆间的阻抗变化，在管道一端通过对阻抗分布参数的测量，即可确定管道状态及渗漏位置。

②油溶性电缆

是用非透水性但透油性材料制成的同轴电缆，沿管道铺设。从电缆一端发射脉冲，脉冲碰到被油浸透的电缆处会反射脉冲，通过检测反射脉冲信号，可检测管道泄漏位置。

③碳氢化合物分布式传感电缆

这种电缆由报警模块和传感电缆两大部分组成，传感电缆包括一个具有导电作用的聚合体层和向内压缩的编织物保护层，当有泄漏发生时，该聚合体层接触到碳氢化合物溶剂和燃料就会膨胀，而外部的编织物保护层会限制膨胀，向内压缩，从而导致两侧传感线接触构成回路，通过测得传感导线回路电阻可确定泄漏的位置。

(3)示踪剂检测法

将放射性示踪剂掺入管道内的介质中。管道发生泄漏时，放射性示踪剂随泄漏介质到管道外，扩散并附着于周围的土壤中。位于管道内部的示踪剂检漏仪随着输送介质而行走，可在 360°范围内随时对管壁进行监测。示踪剂检漏仪可检测到泄漏到管外的示踪剂，并记录下来，确定管道的泄漏部位。该方法对微量泄漏检测的灵敏度很高，但检测操作时间较长，工作量较大。

(4)光纤检漏法

用光纤进行泄漏检测的技术已经比较成熟，光纤检漏法分为塑料包覆石英光纤传感器检漏、分布式光纤温度传感器检漏。

①塑料包覆石英光纤传感器检漏

油与光纤接触时渗透到包层，引起包层折射率变化，导致光通过纤芯与包层交界面的泄漏，造成光纤传输损耗升高。传感器系统设定报警界限，当探测器的接收光强度低于设定水平时，会触发报警电路。这种传感器可用于多种油液的探测。

②分布式光纤温度传感器检漏

管道内介质与环境温度不同，且发生泄漏时，布置在管道外侧的分布式光纤温度系统可感知温度变化，从而发现泄漏并能精确定位，如图 4－94 所示。分布式光纤温度传感器系统主要基于拉曼光反射、布里渊光反射和光纤光栅原理，其中基于拉曼光反射的分布式光纤温度传感系统(DTS)应用较多。基于拉曼散射的分布式温度传感技术最为成熟，国外已应用于管道检漏，国内尚没有应用。该方法可实现实时监测，精确定位(精度为 0.5～2.0m)。基于光纤光栅原理的准分布式温度传感系统在国外有应用，目前国内也正在应用该项技术进行某段 10km 管道的泄漏检测，可对关键点进行实时监测。

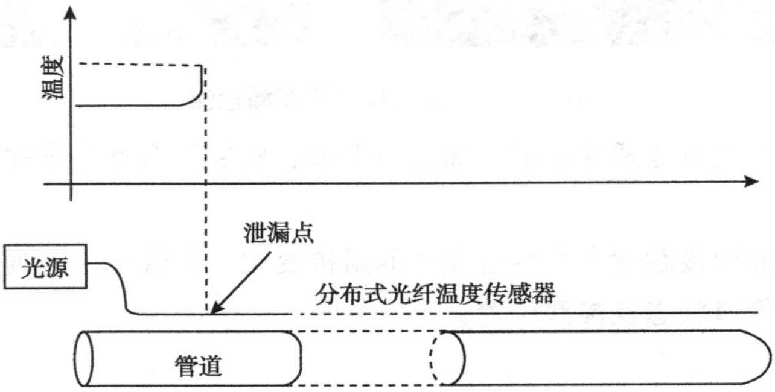

图 4－94　光纤温度传感器检漏

③分布式光纤预警系统组成

分布式光纤预警系统主要包括：分布式光纤振动传感器、光源模块(包括光源、光源驱动电路和保护电路)、光电探测模块、数据采集模块、系统软件等几部分，如图 4－95 所示。

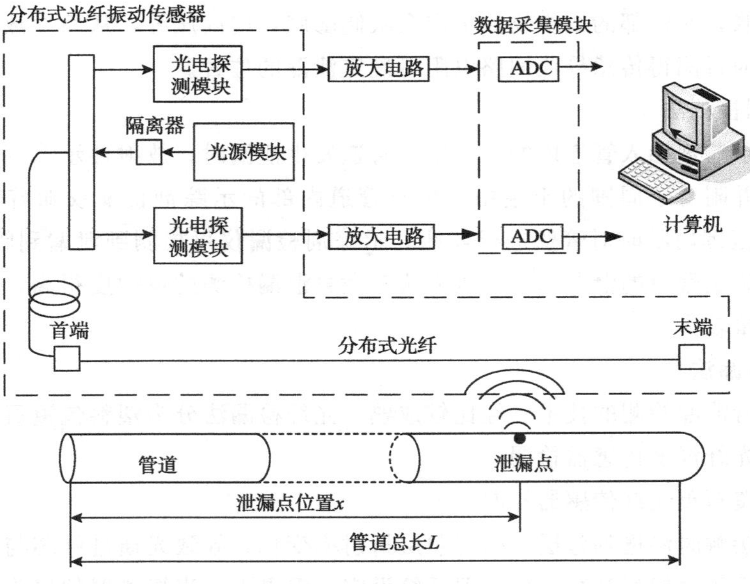

图 4－95　分布式光纤振动传感系统组成

图中，各部分功能和结构如下：

分布式光纤振动传感器：在管道附近沿管道平行铺设一条光缆，利用其中的三条单模光纤构成基于 Mach-Zehnder 光纤干涉仪原理的分布式振动传感器，用于获取管道沿途的振动信号。利用光缆中的两条光纤构成传感器的两个测试臂，而第三条光纤用于信号传输。两条测试光纤中光波汇合后形成的干涉信号传输到光电探测模块，将光信号转换成电信号。传感器中光源模块部分主要包括光源、光源驱动电路、隔离器等组成。光源采用半导体激光二极管，通过隔离器向光纤发射光波。光电探测模块将干涉后的光波转换为电信号，随后将电信号通过放大电路进行放大，最后通过数据采集模块将模拟信号转换为数字信号进入计算机进行后续处理。

放大电路：主要任务是将光电探测模块输出的电压信号进行放大，使信号大小与合数据采集模块信号采集范围相匹配。

数据采集模块：采用美国国家仪器公司(National Instruments)的数据采集卡对放大电路输出信号进行数据采集，使之转换为数字信号，送入计算机进行后续处理。该模块通过 LabVIEW 虚拟仪器平台完成数据采集任务的触发、设备控制、数据缓冲和数据保存等功能。

2. 间接方法

(1)负压波法

①负压波法原理

当泄漏发生时，泄漏处因流体物质损失而引起压力下降，这个瞬时的压力下降向泄漏点的上下游传播。当以泄漏前的压力作为参考标准时，泄漏产生的减压波成为负压波。其传播速度与声波在流体中的传播速度相同，传输距离可达几十公里。通过安装在管道上、下游的传感器检测到负压波的时差以及传播速度，可确定泄漏的具体位置。

负压力波法是一种声学方法，所谓负压力波实际是在管输介质中传播的声波。当管道上某处突然发生泄漏时，由于管道内外的压差，泄漏点的流体迅速流失，在泄漏处产生瞬态压力突降。泄漏点两边的液体由于压差而向泄漏点处补充。这个瞬变的压力下降作为振动源以声速通过管道中的原油向上下游传播，相当于泄漏点处产生了以一定速度传播的波，在水力学上称为负压波。负压波的传播速度在不同的输送介质中有所不同，在液体油中大约为 1000～1200m/s。

由于管道的波导作用，经过若干时间后，包含有泄漏信息的负压波分别传播到数十公里以外的上下游，由设置在管道两端的传感器拾取压力波信号。再经过检测系统的分析处理，根据泄漏产生的负压波传播到上下游的时间差和管内压力波的传播速度就可以估算出泄漏位置。

在输油管道泄漏监测系统中，管道的首末两端装有两个压力传感器，分别接收管道首末端传过来的压力值。定位原理如图 4－96 所示，设管道长为 L，假设 A、B 为装有传感器的管道首、末端，泄漏点为 C，C 点是管道上任意一点。设负压波传播速度为 V，管道内流体流速为 V_0，一般有 V 比 V_0 大 3 个数量级以上，这样可以认为负压波从首端传到末端的时间同末端传到首端的时间相等。

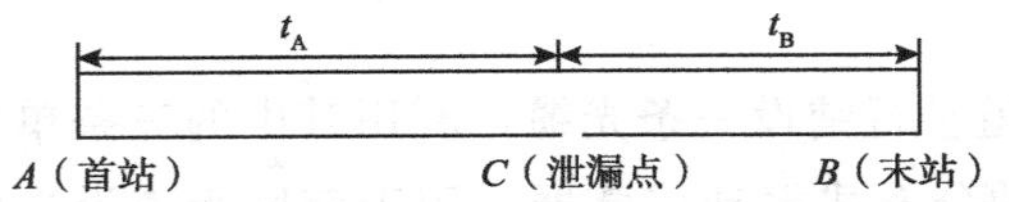

图 4－96　负压波定位原理图

在图 4－96 中假设泄漏点 C 产生的压力波传到首站（A 点）的时间为 t_A，传到末站（B 点）的时间为 t_B。泄漏点 C 到 A、B 点的距离为 L_{AC}、L_{BC}，则有：

$$t_A = \frac{L_{AC}}{\nu - \nu_0} \tag{4-209}$$

$$t_B = \frac{L_{BC}}{\nu + \nu_0} = \frac{L - L_{AC}}{\nu + \nu_0} \tag{4-210}$$

当输油管道出现泄漏时，其首末两个端点的压力会急剧下降，根据两个端点压力传感器所检测到的压力剧降的时间差，即可估算泄漏位置，若 t_A 与 t_B 的时间差为 Δt，则有

$$\Delta t = t_A - t_B = \frac{L_{AC}}{\nu - \nu_0} - \frac{L - L_{AC}}{\nu + \nu_0} \tag{4-211}$$

$$L_{AC} = \frac{1}{2\nu}[L \cdot (\nu - \nu_0) + (\nu^2 - \nu_0^2) \cdot \Delta t] \tag{4-212}$$

假设首端泄漏，产生负压波，传到末端，有 $t_A = 0$；$t_B = \frac{L}{\nu + \nu_0}$；再假设末端产生泄漏，负压波传到首端，则有 $t_A = \frac{L}{\nu - \nu_0}$；$t_B = 0$。两个时间差的绝对值为 $| t_B - t_B | = \frac{2\nu_0}{\nu^2 - \nu_0^2} L$，因为 $\frac{\nu}{\nu_0} > 10^3$，由此引起的定位误差在管段长度的 1‰以下，因此可以忽略 v_0 对 v 的影响。若测出 Δt 即可由式（4－212）求得泄漏点 C 距 A 站之间的距离。

长输管道泄漏检测系统中，各种监控、测量装置都是通过对采样得到的数字量进行处理而实现各自的功能的。一般来说，采样是在各装置内部时钟的控制下独立完成的。对于异地需要同步采样的设备来说，因为其装置内部的晶振频率有误差，所以管线各端装置难以同步。而且后期对泄漏信号的识别、负压波到达端点的初波时刻，以及判断信号是意外泄漏还是正常生产时站内压力调节所产生的压力波动的识别，这些都要求首末端压力波采取的时间基准同步，依赖的是各自计算机的系统时钟，但计算机时钟的守时性不理想，其性能较低。

②负压波的传播

当管线破裂发生泄漏时，泄漏点的流体压力突然下降，管内流动因边界条件的改变，产生压力降，压力波以声速由泄漏处向上、下游传播，这种负压波的传播介质是管内流体，主要受流体黏性、可压缩性、体积膨胀系数、流速等物理性质影响，衰减比较缓慢，可以根据负压波到达不同传感器的时刻推算波源的距离来估算泄漏位置。安装在管道上、下游的压力传感器可直接检测到扩张波，根据扩张波到达上、下游的时间，其定位公式为：

$$x = \frac{L + a\Delta t}{2} \tag{4-213}$$

其中 x 表示泄漏位置与上游的距离；L 为管线两端压力传感器之间距离；a 为负压

波在管道输送介质中的传播速度，即波速；Δt 为上下游压力传感器捕捉到负压波的时间差。

根据扩张波到上下游的时间差和扩张波的传播速度，便可确定泄漏点的具体位置。检测负压波主要通过模式识别方法在管线两端捕捉到负压波的波峰前沿，定位精度高的关键是精确确定波峰到达时间。

因此要实现准确的定位，必须精确的计算压力波在管道介质中的传播速度 a 和上、下游压力传感器接收压力波的时间差 τ_0。

a)压力波在管道内传播的速度决定于液体的弹性、液体的密度和管材的弹性：

$$a=\sqrt{\frac{K/\rho}{1+[(K/E)(D/e)]C_1}} \tag{4-214}$$

式中　a——管内压力波的传播速度，m/s；

K——液体的体积弹性系数，Pa；

ρ——液体的密度，kg/m；

E——管材的弹性，Pa；

D——管道的直径，m；

e——管壁厚度，m；

C_1——与管道约束条件有关的修正系数。

弹性系数 K 和密度 ρ 随原油的温度变化而变化，因此，必须考虑温度对负压波波速的影响，对负压波波速进行温度修正。在理论计算的基础上，结合现场反复试验，可以比较准确的确定负压波的波速。

b)压力波时间差 τ_0 的确定

要确定压力波时间差 τ_0，必须捕捉到两端压力波下降的拐点，采用有效的信号处理方法是必需的，如 Kullback 信息测度法、相关分析法和小波变换法。

c)模式识别技术的应用

正常的泵、阀、倒罐作业等各种操作也会产生负压波。为了排除这些负压波干扰，在系统中采用了先进的模式识别技术，依据泄漏波与生产作业产生的负压波波形等特征的差别，经过现场反复模拟试验，提高了系统报警准确率，减少了系统误报警。

③负压波检测方法存在的问题

负压波检测方法的一个主要缺点是：管道处于正常运行状态，泵站执行切换阀门、开泵、停泵、调泵等操作时也会引起负压力波的出现，由于无法辨别负压力波的出现是泄漏还是管道的正常操作所致，因此，仅根据是否有负压力波出现判断是否有泄漏发生将会有很大的误差，也就是说该方法不能自动辨别出现负压波的原因，系统可能产生误报，进而严重影响了负压波的判断结果。为了减少系统的误报率，降低工况变化对泄漏检测系统的影响，必须采用一些适当的方法加以改进，有两种方案可以选择。方案一：在输油管道的两端安装流量计，引入质量守恒方法。如果油库调整工况时导致压力下降，管道两端的外输流量也会下降，根据这一特点就可以排除工况调整的干扰。但是此方案实施起来困难很大，安装流量计投资大，因此不考虑采用该方案。方案二：仍然采用负压波的检测方法，但在管道首、末端需要各安装压力传感器两个，通过判断负压波传播的方向，确定压力下降是由工况变化引起的还是管道泄漏引起的。这种方案实施起来相对容易，成本也相对较低，所以选用双压力传感器方案。

④双压力传感器泄漏检测方法

传统负压波泄漏检测系统中，管道的首、末两端各安装一个压力传感器，用于获取压力波信号来确定管道泄漏点的位置。但是，启泵后管道压力的振荡变化、变频器频率调低、停泵、阀门关小和相邻油库的工况调整都可能会引起压力的下降，这些情况有可能引起系统的误报。为了降低由于工况调整等因素产生的误报率，本文对传统负压波泄漏检测系统进行了改进，在首末站安装的压力传感器由一个变成两个，用来判断是发生泄漏还是工况调整。

(2)压力梯度法

压力梯度法是一种技术上不太复杂，常被使用的一种泄漏定位方法。管道发生泄漏时会在漏失点产生额外的压力损失，使其上游的压力梯度较陡，而下游的压力梯度较为平缓，根据上游站和下游站的流量等参数，计算出相应的水力坡降，然后分别对上游站出站压力和下游站进站压力作图，其交点就是理想的泄漏点，如图 4－97 所示。

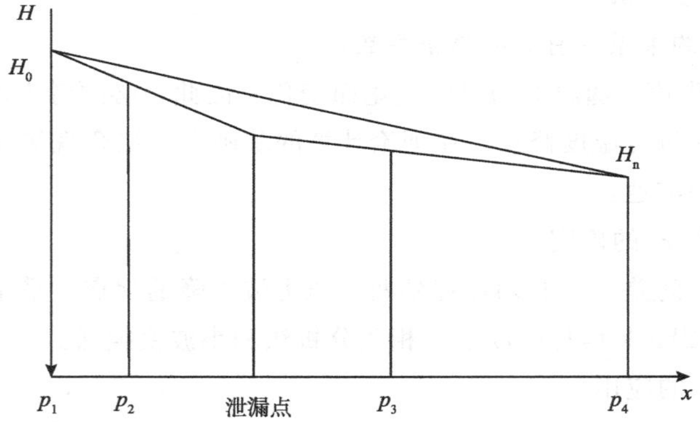

图 4－97　压力梯度泄漏检测法原理图

H—管道沿线压力；H_0—管道上游压力；x—管道长度；H_n—管道下游压力

天然气在管道中流动时，其物性包括压力、密度、速率和温度。通常，管道的曲率半径比管道的直径要大得多，若不考虑管道截面的变化，天然气在管道的流动都是连续的。泄漏点计算公式为：

$$x_t = \frac{p_1 - p_2 - L \cdot \frac{\partial p}{\partial x}\big|_{X_1 \leqslant X \leqslant L}}{\frac{\partial p}{\partial x}\big|_{x<x_1} - \frac{\partial p}{\partial x}\big|_{X_1 \leqslant X \leqslant L}} \tag{4-215}$$

式中，x_t 为泄漏点距上游测压点的距离，m；L 为管段长度，m；$\frac{\partial p}{\partial x}\big|_{x<x_1}$ 为靠近泄漏点上端的压力梯度；$\frac{\partial p}{\partial x}\big|_{x_1 \leqslant x \leqslant L}$ 是靠近泄漏点下端的压力梯度；p_1、p_2 分别为管道首末端测

得的压力。而在上式中，计算压力梯度时，需要采集的管道首端和终端的压力、流量，管道中的摩阻系数也不是常数，对定位的精度影响很大，下面对该方法提出改进，如图 4－98所示。

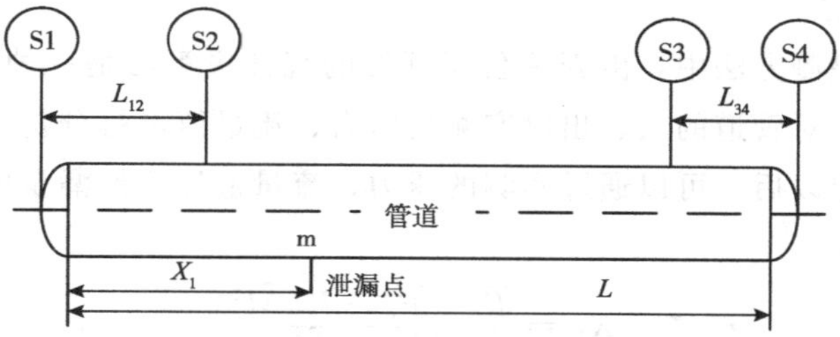

图 4－98　压力梯度法泄漏监测示意图

在首端和终端附近各自再设置两个传感器，所以上述的压力可以表示为：

$$\frac{\partial p}{\partial x}\bigg|_{x\leqslant x_1}=\frac{p_2-p_1}{L_{12}} \tag{4-216}$$

$$\frac{\partial p}{\partial x}\bigg|_{x_1\leqslant x\leqslant L}=\frac{p_4-p_3}{L_{34}} \tag{4-217}$$

式中，p_1、p_2、p_3、p_4 分别为图 4－98 中传感器 S1、S2、S3、S4 所测得的压力值。在实际的实验中，采集到得压力信号 p_1、p_2、p_3、p_4 的数据要进行处理，尽量去掉泄漏发生前后的压力值，而为了更加准确，在计算时，应用每个压力传感器测得压力的平均值 p_1、p_2、p_3、p_4 。则改进的公式为：

$$t=\frac{\overline{p}_1-\overline{p}_4-L\dfrac{\overline{p}_4-\overline{p}_3}{L_{34}}}{\dfrac{\overline{p}_2-\overline{p}_1}{L_{12}}-\dfrac{\overline{p}_4-\overline{p}_3}{L_{34}}} \tag{4-218}$$

由于沿管线的压力梯度分布是非线性的，线性压力梯度法的定位精度较差，且仪表测量对定位结果也有很大影响，所以压力梯度法的定位可以作为一个辅助手段与其他方法一起使用。

(3)流量平衡法

该方法基于管道流体流动的质量守恒关系，在管道无泄漏的情况下进入管道的流体质量流量应等于流出管道的质量流量。当泄漏程度到一定量时，入口和出口就形成明显的流量差。检测管道多点位的输入和输出流量，就可判断泄漏的程度及大体位置。

(4)实时模型法

是今年来国际上着力研究的检测管路泄漏的方法。它的基本思想是根据瞬变流的水力学模型和热力学模型考虑管道内流体的速度、压力、密度以及黏度等参数变化，建立起管道的实时模型，在一定的边界条件下求解管内流场，然后将计算值与管端的实测值进行比较。当实测与计算值偏差大于一定范围时，即认为发生了泄漏。

目前，以基于系统辨识的动态模型法、基于状态观测器为基础的动态模型法以及基于 Kalman 滤波器的动态模型法最为常见，但这些方法都需要建立十分准确的管道内流体流动的数学模型，计算量大，且计算复杂，在使用该方法对管道泄漏检测与定位进行仿真实验时由于受到诸多因素的干扰，故存在较多的误报，且很难准确地检测出泄漏并对其进行定位。

(5)统计决策方法

在众多的泄漏检测方法中，由壳牌公司开发的统计决策法是一种比较新的检测方法。它使用统计学方法，对管道的入、出口实测的压力、流量值进行分析，连续计算发生泄漏的概率。在泄漏确定以后，可以通过实测的压力、流量值计算泄漏量的大小，并使用最小二乘法进行泄漏定位。

$$X_L = \frac{\overline{P}_i - \overline{P}_o - KL\widetilde{M}_o^2}{K(\widetilde{M}_i^2 - \widetilde{M}_o^2)} \tag{4-219}$$

式中　X_L——泄漏点距离管道首端的距离；

$\overline{p_i}$、$\overline{p_o}$、$\widetilde{M}_i$ 和 $\widetilde{M}_o$——管道入口和出口处的压力和流量的样本平均值；

L——管长；

K——由摩擦系数、流体密度和管径决定的常数。

统计学方法不需计算复杂的管道模型，降低了计算上的复杂性。统计泄漏检测系统还具有在线学习能力，可以适应管道参数的变化，而且该方法可以发现较小的泄漏点，可对管道进行长时间监测。统计检漏系统比常规方法投入费用更低，而且更易维护，由于仅需很少的计算量，使得有可能实现在 PC 机上运行该系统，在实际管道泄漏检测中取得了良好的效果。

(6)应力波法

管道由于腐蚀、人为打孔等原因破裂时，会产生一个高频的震动噪声，并以应力波的形势沿管壁传播，噪声强度随距离按指数规律衰减。在管道上安装对泄漏噪声敏感的传感器，通过分析管道应力波信号功率谱的变化，管道中的流体泄漏可以检测出来。

(7)声波法

当管道内流体泄漏时，由于管道内外的压力差，使得泄漏的流体在通过泄漏点到达管道外部时形成涡流，这个涡流产生振荡变化的声波。声波法是将泄漏产生的噪声作为信号源，声波沿管道向两端传播，通过设置好的传感器拾取该声波，经处理后确定泄漏是否发生并进行定位。

管道里的传播速度为 v，当发生泄漏时，低频信号传到 A、B 所用的时间分别为 t_1 和 t_2，泄漏点的位置可按下面公式计算：

$$L_{AC} = \frac{(L + v\Delta t)}{2} \tag{4-220}$$

从式中可以得知，只要知道时间差与声波传播的速度就可以对输气管道的泄漏点进行定位。音波法以灵敏性好、误报率低、定位音波法以灵敏性好、误报率低、定位度高等优点逐渐受到青睐，但其缺点是易受其他音波的干扰且难于对长距离输送的管道进行连续的监测。

当管道发生泄漏后，泄漏点会产生噪音。利用设置好的声音传感器检测沿管线传播的声波，从而进行泄漏检测和定位。声波测漏系统的典型布置方式如图 4 - 99 所示。不过该方法需要在管线上安装许多传感器，造价很高。

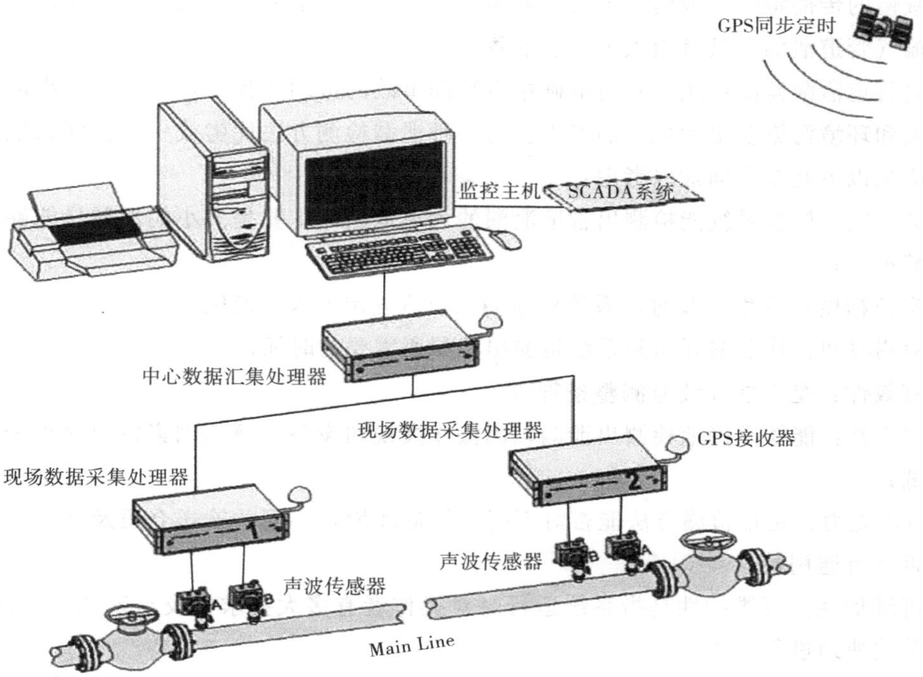

图 4 - 99　声波测漏系统的典型布置方式

表 4 - 25　几种常用检测方法的对比

检测方法	灵敏度	实时性	误报率	定位 精度	易维 护性	费用	连续检测法
负压波法	较高	快	高	较好	中等	中等	能
压力点分析法	较高	快	高	较好	中等	高	能
流量平衡法	低	较快	高	差	低	低	能
分布光纤法	较高	快	低	较好	低	高	能
实时模型法	一般	较快	高	较好	高	低	能
内检测法	好	慢	低	好	中等	高	不能
音波法	好	快	低	较好	高	中等	能

管道泄漏几种常用检测方式的对比如表 4 - 25 所示。通过比较可以看出，负压波法和音波法的各项指标综合较好。但从以上分析也可以看出负压波法主要针对压力管道。对于输气管道，管道内部介质是气体，导致其泄漏检测与定位技术有其特殊性。由于气体其本身具有可压缩性大、密度小、输送压力范围大的特点，泄漏产生的负压波相对于管道中原有的气体压强并不明显，也就是并不能被压力传感器接收到。因此，负压波法虽然在液体

管道中得到了大量的应用，但并不适用于输气管道。而声波则可以在各种介质中传播，其高频分量在传播过程中，由于其波长短、频率高等特点，在传播过程中衰减速度比较快，对于远距离传输来说，很有可能由于衰减而检测不到信号。次声波具有频率低、波长长、能量衰减慢的传播特性，因而次声波一般能够传播上千米的距离。因此，采用次声波检测法定位输气管道泄漏点具有很大的发展前景。

建立管道泄漏监测系统，及时准确报告泄漏事故的范围和程度，可以最大限度地减少经济损失和环境污染及更大危险的发生。对一种泄漏检测方法优劣或一个检漏系统性能的评价，应从以下几个方面加以考虑：

a)灵敏性：检漏系统能检测出管道泄漏的大小范围，主要是多小的泄漏量能够发出正确的报警提示；

b)定位精度：发生泄漏时，系统对泄漏点位置确定的误差范围；

c)检测时间：从泄漏开始到系统检测出泄漏所需要的时间；

d)有效性：是否能连续监测整条管道；

e)准确性：能够准确地检测出泄漏，因操作失误和设备故障等因素发出误报警的比率是否较低；

f)适应能力：是指检漏方法能否对不同的管道环境，不同的输送介质及管道发生变化时，是否具有通用性；

g)可维护性：可维护性是指系统运行时对操作者有多大要求，及当系统发生故障时，能否简单快速地进行维修；

h)性价比：性价比是指系统建设、运行及维护的花费与系统所能提供性能的比值。

对管道泄漏检测方法的研究已有几十年的历史，但由于检测的复杂性，如管道输送介质的多样性，管道所处的环境(如地上、管沟、埋地、海底)的多样性，以及泄漏形式的多样性(渗漏、穿孔、断裂等)，使得目前还没有一种通用的方法解决管道泄漏探测问题。在实际应用中，某一种泄漏检测方法或一个检漏装置不能同时满足所有要求，一般在检测系统中将几种方法综合使用。

4.8 油库安全运行与管理

油库中储存的大量油品，其特殊的化学组成及理化特性，使其具有易燃、易爆、易挥发、有毒、易渗透、易带电、易流失等危险特性，给油库带来了诸多不安全因素，使油库环境具有相当的危险性。因此，安全管理工作涉及面广，理论性和实践性很强，搞好油库安全管理工作具有特殊重要的意义。

油库安全管理是油库管理工作的重要组成部分，主要工作包括制定油库安全工作方针、原则，建立安全规章制度，健全安全管理组织，采取安全防范措施，正确处置和评估安全事故，开展安全科学研究，做好油库电气防爆、防雷击、防静电危害、防中毒窒息、消防管理等。其目的是防止发生事故，避免国家财产、人民生命遭受意外损失和伤害，确保油库安全。

油库是炼油厂和用油单位的中间环节，是产销的纽带。油品的危险性和油库作业的特点，决定了安全工作必须贯穿于油库收储发的全过程。安全工作稍有疏忽就可能酿成事故。

4.8.1　油库作业的特点

以收储发为中心的油库作业具有许多独具的特点，如危险性、技术性、随时性、间断性、独立性、批进零出等。这些特性给油库安全工作带来诸多不便和困难。

1. 危险性

由于油品本身固有的不安全因素，油库作业中随时有发生事故的可能性。只要有一个环节、一个岗位、一项操作、一条规定没有落实或稍有疏忽，就可能引发事故，如冒罐跑油、开错闸阀混油、烧焊油桶爆炸、误操作吸瘪油罐、阀井闸门渗漏中毒等。如某油库地下泵房，油泵盘根漏油，检修中用油盆接油，下班时未及时处理，送电启动风机时，风管软接头法兰拉脱与风机相撞产生火花，引燃油气混合气体爆炸。

2. 技术性

油库工作涉及技术门类多，甚至一项工作与多种技术有关，要求油库工作者具有多种技术能力。实际情况是油库工作人员技术素质水平较低，特别是部队油库，人员流动性大，使油库作业经常处于非熟练者操作的状况，必然潜伏着发生事故的隐患。如油库中毒事故几乎全部是由于缺乏知识造成的，油库技术设备失修状况较为严重，其主要原因是懂设备修理的人才太少。

3. 随时性

油库接收来油没有固定的时间，且为了不积压铁路油罐车，必需随到随收。由于铁路机车调运问题，来油大多数在下班后或夜间送到油库，这种随时性极易造成疲劳而引起失误。

4. 间断性

油库收发作业大多不是连续作业，设备的运行时断时续，且有的时候两次作业间隔时间很长，有的储备油库甚至多年不进不出。因间断性作业，油库设备长期不运转和失修的情况较为普遍。如某油库润滑油加温锅炉，接收润滑油后多年没有使用，当发润滑油需要加温时，才发现锅炉锈蚀穿孔，已无法修复而报废。

5. 独立性

油库作业岗位多，战线长。通常每个岗位只有一人工作，这种独立工作的特点，要求工作者具有很高的自觉性、责任性和技术素质，否则极易失控而发生事故。

6. 批进零出

油库收油大多是由铁路油罐车和油轮整批接卸，然后由用户用汽车、油罐车、油桶等容器零星拉走。这种批进零出作业方式，在装卸、输转过程中造成大量油蒸气逸散，又使油品零发现场的外来人员和车辆增多。这无疑增加了诸多不安全因素，给具有油蒸气飘浮的发油场所的安全造成威胁，也给安全管理带来困难。

4.8.2 罐内作业安全管理

凡是进入罐内进行检查、测试、清洗、除锈、涂装、检修、施焊等工作都属罐内作业的范围。另外，在罐室、地坑、管沟、检查井或其他易于集聚油蒸气现场工作，也应根据具体情况视为罐内作业考虑安全问题。

1. 罐内作业程序

罐内作业程序是：腾空准备——清除底油——通风换气——气体检测——进罐作业。腾空准备、清除底油、气体检测等都是罐内作业的准备工作。

2. 罐内作业的安全要点

罐内作业是油库危险性较大的一项作业，从以往罐内作业发生的事故看，主要是中毒窒息和爆炸。其原因主要有：不通风换气，盲目进罐；用闸阀隔离，油蒸气窜入；不采取安全措施，擅自进罐；救人心切，不戴安全装具进罐；使用电气、工具不符合安全要求；防护器具穿戴不符合要求，或者技术状况不好；脱离岗位，无监护人员，以及蛮干和瞎指挥等。针对事故原因提出罐内作业安全要点是：

(1)可靠隔离

需要进入罐内作业的油罐，必须将与其相连的设备、油管、呼吸管、通风管等可靠隔离，绝不允许油蒸气等有害气体窜入。

(2)通风换气

每次进罐作业前必须经过通风换气，排除有害气体；罐内作业中宜保持通风，特别是化学清洗、化学除漆、涂装、除锈等易产生有害气体、粉尘的作业，必须保证罐内作业全过程通风。

(3)气体监测

进罐作业前应对罐内气体进行检测，作业中应根据情况进行抽测，保证罐内气体中有害物质含量符合安全卫生要求。

(4)罐外监护

罐内作业应两人(含)以上，罐外一般宜派两人监护。监护人员应位于能经常看到罐内操作人员的地方，眼光不得离开操作人员；监护人员除向罐内操作人员递送工具、材料外，不得从事其他工作，更不准擅离岗位；发现罐内有异常时，应召集有关人员，将罐内受害人员救出进行急救；如果无人代理监护人，在任何情况下，监护人也不得自己进入罐内；凡进罐抢救人员，必须戴防毒面具、安全带等防护器具，决不允许不采取任何防护措施而冒险进罐抢救。

(5)用电安全

罐内作业照明和使用的电动工具，必须使用防爆型电器，防爆等级应符合场所安全要求，电压不得超过12V，电缆应采用重型橡套类型，且中间无接头、无破损，不得承受拉力。罐内油蒸气浓度在爆炸下限的40%以上时，应视为0级场所，不得使用电器设备，不宜进罐作业。罐内动火作业必须符合动火作业的安全要求。

(6)个人防护

罐内作业应做好个人防护，操作人员应进行全身防护，穿戴好工作帽、工作服、工作鞋，皮肤不得外露。

(7)空中作业

罐内作业使用的升降机具、脚手架、梯子等的安全装置应齐全、完好，并有防滑措施。

(8)急救措施

根据油罐安全情况及作业的危险性，事前应做好相应的急救准备工作。如在罐下部无人孔的油罐内或下部无出入口的罐室内作业时，应使用具有腰带(胸带)和肩带(肩带中央有铁吊环)的安全带，监护人应握住安全带的一端，一旦发生危险时可迅速将受害者成站立姿势拉出罐外；罐外应至少准备一套隔离防毒面具等急救用品。

4.8.3　水运散装油料收发作业安全管理

1. 水运装卸设施

①装卸油码头：是供水运油船装卸油品及停泊用的油库专用码头，如图 4－100 所示。主要有近岸式固定码头、近岸式浮码头、栈桥式固定码头、浮筒式单点系泊系统、浮筒式多点系泊系统等。

图 4－100　装卸油码头

②输油臂：油船在装卸过程中与岸上连接的输油导管，必须能适应油船的浮动和吃水深度的变化。目前国内广泛使用的是拉锁式输油臂。

③油船：装载油品的主要设施，根据有无自航能力，分为油轮和油驳。

④装卸油泵房：为油品转输装卸提供动力的场所，分为固定泵房和浮动泵房。

⑤输油及辅助管道。

⑥各种类型的油罐。

2. 码头装卸工艺

从油船卸油可用油船上的油泵。若储油区与码头高差较大或者距离较远，一般在岸上设置缓冲油罐，再用中继油泵将罐中油品输送至储油区，向油船装油一般采用自流方式。

3. 水路收发油作业程序

(1)收油准备

①接到业务部门下达的到港计划后，质量人员拟定收油方案，经批准后明确作业任务。

②接船：操作人员协助油船做好停靠码头，上船索取证件，核对运号、船号等。

③质量验收：化验员按规定，上船取样进行接收化验，核对随船化验单。

④作业前的检查：操作人员检查通信设备、收油品种、收油罐液位及相关附件、流程开启情况、消防器材等，同时做好静电接地。

(2)下达收油指令

班组长或油库值班领导检查准备工作是否完成，特别应注意油品的化验结果，和计量人员一道登罐量油、核对工艺流程。

(3)收油作业

①开泵输油：接到收油指令，油船开泵输油。

②输油中的检查：巡检人员对作业工艺相关设备重点巡检，发现问题立即报告，及时处理，必要时停止作业。船方指定人员和油库操作人员坚守岗位，加强联系，密切配合，观察油舱、油罐液位变化情况、泵的工作情况等。

(4)收油结束

①当作业结束时，操作人员接到准备停泵命令后，关停油泵，关闭相关阀门，油库通知罐区人员关闭罐前阀门；

②油舱底油抽扫，真空罐内油品应及时抽空；

③现场人员清理作业现场；

④收油罐静止达到规定时间后，计量员按规定计量、核算油品数量并记录。

4. 水路收发油作业注意事项

①装卸油品时，码头上的所有金属构件、输油管线以及有关设备之间，应作可靠的电气连接并与钢质码头跨接接地。

②码头和油轮之间不做电气连接，应在管线上设置绝缘法兰，各自独立接地，防止岸上杂散电流窜入油船。

③油轮(驳)卸油前和卸油后均应静置规定时间方能检尺、测温、取样、拆除接地线等作业，5000m^3 以下油轮(驳)静置时间不得少于 10min。

④禁止采用软管从舱口直接灌装易燃油品，不准使用空气将管中剩余油驱入油舱。

⑤装油初始速率不宜大于 1m/s，浸没入口管后，可提高流速，但 100mm 管径不宜大于 9m/s，150mm 管径不宜大于 7m/s。

⑥卸油结束后，应及时排净管内的余油。

⑦油舱内存有油气时，装压载水应采取与装油时相同的防静电措施。

4.8.4　汽车油罐车装卸作业安全管理

1. 汽车油罐车装卸油设备设施

①发油台：汽车发油台是装油区主要的建筑物，发油台与相邻建筑物防火距离应符合有关规定，装油区应设置必要消防灭火器材和防静电接地装置，照明设备安装应符合防爆要求。油库主要有停靠式、棚架通过式、综合通过式三种形式的发油台。

②汽车油罐车：是公路运输散装油料的特种专用车，规则的油罐车由专门设备制造厂生产。对油罐车的技术要求为，罐体无渗漏，罐内干净，罐体上的呼吸阀、人孔、垫圈、放油管、各种阀体、接地线、灭火器等附属设备齐全完好。

③装卸油鹤管：向汽车装油品时，应采用能插到油罐底部的上部装油鹤管。一般要求年发油 20 万吨以上的油库采用密闭装油和油气回收装置，下装发油是今后油库发油的发展方向。

④过滤器：为了保证发出油料的质量，在发油管路上安装过滤器。

⑤流量计：是利用油料的压力和流速推动计算机构做功指示流量的一种仪器，主要可分为容积式和流速式两大类。

⑥消气器：由于管系密封不严进入空气和管系中因压力低于饱和蒸气压产生的汽化气，以及液体在流动过程中也会析出一定量的气体，流体中携有气体都将影响流量计的计量精度，消气器就是为流量计配套设计的产品。

2. 汽车油罐车灌装作业程序

①领购油人员到营业室开票，在门卫登记，汽车排气管安装防火罩，接受门卫检查。

②油罐车按规定行驶到油罐车装卸台前，发动机熄火后，油库保管员检查油罐车。

③加油员索取加油单，了解装油的品种及数量，判断油罐车灌装舱位。

④垫好车辆挡车木，接好油罐车静电接地线。

⑤加油员放下装油鹤管，并插入注油口中。鹤管应插至接近底部 20～30cm，罐口盖上石棉被，以减少蒸发损耗和防止灰尘杂质落入罐内。

⑥灌装开始(自动付油)，观察仪表情况。

⑦发油完毕，主动让领油人看流量表，并在登记簿上登记；提出鹤管，盖好罐盖，撤收石棉被，做好清理现场等后续工作。

3. 汽车油罐车灌装作业安全措施

①入库车辆必须佩带防火罩，领油人员必须将各种火种以及手机等交予门卫值班室。

②凡入库车辆进入指定停车点后，必须熄火，不得继续发动或检修发动机部件。如给汽车油罐车加油时溢出了油料，严禁在原地发动车辆，要将车推离油气聚集的地方。

③不允许在软管出口处绑扎绸套，以免发生静电失火爆炸事故。

④卸油之前，必须将车体进行可靠的接地；加油鹤管必须做可靠的静电接地，且与汽

车油罐车的静电接地是同一静电接地体；加油完毕，必须经过规定的静置时间才能提升鹤管，拆除静电接地线。

⑤汽车油罐车灌装速度不宜大于 4.5m/s；加油鹤管必须插入罐底，距底部不大于 100mm 为宜，其出口宜制成 45°斜面切口。

⑥发油前后要做到“三核”，即发油前核对车辆、看票与车是否相符；核对油料请领手续，看票与提油单据是否相符；发油后核对数量，看票、流量表、装载量是否相符。“一清”即做好每天发油量的“日清”统计工作，及时上报，作为当日发油时的记账依据。

4. 倒罐作业安全管理

因腾空油罐、油罐装满、往中继罐内输油等情况，油库经常实施库内倒罐作业，为了保证安全，组织者必须严格遵守罐内倒罐作业程序，注意安全，防止事故发生。

倒罐作业程序如下：

①下达任务：倒罐前，油库领导召集有关部门人员，研究确定方案，明确交代任务，严密分工，签发作业通知单。

②测量：计量员测量倒转各罐存油数量，填写记录，并报告现场指挥。

③作业前的检查

a)所有作业人员是否到位，是否按规定着装，使用劳动保护、安全防护用品，各场所通讯是否通畅。

b)是否根据接收油料的品种、牌号，已测量接收油罐的存油数量，并作好记录。

c)供水、供电设备是否完好，作业工艺流程上所有设备是否正常，阀门开闭是否正确。

d)收发油罐的呼吸管路是否畅通，呼吸管路上阀门是否已打开。

④倒罐

a)准备就绪，经检查无误后，现场指挥员下达倒罐命令。

b)操作员打开倒转各罐的罐前阀门。司泵员按照操作规程，启动油泵，进行倒罐作业。

c)倒入罐油面即将上升到规定高度前，负责观察的作业人员应及时报告现场指挥员准备停输。

d)接到现场指挥员停输指令后，司泵员停泵，同时现场人员密切注意放空罐内油面上升情况，防止溢油。放空完毕，各阀门上锁。

⑤收尾工作

a)待到规定的静置时间后，计量员测量接收油罐、放空油罐的油高、水高、油温、密度，核算收油数量。

b)作业人员填写本岗位各种作业记录和设备运行记录。

c)清理现场，整理归放工具等。

库内倒罐作业最好安排在白天进行；若夜间进行，要有充分的照明措施，人员要持防爆手电；夏季倒罐作业最好选在早晨或晚饭前气温较低时，以减少蒸发；作业最好一次完成，避免中途停止，作业中禁止测量作业，注意观察油面，防止冒油事故；作业人员要坚守岗位，禁止坐、卧、睡觉，禁止看书(报)，禁止聊天。

4.8.5　油库其他特殊作业

1. 临时用电作业

生产、检修施工等需要临时接引、装设的临时用电统称临时用电。某油库检修通风机时，需要启动另一台风机通风，因设备编号与电源开关编号不统一，将正在检修的通风机启动，2 名检修工当场死亡。

(1)临时用电作业管理要求

①临时用电的安装及其设施的检修人员必须持国家统一颁发的电工证，禁止擅自接用临时电源。

②储运安全科、加油站管理片区经理负责监督检查用电作业单位安全管理，加油站负责对用电作业单位临时用电线路的安全管理，发现不符，有权要求停止作业。

③临时线路在使用期内，要坚持做到“三定”，即定人进行停、送电联系；定人对沿线进行巡视检修；定人对电气设备进行操作。

④施工现场停工时和每天下班后无人工作时，应由专业电工负责断开临时线路的电源并加锁。

(2)临时用电作业安全要求

①低压临时用电应使用耐压等级不低于 500V 的绝缘电缆，绝缘应良好无损。

②供电单位要安排专门人员负责落实临时供电设施的维护管理，定期进行巡回检查，确保供、用电设施完好。临时电源暂停使用时，应在接入点切断电源。

③禁止用临时性电气装置(包括移动式电气装置)进行正常的收、发、输、转油品作业。

④线路在连接时，应确保相线、零(地)线的正确对应，连接处的绝缘应予加强并采取妥善的防潮措施。

⑤临时供电设施的对地电压在 110V 以上时，必须接地或接零保护，线路的保护(接地或接零)方式应与上一级供电网相同。

⑥用电设备及其金属外壳安全电压除外的接地线和接零线必须分接，严禁接地和接零共用一根导线。

⑦沿地面明敷或地下埋敷的临时电缆(线)，必须加套管保护。

⑧临时用电设备检修应先切断其电源，并挂上“有人工作，严禁合闸”警告牌。

⑨临时用电票有效期不超过半个月，超期继续使用必须提前按临时用电办理程序重新办理用电手续。

⑩临时用电的电源不得直接从接引点的电气柜上接引，接引单位为使用单位提供的电源必须设置保护开关，使用单位临时用电设施必须加装保护开关后方可使用。

(3)临时用电作业的拆除

①临时线路在工作结束或已到使用期限时，施工单位应通知用电管理部门安排专业电工负责将其拆除。

②因工作需要延长或变更临时用电线路，应办理延期申请。

③开挖的沟、坑等应填平、复原。

2. 高处作业

凡在坠落高度基准面2m以上(含2m)位置有可能坠落的作业称为高处作业，高处作业分为一般高处作业和特殊高处作业两类。

在作业基准面2m(含2m)以上30m以下的高处作业为一般高处作业，一般高处作业分为三级：

①一级高处作业：指高度在2～5m(含2m)高处的作业

②二级高处作业：指高度在5～15m(含5m)高处的作业

③三级高处作业：指高度在15～30m(含15m)高处的作业

符合以下情况的高处作业为特殊高处作业：

①在作业基准面30m(含30m)以上；

②雨雪天气；

③夜间；

④在有限空间内的高处作业；

⑤接近或接触带电体；

⑥突发灾害的高处抢险；

⑦在排放有毒、有害气体和粉尘超出允许浓度的场所进行的高处作业。

(1)高处作业的基本要求

在油库作业中，凡是在离地面2m以上，都视为高空作业。在高空作业中，凡是能在地面进行的工作，绝不应在高空进行，以减少高空作业的工作量和时间。

①凡进行高处作业必须办理高处作业票，未办理作业票严禁作业(抢险、救灾除外)，特殊高处作业还应同时制定作业方案。

②紧急情况下为了抢救人员，可由作业现场负责人或值班领导在保证作业人员安全的前提下，按事前确定的应急预案口头批准作业，作业后立即报有关安全部门备案；需继续作业时应补办作业票证。

③严禁在六级(风速10.8m/s)以上大风和雷电、暴雨、大雾等气象条件下以及40℃及以上高温、－20℃及以下寒冷环境下从事高处作业，在30～40℃的高温环境下的高处作业应按《高温作业分级》(GB/T 4200－2008)标准中“重劳动”工作时间轮换作业。

④严禁无监护人作业。

⑤从事高处作业人员应身体健康。经医院检查，凡患有神经性、器质性病变(包括癫痫病、精神病)及高血压、低血压、动脉硬化、器质性心脏病、手脚残疾、酒后、睡眠不足及医生证明不能从事高处作业者，不准从事高处作业。

⑥作业基准面 30m 以上作业人员，每次作业前必须体检，合格后方可从事作业。高处作业单位的负责人审核作业人员体检报告后方可签发高处作业票。遇紧急情况，可将半年内的体检报告为批准作业的依据。

⑦夜间照明光线不足或照明不足的场所，不允许进行高处作业。

(2)高处作业的一些安全要求

①作业前应仔细检查作业平台是否坚固、牢靠，安全措施是否落实。

②安全带必须系在施工作业处上方的牢固构件上，不得系挂在有尖锐棱角的部位，安全带系挂点下方应有足够的净空，如净距不足可短系使用，安全带应高挂(系)低用，不得采用低于腰部水平的系挂方法，严禁用绳子捆在腰部作为安全带。

③作业所用材料要堆放平稳，工具要有防掉绳并应随手放入工具袋内，上下传递工具、材料和杂物等禁止抛掷，作业点下方要设安全警戒区，要有明显警戒标志，并设专人监护。

④在罐顶、屋顶等设备或建(构)筑物上作业时，临空面应有牢固、可靠的栏杆或安全网。

⑤严禁直接站在不坚固、无安全措施的结构物(石棉瓦、木板条等)上进行作业，如因作业需要必须在屋架的上弦、支撑、横条、挑架的挑梁和未固定的构件上行走时，应采用安全绳、安全网等安全防护用具或安全措施。

⑥高处作业所用的工具、材料严禁上下投掷，高处作业必须使用工具袋，必要时设置安全网。

⑦高处作业人员严禁骑坐在脚手架的栏杆上、墙头上、砖堆上；严禁躺在通道或安全网内休息；严禁踏在、倚在未安装牢固的设备、管道、模板或其他构件上。

⑧作业人员应沿着通道、梯子上下，严禁沿着绳索、立杆或栏杆攀登。

⑨在雪天进行高处作业时，必须将走道和作业处的冰、雪打扫干净，并应采取有效的防滑措施。

⑩严禁上下垂直进行高处作业，如需分层进行作业，中间应有隔离设施。

(3)高处作业防护装备的管理

①高处作业使用的脚手架、吊架、梯子、脚手板、防护围栏和挡脚板等应符合国家有关规程和标准的要求。作业前，应认真检查所用的安全设施是否坚固、牢靠。

②安全帽、安全带等防护装备应符合国家标准，作业前必须仔细检查，确保其完好、牢固，不得使用耐热性差的材料如尼龙安全带、尼龙安全绳等。

3. 油库动土作业

在油库安全检修中，凡是可能影响到地下电缆、管道等设备、设施安全的地上作业都应视为动土作业。诸如挖土、打桩、埋设接地极等动土工作；绿化植物、园林建设等；用推土机、挖运机、压路机等开挖沟槽和场地平整作业以及施工作业中土石方堆放堵塞排水系统和大量污水排放等可能对地下设施安全构成威胁的作业，都应视为动土作业。

按作业风险程度，应分为特殊动土作业和一般动土作业。

(1)特殊动土作业

①在库(站)所属公路(包括消防通道)上破路施工;

②在站(库)危险区域内进行动土施工，当对地下电缆、管道情况不明时;

③在站(库)其他区域内进行动土施工，当对电缆、管道情况不明时;

④进行动土施工将对绿化、环境产生较大影响时。

(2)一般动土作业

①对原有的机泵基础进行改造，以前的电缆处于原基础旁;

②对原有的电机、电缆进行更换，且新电缆的走向、长度与原电缆相同(不包括过公路、消防通道及破坏绿化的情况);

③打开原有电缆沟盖板、垫层，在电缆沟中施工时(不包括过公路、消防通道及破坏绿化的情况);

④在库(站)区中进行浅层表面动土(包括对道路表面进行修补作业等)，在动土深度小于30cm且不对库容、安全、消防等产生影响时。

4. 动土作业的安全要点

为保证地下设施的安全，油库应绘制地下设施分布总图，划分不同区域的动土作业要求，并及时修改，使其准确反映地下设施情况，作为安全检修和动土作业的依据。

①审核批准：凡进行较大的动土作业时都应填写动土作业申请表。

②防止破坏地下设施：动土作业中对地下电缆、管道及埋设物，不准用锹、镐等作业工具撬动，也不准用机械挖土。

③防止塌方和水害。

④防止机械工具伤害。

⑤防止坠落。

⑥防止中毒。

5. 油库动土作业的一般规定

①凡特殊动土作业必须办理动土作业票，审批后方可作业。一般动土作业可以不办理动土作业票，但必须做好防止挖坏电缆、管道等设施的措施。

②动土作业票一式两联，第一联分公司储运安全科留存，第二联交动土作业施工单位执行，作业完毕交基层站(库)留档存查，作业票保存期为一年。但对于涉及管线变更的动土作业票应作为一般的技术资料长期保存，以便于以后查证。

③对于正常维护、检修动土作业以及新、改、扩建工程项目动土作业，施工单位应做好风险评价工作，并制定应急预案、施工作业计划书、施工方案。以上资料完成后报分公司储运安全科和投资建设科审批通过后方可办理动土作业票。

④上报资料评审通过后，施工单位向分公司储运安全科和投资建设科提出动土申请，并填写动土作业票。内容包括：动土单位、时间、动土理由、动土施工内容或程度(挖什么沟？挖多深？机械还是人工?)，详细的动土作业地点方位描述(管线等系统工程应包括起始地点、沿途、终止地点，必要时应给出动土作业位置平面坐标图)、参加施工人员名

单、使用设备等。

⑤动土作业票填写后由分公司储运安全科和投资建设科共同进行现场勘察，确定动土作业范围与动土作业票内容是否相同，确定现场安全措施是否有效。

⑥如作业地点有地下埋设物(包括电缆、管线等)时，分公司投资建设科应根据动土作业票的施工内容，并对照有关图纸，提出相应的注意事项及安全措施。确认无损地下隐蔽设施，不妨碍建筑物基础的安全时，经分公司安全主管领导审核确认后签字，报分公司经理审批，批准后，方可作业。

⑦对地下情况复杂、危险性较大的动土项目，施工单位应根据情况，组织动土施工区域的所在站(库)和地下隐蔽设施的主管单位联合进行现场地下设施交底。根据施工区域地质、水文、地下管道、埋地电力电信电缆、测永久性标桩、地质和地震部门设置的长期观测孔、不明物、砂巷等情况向施工单位提出具体要求。

⑧动土作业票在运行的生产装置、系统界区内最长不超过 3 天，界区外不超过 15 天，不能在限期内完成动土作业要重新办理动土作业票(续批)。

⑨动土前，施工单位应逐条落实审核意见及有关安全措施，并对所有作业人员进行安全技术交底后，方可施工。安全监护人应逐条对安全措施进行落实，确认无误后，方可通知作业人员进行作业，并在作业过程中加强检查监督，防止意外情况发生。严禁作业过程中破坏电力、电信、地下排水管线及生产工艺埋地管道等地下设施。

6. 油库动土作业的安全规定

①凡特殊动土作业必须办理动土作业票，审批后方可作业。一般动土作业可以不办理动土作业票，但必须做好防止挖坏电缆、管道等设施的措施。

②作业前应对作业人员及监护人员进行培训，培训内容及要求具体执行《作业许可管理程序》。

③作业前应根据动土作业票的内容在现场划出明显的动土标识，确保油罐、管线、电缆等地埋设施设备不受作业影响。

④作业部门应小心、文明施工，挖出电缆、管道、管沟及其他不明物时，做好防护措施并及时报告相关主管部门，经确认落实防范措施方可继续作业。

⑤监护人在作业过程不得离开作业现场，火灾危险区和爆炸危险区动土作业至少应有两名以上消防人员现场管理、监护，配备足够的消防器材。

⑥动土作业涉及动火执行《动火管理规定》，涉及临时用电执行《临时用电管理规定》，涉及进入受限空间执行《进入受限空间作业管理规定》，并办理相关作业票，动土作业票不得代替上述作业票。

⑦动土施工作业中，使用的各种设备、材料物品、开挖的土石方等要堆放在指定地点，应堆放整齐平稳，防止倒塌伤人，不得堵塞消防安全通道及影响正常生产操作。

⑧动土作业应注意保护生态环境，防止水土流失和环境污染；竣工后要及时平整，清理施工现场，符合环境保护的要求。

⑨作业人员在作业中必须按规定着装和佩戴安全帽、安全绳等劳动防护用品，作业施

工现场应根据需要设置防护网、防护栏、盖板和警告标志，夜间应悬挂红灯示警，施工结束后要及时回填、夯实，并恢复地面设施。

⑩在铁路路基 2m 内或通过路基的动土施工，施工单位须经铁路部门审核同意后，再到动土管理部门办理施工动土作业票。

⑪挖掘深度超过 1.5m 的坑、槽、井、沟时，要视土壤性质设置安全边坡或固壁支架，挖出的泥土堆放和材料堆放至少要距离坑、槽、井、沟的边沿 0.8m，高度不得超过 1.5m，并且不得占用消防通道或绿化带。遇大雨或暴雨时严禁挖掘深度超过 1.5m 的坑、槽、井、沟。

⑫在靠近地下管线、电缆、建筑物、构筑物和设施基础等处施工时，不能采用机械挖掘，尤其对于下方敷设电缆的部位，禁止使用镐头和铁棒施工，并采取必要的安全措施，防止造成生产或人身事故。

⑬挖掘土方应该自上而下垂直进行，不准采用挖底脚的办法挖掘。

⑭在施工过程中，有下列情形之一的，应报告有关安全、公安、消防等政府主管部门，经审批同意采取有效措施后，方可进行施工。

a)需要占用规划批准范围以外的场地；

b)可能损坏道路、管线、电力、邮电通信等公共设施的作业；

c)需要临时停水、停电、中断道路交通的作业；

d)需要进行爆破的作业。

⑮当动土作业涉及到占用或挖断消防通道时，必须获得上级安全管理部门确认签字后方可实施，施工单位应在路口设置交通挡杆和断路标识。

⑯雨期土方工程作业应及时检查土方边坡，当发现边坡有裂纹或不断落土及支撑松动、变形、折断等情况应立即停止作业，经采取可靠措施，检查无问题后方可再施工。

⑰在动土开挖过程中，出现滑坡、塌方或其他险情时，应做到：

a)立即停止作业；

b)撤出作业人员，挂出明显的警示牌，夜间设警示灯；

c)划出警戒区，设置警戒人员，日夜值勤，迅速通知设计、建设和安全等有关部门，共同对险情进行调查处理。

⑱公司储运安全处及分公司储运安全科均有权并有责任对作业过程进行检查，制止违章行为。施工部门必须听从指挥，纠正后方可继续施工。

4.8.6 油库安全检修

在油库作业中，有效、安全地完成油品的接卸、输转、储存、灌装等作业无疑与油库设备有着密切的关系。油库作业活动离不开完好的设备，设备维护保养不善，使用不当，必然造成各种各样的故障，进而引发事故，导致作业停顿，打乱供应保障计划；或者由于设备性能和精度不符合要求，影响油品质量，浪费能源；或者由于跑、冒、滴、漏损失资源，污染环境，恶化劳动条件，形成火灾和爆炸的燃烧物；或者由于腐蚀、疲劳、超压等造成设备穿孔、破裂，甚至发生爆炸、人员伤亡、财产损失。所以，设备是油库安全的物质基础，设备技术完好是油库安全作业的物质技术保证，安全检修是确保设备完好必不可少的工作。

1. 油库检修的安全特点

油库的储油罐、输油管、油泵、装卸油装置、各种阀门，以及为满足工艺和安全要求而设置的附属装置和附件等设备，通常安设于具有火灾和爆炸危险的场所中，这使得油库设备的检修基本上是在危险场所中进行的。从油库设备检修的实际看，由于安全措施不力或一时的疏忽，跑油、混油、着火爆炸、设备损坏、中毒伤亡等事故时有所闻。由于油品固有的特殊危险性，以及油库人员没有很高的技术素质水平，致使油库设备检修工作具有特殊的安全特点。

(1)检修的频繁性

目前的现状是老油库较多。这些油库由于建库时历史原因和当时的技术水平，遗留问题较多。又经过多年的运行，设备的腐蚀、磨损严重，设备老化问题突出。再加上任务和油品种类的变化，油库设备和工艺的改造、整顿、扩建、更新任务繁重，计划内和计划外的检修作业极为频繁。

(2)检修的复杂性

油库设备和工艺虽然较为简单，但涉及多种应用科学和工程技术知识，要求专业技术人员及检修人员具有丰富的知识和技术，熟练掌握不同设备的结构、性能和特点。再加上油库设备检修的频繁，计划检修的变更，计划外检修的无法预测，检修作业人员和方式的变动，洞内和露天检修作业受环境、天气的制约，高空和地面、设备内外检修作业的交错，临时人员进入检修现场工作较多等，这些情况充分说明油库设备检修的复杂程度。

(3)检修的危险性

油品固有的物质危险性决定了油库设备检修的危险性。油库设备和工艺管道中都会残留着易燃易爆有毒的油品，在客观上具备了发生火灾、爆炸、中毒等事故的物质条件，稍有疏忽就会发生重大事故。油库检修作业中跑油、着火、爆炸、中毒等事故屡有发生，造成了人员的伤亡、财产的损失和区域环境污染。

(4)人员流动性大

由于油库专业技术人员及检修作业人员流动性大，且经过专门技术培训的少。在实际中经常有组织指导者和检修人员都是初次参加某项检修作业的情况，且不了解设备的结构、性能、特点，以及工艺管道的彼此关系，这对保证设备检修安全和质量极为不利。

油库设备检修的这些特点，决定了安全检修的重要性。实现油库设备安全检修，不仅可以确保检修中的安全，防止事故的发生，保护人员安全和健康，而且可以确保检修质量，保证设备安全可靠地运行，为油库安全运行打下牢固的物质基础。

2. 油库安全检修的一般要求

检修前认真做好各项准备，检修中严格执行安全制度，检修后按技术要求验收和试运行，是油库设备安全检修的三个重要环节，也是油库设备安全检修的一般要求。

(1)安全检修的准备

无论是计划安排的设备检修，还是计划外的设备抢修，都必须按有关规定办理作业票证如动火作业票、进罐作业票等。作业票证的申请、审核和批准是油库设备安全检修准备工作的重要内容。除此之外，还应在组织领导、安全措施、安全教育、设备材料、停运清洗、施工要求等方面做好准备。

①组织领导

油库安全检修的组织领导应根据设备检修作业的项目和内容、工作量和性质、场所的危险等级等建立检修作业临时指挥机构。一般来说，大修和中修应建立检修作业指挥机构；小修作业和日常维护也应有两人以上参加，并指定一人负责安全。

检修作业指挥机构应编制和审核检修计划，明确检修项目、内容及人员分工，使项目负责人充分了解工程细节、施工的技术要求和要领；明确项目或工区及岗位的安全负责人，组成安全网络，确定安全人员的职责及相互配合、联络的程序。检修指挥机构应编绘人员分工、施工进度、安全人员的网络、网络配合程序、主要安全事项等内容的图表。凡是参加检修的人员必须服从检修指挥机构、项目负责人的统一指挥、统一调度。

②安全措施

安全检修除了严格执行动火、动土、罐内作业、电气、高空作业等安全规定外，还应根据检修作业的内容和性质、涉及范围、场所的危险等级提出补充安全要求，制订相应的安全检修措施，明确作业程序及消防人员和消防器材的配置，进入现场的安全纪律，以及安全人员现场宣传、检查、监督的职责。

③安全教育

油库设备检修之前应召集参加检修的全体人员及相关人员进行安全教育。其内容是：宣布领导机构成员、各级负责人及安全人员名单；宣讲安全检修纪律、规定及安全注意事项；明确检修项目和内容，检修作业的范围和区域划分，检修计划进度和检修作业程序，检修质量和安全标准，联络和配合方法，危险工程和意外情况的处理原则。项目或工区负责人应召集所属项目或工区的全体人员会议，将检修项目的内容和安全要求具体化，有关检修中的安全措施落实到岗位和人头。

安全教育应贯穿于设备检修的全过程，在安排、检查、总结工作中都要把安全当作一项重要内容抓好落实。根据检修时间长短和检修过程中的具体情况，在施工期间或施工后期召开全体、工区或安全人员会议，主要内容是总结前期检修作业中安全和质量情况，针对发生的事故、重大事故苗头和存在问题，重申或补充有关安全检修规定；或者总结交流安全和质量方面的经验，强调验收和试运行的安全、质量要求以及安全注意事项。

④技术资料

设备检修施工前必须将设备、工艺图纸，相关的标准、规范，检查和检验表格、记录，以及设备、工艺改造、整顿、变更和零部件加工图纸等准备齐全。

⑤设备材料

根据设备检修项目、内容和要求，请领购买所需设备、附件、材料，并检查核对数质量情况，使之符合技术要求；对检修中所用起重设备、焊接设备、电动工具以及吊具、索具等用具进行安全技术检查，保证安全适用；如有高空作业时，应按要求准备搭设脚手架的材料和连接件；对安全带、安全帽、防毒装具，以及测氧、测爆、测厚、无损探伤等安全装具和分析测量仪表，指定专人仔细检查或检验，确保技术状况良好；检修中所要使用的消防设备和消防器材必须进行认真检查，确保有效好用。

⑥停运清洗

油库设备通过工艺管道彼此相连，内部都有油品或油品残留物。因此，停运检修设备必须根据安全检修的要求，隔离封堵，排净油品，清扫清洗，还应根据油蒸气逸散距离确定危险区域的范围，设置界标或栅栏。

⑦施工要求

施工要求应在检修准备阶段制订。一般由施工部门就设备检修项目提出施工方案、程序和要领，由检修作业指挥机构审核批准。诸如设备的排空清洗、盲板抽堵、更换零部件、检修部位的具体操作和步骤，以及检修应达到的质量要求等都应在施工方案中阐明。另外，动火作业的安全措施、焊接工艺、施工要求、检验方法、评定标准等都要提出明确的规定和要求。在防腐施工中应对除锈、涂装方法和工艺，质量检验标准，以及对涂装的质量要求等必须有明确的规定和要求。

(2)安全检修的实施

安全检修的实施主要是严格执行安全制度和安全措施，并贯穿于检修作业的全过程。

①检修开始前的检查

检修作业开始之前，必须由检修作业指挥机构的安全负责人会同检修项目负责人和安全人员检查安全措施是否全部落实，其内容主要有：

a)参加检修作业人员中的青年、妇女、老年是否适于承担工作；

b)个人防护装具，如安全帽、安全带、工作服、工作鞋等是否符合检修作业的安全要求；

c)防毒面具技术状况是否经过检查，数量是否满足要求，急救措施是否落实；

d)检修作业现场危险区域界标或栅栏，以及检修人员休息待命的安排是否合理；

e)设备、工艺管道的隔离封堵、排空清洗是否按要求完成或做好准备；

f)通风系统是否按照安全技术要求设置，技术状况是否完好；

g)电气设备(含自带电源、手电等)是否符合危险场所使用要求，电气防护设施是否完备；

h)起重机械、吊具、索具是否经过检验，技术状况如何；

i)高空作业的脚手架是否搭设牢固、可靠，安全标志是否符合要求；

j)动火、动土、罐内、高空作业等是否办妥审批签证(票)；

k)危险场所是否按安全技术要求进行了检测，检测结果如何；

l)消防设施和消防器材是否经过技术检查，配置和数量是否符合要求；

m)检修作业所需的设备、附件、材料等规格、数量、质量是否符合检修要求；检修所用工具是否符合使用场所安全要求。

如此等等，凡是涉及安全的都要进行检查。上述内容并不是每项检修作业都有，针对检修作业实际，列出检查内容，逐项落实。如发现不落实之处，应责成有关部门和人员限时解决。

②安全检修作业

检修作业开始后，各级安全人员应加强安全检查和监督，使安全制度和安全措施真正落实，付诸检修作业的活动之中。

a)检修人员每次进入作业现场前，都应检查个人防护装具和工具，并清点人数。

b)动火、动土、罐内、高空作业时，应按有关安全技术要求进行检查和检测，如作业票证、有害气体浓度、防毒面具、通风保障、安全装具等。

c)工程技术人员必须在现场指导、检查检修人员的作业活动，发现问题及时解决。

d)安全负责人或项目负责人应进行巡回安全检查，岗位安全人员应检查督促检修人员严格按操作规程和安全要求进行作业。

e)必要时应派出安全监督员，监视油品、油蒸气的泄漏，检测危险场所有害气体浓度，控制在危险场所的作业时间等。

f)检修作业中应随时检验检修质量，发现问题及时采取补救措施。

g)检修作业中，应对检修内容、设备的缺陷、作业方法、更换的附件等做详细记录，并对每道检修工序按有关标准进行质量检查，做好记录。

h)每次作业结束时，项目负责人和安全负责人必须进行安全检查，组织清理现场，切断电源，清点人数，认为无误后，方可撤离现场。

③加强安全宣传教育和监督检查

在整个检修作业过程中，各级负责人和安全人员，应采取多种形式进行安全宣传教育和监督检查。

a)班前结合检修作业内容提出或宣讲安全检修规定、安全注意事项。班中随时注意提醒检修人员严格执行操作规程和安全规定，班后讲评安全工作情况。

b)加强现场的安全巡回检查，如发现违章指挥、违章作业时，除及时制止外，根据情节给予批评或处罚。

c)加强检修作业现场特别是危险区域的监护，严禁与检修无关人员进入，保证危险区域界标或栅栏的完好。

d)检修现场应经常清理，设备、材料、工具放置有序，道路畅通无阻。

e)对动火、动土、罐内、高空作业及起重和电气设备的检修尤应重视，严格监护检查，确保有关安全制度和安全措施的严格执行。

f)检修作业如果发生事故，应保持清醒的头脑，按预订的措施，组织现场人员扑救，疏散物资、器材，控制事故的扩大。与此同时向上报告，发出救援。发生跑油时，应首先熄灭所有火源，切断油源，封堵跑油口，拦截失控油品。发生中毒事故时应采取抢救措施。发生火灾、爆炸事故，在抢救人员的同时，发出救援，利用现场消防设施和消防器材进行扑救，力争扑灭火灾于初期，或控制火灾扩大，决不应存在侥幸心理而不发出救援。

3. 安全检修的验收

验收和试运行是油库安全检修作业在项目、工序质量检查基础上的综合质量检验和评价，是检修作业总结的重要组成部分，也是检修后投入运行的准备。

(1)检修结束前的安全检查

检修作业结束前，项目负责人和安全负责人员应组织有关检修人员进行一次全面的安全检查。必要时，请操作人员参加，为验收和试运行作好准备。其主要内容是：

①清点工具、器材等用品，防止遗留在设备或工艺管道内。这点必须认真仔细，曾有将工具、器材、杂物遗留在设备或工艺管道内，试运行或投入使用后引发事故的事例。

②按照检修规定内容逐项检查、核实，以免漏掉检修项目。如应进行的测厚、探伤等项目是否按要求全部完成。

③因检修需要架设的隔离封堵及盲板是否拆除、恢复。

④检修中拆移的防护装置，如盖板、接地、跨接、栏栅、栏杆等是否恢复原状，满足安全要求。

⑤检查项目、工序质量检验记录，以进一步核对检修项目和质量标准是否达到要求，并将记录整理。

⑥清理检修现场，达到“完工料净地清，所有道路畅通”的要求。

⑦整理技术资料，装订成册，提出验收和试运行申请。

(2)验收和试运行

在检修作业指挥机构的领导下，指定专人组织工程技术、检修和操作人员对检修项目进行验收和试运行。

①按照检修计划内容，逐项进行外观检查，核对检修质量检验记录，必要时抽查检修质量。

②根据规范、规程和制度规定检查性能试验记录，或者组织试验。如强度试验、严密性试验、试运转、调整、负荷试车等。

③组织强度和严密性试验必须按有关规定执行。

④试运行前，必须认真检查：

a)该抽堵的盲板是否抽堵，设备和工艺是否符合试运行要求；

b)各阀门是否灵活、好用，符合试运行前的开、关要求；

c)全部管道和仪表接头是否复位；

d)电源线连接是否正确，接地和跨接是否符合安全要求；

e)转动部件手盘是否正常，冷却和润滑系统是否完好；

f)所有安全附件、仪表、信号装置等是否齐全、好用、灵活可靠等。

经检查核实无误方可进行试运行。

⑤试运行合格后，按规定办理移交手续，正式投入运行。

⑥整理移交技术资料，所有检修和验收中的技术资料都应整理移交。如安装记录、缺

陷记录、质量检验记录、探伤报告、零部件检验记录、试验记录、零部件更换清单、验收报表等都应作为技术资料移交、归档。

⑦在检修设备正式投入运行前，应将检修时临时设置的装置和设施全部拆除，如临时电源、防火墙、安全界标和栏栅等，并清除易燃物，清洁现场。

(3)小修和计划外检修

以上所述是中修、大修作业的一般安全要求，其原则精神也适用于小修和计划外检修。大、中修与小修只是参加检修人员以及作业的工作量和范围差别而已，其危险性和安全要求是相同的，绝不能因作业的工作量小，参加检修人员少而忽视安全。

4.8.7 油库设备安全管理

随着使用时间的推移，由于油库设备自身运动和外界条件的作用影响，技术状况将发生变化，将会出现腐蚀、泄漏、变形等故障。为了保持油库设备良好的技术状况，除了加强平时的维护管理外，还应加强对油库设备的检查和技术鉴定，准确掌握油库设备的技术状况，以便有准对性的采取检修措施，恢复其技术性能。油库设备安全管理主要包括油罐、输油管路、泵、阀门、电气设备、消防设备、防腐设备的运行与管理，一般来说油库设备管理主要有如下特点。

1. 复杂性

①油库设备主要包括油罐、输油管线、输油泵以及各种配电设备、锅炉设备、自动化仪器仪表、通风设备、用于各种修理作业的维修设备和消防设备、装卸油设施等。

②油库设备不但数量多，而且种类繁杂，涉及机械、电工、电子、金属材料等多个专业。

2. 危险性

油库设备主要用于储存、输送及收发油料或用于保证油库主要作业的进行。因此，油库设备所处的环境危险性较大，油库设备的维修作业通常必须在危险性场所进行，而且，检修作业环境条件差，施工困难，危险性大，如动火、动土作业等。

3. 技术性

(1)油库设备管理中大量的工作是设备的检查和修理。设备检查是对各种设备的运行情况及可能存在的故障进行检查，以期及早发现故障的排除故障，使设备能经常处于良好的工作状态。

(2)设备检修中的任何疏忽，轻则给以后的操作带来不便，重则可能引起设备损坏，影响油库生产作业、影响作业人员的身体健康，甚至引起火灾爆炸及人身伤亡事故，尤其是油库设备种类多，涉及面广，如果没有较强的技术能力是难以较好的完成设备管理任务的。

4. 经常性

油库设备管理与维修是油库的一项经常性工作。

4.9　LNG 安全运行与管理

4.9.1　LNG 物性

LNG 具有气液膨胀比大、能效高、易于运输和储存，清洁环保等优点，通过气化后，可为用户提供优质高效的清洁能源。典型 LNG 物理性质如表 4－26 所示。

表 4－26　典型 LNG 物理性质

组分	贫气/%	富气/%	相对分子质量	沸点/℃
甲烷	98.0	87.0	16.0	－161.3
乙烷	1.4	9.4	30.1	－88.4
丙烷	0.4	2.3	44.1	41.9
丁烷	0.1	0.6	58.1	－9.4
氮气	0.1	0.7	28.0	－195.7

LNG 的主要成分为 CH_4，常压下沸点在－162℃左右，气液比约为 600：1。其液体密度约 456kg/m^3，此时气体密度约 1.5kg/m^3，其物性参数如表 4－27 所示。

表 4－27　LNG 物性参数

	LNG
正常沸点	约－162℃
常压下液态密度	约 456kg/m^3
在沸点温度下蒸气的相对密度	1.5
16℃下的相对密度	0.42
液体：蒸气膨胀	1：600
汽化热	511kJ/kg

LNG 项目一般应包括的生产环节，如图 4－101 所示。

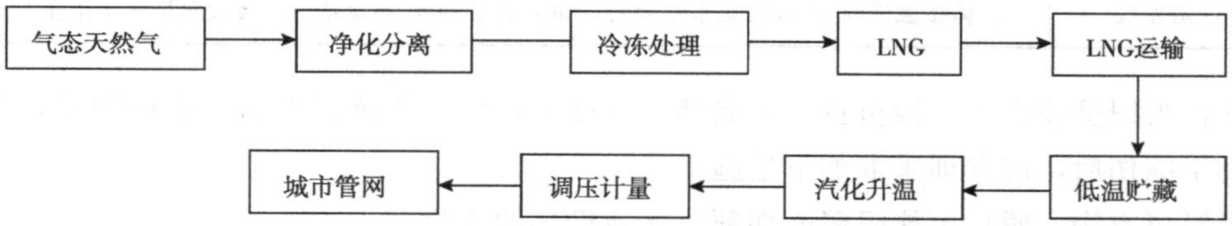

图 4－101　LNG 生产工艺

在天然气液化厂内将天然气进行净化、液化和储存(图 4－102)。液化冷冻工艺通常采用以乙烷、丙烷及混合冷冻剂作为循环介质的压缩循环冷冻法。通常采用 LNG 船进行运输，达到码头后进入接收终端，再通过汽化后进入管网分配给用户。

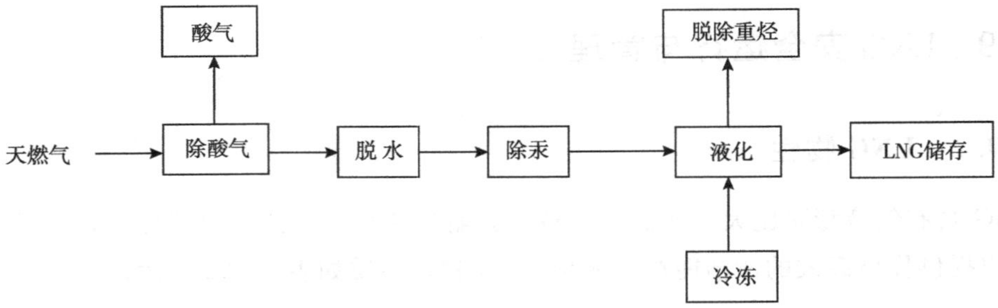

图 4-102 天然气的净化、储存

4.9.2 LNG危险特征

1. 低温危险性

LNG的温度一般在-162℃左右，在LNG站接触LNG低温操作或者LNG发生泄漏时，由于其低温性引发的人员低温冻伤、低温麻醉。当人体直接接触时，皮肤表面会粘在低温物体表面上，皮肤及皮肤以下组织冻结，很容易撕裂，并留下伤口。LNG的低温危险性还能使相关设备脆性断裂和遇冷收缩，从而损坏设备。很多塑料、橡胶、有机材料浸入LNG后将变得粉碎；低碳钢在低温条件下受到应力时，将失去延展性，发生脆裂。

在无保护情况下，人在低于10℃的环境中时间过久就会体温下降，进而体力和脑力活动的能力也会下降。如果体温低于27℃心脏就会出现不适应，如果体温持续下降而不及时采取有效措施，则可能导致死亡。LNG冻伤风险如表4-28所示。

表 4-28 LNG冻伤风险

LNG管道、设备	裸露皮肤直接接触LNG设备或管道的低温表面是很危险的，如果皮肤上带有水分就会冰冻在低温表面上，离开时很容易撕裂皮肤，并留下伤口
LNG	LNG接触皮肤后因汽化而吸收大量热量，会严重冻伤皮肤，另一方面因热传递速度极快，人体接触到低温液体就会出现身体组织被冰冻
LNG蒸发气	人体接触低温BOG也是很危险的，如果低温BOG高速喷射，会大面积冻伤作业人员

冻伤组织呈苍白色、浅黄色，无痛感。解冻后，伤者会感到疼痛，伤口肿胀，容易发炎。发生冻伤后，应立即采取如下措施：

①脱掉衣物，脱掉可能阻碍冻伤部分血液循环的衣物；

②用温水循环清洗受伤部位，或浸入41～46℃的温水中，不可干加热处理；

③解冻时间应持续进行15～60min，直到颜色由苍白色、浅黄色、青紫色转变为粉红色或红色；

④如果救助人员尚未达到之前伤处业已解冻，最好用干燥的无菌敷料包扎，并用大块的遮盖物保护；

⑤饮酒或吸烟或导致冻伤部位血液循环降低，应避免饮酒和吸烟。

2. 防护措施

①有可能接触液化天然气的操作人员应配备无吸收性、宽松、干燥的手套(PVC 或皮革制成)和面罩或护目镜、防冻服装等劳动防护用品。

②应穿长裤及高筒靴，并把裤脚放在靴子外面，穿长袖工装。

3. 窒息危险性

LNG 本身无毒，但因高浓度的 BOG 或甲烷使空气中的氧含量不足，而导致人员发生窒息。吸入纯 BOG，很快会失去知觉，如不及时撤离，几分钟就会导致死亡。

第一阶段——脉搏增加，心跳加快，影响呼吸；

第二阶段——判断失误，迅速疲劳，对疼痛失去知觉；

第三阶段——恶心，呕吐，虚脱，造成永久性脑部伤害；

第四阶段——痉挛，呼吸停止，死亡。

为防止窒息，应采取如下防控措施：

①在 LNG 站运行中，焊缝、阀门、法兰和与储罐壁连接管路等，是 LNG 容易发生泄漏的地方。因此，在日常 LNG 站运行操作中，一方面应注意检查焊缝、阀门、法兰等处，尽量与这些关键位置保持一定的距离。

②液化天然气布置区域应采用气体探测器和低温探测器进行泄漏检测，当检测到泄漏、溢出或气体蒸发时，应启动紧急关断系统。

③如果发生严重的天然气泄漏，人员应远离泄漏区域，并确保自己在泄漏区域的上风方向。

4. BOG 的危险性

BOG 是由于外界热量引入及在容器进料过程中闪蒸等，引起液化天然气汽化产生的气体。故要求 LNG 储罐有一个极低的日蒸发率，要求储罐本身设有合理的安全系统放空。否则，BOG 将大大增加，严重者使储罐内温度、压力上升过快，直至储罐破裂。

5. 火灾、爆炸危险性

LNG 主要成分天然气，爆炸极限(体积分数)5%～15%，着火温度 590℃，爆炸性混合物最小点火能量 0.28mJ，遇明火可产生燃烧或爆炸。

4.9.3　LNG 翻滚及控制

1. 翻滚(Roll over)现象

通常，储罐内的 LNG 长期静止将形成两个稳定的液相层，下层密度大于上层密度。当外界热量传入罐内时，两个液相层自发传质和传热并相互混合，液层表面也开始蒸发，下层由于吸收了上层的热量，而处于“过热”状态。当两液相层密度接近时，可在短时间内产生大量气体，使罐内压力急剧上升，这就是翻滚现象。

翻滚现象发生时，蒸发率比正常情况增加 250 多倍，压力瞬间骤升，大量的蒸发气体很难立即通过安全阀得到释放。此时，储罐损坏则不可避免，导致大量的 LNG 外泄，后果不堪设想。意大利某 LNG 终端接收站，储罐充装完毕后 18h 发生翻滚事故。储罐最高压力冲至 94.7kPa，通过安全阀等正常的放散途径高速排放，直至槽内压力下降至 24kPa 时恢复正常，整个过程历时 2h，事故后果导致排放损失 LNG 181.44t。

2. LNG 翻滚形成过程

根据 Bate-Morison 模型，LNG 在储罐内由正常的储存状态转变为翻滚状态可分为以下几个步骤：

①储罐内 LNG 正常未出现分层，储罐从罐底、罐壁吸热，LNG 汽化成蒸发气，如图 4－103 所示。

②由于某种原因，储罐内 LNG 发生分层，形成上部密度小、下层密度大的两层结构，上下两层 LNG 各自自然对流。在分界面处，因上下两层间穿透对流和卷流导致界面向上或向下迁移，如图 4－104 所示。

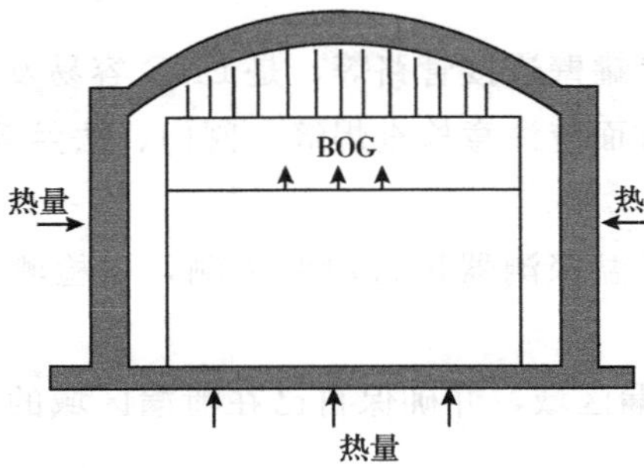

图 4－103　LNG 储罐未发生分层

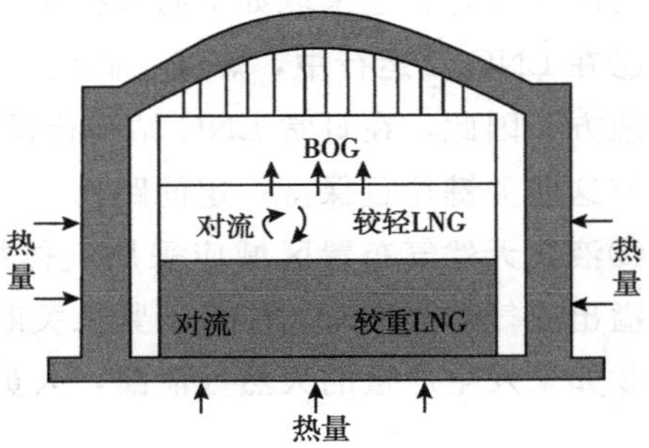

图 4－104　LNG 储罐发生分层

③密度趋同。上层密度轻的 LNG 由于轻组分的正常蒸发使密度不断增大，下层密度大的 LNG 由于汽化的 BOG 在静压头的作用下无法释放，密度不断减小。经过一段时间，上下层密度相等，即发生液化气翻滚，如图 4－105 所示。

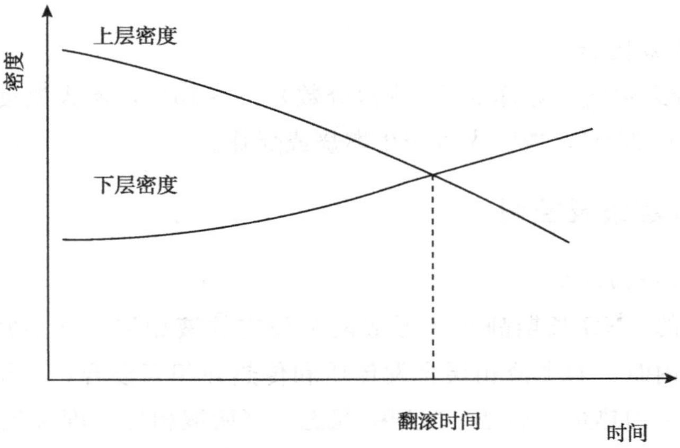

图 4－105　储罐 LNG 上下层密度演变

④两层混合，蒸发骤增。储罐内上、下两层趋同时，下层吸热 LNG 内未蒸发的 LNG 快速蒸发，储罐内部出现急剧的对流，瞬间产生大量的 BOG，形成 LNG 翻滚现象，如图 4－106 所示。

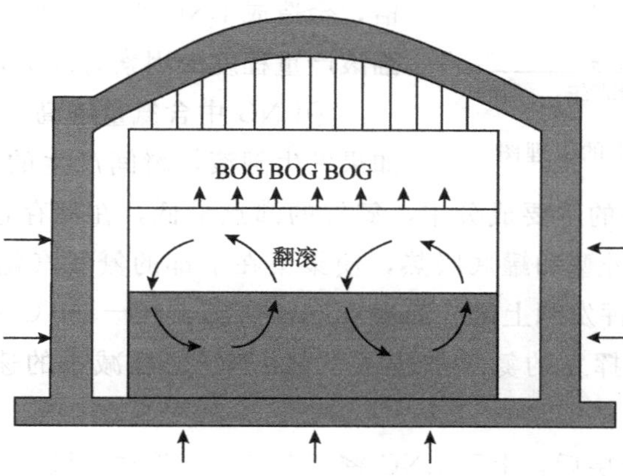

图 4－106　储罐 LNG 发生翻滚

3. LNG 翻滚机理

(1)翻滚发生原因

翻滚现象发生的根本原因是储罐中不同层的液体密度不同，存在分层(图 4－107)，组分对于蒸发、翻滚产生的时间和严重性具有重要的影响。

翻滚从现象来看分成两类：

①LNG 储罐在长期储存中，因其中较轻的组分，主要是 N_2 和 CH_4 首先蒸发，而自发形成翻滚现象；

②LNG 储罐中原来留有 LNG，在充装密度不同、温度不同的新 LNG 一段时间(几个小时甚至几十天)后，突然产生翻滚的现象。

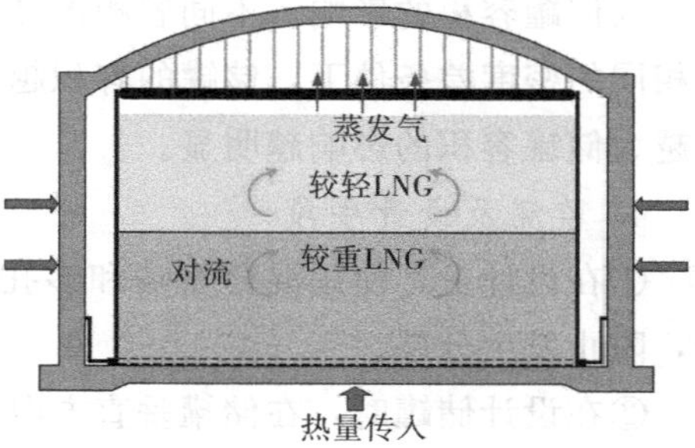

图 4－107　储罐内 LNG 分层示意图

对于连续生产运营的接收站，储罐产生翻滚的现象主要属于第二类。如将 LNG 船舶上密度较轻的新的 LNG 从顶部卸料管引入 LNG 储罐，原来留在储罐内的 LNG 密度较重，产生分层。当储罐内 LNG 产生分层后，随着外部热量的导入，底层 LNG 温度升高，密度变小；顶层 LNG 由于 BOG 的挥发而变重。经过传质，下部 LNG 上升到上部，压力减小，成为过饱和液体，积蓄的能量迅速释放，产生大量的 BOG，产生翻滚现象。

翻滚产生的时间及量的关系取决于上下两层 LNG 间的密度差，如图 4－108 所示。。密度差大，产生翻滚的时间长，积蓄的能量多，BOG 产生的量大。在这种情况下，必须在翻滚产生前控制热量和物质在两层间的传递，消除分层。如果密度差很小，很短时间就会产生翻滚，但 BOG 产生量小，翻滚不严重。

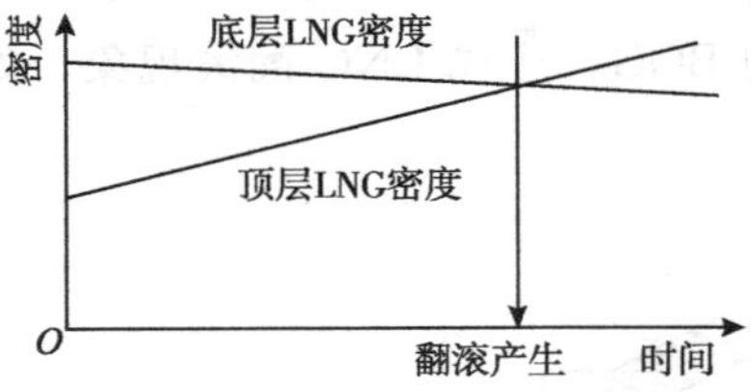

图 4-108　翻滚产生的原理图

(2)翻滚的影响因素

储罐内 LNG 发生翻滚现象时，产生的 BOG 量瞬间快速增加。最大可达到正常 BOG 气量的 100 倍，会造成 LNG 储罐损坏，后果非常严重。影响翻滚严重程度的因素有以下几点：

①LNG 中含氮量越高，发生翻滚的趋势越强。如果发生翻滚，瞬间产生的 BOG 的量越大，对储罐的破坏力越大。LNG 的主要成分中，氮气的沸点最低，在储存过程中，氮组分优先其他组分蒸发。由于储罐外壁和罐底吸热，使聚集在下部的氮气汽化，但是由于上部 LNG 的静压作用，氮气无法挥发到上部。如表 4-31 所示，在－160℃下，氮气的密度仅仅次于甲烷，故在下部无法挥发的氮气加速了下部 LNG 密度减小的速度，发生翻滚的趋势增加。

②LNG 储罐发生分层后，上下 LNG 密度差越大，形成翻滚的时间越长，且发生翻滚时产生的 BOG 量越多。

③发生分层的 LNG 液位越低，翻滚的时间越短，且发生翻滚产生的 BOG 气量相对较小。

④储罐 LNG 发生分层后，还不断从储罐内抽取 BOG 气体，会促使储罐发生翻滚，但发生翻滚产生的 BOG 气量相对较小。

⑤卸载到储罐内的 LNG 温度越高，形成的翻滚时间越短。

⑥储罐容积的影响。不同容积的储罐在不同分层密度差下产生翻滚需要的时间不同。在相同的密度差条件下，储罐的容积越小，储罐内的分层发生翻滚的时间越短，而且密度差越大储罐容积的影响越明显。

4. 监测及设计手段

①在设计上，使用混合喷嘴和多孔管注入，使进罐的 LNG 和储罐内的 LNG 充分混合，防止发生分层。

②在设计储罐时，在储罐垂直方向上设计温度、密度监测仪表，目前一般用 LTD(液位、温度、密度探测器)监测储罐内各层 LNG 温度、密度差异，及时发现分层现象。LNG 储罐设置测温计，间隔 1m 进行温度监控，当温差高达 0.3℃时，就有可能出现分层，引发翻滚。在储罐的承液部位沿竖向安装密度测量装置 LTD，测量点间隔 1m，进行密度监控，当密度差达到 0.8kg/m3 时，需要引起注意。

③监测 LNG 蒸发速度。LNG 分层会抑制 LNG 蒸发速度，使得出现翻滚前的蒸发速度比通常情况下低。采用绝对压力的检测方法监测储罐压力(图 4-109)，避免大气压的变化影响 LNG 蒸发速率的监测。

5. 防止措施

因为液化气发生翻滚一般需要很长时间，所以在生产运行操作中，正确地操作可以有效地防止分层，从而避免翻滚。具体的措施有以下几点：

①在生产运行操作中，可以将不同产地、不同气源的 LNG 分开储存，以避免密度差引起 LNG 分层。这种方法主要适用于储罐个数比较多的储存型 LNG 接收站，调峰型 LNG 接收站一般储罐个数比较少，无法实现 LNG 分开储存。

②采取正确的进料方式。若进料 LNG 密度大于储罐原有 LNG 密度，则采用顶部进料。反之，当进料 LNG 密度小于储罐原有 LNG 密度，则采用底部进料。

③一般情况下，当 LTD 系统检测到储罐内 LNG 的温差大于 0.2℃、密度差大于 0.5kg/m³ 时，即可认为发生了分层，可以启动罐底到罐顶的罐内混合液流程或强制混合流程，防止翻滚现象发生，但启动这两个流程会使储罐内 BOG 的产生量增加。

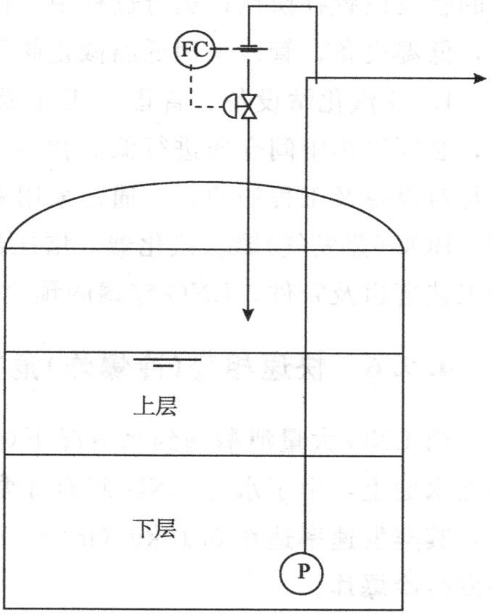

图 4-109　LNG 储罐压力监测

④对于含氮量较高的 LNG，应尽量避免在 LNG 储罐内长时间储存，尽快外输。

4.9.4　间歇泉及控制

如果储罐有较长的而且充满 LNG 的竖直管道，管路阀门处会有较多的漏冷，管内产生的 BOG 需要积聚到一定的压力上升到储罐液面，这部分 BOG 温度较高，上升时与液体进行热交换，液体大量闪蒸，使储罐内压力骤然上升，有可能导致储罐安全阀开启。

在管内液体被 BOG 推向储罐的同时，管内空间被排空，罐内液体会迅速补充到管内，又重新开始 BOG 的积聚过程，一段时间后再次形成喷发，这种间歇时喷发成为间歇泉；管内液体被 BOG 排空与重注形成水锤现象。

水平管中积存不流动的 LNG，立管中 LNG 不断汽化，同时水平管中气泡(段塞流)移动到立管逸出，而使水平管中的 LNG 因立管液注压力突然减小而迅速汽化，从而导致大量气液冲向储罐；每几个小时循环一次，反复进行；一般不会对卸料管造成损害，但重、重复性的冲击将可能带来破坏。因此要有效消除间歇泉现象，可通过改善低温管线的保温效果来实现。

4.9.5　急冷和水击及控制

急冷和水击是由于 LNG 的低温和液体特征引起的。它是由于在管道的顶部和底部形成温度梯度，导致管道在支架间挠曲，由于应力高，挠曲现象可导致事故。水击是由于阀门的快速关闭、开启或停泵时产生一个瞬时的流体压力，致使流体的流速突然发生改变而造成的。

设计施工阶段充分考虑 LNG 低温性造成的管道收缩，采取合理的补偿方式以及在合理的管段设置补偿点；运行过程中严格执行设备预冷制度，严禁热态直接进液；为防止水击，低温设备、管线采用低温截止阀等行程较长类型阀门，避免开启速度过快。

LNG汽化站设备、管道施工完成后，由于超低温及LNG特殊要求，在正式投产之前，必须采用中间介质进行低温预冷，经过预冷检验调试合格后方可接受LNG，其过程也是对设备及工程的检验，通常采用液氮作为预冷介质。汽化站内的主要设备有LNG储罐、BOG(蒸发气)罐、汽化器、增压器、BOG加热器、EAG(放散排空气体)加热器及相关工艺管道及管件，LNG储罐的预冷是汽化站预冷中的主要内容。

4.9.6 快速相变(冷爆炸)危害及控制

当LNG大量泄漏遇到水情况下(集液池中的雨水)，LNG的密度比水小，因此LNG浮在水面上，由于水与LNG间有非常高的热传递速率，水与LNG间的接触面激烈地蒸发，其蒸发速率达在0.18kg/($m^2\cdot s$)，几乎不受时间的影响，使得其接触面压力迅速升高发生冷爆炸。

因此虽然LNG都设置有消防水系统，但只能用来灭储罐周边火灾、降温或水幕墙隔离防止大量LNG扩散的功能。在场站管理中如遇到储罐区大量的LNG泄漏，严禁用水直接喷淋到LNG或LNG蒸气上。应逐步改变一遇到火灾或燃气泄漏就用水喷淋的思维定势，应分清情况，不同情况、不同地点采取不同的应急措施。

第5章　油气储运安全动火及应急抢维修技术

使用气焊、电焊、铝焊、塑料焊和喷灯等焊割工具，在油气、易燃、易爆危险区内的作业、生产和维修油气容器、管线、设备及盛装过易燃易爆物品的容器设备，能直接和间接产生明火的施工措施作业，通常称为工业动火。动火是引发火灾、爆炸事故的重要隐患，动火必须遵守安全动火规程。本章将介绍油气管道、储罐等储运设备安全动火规程以及应急动火抢修技术。

5.1　安全动火技术

工业动火是指在油气、易燃易爆危险区域内和油气容器、管线、设备或盛装过易燃易爆物品的容器上，使用焊、割等工具，能直接和间接产生明火的施工作业。

石油化工企业目前正向着生产装置大型化方向发展，生产从原料的投入到产品的产出，要经过多道工序和复杂的加工单元，辅助供热、供水、供风、供电系统庞大。生产过程中使用的炉、塔、罐、槽、压缩机、泵等设备，以管道相连通，从而形成了工艺复杂、工艺流程长的生产线。生产过程中各工序之间一环扣一环，紧密相连，互相制约，具有高度的连续性；随着计算机技术、控制技术、通信技术的应用，生产装置自动化程度也越来越高。特别是在石油化工行业，生产过程具有高温、高压、易燃、易爆、有毒、有害、腐蚀性强等许多潜在的危险因素，安全生产难度也越来越大，尤其在生产、抢修、检修过程中，免不了要进行动火作业。动火作业过程中，如有一点防范措施不到位，就容易发生火灾、爆炸、中毒等事故。

1. 工业动火几个常见术语

(1)置换(displacement)

用清水、蒸气、氮气或其他惰性气体将作业管道、设备内可燃气体置换出来的一种方法。

(2)现场监督(monitoring in fields)

在动火作业中，按照动火措施进行施工现场检查监督。

2. 工业动火遵循的规范

SY/T 5858—2004 石油工业动火作业安全规程。

3. 工业动火的总则

①工业动火实行工业动火申请报告书制度，申请报告书应详细说明动火作业范围、确定危害和评估风险、制定交叉作业防范措施。

②动火作业申请报告书只在签发的一个场所、一个作业班次有效。一级工业动火申请报告书有效时间不超过 8h，如在动火作业本班不能完成，作业应在交接班时重新确认，进行技术交底，并由接班相应人员签字后方可持续有效。二级工业动火申请报告书有效时间不超过 3d，三级、四级工业动火申请报告书有效时间不超过 5d。

③在易燃易爆危险区域内，应严格限制动火，凡能拆下来的设备、管线应移到安全地方动火。

④油气集输泵站进行多处动火时，相连通的各个动火部位不应同时进行。上一处动火部位的施工作业完成后，方可进行下一个部位的施工作业。

⑤在动火作业准备过程中，施工单位应与生产单位密切配合，进行危害识别、制定动火方案、做好变更管理及应急预案。

⑥生产单位和施工单位应指定动火作业监督人和监护人，负责动火现场的协调和管理，并检查和确认动火措施的落实。

⑦动火施工现场应根据动火级别、应急预案的要求配备相应的消防器材和消防车。

⑧动火作业期间，如发现异常情况，应立即停止动火作业。

4. 工业动火级别的划分

根据动火部位爆炸危险区域危险程度、影响范围及事故发生的可能性，工业动火分为四级。

(1)一级工业动火

a)原油储量在 10000m^3 以上(含 10000m^3)的油库、联合站，围墙以内爆炸危险范围内的在用油气管线及容器本体动火；

b)容量大于 5000m^3 储罐(含 5000m^3，包括原油罐、污油罐、含油污水罐、含天然气水罐等)、容器本体及附件动火；

c)天然气柜和容量大于 400m^3(含 400m^3)的石油液化气储罐动火；

d)容量大于 1000m^3(含 1000m^3)成品油罐和轻烃储罐的动火；

e)直径大于 426mm(含 426mm)长输管线、在输油(气)干线上停输动火或带压不停输更换管线设备的动火；

f)天然气净化装置、集输站及场内的加热炉、溶剂塔、分离器罐、换热设备的动火；

g)天然气压缩机厂房、流量计间、阀组间、仪表间、天然气管道的管件和仪表处动火；

h)天然气井井口无控部分动火。

(2)二级工业动火

a)原油储量在 1000～10000m^3 的油库、联合站，围墙以内爆炸危险区域范围内的在用油气管线及容器本体动火；

b)容量小于 5000m^3 储罐、容器本体及附件的动火；

c)容量小于 400m^3 石油液化气储罐的动火；

d)容量小于 1000m^3 成品油罐和轻烃储罐的动火；

e)容量 1000～10000m^3 原油库的原油计量标定间、计量间、阀组间、仪表间及原油、污油泵房的动火；

f)铁路槽车油料装卸栈桥、汽车罐车油料灌装油台及卸油台、输油码头及油轮码头内外设备及管线上的动火；

g)输油(气)站、石油液化气站站内外设备及管线上以及液化气充装间、气瓶库、残液回收库等的动火。

(3)三级工业动火

a)原油储量小于 1000m^3(含 1000m^3)的油库、集输站围墙以内爆炸危险区域范围内的在用油气管线及容器动火；

b)容量小于 1000m^3(含 1000m^3)的油罐和原油库的计量标定间、计量间、阀组间、仪表间、污油泵房的动火；

c)在油气生产区域内的油气管线穿孔正压补漏动火；

d)采油井单井联头和采油井井口处动火；

e)钻穿油气层时没有发生井涌、气侵条件下的井口处动火；

f)输油(气)干线穿孔微正压补漏、腐蚀穿孔部位补焊加固的动火；

g)焊割盛装过油、气及其他易燃易爆介质的桶、箱、槽、瓶的动火；

h)制作和防腐作业中，使用有挥发性易燃介质为稀释剂的容器、槽、罐等处的动火。

(4)四级工业动火

a)在天然气集输站(场)、输油泵站、计量站、接转站等生产区域内非油气工艺系统动火；

b)钻井作业过程中未打开油气层、试油作业未射孔前，距井口 10m 以内的井场动火；

c)除一级、二级、三级动火外，其他非重要油气区生产和在严禁烟火区域的生产动火。

5. 工业动火审批

(1)一级动火前，由施工单位填写动火申请报告书(见表 5－1)，经二级生产单位主管安全技术的领导或其授权人组织有关部门审查后上报，由局级安全部门审查，报主管安全技术的局领导或其授权人批准。

(2)二级动火前，由施工单位填写动火申请报告书，经二级生产单位生产技术部门、安全部门组织审查后，报二级生产单位主管安全技术的领导或其授权人批准。

(3)三级动火前，由施工单位填写动火申请报告书，经二级生产单位技术、安全部门组织审查后，报二级生产单位安全技术部门批准。

(4)四级动火前，由施工单位填写动火申请报告书，经生产单位上一级安全部门组织审查后，报生产单位上一级安全技术部门批准。

表 5-1　工业动火申请报告书(一级动火)

动火级别：　一级　年　月　日

<table>
<tr><td>生产单位</td><td></td><td>施工单位</td><td></td><td rowspan="3">动火作业人</td><td>姓名</td><td>工种</td><td>证件号</td></tr>
<tr><td>动火监督人</td><td></td><td>动火监护人</td><td></td><td></td><td></td><td></td></tr>
<tr><td>动火地点</td><td></td><td>动火时间</td><td></td><td></td><td></td><td></td></tr>
<tr><td colspan="4">动火部位示意图：</td><td colspan="4">动火安全措施：</td></tr>
<tr><td>说明</td><td colspan="3">1. 此报告一式四份，施工单位、生产单位、安全监督部门各留存一份；一份交由施工现场保留。
2. 示意图标出方向、管线尺寸、介质成分、流程走向，并用虚线标明新建部分，用红线圈出动火点。
3. 动火气体分析单应贴至动火申请报告书的背面，备查。</td><td>施工单位负责人（签字）</td><td>二级生产单位主管技术领导（签字）</td><td>局安全部门领导（签字）</td><td>主管安全技术的局领导（签字）</td></tr>
</table>

5.2　油气管道应急抢修技术

5.2.1　油气管道失效等级划分

油气管道失效等级划分见表 5-2，应从以下四种因素考虑：

①恐怖袭击；

②打孔盗油；

③第三方施工破坏；

④其他损坏管道及附属设施的行为。

表 5-2　失效可能性等级划分标准

失效可能性等级	因素			
	第三方施工破坏	打孔盗油	恐怖袭击活动	其他损伤管道及附属设施的行为
1	几乎不可能	几乎不可能	几乎不可能	几乎不可能
2	极小可能	极小可能	极小可能	极小可能
3	偶发区	偶发区	偶发区	偶发区
4	易发区	易发区	易发区	易发区
5	高发区	高发区	高发区	高发区

注：多种因素同时存在时，按其中等级高者取值。

失效后果应综合考虑管道系统遭受破坏可能造成的人员伤亡、财产损失、环境污染及停输影响，划分标准见表 5-3。

表 5-3　失效后果等级划分标准

失效后果级别	因素			
	人员伤亡	财产损失	环境污染	停输影响
1	轻微伤害	直接经济损失一百万元以下	轻微或无影响	轻微影响
2	一半伤害	直接经济损失一百万元到一千万元之间	一般环境事件	一般影响
3	较大伤亡	直接经济损失一千万元至五千万元	较大环境事件	较大影响
4	重大伤亡	直接经济损失五千万元至一亿元	重大环境事件	重大影响
5	特别重大伤亡	直接经济损失一亿元以上	特别重大环境事件	特别重大影响

注1. 多种因素同时存在时，按其中等级高者取值。
2. 所称“以上”包括本数，所称“以下”不包括本数。

人员伤亡等级分为：

①该评价单元内可能指造成 30 人以上死亡，或者 100 人以上重伤的为特别最大伤亡；

②该评价单元内可能造成 10 人以上 30 人以下死亡，或者 50 人以上 100 人以下重伤的为重大伤亡；

③该评价单元内可能造成 3 人以上 10 人以下死亡，或者 10 人以上 50 人以下重伤的为较大伤亡；

④该评价单元内可能造成 3 人以下死亡，或者 10 人以下重伤的为一般伤害；

⑤该评价单元内可能造成 3 人以下重伤，或者 10 人以下轻伤的为轻微伤害。

财产损失应考虑因素包括：

①资产的重要性；

②周边因管道系统设施破坏而导致的损失；

③其他损失；

环境污染等级分为：

①具备下列情况之一的为特别重大事件：

a)因环境事件需疏散、转移群众 5 万人以上；

b)区域生态功能严重丧失或濒危物种生存环境遭到严重染；

c)因环境污染使当地正常的经济、社会活动受到严重影响；

d)因环境污染造成重要城市主要水源地区水中断的污染事故。

②具备下列情况之一的为重大环境事件：

a)区域生态功能部分丧失或濒危物种生存环境受到污染；

b)因环境污染使当地经济、社会活动受到较大影响，疏散转移群众1万人以上5万人以下的；

c)因环境污染造成重河流、湖泊、水库及沿海水域大面积污染，或县级以上城镇水源地取水中断的污染事件。

③因环境污染造成跨地级行政区域纠纷，使当地经济、社会活动受到影响的为较大环境事件；

④因环境污染造成跨县级行政区域纠纷，引起一般群体性影响的为一般环境事件；

⑤该评价单元位于荒漠、戈壁等无特殊环境区域的为轻微或无影响。

停输影响等级分为：

①具备下列情况之一的为特别重大影响：

a)会引起国际纠纷；

b)一类管道，遭受破坏停输后抢修困难，需要较长时间恢复，会给下游企业生产或居民生活带来特别严重影响的：

c)造成油田或炼厂紧急停产。

②具备下列情况之一的为重大影响：

a)会造成国内重大社会影响的；

b)一类管道，遭受破坏停输后短期内可以恢复，且不会给下游企业生产或居民生活带来特别严重影响的；

c)二类管道，遭受破坏停输后下游企业生产或居民生活会受严重影响的。

③具备下列情况之一的为较大影响：

a)会给企业造成较大损失的；

b)二类管道，遭受破坏停输后抢修困难，但不会给下游企业生产或居民生活带来特别严重影响的。

④短期内能完成抢修，不会影响上下游企业或居民生活的为一般影响；

⑤其他情况为轻微影响。

5.2.2 油气管道的抢修

1. 油气管道抢维修的特点

长距离输油输气管道具有管径大、管线长、工作压力高、连续运行、输送介质具有易燃易爆性的特征。在动火抢修和流程改造时具有如下特点：

(1)抢修和流程改造时间的紧迫性

长输管道是输送量大而且连续运行的管道，抢修时间的长短决定了管道停输时间的长短。管道的停输不仅会给管线末站造成库容压力，而且还可能影响油田原油生产和管线末端炼油厂的生产，对于易凝原油输送管道来讲，原油物性和管道的温降规律决定了原油管道的停输时间。因此，抢修工作必须在最短的时间内使管道恢复正常输量或某一最低输量。

(2)泄漏介质的易燃易爆性

原油管道泄漏出的原油具有易燃易爆性，因此原油管道抢修工作在抢修现场原油未完全清理干净的情况下是不准动火的，否则极易酿成火灾事故。

(3)抢修机具的可靠性和操作人员的熟练性

管道的抢修工作是一项时间紧、任务重的工作，这就要求抢修机具可靠、密封必须严密，操作人员技术过硬、操作熟练。

(4)天然气具有的易扩散性

高压天然气从管道中泄漏出来后，依靠风的作用和分子扩散，能够漂移一定的距离，会在泄漏点一定距离范围内形成不安全环境，在该范围内的任何火源都可能引发爆炸事故。

(5)天然气具有的毒性

进入天然气泄漏区的抢修人员必须配备防毒面具，并且要采取一定的监护措施。

2. 作业方法

在输油输气管线上施工动火之所以比较危险是因为施工动火处存在易燃易爆物，火源与其相遇容易发生事故。要解决这个矛盾就要采取措施不让火源与易燃易爆物接触，现场施工常采取的办法就是封堵和清洗清扫。

所谓堵就是采取措施将易燃易爆物堵在动火点以外，使其与火源隔离；所谓清就是将动火的管道内以及施工现场的易燃、易爆物清理干净，通过“堵”与“清”即将带油气动火转化为了无油气动火。

(1)动火管段的隔离

①关闭阀门法隔离动火管段

管道停输后，关闭有关阀门，尽量缩短动火点前后的管段长度，减少存油量。若附近没有截断阀，可以采用封堵措施。

②封堵法隔离动火管段

常用的有封堵器封堵、冷冻法封堵、隔离物封堵三种方法。

a)封堵器封堵

常见的封堵器有“挡板式”和“胶囊”式两种，挡板式封堵器依靠放入管线中的密封盘进行密封；胶囊式封堵器是将胶囊放入管道中，并对胶囊充气从而达到密封的目的。

两种封堵器相比，挡板式封堵器可承受更高的工作压力和温度。

对于不能停输管道的动火施工，可以采用不停输封堵措施。其基本原理是在施工点外两端安装临时旁通管道保证管道运行。而后，在临时管道内的原管道上对施工点两端进行封堵，变不能停运的管道的施工为可停运管道的施工。

b)冷冻法封堵

冷冻法是考虑管内介质可以凝固，且凝固后膨胀的特性，利用环境自然温度或辅助降温措施使管内介质凝固，用凝固段的介质控制施工点管内介质的流动，实施对施工点的密封。辅助降温的措施有冷水喷淋、冰块敷盖、液氮降温等。液氮作为冷却介质可将管内液体温度降至－40℃以下，管内介质和管壁冻结在一起，形成高强度的柱塞。

冷冻法一般只应用在输送易凝介质的管道上，采用此种方案时，要根据施工的具体情况确定冷冻管道的长度，有时还应考虑管线的温度压力以及管材的冷脆性，并提前考虑管道解冻的措施。

c)隔离物法封堵

隔离物法是利用某些不能燃烧的物质，将易燃物与施工点隔离开，根据施工点管内介质情况可以选用不同的隔离物。比较常用的隔离物有水及其蒸汽、消防灭火剂和惰性气体等，还用泥土封堵方法等。采用此种措施要特别注意密封的严密性、隔离物与管中介质的密度之差、施工部位管线的坡度、动火时间等。

(2)隔离管段油气清洗

在动火施工前应将管道内油品等易燃物清理干净，一般有如下几种方法：

①利用位差放空管内存油

在管段低点开孔、接管，将油品放至准备好的污油池内。若管内形成负压会妨碍油品全部流尽，需要在高点开孔，设置补气孔。这种方法简单、方便，流出油品易于回收，但需要有合适的高差地形，适于低黏油品；而在高黏原油管道中，原油难以排尽，放油时间很长，常受到允许时间的限制。若管内油品放空不彻底，还需采用清扫管道的措施。

②顶部吸油清扫

在管道上部开孔泄压后，利用虹吸原理或真空泵抽吸把管段内油品抽出。这种方法安全，但操作过程繁琐，清洗速度慢，一般在管道底部开口困难的情况下才采用这种方法。

③用水清洗、置换

对输送清油的管道用水置换效果较好，对输送高黏易凝原油的管道效果较差，若有条件用热水顶油，清洗效果较好。

④气体扫线

施工中有时遇到管线自然位差小，用水不便，此时可以利用气体将油品等易燃物顶出。易燃物是液体时应在管线的高点顶部进气，在管线的地处放油；当管内介质是可燃气体时，扫线要特别慎重，不但要注意其与扫线气体的密度之差，还要特别注意可燃气体的爆炸极限浓度。最好采用惰性气体或蒸汽吹扫管线，惰性气体不但能安全地吹扫管内油气，还可隔离水源和燃油。

(3)动火前的检查

为了达到动火时火源与易燃、易爆油气介质完全隔离，在动火管段的隔离和清扫过程中应该注意的问题有：

①关闭阀门时要防止因阀门关闭不严或内漏造成的事故，在法兰处应加设盲板。采用封堵器时，要认真检查封堵器的密封胶垫及皮囊的完好程度。

②动火前要认真检查管内油品残留情况，注意检查管段最低点的残留物和最后排出的油品，判断排空的程度。

③可燃气体浓度和含氧量检测，应满足如下要求：

a)需动火施工的部位及室内、沟坑内及周边的可燃气体浓度应低于爆炸下限值的 10％。

b)动火前应采用至少两个检测仪器对可燃气体浓度进行检测和复检，动火开始时间距可燃气体浓度检测时间不宜超过 10min，最长不应超过 30min。用于检测气体的检测仪应在校验有效期内，并在每次使用前与其他同类型检测仪进行比对检查，以确定其处于正常工作状态。

c)在密闭空间动火，动火过程中应定时进行可燃气体浓度检测，但最长不应超过 2h。

d)对于采用氮气或其他惰性气体对可燃气体进行置换后的密闭空间和超过 1m 的作业坑内作业前应进行含氧量检测。

(4)动火过程中运行监护

①动火作业过程中应对与动火相关联的管道和设备的状况进行实时监控，如压力、温度等。

②动火作业过程中，动火监护人应坚守作业现场，动火作业监护人发生变化需经现场指挥批准。

(5)动火现场安全要求

①动火作业地带应分区域进行管理，具体分为：作业区、机具摆放区、车辆停放区、休息区等，并用警戒带进行隔离。休息区宜搭设简易凉棚，便于对暂无作业任务的人员进行集中管理；与动火作业无关人员或车辆不应进入动火作业区域。

②在密闭空间和超过 1m 的作业坑内动火作业，应根据现场环境及可燃气体浓度和含氧量检测情况确定是否采取强制通风措施。

③如遇有 5 级(含 5 级)以上大风不宜进行动火作业，特殊情况需动火时，应采取围隔措施。

④动火作业坑除满足施工作业要求外，应分别有上、下通道，通道坡度宜小于 50°。如对管道进行封堵，封堵作业坑与动火作业坑之间的间隔不应小于 1m。

⑤动火现场的电器设施、工器具应符合防火防爆要求。

⑥动火施工现场 20m 范围内应做到无易燃物，施工、消防及疏散通道应畅通；距动火点 15m 内所有的漏斗、排水口、各类井口、排气管、管道、地沟等应封严盖实。

⑦动火作业前，应按方案要求做好所有施工设备、机具的检查和试运，关键配件应有备用。

⑧动火现场消防车和消防器材配备的数量和型号应在动火方案中明确；必要时，动火现场应配备医疗救护设备和器材。

⑨在易燃易爆作业场所动火作业期间，当该场所内发生油气扩散时，所有车辆不应点火启动，不应使用任何非防爆通信、照相器材。只有在现场可燃气体浓度低于爆炸下限的 10％时，方可启动车辆和使用通信、照相器材。

3. 管道抢修程序

管道的停输抢修用于管道出现破裂、断裂造成管内介质大量外泄时的抢修和管道出现堵塞事故的抢修。停输抢修应遵循下列程序进行：

(1)停输抢修程序

①发现事故，及时上报。

当输油泵站(或压气站)值班人员或巡线人员发现管道破裂或断裂时，应及时通知值班领导及管理调度部门，由调度部门下令管道停输并通知抢修队伍赶到事故地点。同时调度部门应立即向上级调度部门汇报，并请求其协调管道上下游各有关企业的供油和用油。

②确定事故点，设定警戒区。

管道抢修队接到抢修命令后，应立即赶赴事故现场。在事故现场应根据事故严重程度制定事故现场保护措施，设立警戒区，防止闲杂人员进入事故现场。

③管段隔离和清扫。

确定管道封堵点，在该点周围进行油气浓度测定，制定动火措施，并按动火程序审批后进行管线封堵作业。

④修补动火或更换管段。

管线封堵成功后，在油气浓度监测合格前提下，完成管道的修补或更换管段的工作。

⑤进行恢复地貌工作，同时清理事故现场的油污。

(2)不停输抢修程序

对于管道的微小泄漏、小裂缝等事故可以采用不停输抢修作业。同时对于管输介质物性不允许停输的管道事故，也必须采用不停输抢修。

不停输抢修程序和停输抢修程序基本相同，只是在封堵设备的选用上必须采用不停输型封堵设备(如 HPZ 法、EXP 法)。对于管道的微小泄漏，也可以采用修补法直接进行管道的抢修作业。值得注意的是对不停输管道的抢修作业，在抢修前应查明事故点所在站段的纵断面高程、管道动态、压力、流速及管道壁厚。

作为一种成熟的管道维护、抢修技术，为了实现不停输作业，它必须首先建立旁通管线，然后进行封堵作业，即采用如下的施工工艺：开挖作业坑—焊接封堵三通和旁通三通—开孔—导通旁通线—管线封堵作业—管线改造—解除封堵—拆除旁通线—管线恢复。

①作业坑的开挖

一旦管线出现事故，根据事故地点，查找准确的位置，开挖作业坑。利用卡具对管线进行临时性的处理，防止油气的继续泄漏。作业坑的位置大小可根据现场的情况而定。

②三通的焊接

选择开孔封堵点，准备焊接封堵三通、旁通三通和平衡短节。封堵三通是为了安装封堵设备的等径三通，旁通三通是为了连接旁通管线的异径三通。因为三通是永久性留在管线上，必须要保证其足够安全，它的设计寿命应该大于等于管线的寿命。从这一点上来说，三通的设计以及焊接是开孔封堵中最重要的步骤。三通的设计(如开孔补强)要严格按照相关的国内外相关标准进行设计计算。

关于三通的在线焊接工艺目前国内外还没有现成的焊接规程，主要是因为管线进行带压焊接会存在以下几个问题：

a)管线处于不停输状态，不易保证预热温度和层间焊接温度，热损失大。

b)如果管线属于旧管线，内腐蚀严重，造成管线变薄，易焊透管线。

c)管道焊接过程中，由于输送介质流速过快，因此易产生冷裂纹、氢裂等缺陷。

d)管道焊接时过量的热输入易引起管材微观结构发生变化。

e)焊接三通产生的应力易引起管壁褶皱，使封堵不严，甚至使封堵作业无法进行。

因此在焊接三通的时候要注意防止烧穿管壁，对焊条直径、焊接电流、电压、焊接速度、预热温度等焊接常数要严格控制，对管线的压力、温度、壁厚以及流速也都要事先了解。在三通焊接过程中注意：事先测量管线的壁厚，焊接封堵三通时要先焊接纵向直焊缝，然后焊接环向角焊缝。封堵三通的两道环向角焊缝不应同时焊接，焊接过程中要做焊接外观检验以及焊缝无损探伤。

③开孔作业

对开孔机、夹板阀、封堵器进行试运行，确保设备工作正常。然后安装夹板阀(所用的夹板阀是一种特制的阀门，面到面的尺寸比传统阀门要减少大约 75%)，调整夹板阀与三通的同轴度在规定范围之内。接下来安装开孔刀具，组装开孔机。在开孔前，应对焊接到管线上的三通和组装到管线上的阀门、开孔机等部件进行整体试压，试压合格才能进行开孔作业。开孔顺序为先开旁通孔、然后开封堵孔。开孔刀具由中心钻、圆形刀齿组成。在中心钻上设计有 U 型卡环，防止圆形刀齿切割下的马鞍形状的板掉入管线内，这块马鞍型板还会在以后的工序中被放回到管线内，以保证管线的完整性。

④旁通管线的控制安装

在开孔期间，可以同时进行旁通管线的预制工作，并进行旁通管线的试压，旁通管线的尺寸应根据管线的压力、输量进行计算而定。开完旁通孔就可以开始连通旁通管线了。

⑤封堵作业

在封堵过程中，对管内介质的流速有一定要求，液体介质流速在 2.5m/s 以内，气体介质流速在 5m/s 以内。下封堵时应先下下游封堵头，后下上游封堵头。封堵结束后，通过排油来检查封堵效果。

⑥下塞堵作业

起封堵头后，需要往三通开口处安装塞柄，并且把开孔时切下的鞍型板与塞柄一起重新安装到相应的位置，保证管线的完整，不会影响管线的清管作业。下完塞柄后就可以拆除三通上的夹板阀，盖三通盲板，最后对三通进行防腐回填。

5.2.3　海底管道应急修复

1. 海底管道变形修复

海底管道变形一般是机械损伤(如落物砸伤、锚损等)所致，这种损伤并没有造成海管泄漏，但海管变形会降低海管使用寿命，且较大变形使得正常清管作业无法进行，根据海管清管及安全的考虑，需要对变形的海管实施维修作业。可以采用不停输开孔封堵、更换变形段海管的方法实现维修作业。

具体操作程序如图 5-1～图 5-5 所示。

①首先利用挖沟机在外管漏点位置开挖作业面，暴露出管段，清除混凝土配重层及表

面防腐涂层(双层管应去除外管及保温层)，并进行打磨处理；

②安装旁通管线，并将变形管段切除；

③在管道的两个切割端分别安装机械连接器；

④水下安装带有球形法兰的替换管段；

⑤拆除旁通管线，恢复管道运行。

图 5-1　作业面清理

图 5-2　安装旁通管线，切除变形管段

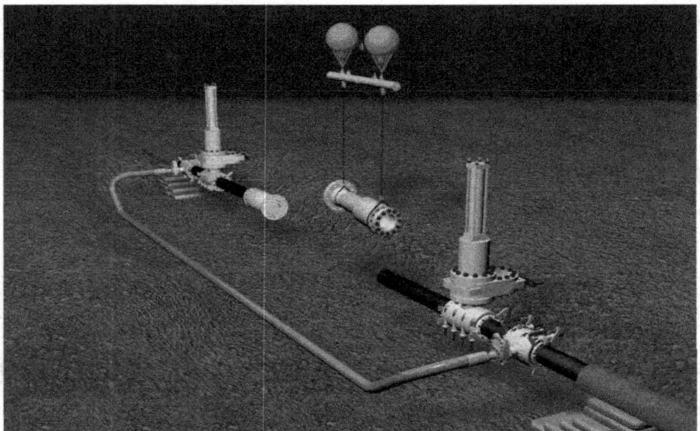

图 5-3　安装机械连接器

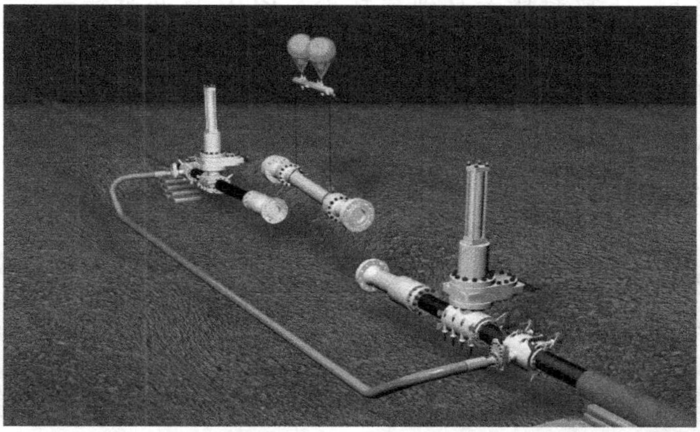

图 5-4　安装替换管段

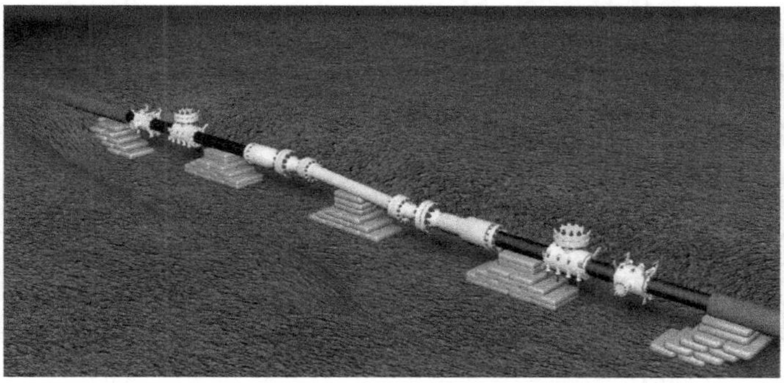

图 5-5　拆除旁通管线，恢复管道运行

2. 海底管道穿孔小漏修复

输气管道内、外壁腐蚀由母材的夹渣、气孔、裂纹等原因造成。海底管道无大的机械变形，一般不会造成气田停产，通常是通过管内及管外检测而发现。其维修方案可以采用机械卡箍进行修复，此种类型使用封堵卡具修复，可由潜水员来完成，也可以采用 ROV 来完成修复工作。潜水员作业型修复卡具见图 5-6。

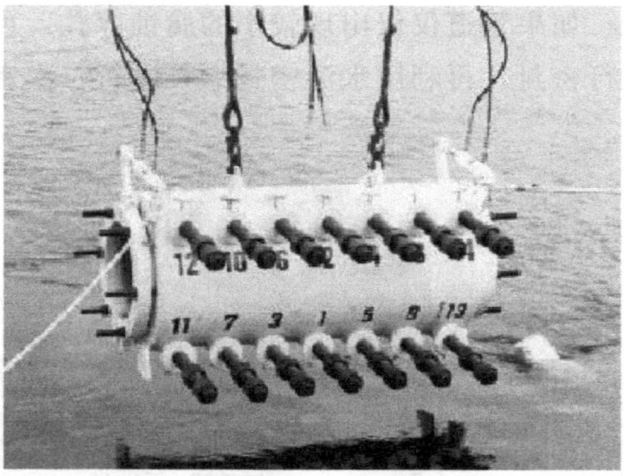

图 5-6　潜水员作业型修复卡具

ROV 海底管道修复作业流程如图 5-7 所示。

①将无潜水支持的提管架 PLF(Pipeline Lift Flame)下放并跨骑在海床上的管线上，损坏段两端各安放一个 PLF。并通过 ROV 操控 PLF 将管线提起离开海床；

②使用 ROV 作业型的环向切割机和轴向切割机剥离外管；

③ROV 监控下，下放封堵卡具到损坏处，ROV 打开封堵卡具，以便安装在管线上；

④ROV 关闭、拧紧卡具，包装法兰，并进行测试密封；

⑤ROV 操纵 PLF 下放管线回到海床；

⑥回收 PLF，维修完成。

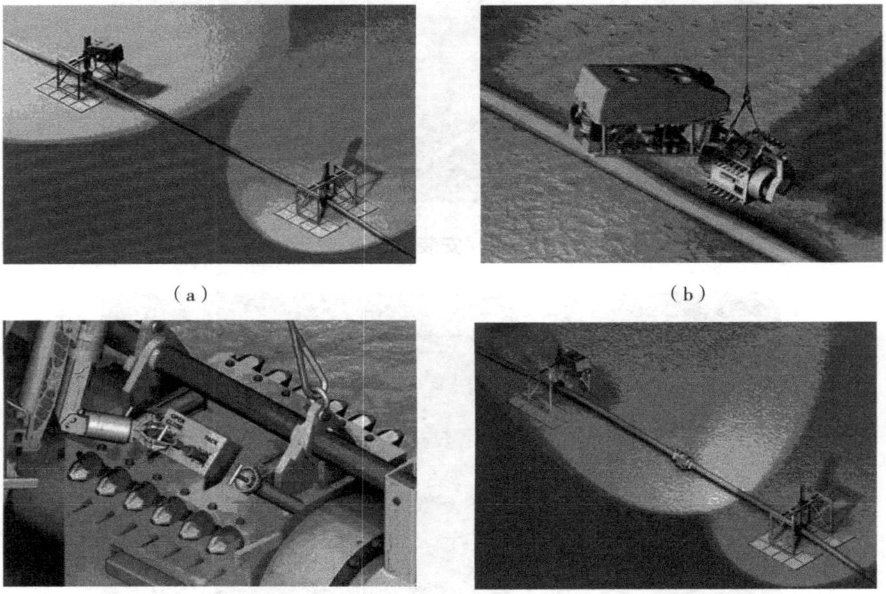

(a) (b) (c) (d)

图 5－7　ROV 海管修复作业流程

如果管道仅仅出现较小的腐蚀穿孔，可以在管线的受损部位利用特种密封胶(图 5－8)进行密封，再利用水泥密封卡具进行二次密封，从而对漏点实现修复。

图 5－8　密封胶

3. 裂缝大漏

裂缝大漏通常为突发性大漏，一般是由于海床变迁、不稳定造成，一般需要油气田停产状态下实施维修作业。如果管道管径适中，在浅水区可考虑水上焊接修复。如果裂缝所处位置水深极浅(0～5m)，也可考虑采用沉井式常压干式舱维修，图 5-9 为常压干式舱。浅水区 0～15m 水深范围内水上焊接的修复方法，如图 5-10 所示。

图 5-9　常压干式舱

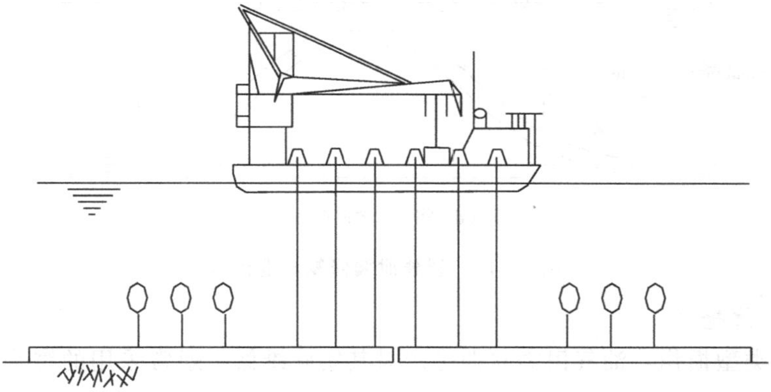

(a) 采用冷切割设备水下切割破损气管道

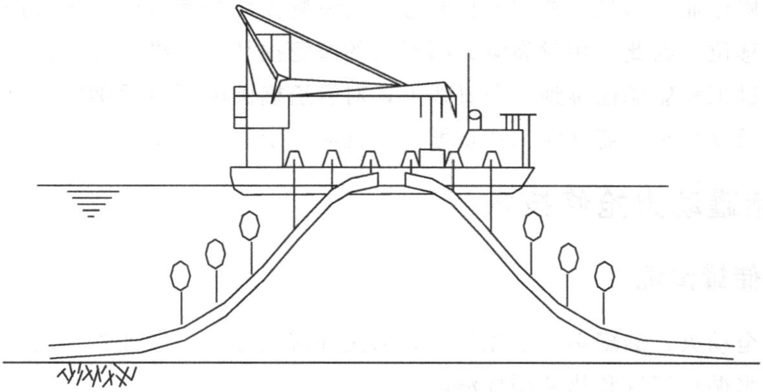

(b) 将两端海管吊到作业船舶上，切除掉破损段海管

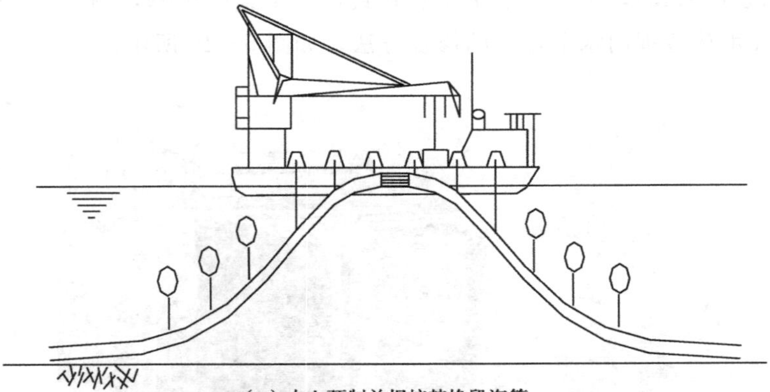

（c）水上预制并焊接替换段海管

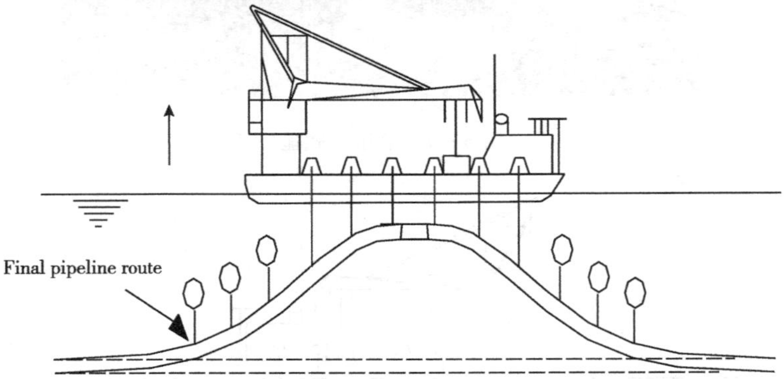

（d）将海管放回海底

图 5－10　裂缝泄漏修复作业流程

4. 折断事故抢修

海管折断类型损伤，油气田需立即停产对其实施维修。通常采用的维修方法与裂缝大漏基本相同，即在浅水区可考虑用水上焊接的方法；在深水区域可运用机械法兰连接的维修方法实现维修作业。但是，考虑到折断形式的海管损坏会使海管变形量加大，甚至会使海管两端发生移位，因此，相对裂缝大漏形式的海管损坏，在维修作业前，如有必要，需将海管两端通过工程船舶拖拉到一条直线上，对管道椭圆度测量后确定切割点的位置。破损段海管切割长度增长，需冲泥工作量增大，且需一定量备用海管。

5.3　储罐动火抢修技术

5.3.1　储罐清洗

为保证安全动火，储罐必须预先清洗。清洗油罐的方法一般经常是用人工清洗、蒸汽蒸罐清洗、热水循环清洗和热油循环清洗。

(1)人工清洗

采用人工清洗或刮铲方法，清除管内杂质铁屑等。一般应用木质等不易产生火花的工具进行清扫作业。对于有毒沉积物，首先应该做好个人防护，刮铲下来的沉积物要及时清理。

(2)蒸气洗

关闭进出油阀门，罐内通蒸气，待油污融化后抽出，再用水冲洗后干洗。主要用于中小型重质油罐的清洗。

(3)热水循环和热油循环清洗

通过热水或热油循环、搅拌，使罐底油污融化，油水在罐内沉降并初步分离后分别抽出处理，热油循环过程相同，只是利用热油来融解管内油污，这是大中型罐常用的方法。

也可以将这几种方法结合使用，对于需要进罐清洗时，必须首先打开人孔、光孔、测量孔等，进行自然通风，排除罐内油气。自然通风时间一般不少于 10 天，测定罐内油气含量达到安全值时，方可进入油罐排除积污。

5.3.2　储罐动火安全措施

①拆除进出油管线，实现和其他管线和设备的脱离。

②对储罐进行彻底清洗清扫。

③检测罐内油气浓度，进行气样分析。

用检测仪在测量孔、光孔等多个孔口及罐底部容易积聚油气的死角进行气样分析。最好采用两台以上的检测仪同时测定，以便核对数据，确保安全。测量气体浓度需小于爆炸下限的 25%才算合格。

注意：经检测合格，未及时动火的油罐在动火前仍需进行检查。若焊接工作当天未能结束，第二天动火前，仍需进行测爆。

④对临近油罐进行保护。

油罐动火之前，除进行清洗外，还要注意相邻的油罐、设备的保护。应根据距离的远近，采取相应的安全措施。距离相当于动火油罐的直径时，要停止进油或发油，在呼吸阀上覆盖石棉布或多层铜丝网，网眼目数要大于 30，以减少油气挥发和防止火星落入；距离小于动火油罐的直径或相当于半径，要除清油品，并向油罐内灌水；如距离小于动火油罐的半径，邻近油罐的安全措施应当与动火油罐一样对等。

⑤预防中毒。

不管使用哪一种清罐方法，都要防止清罐人员吸入烃蒸气而中毒。油罐内油气浓度低于 $300mg/m^3$，并且持续 24h 不再上升，作业人员方可进罐操作；进罐人员必须穿戴好防毒面具，配备好相应的信号绳等防护设备，进罐时间不宜过长，一般不应超过 30min，以 15～20min 为宜；进罐作业期间，罐外必须有人监护，并持续检测罐内油气浓度；应有应急救援预案，做好相应的救护准备工作。

⑥注意消防。

根据动火情况，准备足够的消防器材，必要时备用消防车在现场监护。

5.3.3 油罐带油动火

当油罐无法抽空，只能带油动火检修时，除满足上述安全措施外，还应注意以下几点：

①动火点位于油面以上，严禁动火，极易发生燃烧和爆炸；

②补焊前要先测定壁厚，补焊处的厚度应满足焊接不被烧穿的要求(一般应≥3mm)；

③根据测得的壁厚选择合适的焊接电流，防止电流过大，烧穿补焊处导致冒油着火，电焊机接地线应尽可能靠近被焊钢板；

④动火前应用铅或石棉绳将裂缝塞严，外面再用钢板补焊。

5.3.4 动火结束后的注意事项

①必须认真检查是否还有焊、割的任务，以免遗漏，否则进油后再发现无法处理。

②对焊补的部位进行严格的质量检查，一旦发现问题要及时进行补焊。

③认真清理现场，防止铁器等杂物遗留在油罐内，是否有残留火种。

④确认一切正常后，进行投产；第一次进油，流速不能太高。

5.4 其他储运设备动火抢修

5.4.1 分离器和电脱水器的动火作业

分离器和电脱水器的动火作业一般分为不置换带压动火和停产清洗的动火。

1. 分离器和电脱水器的不置换带压动火

不置换带压动火是指分离器或电脱水器在正常情况下，容器内不充满液体或气体介质，无空气和氧气的条件下，对其外部进行补焊的动火。

①不置换带压动火主要应用于分离器和电脱水器的外部动火，例如外部穿孔、小裂纹和砂眼的补漏和补板，进出口管线穿孔的补漏与补板等补焊作业。

②不置换带压动火的安全条件与操作方法：

a)控制含氧量；

b)连接好与其他控制器的流程；

c)控制好压力；

d)控制好电源；

e)调整相邻设备的安全状态；

f)加装接地线；

g)补板处的焊前准备，应在泄漏点用木塞堵住穿孔处会渗漏点后，制作与补焊补位弧度相同的钢制补板；

h)在动火补焊过程中如出现分离器或电脱水器压力急剧变化，或含氧量增高和动火周围可燃气体含量增高等影响动火安全的因素，应马上停止动火，待查明原因，达到安全状态后，方可继续动火。

i)补焊完毕，检查合格后，按有关规定进行投产运行，恢复生产。

2. 分离器和电脱水器的停产清洗动火

停产清洗后的动火是指分离器和电脱水器在停产后进行清理沉积物和清洗达到安全动火条件后对其进行动火的作业。其特点是分离器和电脱水器内外各部分都可以进行补焊作业。

停产清洗后的动火的安全条件和操作方法如下：

①电脱水器断电。停产调整流程前，应将电脱水器拉闸断电、打开安全门。

②调整流程停产。调整动火的分离器和脱水器的流程，使之停产。

③泄压和加盲板。对动火的分离器和电脱水器泄压，放出容器内的介质，切断与分离器或电脱水器相连的流程闸阀并加盲板隔离，并挂上“不准开启”的警示牌。

④通风。打开分离器或电脱水器的所有人孔和清砂孔等孔口进行通风。

⑤清理分离器或电脱水器内部油砂和沉积物。清理油砂和沉积物人员进入分离器或电脱水器之前应测器内部的含氧量和毒气含量，含氧量和毒气含量不合安全标准时不准入内。应用防爆工具清理油砂和沉积物。用蒸汽蒸洗内壁残渍，清洗干净内部油污。在分离器或电脱水器内应使用防爆型安全电压照明灯具。

⑥清除的油砂和油污沉积物应运到安全地带处理。

⑦动火作业前，应测定分离器或电脱水器内外各部位的可燃气体浓度，其浓度应低于爆炸下限 25%。

⑧动火作业。按动火作业票的要求落实全部安全措施后，开始动火作业，动火过程中发现影响动火安全问题，处理完毕达到安全条件后才能继续动火。

⑨补焊作业完毕检查合格后，按照有关安全规定进行投产运行，恢复生产。

5.4.2　油槽车动火

汽车油管车在动火检修时，可以参照小容量油罐的清洗和置换办法，彻底清除油垢和油气，通风测爆，动火焊割时要进行明火引爆试验，试验合格当即进行焊割。

5.5　海上溢油应急处置

5.5.1　溢油监察与跟踪

溢油监察与跟踪是海上溢油处理的重要环节，是采用有效溢油处理措施的重要前提。

1. 海上溢油监察程序

海上溢油监察程序如图 5 - 11 所示。

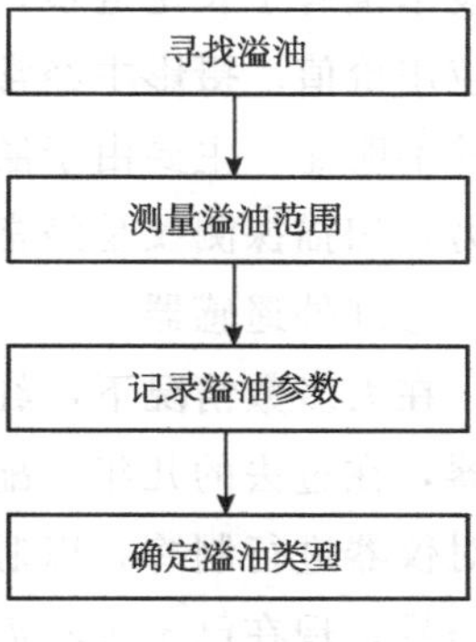

图 5 - 11　海上溢油监察程序

2. 海上原油表面特征

海上原油表面特征如表 5-4 所示。

表 5-4 海上原油表面特征

颜色	原油类型	油厚/mm	每平方公里溢油量/m^3
银色	发闪光	0.0001	0.1
晕色	发闪光	0.0003	0.3
深褐色	原油/燃油	0.1	100
棕色/橙色	乳化油	1	3000

3. 海上溢油厚度估算

海上溢油厚度估算如表 5-5 所示。

表 5-5 海上溢油厚度估算

水面银光闪闪	0.08μm
初显彩色	0.15μm
光亮彩带	0.3μm
彩色开始变暗	1.0μm
深彩色	2.0μm
黑色	大于 2.0μm

4. 海上溢油监察方法

海上溢油监察方法主要有观察法、彩色摄影法、热红外扫描法、紫外扫描法、航空雷达扫描法、微波辐射测量法、荧光测定激光法。

5. 海上溢油遥感探测技术

(1)光学遥感器

①可见光遥感器

光学技术是最常用的遥感技术之一。近年来，随着全球定位系统技术的发展，摄影测量技术也有了长足进步，可以通过 GPS 测量直接获得摄影的地理位置，使获得的信息更有应用价值。摄影中经常会使用滤光片以提高图像的对比度。这种手段对于溢油探测的效果并不明显，主要由于溢油物质与背景之间的对比度不大，而且这种技术也缺乏主动识别能力，扫描探测仪是经常使用的可见光遥感器。

②红外遥感器

在大多数情况下，红外仪器不能对乳化溢油进行探测。红外相机目前已是很常见的探测器，在过去的几年，配有红外探测器的扫描仪也被广泛使用。该类设备的主要缺点是需要对仪器进行制冷，以避免仪器自身产生热量对信号的污染，但这也会淹没一些有用的红外信号，现在已出现不需冷却的焦平面阵列。

③紫外遥感器

紫外遥感器可以对甚薄油层进行探测，因为即使是甚薄油层（$<0.05\mu m$）也会有很高的紫外辐射反射。通过紫外与红外图像的叠加分析，可以得到溢油层的相对厚度。

④激光荧光遥感器

激光荧光传感器是一种主动式遥感器，它的工作原理是：油类中的某些成分吸收紫外光，并激发内部电子，通过荧光（主要在可见光区）发射可以将激发能迅速释放。因为不同油类产生的荧光强度和光谱信号强度都不相同，因此，利用该特性进行油类的遥感识别是可能的。

(2)微波遥感器

①辐射计

海洋本身发射微波辐射，而海面油层会发射比水体本身更强的微波信号（水的发射率为 0.4，而油为 0.8），因而使之呈现为暗背景下的亮信号。被动遥感器能够探测这种差异，故可以用于海面溢油探测。另外，由于信号本身随油层厚度而变化，因此，理论上可以用来量测油层厚度。但由于探测厚度必须知道多个环境参数和油类的特定参数，另外，该仪器的空间分辨率较低，因而该方法在实际应用中受到一定的限制。

②雷达

雷达在岛屿密集海域、河口及冰面等易产生干扰信息的区域，探测效果会受到相当的影响。尽管如此，雷达仍是溢油探测中十分重要的遥感器，它可以进行大范围目标搜索，并且能够在夜间或有云雾的恶劣天气条件下工作。

(3)油层厚度遥感器

油层厚度探测能力将极大地提高人们对溢油扩散规律的理解。目前不管是实验室还是现场，都没有精确量测油层厚度的可靠方法。用于探测油膜相对厚度的遥感设备还处于研制阶段，微波遥感器虽已研究了多年，但目前由于空间分辨率低还难以实用化和业务化，目前正在研发的激光声学仪器是唯一可以探测油膜绝对厚度的遥感探测器。

6. 溢油跟踪

根据海面的流向、流速和风向、风速等资料对溢油移动进行粗略的预测。溢油移动速度与海流相同，大约是风速的 3%。用简单的几何方法可以估算溢油的方向和速度。如果海流和风是随时间和距离而变化，就要求采用更复杂的计算方法。需要详细的水文资料来描述海流运动，并采用计算机模型对溢油移动进行快速准确预测，有多种溢油预测跟踪模型，简单的只用海流和风速资料，复杂的则要用水文和海浪模型，为准备数据模型就得花几个月时间。

5.5.2　溢油处置

可选择的溢油处理措施包括机械撇油法、燃烧法和化学分散剂除油法；主要影响因素包括区域覆盖率、风浪、溢油厚度和效率。溢油处理措施及影响因素如图 5－12 所示。

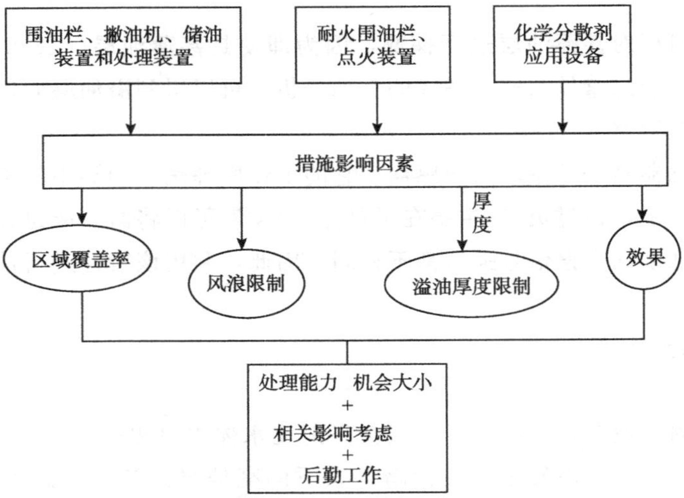

图 5-12 溢油处理措施及影响因素

1. 燃烧法

燃烧法是采用耐火围油栏将溢油捕获，并在不影响溢油附近生命财产安全的条件下，将溢油点燃，如图 5-13 所示。

图 5-13 燃烧法消除溢油

(1)燃烧法所需的主要设备

燃烧法所需的主要设备包括拖船、耐火围油栏(图 5-14)、直升飞机和点火装置(图 5-15)。

(2)溢油厚度与燃烧效率的关系

溢油厚度与燃烧效率的关系如图 5-16 所示。

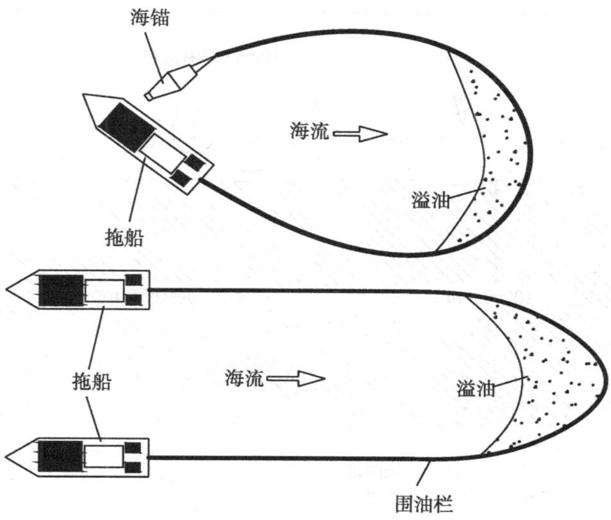

图 5-14　在开阔水域应用的围油栏

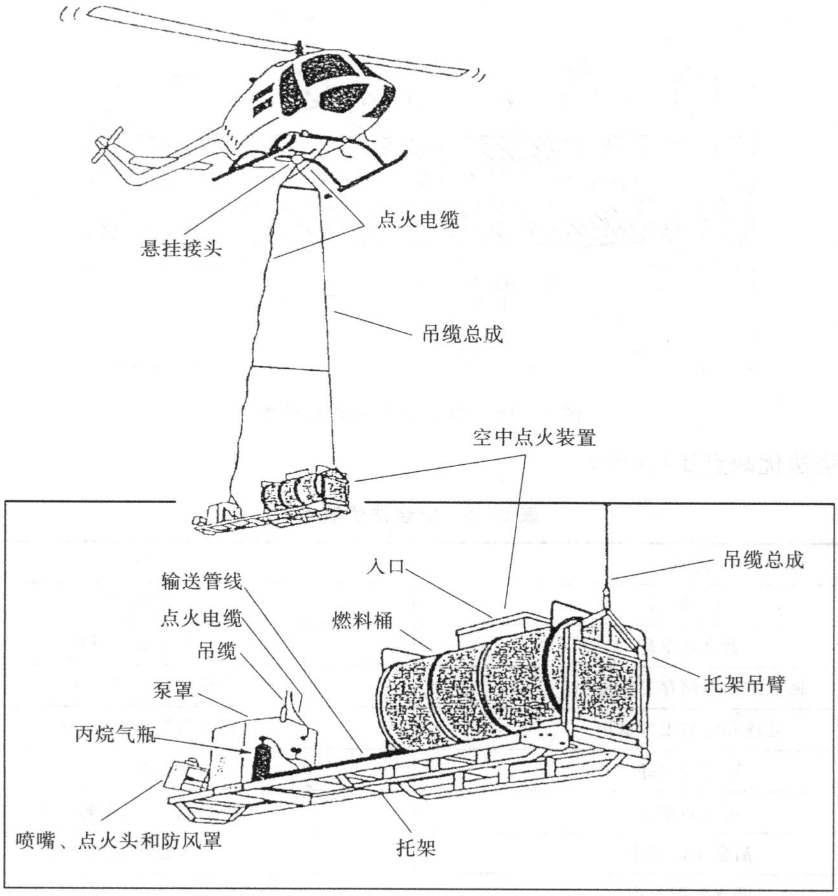

图 5-15　直升机空中点火系统

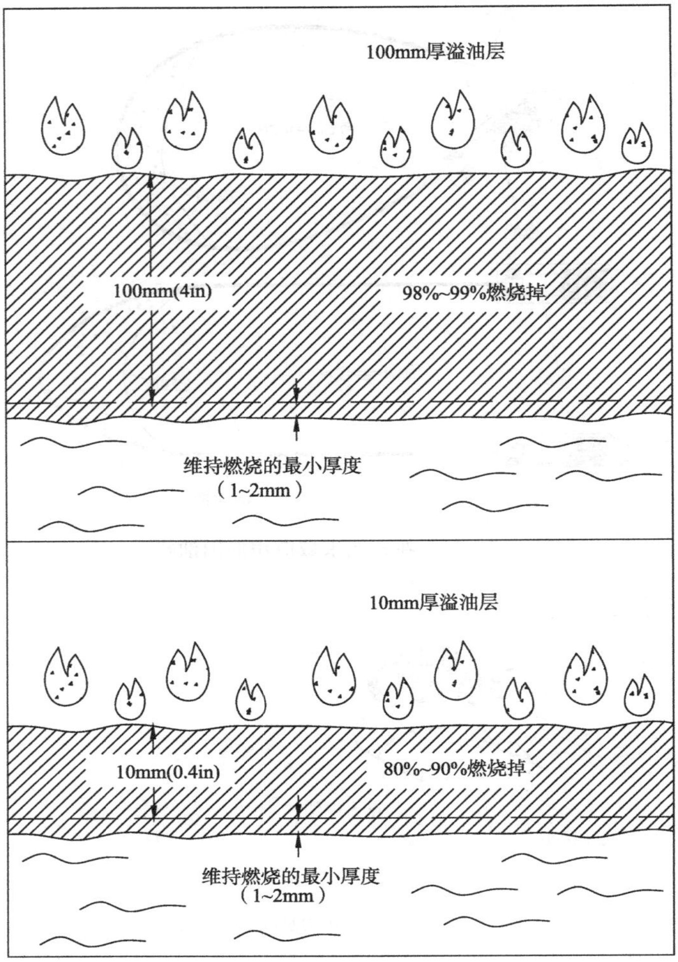

图 5－16　溢油厚度和燃烧效率

(3)燃烧法优缺点比较(表 5－6)

表 5－6　燃烧法优缺点

优点	缺点
清除率高	需获批准
燃烧效率高	受原油品质限制
回收工作和储存工作量小	受风和海况限制
处理和清洁工作量小	通常需要耐火围油栏
通用性较好	受机会限制
可夜间作业	烟火巨大——影响视线
后勤工作量小	可能要进行二次点火
受水深限制小	会造成出事地点空气质量下降

续表

优点	缺点
易于控制	易于控制
环境污染影响小	环境污染影响小
劳动力要求少	劳动力要求少
成本低	成本低

2. 化学处理溢油法

溢油化学分散剂喷洒如图 5－17 所示。

(1)考虑采用化学分散剂除油的理由

图 5－17　溢油化学分散剂喷洒

①避免溢油进入敏感生物环境；

②降低溢油的黏性；

③加速溢油自然降解和分散过程；

④当溢油规模、环境条件和现有的设备人员明显降低采用其他应变措施(如机械除油和燃烧除油)的可行性时，提供一种附加的应变处理的选择。

(2)影响化学分散剂效果的因素

①溢油类型和特性

黏度，相对密度，蜡和沥青含量，凝固点；

②环境条件：

水的含盐度，水温，海况；

③分散剂：

配方类型，应用方法，用量。

(3)喷洒化学分散剂的设备

①在外海可采用三用工作船或飞机喷洒；

②在岸边可采用工人喷洒。

(4)使用化学分散剂清除溢油的优缺点(表 5－7)

表 5-7 化学分散剂清除溢油的优缺点

优点	缺点
覆盖面大	需获得批准
清除率高	受原油品质限制
不需回收和储存	分散剂用量大
后勤工作量小	机会小
抗风浪能力高	要求混合能量
环境污染影响小	受水深限制
降低黏性	受能见度限制(仅在白天使用)
比海岸上清洁更经济	需要进行设备调校和维修保养
保持原油仍然可回收和燃烧	在出事地点水质短期内下降
应用灵活	
劳动力要求低	

3. 吸附法

利用吸油材料吸附海上溢油从而对其进行回收是一种简单、有效的方法。吸油材料简单易得、使用安全，并且价格低廉，但是这种方法的吸油量较小，适用于浅海、岸边等海况相对较平静的场所。吸油材料应该具有如下特征：表面具有亲油疏水性、比容大，集油能力强、在集油状态时能浮在水面。目前，国内外的吸油材料主要有聚乙烯、聚苯乙烯纤维、聚氨酯泡沫等人工合成材料，以及麦秆、锯末等天然吸油材料，表 5-8 列出了一些吸油材料的吸油性能。

表 5-8 吸油材料的吸油能力对比表

吸油材料		最大吸油能力(比率)		吸油后是否浮于水面
		高黏度油(25℃时 3000cSt)	低黏度油(25℃时 5cSt)	
天然材料	蛭石	4	3	沉
	火山灰	20	6	沉
	玉米秸	6	5	沉
	花生壳	5	2	沉
	红木皮	12	6	沉
	稻草	6	2	沉
	泥煤	4	7	沉
合成材料	聚氨酯泡沫	70	60	浮
	尿素甲醛泡沫	60	50	浮
	聚乙烯纤维	35	30	浮
	聚丙烯纤维	20	7	浮
	聚苯乙烯粉	20	20	浮

4. 机械撇油法

机械撇油具有不用获得受权或批准，不受原油品质和气候条件限制，易于控制，环境污染影响小等优点。机械撇油法所用的主要设备包括拖船、围油栏、撇油机。

(1)典型的围油栏

①固体浮子式(图 5－18)

性能：浮力小，抗风、浪、流的能力较差，抗拉强度、稳定性差，只能适用下平静水域或风、浪、流不大的气象海况条件下且使用年限短，属于中型围油栏。

评价：该种围油栏结构简单、加工制造容易，轻便、易操作、价格便宜，在适宜的条件，仍被采用。

图 5－18　固体浮子式围油栏

②充气式围油栏(图 5－19)

性能：属于轻、中型围油栏，浮力大、本体柔软，具有较强的抗风、浪、流的性能，乘波性、稳定性和滞油性能一般较固体浮子式围油栏为好，但价格昂贵。

评价：适用气象海况的能力强，寿命长，得到了广泛的应用。但是一次性充气量大，充气设备昂贵，操作麻烦。

图 5－19　充气式围油栏

(2)撇油机

①吸附式撇油器(图 5-20)

图 5-20　吸附式撇油器

②吸油绳式撇油器(图 5-21)

图 5-21　吸绳式撇油器

③转盘式撇油器(图 5－22)

图 5－22　转盘式撇油器

④桶式撇油器(图 5－23)

图 5－23　桶式撇油器

⑤真空吸引式撇油器(图 5－24)

图 5－24　真空吸引式撇油器

⑥导入式撇油器

a)倾斜板式撇油器(图 5－25)

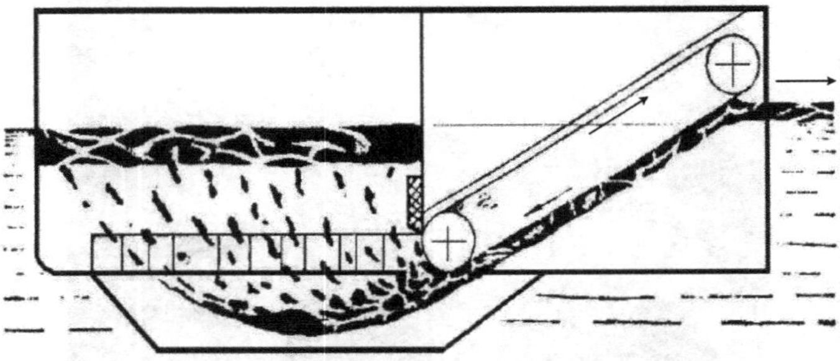

图 5－25　倾斜板式撇油器

b)堰式集油器(图 5－26)

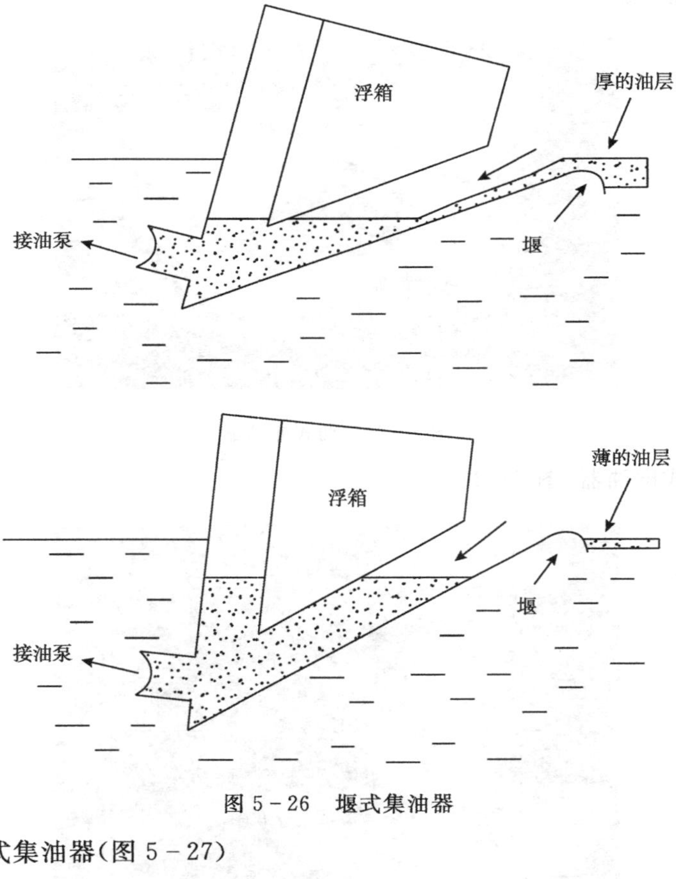

图 5－26　堰式集油器

c)螺旋输送式集油器(图 5－27)

⑦网式撇油器

a)机械旋转笼式撇油器(图 5－28)

b)拖网式回收装置(图 5－29)

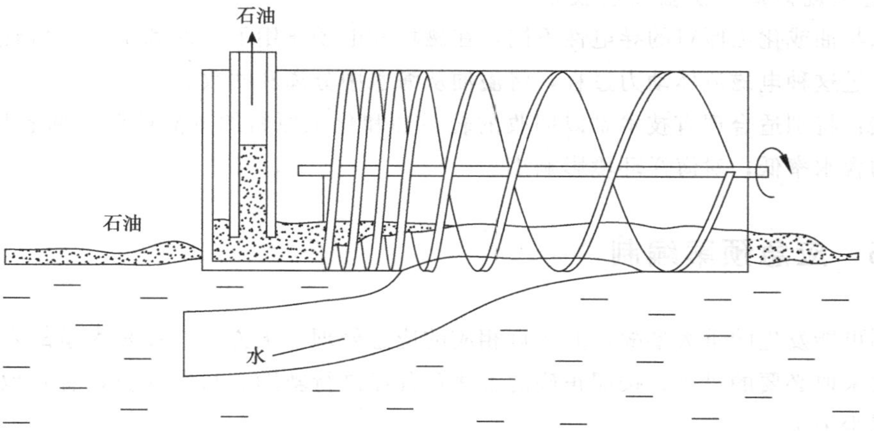

图 5-27　螺旋输送式集油器

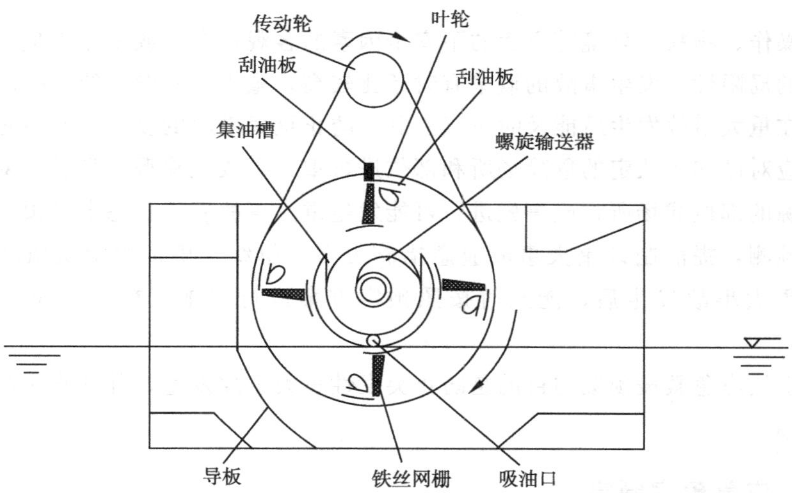

图 5-28　机械旋转笼式撇油器

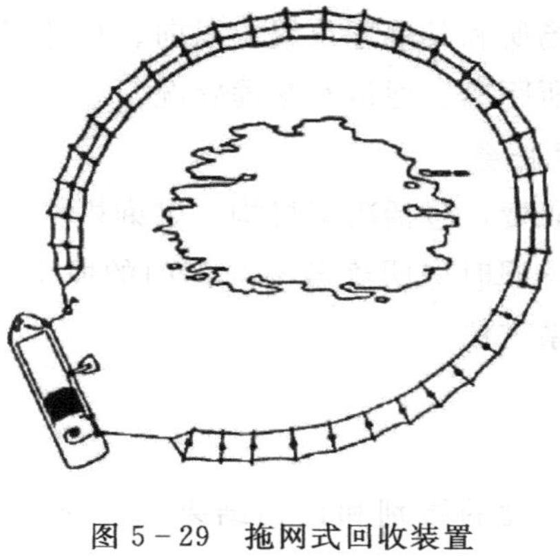

图 5-29　拖网式回收装置

5. 电磁流体海洋溢油回收技术

海水与油或化工原料的导电性不同，在磁场和电场作用下，油和水“分道扬镳”，实现分离。通过这种电磁流体动力过程，将溢油从海水中分离和回收。

特点：特别适合现有技术难以回收的轻质油和化工原料的分离回收；回收比较彻底，回收油的含水率低；对海洋环境影响小。

5.6 应急预案编制

预测可能发生的重大事故，并制订相应的应急处理对策方案，在重大事故发生时，就能够及时采取必要的措施，按照正确的方法和程序进行救助和疏散人员，有效地控制事故扩大，减少损失。

5.6.1 制定应急预案目的

①由于操作、物料、环境等方面的不安全因素的客观存在，或由于人们对生产过程中的危险认识的局限性，发生事故的概率有时还比较高，重大事故发生的可能性也还存在。

②为了在重大事故发生后能及时予以控制，防止重大事故的蔓延，有效地组织抢险和救助，企业应对已初步认定的危险场所和部位进行重大事故危险源的评估。对所有被认定为重大危险源的部位或场所，应事先进行可能发生重大事故后的状态定量预测。

③依据预测，提前制订重大事故应急措施方案，组织、培训抢险队伍和配备救助器材，以便在重大事故发生后，能及时按照预定方案进行实施，在短时间内使事故得到控制。

④制订事故应急救援预案的目的是防止突发性重大事故发生，并能在事故发生后迅速有效控制处理。

5.6.2 应急预案制定

1. 基本情况简介

基本情况简介包括作业场所和其地理位置、风向、自然状况，作业场所附近的医院和消防部门所在地、距作业场所距离、通信及交通状况。

2. 组织指挥体系及职责任务

应明确应急组织任务和职责，包括决策机构、咨询机构、运行管理机构、应急指挥和救援机构、现场指挥机构等，同时应明确各参与部门的职责和权限，以及应急组织机构、部门、相关人员及社区的联系方法。

3. 应急响应

(1)分级响应程序

应根据事故类别、危害程度的级别和评估结果，可能发生的事故及现场情况分析结果，设定的预案分级响应条件。

(2)报警、通信联络的选择

依据现有资源的评估结果，确定以下内容：

①有效的报警装置；

②有效的内部、外部通信联络手段。

(3)危险区的隔离

依据可能发生的事故类别、危害程度级别，确定以下内容：

①危险区的设定；

②事故现场隔离区的划定方式、方法；

③事故现场的隔离方法。

(4)人员紧急疏散、撤离

依据对能发生危险化学品事故场所、设施及周围情况的分析结果，确定以下内容：

①事故现场人员的清点，撤离的方式、方法；

②非事故现场人员(含周围社区)人员的紧急疏散的方式、方法。

(5)应急灭火方法的选择

①油气井井喷着火，可采用密集水流、喷射干粉、大排量高速气流喷射、水泥高效喷砂切割、高效灭火剂综合灭火、空中爆炸以及打救援井等方法灭火。灭火抢险做法，具体可参照 SY/T 6203 规定的内容。当油气中含有硫化氢时，应根据浓度采取相应措施。

②油罐起火，应冷却燃烧油罐和临油罐，可采用灭火器、喷射泡沫、喷射干粉等方法灭火。灭火做法可参照 SY/T 6306，如预计油罐有可能发生沸溢或喷溅，应将工作人员疏散到安全区域。

③油罐泄漏或着火时，应迅速关闭阀门或堵漏，采取防火或灭火措施，同时保护受火势威胁的生产装置、设备。

④油罐泄漏或着火时，应迅速关闭阀门或堵漏，同时保护受火灾威胁的生产装置、设备。失控状态下的输气管道火灾，不应灭火。

⑤密封型装置着火，灭火的同时，应采取冷却、泄压、堵漏等措施，排除火势扩大和爆炸的危险，掩护、疏散有爆炸危险的物品。

(6)受伤人员的现场救护、医院救治

根据可能发生的事故现场情况分析结果、附近地区医疗机构的设置情况的综合分析结果，确定以下内容：

①受伤人员的转移路线、方法；

②受伤人员的现场处置措施；

③选定受伤人员的救治医院；

④提供受伤人员的致伤信息。

(7)应急结束

危险得到有效控制后，宣布紧急状态解除，并通知周边社区及有关人员。

5.6.3 应急保障

1. 内部保障

依据现有资源的评估结果，确定以下内容：

①确定应急队伍；

②应急通信系统；

③应急电源、照明；

④应急救援装备、物资、药品等。

2. 外部救援

依据对外部应急救援能力的分析结果，确定以下内容：

①互助的方式；

②请求政府协调应急救援的力量；

③应急救援信息咨询；

④专家信息。

5.6.4 应急培训计划

依据对作业人员能力的评估和社区或周边人员素质的分析结果，确定以下内容：

①应急救援人员的培训；

②员工应急响应的培训；

③社区或周边人员应急响应知识的宣传。

5.6.5 应急演练计划

依据现有资源的评估结果，确定以下内容：

①演练准备；

②演练范围与频次；

③演练实施纪录与评估。

5.6.6 紧急安全疏散

应急预案还宜包括社区警告和保护计划，宜使用公认的扩散模拟技术以确定在井场四周各种硫化氢浓度的扩散半径。任何居民和商业区如果坐落在井场的 150mg/m^3(100ppm)硫化氢的浓度半径范围以内，则宜考虑临时使用安全避难所，以便为公众从临时避难所中安全撤出赢得更多的时间。

疏散计划宜包括但不限于下列几个方面：

1. 计划

在井场附近地区硫化氢的大气浓度达到 75mg/m^3(50ppm)、二氧化硫达到 27mg/m^3(100ppm)时，井场附近地区居民及土地拥有者的通知和撤离计划。

2. 图及清单

象限图及电话清单，在其上标明所有居民、学校、商业区的标识号码、所在地点及电话号码(如有的话)和牲口棚、监狱、道路、动物的位置，以及任何可能人员出现的地方，而这些人可能需要接到警告或被通知撤离。进入及撤离路线宜在地图上标明。任何一个人需要自撤离时得到帮助，比如病床、轮椅等，宜在表上注明，以便在撤离时优先提供帮助。如果使用了就地躲避，就地躲避的区域可用一个围绕井场的圆圈来表示，圆圈的半径是 $150mg/m^3$(100ppm)或更大的硫化氢浓度的暴露半径。

3. 建议

向政府及当地应急服务组织提出硫化氢和二氧化硫释放期间，保护井场以外的公众的初始相应的建议。

作业条件：在此条件下，现场作业者代表将与地方当局接触，并采取所建议的社区保护措施。

4. 安全设备

为支持社区警告及保护计划，将有作业者和地方当局或服务公司提供安全设备的描述及地点。

第6章　油气储运灭火实战技术

油气储运系统火灾往往具有燃烧猛烈、火焰温度高、辐射热强等特点，燃烧油品还极易扩散和蔓延，增加扑救难度。本章将介绍灭火作战计划与组织指挥基本方法和原则以及油罐、输油管线、油船等火灾扑救方法。

6.1　灭火作战计划及灭火指挥原则

6.1.1　灭火作战计划

1. 灭火作战计划的定义

灭火作战计划是灭火指挥的重要依据，也是灭火战斗准备的基础工作，是针对重点部位可能发生的火灾，根据灭火战斗的指导思想和战术原则以及现有的器材装备而拟定的灭火战斗行动预案。

2. 油库灭火作战计划的制定原则

制定灭火作战计划是油库灭火准备的重要内容。通过制定灭火作战计划并进行实地演练，有助于提高灭火的技术水平和快速反应能力，也有利于灭火指挥员快速、科学决策，争取油库灭火战斗行动的主动权，有效地扑灭油库火灾，减少火灾损失。

制定油库灭火作战计划是一项细致复杂的工作，也是整个灭火准备工作的基础。为了制定符合客观实际的灭火作战计划，消防人员应进行大量的调查研究，分析起火后可能出现的各种情况，计算灭火所需力量(含人力、器材装备和灭火剂)，制定相应的灭火对策。

油库灭火计划的制定要遵循确保重点部位的原则。油库重点保卫部位，是指油库内应该单独制定灭火作战计划的部位。油库内重点保卫部位的数量多少，应根据各油库实际情况而定。确定油库重点保卫部位的依据是：

(1)油库各部位的火灾危险性

了解各部位油品的火灾危险程度，掌握各部位油品的物理和化学性质，熟悉收发作业流程，了解油品所处的状态，可能发生火灾情况，通过比较，确定火灾危险性较大的部位。

(2)发生火灾可能造成的经济损失

了解油库各部位的油品数量、设备的重要性和贵重性。发生火灾后对周围的影响，掌握发生火灾后可能造成的直接损失、间接损失以及对国家或油库所在地区的经济影响，确定发生火灾后可能造成较大经济损失的部位。

(3)发生火灾后可能造成的人员伤亡

了解油库各部位所处的环境、生产作业情况、生产人员数量、发生火灾后可能涉及的单位(如石油码头发生火灾，油品流散对其他单位人员的威胁)及对人员的威胁等，确定发生火灾后可能造成人员伤亡大的部位。

根据油库各部位的火灾危险性，经济损失、人员伤亡和政治影响等因素综合考虑，权衡确定油库内有哪几个重点保卫部位。一般情况下，油库内的油罐区、输油泵房、石油码头、铁路装卸区、公路发放区、桶装油品库房等，通常为重点保卫部位。

3. 油库灭火作战计划的内容

(1)油库基本情况

①油库及重点部位地理位置、周围环境、交通道路情况，与责任区公安消防中队的距离，通常用简图表示。

②油库及重点部位的平面布局。重点建筑物和构筑物的特点，耐火等级、建筑面积和高度，通常用平面图、立面图、剖面图，加文字说明表示。

③油库及重点部位储存油品的数量和形式，以及工艺管道等，通常用平面图和表格表示。

(2)组织机构

油库消防组织的人员组成、分工及任务。组织指挥是灭火作战方案不可缺少的组成部分。其组成是根据方案的具体情况，建立一级、二级或多级指挥机构。通常油库火场组织机构由指挥组，以及灭火、供水、通讯联络、医疗救护、警戒保卫、后勤保障等组织机构组成，指挥组组长由油库主任担任。

(3)消防力量

油库消防人员、装备和消防设备设施情况；驻地附近消防力量的位置、人员、装备到达油库时间、联络方式和联防等情况。

油库及重点部位可利用消防栓的位置、距离，供水管网的形状、管径，蓄水池的容量、位置、距离，以及其他可用于灭火的水源，储存量和利用方法。

灭火所需消防车辆、器材，灭火剂的种类、数量；消防车停靠位置和供水方法；水带铺设线路，以及分水器、水枪位置、方向和任务。

油库专职消防队和义务消防队的任务。

(4)报警信号

消防区域的划分及报警信号形式、处置方法和传递过程。

(5)灭火准备

消防人员到达各消防区域的集结地点和时间；火场指挥部设立位置。

(6)灭火方案

按照火情预想分别制定不同的灭火方案，方案中要明确以下内容：

①火场警戒区域、人员和任务；

②火场侦察的组织方法与人身保护措施；

③抢救人员的组织方法；

④灭火力量部署和任务区分；

⑤灭火所需要的消防器材消防泡沫和冷却水数量；

⑥进行灭火战斗的展开地点、装备位置及使用的消防设备设施；

⑦根据火势变化而进行的灭火战术、方法和程序；

⑧防止火灾蔓延的方法和措施；

⑨物资疏散措施和保护方法；

⑩火场清理及善后处理方案。

(7)附录

主要包括油库消防配置图、消火栓定位布局图、消防用水和泡沫量计算书、消防车技术性能表、消防器材配备表、消防报警系统布局图等。

6.1.2 灭火组织指挥原则

一旦发生火灾，往往危害广，损失多，影响大。因此，为了迅速有效地消灭火灾，减少损失，必须针对火场具体情况，合理组织和科学指挥。在组织指挥中，主要应贯彻以下几条原则。

1. 统一指挥的原则

油罐火灾涉及的范围大，危害大，一旦起火，不仅能引起库区多罐爆炸和大面积燃烧，而且还会危及周围建筑、物资的安全。要及时有效地控制和扑灭火灾，必须调集足够的消防车辆、人员、灭火剂等灭火力量，需要多警种合作作战。在扑救火灾过程中，供水、冷却、疏散、抢修、灭火、保障等工作同时展开，公安、专职、义务三支队伍一起战斗，要搞好协同作战，做到令行禁止，更需要高度集中统一的指挥。因此，如何有效地把各种灭火力量组织起来，根据各自的特点，分配适当的任务，搞好各种力量的协同，制定科学合理的灭火作战方案，使灭火战斗有条不紊地进行，就必须建立统一的指挥机构，实行集中统一的指挥。

首先，应建立油库火场指挥部。油库火场指挥部一般应由公安消防部门、油库上级部门及油库有关人员组成。组成人员包括总指挥、副总指挥、技术参谋、泡沫灭火指挥、火场供本指挥、警戒指挥、通讯联络指挥、后勤指挥及安全监督员等，明确各自的任务分工，各司其职，各负其责，统一协调地组织好油库灭火战斗。通常，根据油库灭火的具体情况，火场指挥部下设若干个专业组，负责各专项任务，如火场供水组、灭火组、冷却组、后勤组、警戒保卫组、医疗救护组等。

其次，必须实施高度集中统一的指挥。油库火灾往往具有突发性、灾害易于扩大及火情多变的特点。易受各种气象因素，如气温、气压、风速、风向、温度及雨雪等的影响，区域狭小，参战单位多，组成复杂。因此，为了在有限的时间内及在有限的区域内，正确地使用灭火作战力量，灵活机动地运用灭火战术，以便取得整体作战的最佳效应，就应该充分发挥火场指挥部的作用，实施高度集中的统一指挥，统一灭火作战思想，协调各灭火作战力量的行动。

当然，要实现高效统一的指挥，油库平时应主动与当地公安消防部门及附近厂矿企业及部队建立联系，制定“消防重点保卫单位灭火作战计划”预案，落实消防力量的组成，预编消防指挥机构，建立起军、警、民相结合的消防力量，按计划定期组织联合消防演练，借助各种消防力量，以弥补自身消防力量的不足。

2. 迅速果断的原则

迅速果断是指挥员灭火指挥艺术的重要体现，火灾的突发性和危险性，要求指挥员在火场指挥中应沉着冷静，善于审时度势，统观全局。根据火场情况，迅速定下决心，果断实施决策，创造性灵活地应用灭火战术，调集各种力量，控制火灾的发展。否则，任何优柔寡断都可能贻误战机，造成重大的财产损失和人员伤亡。迅速果断是火灾发生发展规律的必然要求，众所周知，火灾的发生发展大致经历 5 个阶段：初燃、稳定燃烧、扩大、蔓延、熄灭。由于在火灾初燃阶段，燃烧不稳定，温度低，火焰不高，燃烧面积也小，此时是灭火的最佳时机，如果火场指挥员能抓住有利时机，迅速组织力量灭火，往往能取得最佳效果。即使在稳定燃烧阶段，灭火指挥员采取迅速有效的措施，也可以避免火灾的蔓延扩大，造成更大的损失。

要实现迅速果断的组织指挥，除了要求指挥员本身置身于艰险环境中，必须具有必胜的信念、冷静的头脑、敏锐的洞察力、高超的组织指挥能力、勇敢果断的战斗作风外，更重要的是平时就应作好灭火准备，熟悉油库的各种技术资料、数据，制定油库灭火作战计划，确定油库重点保卫部位，分析各种不同火灾可能出现的情况及应采取的对策，落实消防器材、消防水源，疏通消防通道，定期组织演练，发现问题，及时整改，提高快速反应能力及应变能力。

3. 集中力量的原则

贯彻集中力量的原则，就是要求在组织指挥灭火行动中，应根据火场情况，集中调集和使用兵力，快速有效控制火势，以求迅速地消灭火灾。因此，扑救火灾时，应努力做到：

首先，应加强第一出动力量。第一出动力量的强度，与油库火灾部位有关。若为重点部位发生火灾，应依据灭火作战预案，将所需兵力、灭火技术装备、器材一次性调往火场。第一出动力量到达火场后，首要的任务是组织冷却工作，防止油罐变形、油桶爆炸、管道破裂，防止油料流散，控制火势发展，防止扩大灾害范围。然后估计有无足够的灭火能力，若具有足够的灭火力量时，应迅速组织力量进行扑救，否则应请求增援。

其次，应适时调集增援力量。当油库火灾处于发展阶段或发生突变时，火场指挥员应根据发展变化的形势，请求调集足够的增援力量，迅速扭转不利局面。在调集增援力量时，要防止两种趋向。一是防止“零敲碎打”的分散调派力量以致贻误战机；二是防止“多多益善”的过多调派灭火力量以致造成人力物力浪费。

再次，应正确使用兵力，力争一次灭火成功。在实施灭火之前，火场指挥员应对火场情况进行详细的调查研究。分析现有灭火人员、技术装备、灭火剂、灭火设施以及水源等方面的情况，制定周密的灭火作战方案，合理使用灭火力量，充分发挥各种灭火力量的效能，集中主要兵力于火场的主要方向，力争一次灭火成功。由于油库火灾的复杂性和变化的急剧性，油库灭火的组织指挥尤其应防止在灭火力量不足的情况下的盲目进攻，导致灭火失败，造成人力物力的浪费，并因灭火物资再次准备而延误灭火时机。

4. 确保重点的原则

确保重点，就是要求在组织指挥灭火行动中，应分清主次，先重点，后一般，把主要兵力、主要装备用于重要部位的灭火行动，或用于保卫油库重要部位上，防止火灾扩大。如油库的重点保卫部位，主要是火灾危险性大，造成的经济损失大或人员伤亡多，火灾易于扩散蔓延，对周围环境的影响大的部位，如油库的油罐区、油泵房、铁路带卸油作业区、石油码头装卸作业区、公路发放区、桶装油品库房等。

5. 科学决策的原则

在油库灭火行动中，科学决策就是要求指挥员利用科学的手段，采用民主和科学的方法，选择可行的灭火战斗方案。合理利用各种灭火技术装备，有效地组织协调各种灭火力量和灭火行动，充分发挥各种灭火力量的最大效能，以便迅速扑灭火灾。

为了实现科学决策，首先火场指挥员必须及时、准确、全面、系统地掌握火场信息，并分析研究这些信息，这是科学决策的基础。对于油库灭火组织指挥来讲，主要应了解三个方面的信息：

①火场信息。包括油库发生火灾的设备(施)及部位；储油品种、数量及储存形式，储油设备(施)技术状况及防护能力；周围地理环境及对邻近建(构)筑物的威胁程度；气象条件，尤其是风力和风向情况；消防水源及可靠性；消防通道；油库下水道、管沟的布置形式；防火堤及其他阻隔设施的布置形式及完备程度等。

②灭火设备(施)信息。灭火装备和灭火物质的技术性能及数量，油库固定消防设施的配置情况及技术状况；油库移动消防器材的配置地点及种类、数量；运水及冷却装备的种类及数量；油库消防管道、消防栓、消防池等情况。

③灭火人员信息。主要了解参加灭火行动的人员种类及数量、战斗力。火场指挥员通过对这些信息进行综合分析，预测火势发生变化的程度和趋势，明确火场上的主要方向，对于可供选择的各种灭火方案综合比较，权衡利弊，迅速做出恰当的判断，选择对灭火全局有利的最佳方案。其次，火场指挥员在决策中应充分发扬民主。油库灭火组织指挥的复杂性和及时性，使火场指挥员仅仅凭借个人的经验和能力难以做出正确的决策，只有充分发挥火场指挥系统的整体作用，虚心听取各方面的建议，才能更好地保证决策的科学性。再次，火场指挥员应利用科学的决策方法和先进的决策手段。目前，计算机技术、信息传输技术、自动监控技术以及各种科学的预测决策方法的应用，使火场指挥员利用各种先进工具和方法进行决策成为可能，对于提高指挥员决策的科学性具有很大的推动作用，使油库灭火方案更加优化，灭火行动更有效。

6.1.3　消防预案的演练

油库进行消防演练，是贯彻“预防为主，防消结合”方针的重要内容。为使灭火作战方案在实践中得到正确运用，消防演练应按照灭火作战方案进行。

1. 演练次数及其形式

油库每年应按照灭火作战方案进行 2 次消防演练，不得少于 1 次。演练时间应根据季节变换、人员更新及火灾发生规律等情况确定，通常可安排在冬、夏两季到来之前。演练前应讲授相关的消防知识和演练的内容和要求，演练后应进行总结，肯定演练的成绩，提出演练中存在的问题，并将演练情况和存在问题记录。演练形式分为操场模拟演练、实战模拟演练、专业性灭火演练三种。

①操场模拟演练是消防车到达现场后，以停靠水源、铺设水带、设置分水器、连接水枪等为主要内容。同时结合熟悉地形、道路、水源、建筑、设备等情况。

②实战模拟演练是消防车到达现场后，按照实战要求出水、出泡沫，或者进行抢救人员和疏散物资。

③专业性灭火演练，通常是按油库油桶、油池、流散油品、油罐等火灾形式，设置注水浮油的模拟火灾，组织公安消防、专职消防、义务消防人员参加，根据设置的模拟火灾，采用石棉被、干粉或泡沫灭火器、消防车等进行灭火演练。

2. 演练检验的主要内容

①检验灭火组织指挥系统。即火场组织指挥、供水组织指挥。灭火组织指挥、火场组织指挥分工，参谋作用、通信联络等。

②检验灭火力量的调度和配合。即车辆出动和行车、各种灭火力量的配合、各专业组的效能等。

③检验水源使用。即水源的使用方法、水带的铺设路线、分水器设置，以及水源合理使用和供水方法的科学性。

④检验战斗员技能和作战能力。即通过水带铺设、分水器设置、出水、出泡沫、冷却、灭火等检验战斗员的灭火技能和作战能力等。

⑤灭火作战方案修订。根据演练中发现的问题和薄弱环节，对灭火作战方案进行修订和完善，使之更符合实战的需要。

另外，由于油库重点保卫部位情况的变化或消防装备的调整、更新，以及战术、技术水平的提高等，都应适时对灭火作战方案进行修订，以适应新情况下的实战需要。

6.2　油库大型储油罐灭火技术

据国外保险公司统计，近 20 年企业常压储罐区发生事故总数居石油化工厂生产装置之首，经济损失总额居生产装置事故损失的第三位。对国内油罐火灾调查结果显示：全部油罐火灾中原油罐火灾占 40%，汽油罐火灾占 32%，柴油罐火灾占 8%，重油罐火灾占

20%。1989年8月黄岛油库5号罐由于雷击爆炸起火，导致1号、2号、3号、4号罐相继爆炸，18人牺牲，93人受伤，12辆消防车被烧毁，直接经济损失3540万元。1993年10月21日南京炼油厂油罐区310号万吨级轻质油罐爆炸起火。江苏省和上海、安徽三省市共187辆消防车，军警民6000余人联合作战，17个小时后火被扑灭，直接经济损失38万余元。

油料易沸溢，油罐易破坏，时常造成火灾温流扩散。在扑救时需要大量的人力和物力，而且油库火灾事故中，油罐火灾是极为复杂的，首先是燃烧最猛烈，火焰温度高，辐射热强，人员还难以接近；其次，油罐的类型不同，着火和破坏的情况不同，需采用的灭火方法和所采用的灭火器材也不同。要能及时迅速地控制火势，扑灭油罐火灾，必须了解油罐火灾情况，采用正确的灭火方法，应用适当的灭火器材。

6.2.1 原油储罐火灾的主要原因和特点

在1950～1984年发生的113起油料事故统计结果如图6－1所示，着火爆炸在油库事故中占重要比例。

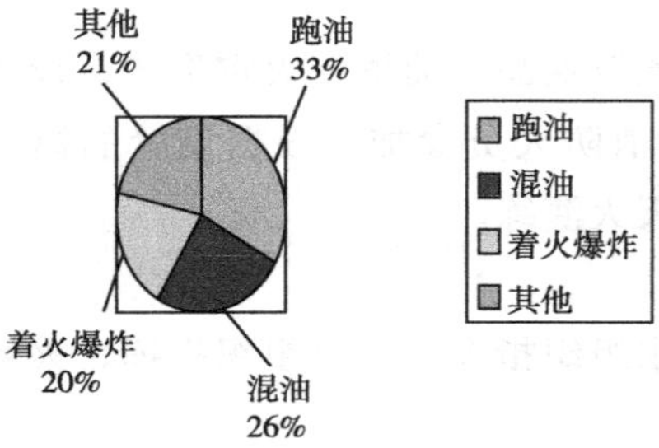

图6－1 油库事故统计

1. 原油罐火灾原因

(1)明火引燃、引爆

油罐附近的烟道的火星、车辆喷出的火星、放鞭炮和烧纸的飞火、库区内违章吸烟，动明火、电气焊作业等极易引燃泄漏在地面的油品或引爆弥漫在空气中的油蒸气。

(2)静电火花引起爆炸

电阻率在$10^{12}\Omega\cdot cm$左右的原油最容易产生聚集静电。多数原油的电阻率大于$10^{12}\Omega\cdot cm$，为带静电物质，很容易产生和聚集静电荷，而且消散慢。由于油罐接地电阻过大(大于100Ω)，或消除静电的装置失灵，或孤立的导体(如浮顶)与油罐接触不良，很容易聚集静电荷，一旦放电形成火花，足以引燃或引爆弥漫的油蒸气。

(3)雷击引起火灾或爆炸

由于油罐顶孔口关闭不严或未安装阻火器，避雷装置设计不合理或发生故障，金属罐接地电阻过大(大于10Ω)，静电荷消除不掉等在雷击时易引起火灾或爆炸。

(4)碰撞和摩擦火花引起火灾

油罐的量油孔口没用有色金属制作，钢尺放入或拉出时易与量油口边缘摩擦而发生火花，引燃油罐内油蒸气；用钢铁造的工具开启油罐孔口或搬运时相互撞击产生花易引燃泄漏的油蒸气。

(5)电气原因引起火灾

油罐的主要电气设备如输电设备、线路、泵房电机照明设备等，若发生短路、漏电、接地，过负荷等故障时，产生的电弧、电火花、高热极易引燃泄漏的油及油蒸气。

(6)自燃引起火灾

常见的情况如油罐中含硫油品的沉积物在消除时发生自燃，原油加温时温度超过闪点而自燃。

通过对火爆炸事故统计分析(表 6-1)，可以看出各种明火引燃是油罐火灾最主要的原因。

表 6-1　油库火灾爆炸事故着火源统计

名称	焊接	明火	发动机泵	电气火花	静电和雷电	自燃	冲击摩擦	超压	未查清	合计
案件起数	85	40	29	31	22	7	2	2	4	222
%	38.29	18.02	13.06	13.96	9.91	3.15	0.90	0.90	1.8	100

2. 原油的燃烧特点

原油是一种黏稠油状的可燃液体，其主要燃烧特点是：

①燃烧发展速度快：由于原油中主要成分是碳氢化合物，因此原油一旦燃烧，就迅速达到猛烈燃烧阶段。

②密度小：原油的相对密度在 0.67～0.93 之间。

③闪点低，挥发性强，易燃烧和爆炸；根据油品种类的不同，原油的闪点为－6.7～32.2℃，也就说明有的油品在－6.7℃的时油品就有挥发性，会产生可燃蒸气。另外，原油的自燃点是 380～520℃，爆炸极限是 1.1％～6.4％。

④热值大：原油具有非常高的热值，1kg 原油完全燃烧可以产生 7000～10000kcal 的热量。

⑤流动性大：在一定的温度下，原油能像水一样地由高向低流动，因此一旦油罐遭到破坏，极易造成大面积燃烧，造成重大损失。

⑥含水量大：在油罐底部形成水垫层，一旦原油着火，高温下会使油罐底部的水垫层发生沸腾，发生沸溢或喷溅，燃烧时间越长，发生沸溢与喷溅的危险就会越大。而一旦发生沸溢或喷溅燃烧，就会扩大燃烧面积，给救援灭火工作造成极大的困难。

6.2.2　轻质油品储罐火灾的特点

①油品流动扩散性强，火灾蔓延速度快，单个着火储罐引起的储罐爆炸、油品沸溢、喷溅和流散极易造成相邻储罐的大面积火灾，灭火后遇到火源或高温将会产生复燃、复爆。

②油品的闪点和自燃点低，油品蒸气与空气的混合比例达到爆炸下限浓度时，遇明火、静电火花及雷电等即能爆炸，并可能引发火灾。

③着火罐周围环境温度高，辐射热强烈，火焰中心温度可达 1050～1400℃，罐壁的温度达 1000℃以上。

④轻质油品的电阻率极大，易在装卸、罐装、泵送等作业过程中集聚静电荷，导致油罐燃烧爆炸。

对国内炼厂油罐火灾事故调查表明，在全部油罐火灾中，原油罐占40%，汽油罐占32%，柴油罐占8%，重质油品储罐占20%。由此可见，闪点低于28℃的油品占全部油罐火灾的72%，立式钢制油罐顶盖全部掀开占40%。

6.2.3 油罐火灾类型和现场特点

1. 油罐火灾类型

(1)先爆炸后燃烧

当罐内液面以上的油蒸气与空气混合达到爆炸极限时，遇明火或具有点燃能量的火花，即瞬间发生爆炸，随后产生猛烈的燃烧。

(2)先燃烧后爆炸

①物理性爆炸。主要是受高温使罐内蒸气压力急剧增加而发生爆炸。

②辐射热引起的爆炸。主要是燃烧罐相邻的油罐受到高温辐射热导致罐内蒸气增加，通过呼吸阀等部位向外扩散，遇到外部燃烧明火发生爆炸。

③回火引起爆炸。由于燃烧罐的罐盖未被破坏，当采取罐底部导流排油时，如排速过快，罐内产生负压，大量空气进入罐内，与可燃气体形成爆炸混合物导致回火爆炸。

(3)爆炸后不再燃烧

油罐内油品温度低于闪点，而蒸气浓度又处于爆炸浓度极限范围内；或者油罐内虽然没有储油，但存有油蒸气和空气的混合气体，一旦遇到火花，瞬间爆炸后不再燃烧。

(4)局部稳定燃烧

轻质油品在呼吸阀、人孔、光孔、量油孔等处形成稳定燃烧，燃烧初期火焰呈火炬状，热辐射不强，容易扑救。

(5)沸溢和喷溅

重质油品发生火灾，会发生沸溢、喷溅现象，如原油、渣油、污油的黏度大，导热性能好，燃烧能使油品温度很快达到它的沸点而发生沸溢。如若油品中含有水，水受热汽化，从油品内冲出，致使罐内燃烧油料发生喷溅。

2. 储罐火灾现场特点

(1)火场燃烧面积大，燃烧热值高

起火现场油罐爆炸着火后，火焰腾高十多米到几百米，温度高达上千摄氏度，辐射热和冲击波对周围罐体和管线构成极大威胁。

(2)油蒸气聚集

火灾爆炸事故发生后，在高温作用下，罐内、管道内油品大量蒸发，油蒸气迅速集聚，压力不断增大，造成不同分区域爆炸频繁发生。在爆炸与燃烧并存的复杂现场，大量油品带压喷涌燃烧，火势瞬间扩大。

(3)着火罐体坍塌变形

大火长时间的烘烤，罐壁受热变形，罐体各个部位因受力不均，变形卷曲，形成多个独立的燃烧区，灭火剂难以到达，增加扑灭难度。

(4)火场噪声大

灾害现场噪声来源主要有：油品燃烧产生的声音、油品泄漏时与罐壁摩擦产生的啸声、现场消防车辆装备工作发出的声音、现场工艺装备运转时发出的声音、现场扑救人员的声音，这些声音汇总起来往往超过 90dB。

(5)烟雾大辐射热强

罐盖炸飞后呈敞开式燃烧时，火焰高达几十米，并且伴有浓烟，强大的热辐射对临近罐体和设施造成严重威胁。

(6)燃烧形式多样化

原油火灾有火炬式燃烧、敞开式燃烧、塌陷式燃烧、立体式燃烧、流散式燃烧和沸溢式燃烧等。

3. 沸溢和喷溅现象

(1)热波现象

油品燃烧时，处于表面的轻馏分被燃烧掉，而剩下的重馏分则逐渐下沉，并把热量带到下面，从而使油品逐层往深部加热，这种现象称为热波。

(2)沸溢

由于原油(或重油)的燃烧速度小于轻质油品的燃烧速度，也小于油品表层以下被加热的速度(小于 2～4 倍)。当热波面与油中悬浮水滴相遇，水被加热汽化并形成气泡，这种表面含有油品的气泡，由于水被汽化时体积迅速增加为原体积的千倍以上，急剧上升道油面，对油面形成强烈的搅拌，这种外包有油品薄膜的气泡形成沸溢，从而将油品携带出管外，在油罐四周地面扩散。

(3)喷溅

当热波面逐渐向下传递，到达油罐底部水垫层高度时，若将油罐底部沉积水加热到汽化温度(100℃)，则沉积水将变成水蒸气，体积扩大，将上部油品抬起，最后冲破油层进入大气，将燃烧着的油滴和包油的气泡冲向天空，造成喷溅。

(4)沸溢和喷溅发生的条件

只有同时具备以下几个条件的油品，才可能发生沸溢和喷溅。

①油品具有移动热波的性质。即油品中各组分的沸点范围较宽。原油各组分的沸点范围宽。而汽油组分的沸点范围窄，只能在距液面 6～9cm 处形成一固定的热波面，即热波面的推移速度与燃烧的直线速度相等，故不会产生沸溢和喷溅。

表 6-2　油品的沸程和黏度

油品名称	沸程及沸点/℃	不同温度下的运动黏度/(cm^2/s)	
		20℃	25℃
中间馏分	162～381	360	
轻柴油	241～268		316
煤油	192～240		203

续表

油品名称	沸程及沸点/℃	不同温度下的运动黏度/(cm^2/s)	
		20℃	25℃
重质石脑油	130～185	136	
汽油	54～136	111	
异辛烷	99.3	<100	
庚烷	98.4	<100	

从表6-2可以看出，中间馏分油的沸程最宽、沸点最高、黏度最大；汽油、庚烷和异辛烷的沸程最窄、沸点最低、黏度最小；轻柴油、煤油和重质石脑油的沸程和黏度处于前两类之间。因此，沸程越宽、沸点越高、黏度越大的油品，准沸溢喷溅发生的可能性和强度就越大。

②油品中含有乳化或悬浮状态的水或者在油层下有水垫层；

③油品具有足够的黏度，能够在水蒸气泡表面形成油品薄膜。

(5)沸溢和喷溅两者的区别

①发生的时间不同，一般是先沸溢后喷溅；

②水的来源不同，发生沸溢是原油的乳化水，而发生喷溅是水垫层的水；

③危害不同，与沸溢相比，喷溅危害更大。

(6)发生沸溢和喷溅的征兆

在扑救原油火灾时，要特别注意观察是否出现沸溢和喷溅的前兆，发生沸溢和喷溅前一般有以下征兆；

①油品表面因大量气泡生成，呈翻涌蠕动现象，此现象会出现2～4次；

②火焰高度增加，颜色由深变亮且发白；

③油罐壁出现剧烈颤抖，有的稍有膨胀现象；

④燃烧发出的声音变异，发出强烈的嗞嗞声或呼呼声。

若出现以上征兆，火场指挥员要立即下达撤退命令，待沸溢或喷溅发生后，再抓住时机灭火，才能避免和减少不必要的伤亡。1989年的黄岛油库火灾就是由于发生了沸溢燃烧，原油喷溅，使得火势迅速蔓延，从而致使19名消防员当场牺牲，70多人受伤。

6.2.4 油罐火灾的扑救步骤

1. 油罐火灾的扑救步骤

(1)火情判断和估计

储罐着火后，火势非常凶猛，瞬间浓烟滚滚，形成大火。因此，正确判断和估计火情，对尽快控制火势，防止火灾蔓延，迅速扑灭以及保障人员安全都是很重要的。在火灾发生后，应迅速查明下列情况：

①着火罐的类型、直径、高度、油品性质、储油高度、底水厚度及油罐可能的破坏情

况等；

②火场周围的环境及可供进攻的线路，油品外溢流或油罐破坏的可能部位；

③着火部位、燃烧形式及对周围的威胁程度；

④观察火焰颜色，判断有无产生爆炸的可能性；

⑤根据罐内液位高度、水垫层厚度、热波传播速度，估计可能发生沸溢的时间。

(2)冷却保护

冷却是控制火势、预防临近油罐燃烧爆炸的一种有效方法，对燃烧的钢质油罐和临近油罐都要冷却。扑救燃烧油罐火灾，首先使用水枪进行冷却，第一支水枪首先冷却燃烧油罐，减少泡沫受热破坏，以达到迅速灭火的目的。同时也应对相邻受到威胁的油罐进行冷却，减少辐射热的影响。

(3)灭火准备

消防队达到火灾现场后，在对油罐进行冷却的同时，要做好灭火的一切准备工作。

灭火泡沫液的准备，供水准备，做好进攻时水枪掩护准备(进攻时遭遇到高温和浓烟封锁时，要组织喷雾水枪交叉进行掩护)，佩戴好防护装备，穿隔热服、披湿棉被、带防护面罩等。

(4)灭火战斗

向油罐发起总攻，是灭火的关键时刻，在火场指挥员的同一号令下，各个阵地同时发动，一举将火灾扑灭，切忌各行其是，零星进攻，否则既浪费人力物力，又达不到灭火目的。泡沫灭火必须以最短时间内向着火油罐供给泡沫，泡沫供给量越大，供给速度越快，灭火效率越高；延长燃烧时间不仅给灭火工作造成困难，同时还会增加对邻近油罐的威胁性。

若几个罐同时着火，而泡沫灭火设备不足和人力不足，应首先集中全部泡沫灭火设备和人力对位于上风方向或对邻近油罐威胁最大的一个油罐进行灭火。

(5)继续冷却

易燃液体因闪点低，储罐内、地面流淌的易燃液体易挥发复燃，复燃易引发新的火灾，造成火场面积扩大，甚至危及消防员的安全。灭火过程中，为避免复燃造成不必要的损失，应用抗溶性泡沫对暴露在空气中的易燃液体进行覆盖，且应安排专人对覆盖情况进行检查，发现覆盖不好、有易燃液体暴露在空气中时，要及时增加泡沫覆盖的强度，避免复燃发生。

2. 注意灭火原则

储罐一旦着火，火场情况非常复杂，瞬息万变。但无论在什么情况下都应进行灭火战斗，迅速控制火势，防止火灾蔓延，以保证人员安全为首要任务。

①先控制，后灭火；

②集中优势兵力，速战速决；

③做好灭火防范措施。

3. 彻底消灭储罐火灾时机的把握

大型储罐区火灾一般可分为初起、发展蔓延、衰减三个阶段，各阶段特点不同。初起阶段储罐火灾燃烧的物质较少，火场温度较低，燃烧面积不大，有的甚至还处于阴燃状态，火灾较易得到控制。发展蔓延阶段易燃液体持续、全面燃烧，燃烧量直线增大，火场温度高，沸溢、喷溅、爆炸危险性大，危害性强，灭火难度大。衰减阶段由于罐内储存的易燃液体量少，燃烧速度较慢，储罐内可容纳泡沫的空间大，沸溢、喷溅、爆炸发生的可能性小，危害、危险性低，火灾扑救难度小。

大型储罐火灾事故所处阶段与多方面因素有关，一般可根据燃烧消耗量、罐内剩余量进行粗略估算。

液体的质量燃烧速度可通过下列公式计算：

$$m = G \times s \times t \tag{6-1}$$

式中，m 为燃烧消耗量；G 为质量燃烧速度；s 为燃烧面积；t 为燃烧时间。

假设储罐内易燃液体的总量为 M，一般，当 $m/M \leqslant 0.05$ 时，将事故评估为初起阶段；当 $0.05 \leqslant m/M < 0.85$ 时，将事故评估为发展蔓延阶段；当 $m/M \geqslant 0.85$ 时，将事故评估为衰减阶段。大型储罐火灾扑救过程中，初期、衰减两个阶段是实施一举歼灭的最佳时机，而发展蔓延阶段要实施一举歼灭的难度比较大，通常是先对着火罐、邻近罐实施冷却保护，避免事故蔓延扩大，待备足必要的消防力量时，再实施一举歼灭。

6.2.5 油罐火灾的扑救方法

1. 稳定燃烧的油罐火灾

油蒸气通过油罐裂缝、透气阀、量油孔等处冒出。在罐外与充足的空气混合，形成稳定的火炬型燃烧火灾，对于这种燃烧，可采用下列方法补救：

(1)水流封闭法

水流封闭法是根据火炬直径大小和高度，组织数个射击小组，用数支强有力的直流水柱从不同的方向交叉射向裂缝或孔口火焰的根部，使火焰和尚未燃烧的油蒸气分隔开，造成瞬间可燃气体中断供应，使火焰熄灭。或数支水枪同时由下而上移动，射击的水流将火焰“抬走”。对于较大的孔洞或裂缝的火炬，可向火焰喷射强力水流，借机械作用扑熄火焰。

(2)覆盖法

覆盖法就是使用覆盖物盖住火焰，造成瞬时油气与空气的隔绝层，致使火焰熄灭。这是扑救油罐壁裂缝、呼吸阀、量油孔处火炬型燃烧火焰的有效方法。在覆盖之前，用水流对覆盖物及燃烧部位冷却，并掩护扑救人员自上风方向靠近火焰，迅速覆盖，将火焰窒息。若油罐上孔洞较多，同时形成多个火炬燃烧，应用水流充分冷却油罐的整个表面，尽量使罐内油温及气压降低，再从上风方向将火炬一个一个地扑灭。扑救火炬型燃烧的覆盖物可用浸湿的棉被、麻袋、石棉被等。对于由缝隙流出的燃烧油流，可用砂土或其他覆盖物覆盖，也可用泡沫灭火机喷泡沫覆盖。

对于油罐裂缝喷油燃烧可用强力水流扑救，每个喷油裂缝应至少集中 3～4 支水枪用强力水流喷射，最好使用带架水枪。

必须注意，扑救人员上罐顶灭火前，应从火焰颜色来判断油罐会不会爆炸，防止伤亡。在扑救这样的火灾时，不能立即将着火油罐内的油料抽走，这样会使罐内压力降低，空气进入罐内，可能形成爆炸混合气，引起爆炸事故，反而对扑救不利。

2. 无顶盖油罐火灾的扑救

易燃油料的罐顶，通常随油罐爆炸燃烧而被掀掉、炸破被掀开，然后液面上形成稳定燃烧。油罐上的固定式或半固定式灭火设备很可能同时受到破坏，扑救这类火灾，可按下列方法扑救：

首先集中力量冷却着火油罐，不使油罐壁变形、破裂，同时冷却好危险范围的邻近罐，特别是下风位置的邻罐。为了防止邻罐的油蒸气被引燃或引炸，应用石棉被、湿棉被等把邻罐的透气阀、量油孔等覆盖起来。

若油罐所设固定灭火设备没有被破坏时，应启动灭火设备灭火。如果没有固定泡沫灭火设备或在发生火灾爆炸时，泡沫灭火设备已被破坏，则应迅速组织力量，采用移动式泡沫灭火设备(泡沫车、泡沫炮等)灭火。

采用移动式泡沫灭火设备(如泡沫车、泡沫炮)，应停靠在油罐的上风方向，尽可能在地势较高处，并与油罐保持一定的距离，不断地向油罐喷射泡沫，直至将火焰扑灭，并在油料表面上保持 20cm 以上厚度的泡沫为止。当燃烧液面很低时，由于罐壁的温度高和气流的作用，使从罐顶打入的泡沫受到很大的破坏，降低了灭火效果。为了提高灭火效果，可以向轻质油料储罐内注水，提高液面。若受条件限制，则可在高液面上部 50～80cm 处的罐壁上，开挖泡沫喷射孔，利用喷射孔向管内液面喷射泡沫。开挖孔洞是很难完成的工作，开挖孔洞后增加管内空气对流，燃烧火焰增大，一般不建议采用。

3. 油罐罐盖塌陷燃烧

油料发生爆炸燃烧，罐顶全部掀开的情况较少，多数情况下是一部分掉进油罐内，而一部分在液面上，罐呈凸凹不平的状态。火焰能将液面上的罐盖烧得很热，对泡沫有破坏作用。此外，由于罐顶凸凹不平，泡沫不易覆盖住被罐盖遮挡的那一部分火焰，影响灭火的速度。在此情况下，当条件允许时，可以提高油品液面，将液面高出暴露的部分罐盖，形成水平的液面，然后用泡沫扑灭火灾。

4. 数个油罐同时燃烧的火灾

若一组油罐同时燃烧，具有很大的危险性，对此应沉着，认真对待，采取全面控制，逐个消灭的方法进行扑救。要在火场指挥部的统一布置下，尽最大的力量冷却所有燃烧罐和临近油罐，控制火势不再蔓延。如果灭火力量充足，可集中足够的灭火器材，对所有燃烧罐有计划地分组同时扑救。如果灭火力量或灭火器材不足，可先扑灭上风方向的临近罐或其中最大的油罐，逐个进行扑救。扑救多个油罐火灾应考虑到全部灭火药剂用完还有油罐没有扑灭的后果，应组织人员进行有效地疏散和撤离，油罐发生爆炸波及原来的安全区。对于多数油罐的火灾，争取外援消防力量是很重要的，也只有在外援消防力量足够强时才能控制火势。

5. 油品外溢油罐火灾的扑救

如果油罐破裂，油品外溢，残存的油罐及油罐区防火堤内均有油品燃烧时，扑救是比较困难的。对于这种情况，油罐周围全是燃烧的油火，灭火人员根本难以接近油罐。这时，即使固定泡沫灭火设备未被破坏，也不能用来灭火，因利用这种设备虽然能将油槽中火焰扑火，由于罐外已被冲散的油料火焰所包围，油罐内被扑灭的油火很快又会燃烧起来。

(1)冷却被火焰包围的油罐

当油罐周围全是燃烧的火焰，灭火人员无法接近油罐时，如油罐上有固定冷却水设备，且未破坏或破坏不严重时，可使用其冷却油罐，避免油罐进一步破坏；若油罐无固定冷却水设备时，也应采用云梯、曲臂梯等登高设备，设法冷却未破坏的油罐。若油罐破坏严重，或者无法冷却未破坏油罐，也可暂时不进行冷却，但应创造冷却油罐的条件。

(2)扑灭地面火焰

防火堤内有较大面积的燃烧火焰或地面有流淌油火时，应采取堵截包围的灭火战术，集中足够的泡沫枪、泡沫炮等灭火设备，对燃烧区实施分割包围或全面包围，从防火堤或燃烧面边沿开始喷射泡沫或干粉，逐渐向中心流动，覆盖燃烧液面，扑灭油罐外的火灾。

(3)扑灭油罐内火灾

火场指挥员应根据火场特点和灭火力量，部署罐内外火灾同时扑救，或者是分步进攻。如有较强大的灭火力量，客观条件允许，可采取罐内外火灾同时扑灭，或先油罐外后油罐内的顺序扑灭。条件不允许，应先扑灭油罐外火灾，再扑灭罐内火灾。如果防火堤内油品温度很高，灭火人员很难接近油罐时，可采用云梯等登高设备，或者用泡沫炮，向油罐内喷射泡沫灭火。

(4)阻止油品流散

在扑救火灾的同时，应注意油品流散状况，防止油品流出防火堤，或者到处流淌，使火灾扩大。如采取加高、加固防火堤，用地下管道或临时敷设管道，将油品或积水排到安全的地方等方法。

6. 重质油品的油罐火灾扑救

扑救重质油品的油罐火灾，争取时间尽快扑灭是非常重要的。如果燃烧时间延长，重质油品就会沸腾或喷溅，造成扑救上的困难。

(1)及时扑灭油罐火灾

在油罐火灾中，燃烧持续一定时间后才会发生沸溢喷溅，因此，在油火喷发前及时将火灾扑灭，是防止油品燃烧罐发生沸溢喷溅最有效的措施。然而，对于大型固定顶原油罐的火灾，通常难以及时将火扑灭，因为火灾常伴随罐上固定灭火设施的破坏，现场需要时间调集足够的灭火器材和泡沫灭火剂等，有效的灭火行动难以及时实施，以致火灾燃烧持续时间较长。

(2)冷却燃烧罐罐壁

对燃烧油罐罐壁进行冷却，减弱对罐内油层的传热作用，以此来遏制沸溢喷溅的发生。燃烧试验结果表明，对于能形成高温薄层的油品，火焰热量通过罐壁的热传导作用对油品的准沸溢喷溅程度有重要影响。因此，采取罐壁冷却措施可以减弱油品的准沸溢喷溅程度。然而，对有热层形成的油品罐火灾，采取罐壁冷却措施来遏制其沸溢喷溅的作用却很小，因为罐壁的传热作用对热层的扩展的影响是次要的。

(3)罐底排水

对于技术含量较高的油库，可以通过罐底的排水装置排除罐底的水垫层，从而防止沸溢喷溅的发生。但是，燃烧过程中排除悬浮在原油中的水分目前尚无相应的手段，即使是排出罐底的水垫层，也需要灭火人员冒着极大的危险靠近着火罐的罐底，操作较为困难。

(4)设置罐底环形隔水圈

在罐底设置环形隔水圈，用以消除罐壁导热对水垫层的传热作用。在直径为 1.86m 的试验罐底部安装一个环形隔水板圈，圈与罐壁之间设有导水管，以便罐底积水通过水管自然导入隔水板圈内。对形成高温薄层的油品进行了燃烧试验，结果表明，当油品发生准沸溢喷溅时，其火焰增高和热辐射强度比无环形隔水圈的试验有明显的减弱。

(5)利用防沸石消除水垫层的突沸

燃烧油品沸溢喷溅的程度与罐底水垫层遇高温油层时的汽化过热度有关，当油品的高温热层扩展到水垫层时会造成较大的过热度，以致水相蒸发会形成较大的气泡，产生强烈的沸溢喷溅现象。为了减小水垫层汽化产生的大气泡，降低燃烧油品的沸溢喷溅强度，在试验罐底水垫层预先放置一种防沸石，以便水垫层汽化时形成必要的汽化核，易于细小气泡的生成，减弱过热度的影响。

7. 单罐与多罐火灾扑救措施

对于单个储罐火灾，运用冷却控制，集中攻击或冷却与灭火同时并举。在一时灭火力量不足的情况下先冷却着火罐和邻近罐，待灭火力量具备时集中攻击。当一次灭火力量已调集充足的情况下，可采取冷却与灭火同时并举，但必须坚持冷却第一的原则，当金属罐壁温度降到不至于造成油气复燃时可停止冷却。

多罐火灾的扑救措施：运用先冷却邻近罐与着火罐、先灭威胁邻近的着火罐、先灭上风着火罐。多罐火灾的扑救因地因时采取上述“三先”措施，火场指挥员要运用机动灵活的战术，要做好攻得进、撤得出的准备，既要积极完成扑救任务，又要减少不必要的损失。

8. 火灾扑救中的注意事项

①扑救火灾时应防止油气、烟雾的侵袭、毒害。

②灭火现场不宜滞留大量的人员，防止情况恶化，造成更多的人员伤亡。

③扑救火炬燃烧时决不许将罐内原油外输，使罐内形成负压，将罐外燃烧的火焰吸入罐内引起爆炸

④扑救时压时刻注意液面情况，及时发现原油沸溢、喷溅的征兆，避免伤亡。

⑤灭火人员应着隔热服火反射服，严禁着化纤服装。

⑥油罐罐壁或罐底破坏地面油火流散、燃烧面积扩大时，必须组织热源筑堤堵截。

⑦扑救前要明确紧急撤离信号、路线、要求，火灾出现险情时，指战员要果断组织撤离。

6.3 其他储运设备火灾的扑救

6.3.1 油泵房火灾扑救

引起油泵房火灾的原因较多，常见原因有；盘根安装过紧，致使盘根过热冒烟，引燃泵房中集聚的油蒸气；油泵空转造成泵壳高热，引燃油蒸气；使用非防爆式电动机及电器设备；铁器碰击产生火花或外来飞火等引燃油蒸气；静电接地不符合要求引起放电等。在这些原因中，应特别注意的是泵房内和管线不得出现渗漏油现象，地上的洒油或因滴漏而放置的集油盒(盆)等应及时处理，防止泵房内油气过浓。

一般泵房内设蒸汽灭火设备或卤代烷灭火设备，并放置简易的泡沫灭火机、干粉灭火机、二氧化碳灭火机、1211 灭火机等设备。发现火灾后，首先应停止油泵运转，切断泵房电源，关闭闸阀，断绝来油。然后把泵房周围的下水道覆盖密封好，防止油料流淌而扩大燃烧，同时用水枪冷却周围的设施和建筑物。泵房大面积火灾，最理想的办法是用水蒸气灭火；泵房内设有固定或半固定式的蒸汽设备时，着火后供给蒸汽，可降低燃烧区中氧的含量，使火焰熄灭，一般蒸汽浓度达到 35%，火焰即可熄灭。

没有蒸汽灭火设备时，可根据燃烧油品、燃烧面积、着火部位等，采用各种灭火机械或石棉被等扑救，一般泵房内除油蒸气爆炸引起管线破裂而造成油品流淌时火灾较大外，主要是油泵、油管漏油处及接油盘最易失火，这些部位火灾只要使用轻便灭火器具，就能达到灭火之目的。若泵房内油品流散引起较大面积火灾时，可采用泡沫扑救，向泵房向输送空气泡沫或高倍数泡沫等。

6.3.2 铁路油槽车火灾扑救

铁路油槽车在装卸过程中，往往由于铁器碰击，静电或雷电或杂散电流等造成罐口燃烧的火灾；另外油槽车在运行中还会出现撞车、翻车等现象导致的大面积火灾。

1. 油槽车罐口火灾的扑救

油槽车罐口发生火灾，一般形成稳定燃烧，火焰呈火炬状，温度较高，对于装卸油栈桥、鹤管及油槽车本身有很大威胁。

通常，当罐体无损坏，火焰仅在罐口部位时，可采用石棉被覆盖罐口，或关闭罐车盖，隔绝空气，窒息灭火。也可采用干粉、1211 灭火器向罐口喷射，扑灭火焰。如果火焰较大，可采用数只直流水枪，从不同方向交叉射击，组成水幕，将油气和空气隔开，扑灭火灾。油罐车发生火灾后，应尽可能将已燃尽与未燃尽油罐车隔离，对附近罐车及建筑物进行冷却保护，防止火灾扩大。

2. 油罐车油料溢流火灾

油罐车脱轨倾倒，油罐破裂，随着油料的流散，形成大面积的复杂火灾。此时，火焰辐射较大，人很难接近火源，油料不断流散，对灭火人员有一定的威胁，因此应先冷却燃烧罐车和其他临近油罐车，防止油罐车进一步破坏。冷却同时，组织泡沫或喷雾水流，先扑灭流散油料的火灾，再采用泡沫管枪、泡沫炮或直流水枪，扑灭油罐车火灾。

3. 大面积油料流散的油罐车火灾

油罐车倾覆造成数个或数十个油罐车起火，火灾形势极为复杂，不但阻碍列车通行，还将影响附近设施和建筑物的安全。

扑救这种火灾，应根据地形、地势和灭火力量，选择突击方向和突击点，采取集中优势兵力，堵截包围，重点突破，穿插分割，逐个消灭的战术。先将未燃烧的机车、油罐车与着火油罐车摘钩，开到安全地点，防止火势的扩大。然后，筑堤拦油，缩小燃烧范围。用沙土筑堤，将流散液体火焰，控制在一定范围内。用泡沫扑灭流散液体火焰后，再用泡沫或直流水枪扑灭油罐车火灾。也可用喷雾水流、沙土等扑救地面火灾，但应有防止复燃措施。

6.3.3　汽车油罐车火灾的扑救

汽车油罐火灾的扑救方法类同于铁路油罐车，应注意的是尽量将汽车罐车开到安全地带扑救。如果是收发油料时罐口着火，可首先用石棉被将罐口盖上闷死，也可使用随车携带的灭火器对准罐口将油火扑灭，亦可使用其他覆盖物堵严罐口将抽火扑灭。油车在行驶途中着火，驾驶员无法将火扑灭时，应尽力将车辆靠右停下，立即就近寻找电话或拦阻公路上行驶的汽车，向消防机关报警。若油罐因高温变形而出现裂缝，使槽内油料外流时，应利用罐车附近的排水沟或挖沟，让油料流入沟内燃烧，控制火势，防止蔓延。油罐汽车不管在什么情况下发生火灾，驾驶员都要认真处理善后工作。把残留在地面上、排水沟内的油料收集起来，或用土掩埋等，不能草率处理，以避免油火复燃。

6.3.4　装卸台的火灾扑救

①发现火灾，应立即报警。

②未装油前，槽车余油着火，应立即将车盖压紧盖好，窒息灭火。若此举无效，可用毛毡、石棉被等盖在罐口上，压紧盖好，火即可扑灭。还可用干粉灭火器、泡沫灭火器等直接向罐内喷射，也可灭火。而且应将槽车尽快撤离栈台，进行处理。

③装油、卸油时，槽车口发生火灾，应立即断电停泵，停止作业，关闭紧急切断阀，提起鹤管，然后再用上面的方法进行扑救。

④槽车满罐，在未进行装卸作业前着火，应用第二条方法扑救，并要注意及时冷却保护和其他车脱离，单独扑救。

⑤装油时，冒罐外流发生火灾，首先应断电停泵，停止作业，提起鹤管，盖好车盖，并用消防泡沫、消防水、干粉等进行扑救，先扑救地面流淌火，再扑救罐体火，注意冷却保护等。

6.3.5 油桶堆场火灾扑救

油桶火灾，无论漏洒在地面上的油品燃烧，或是桶内、桶外油品燃烧，如果扑救不及时，必将引起油桶爆炸或连续爆炸，使桶内油料四处飞溅，火灾迅速蔓延扩大，在短时间内即形成一片火海的严重局面。

油桶爆炸情况不尽一样，以油桶质量好坏、桶内油品多少、油品种类不同、受热温度大小而各异。一般情况下，在受热上升到700℃以上高温，桶内油品迅速汽化，当油桶不能承受桶内压力时，桶内汽化的液体炸开油桶，呈火球状冲入天空，火球升起可达20～30m。然后呈焰火状四散落下，轻质油品大多不等落地已烧尽，润滑油则仍能继续燃烧。若油桶某处质量低劣，则在被加热后，桶内压力不到196kPa就从质量薄弱处炸开。这种情况由于压力不太大，有时尚不足98kPa，所以油品不会飞起，仅从裂口处不断往外喷油燃烧。油桶在火焰的直接烧烤下一般在3～5min即发生爆炸，爆炸时间长短与燃烧温度及油品质量有关。油桶爆炸之前，大部分将桶底、桶顶鼓起，随后发生爆炸，油桶爆炸仅裂3～30cm的裂口，而不是将油桶炸得四分五裂。

油桶火灾，由于极易爆炸，使火灾扩大蔓延的可能极大，且桶垛有较大的空隙，泡沫不易全部覆盖，为扑救带来很大困难。造成油桶火灾的原因是比较多的，油桶渗漏遇明火、倒装时铁器磕碰出火，堆场日晒使温度升高而发生爆炸燃烧、盛装过满油品膨胀使桶爆炸后遇火燃烧等，都是油桶火灾的常见原因。

1. 油桶火灾的扑救

对于油桶外部漏油燃烧的扑救，应迅速用覆盖物覆盖，用砂土掩埋或用灭火机扑救，以防止火灾扩大，酿成大灾。对于敞开桶盖或掀去全部顶盖的油桶内油品着火时，可采用覆盖法扑救，也可利用灭火机扑救，这种燃烧不会使油桶爆炸，可以上风方向接近灭火，一切敞口容器火灾都可用同样方法扑灭。

对于桶垛或盛装油桶的车船着火时，应注意不要急于去扑灭，应首先疏散周围的可燃物，或将车、船拉到安全地点，然后用水充分冷却燃烧区内的油桶和附近油桶。在冷却时，冷却水可能使桶内喷燃的油品漫流，建筑简易土堤围住油火，经一段时间的冷却后，应使用各种灭火物积极灭火，对于泡沫可以覆盖的火场，可用移动式泡沫灭火设备或泡沫消防车灭火，有较大空隙的桶垛则不宜用泡沫灭火，可用多支水枪，以强大的水流打熄燃烧的火焰。无论桶垛或车船油桶火灾，均要组织人力用砂土掩埋，这样可有效地灭火。对于润滑油桶火灾，要防止爆炸后的燃烧油火引起附近建筑物着火。

2. 桶装库房火灾的扑救

桶装库房的建筑物发生火灾，会引起库房内油桶火灾，油桶火灾能引起可燃建筑物火灾，其结果造成建筑物和油桶同时燃烧，油桶爆炸，油品流散，火势扩大，导致整个库房大面积火灾。燃烧时间越长，爆炸的油桶越多，流散油品也越多，情况比较严重时，油品可能漫过库房门槛至库外燃烧。若火灾持续时间过长(达40～50min)，钢筋混凝土的一、二级耐火建筑物在高温作用下亦将遭严重破坏。

扑救桶装库房火灾，同扑救其他油料火灾一样，关键是抓紧时间扑救，积极采用防卫措施，尽快控制火势。若是桶装库房着火而油桶尚未燃烧的火灾，应迅速组织力量扑灭燃烧部位的火焰，同时用水枪保护受到威胁的油桶，防止火灾蔓延。如果是部分油桶起火，但未发生爆炸，而建筑物尚未起火时，应用泡沫管枪向燃烧的油桶喷射泡沫，及时地扑救油桶火灾；同时应组织力量对未燃烧的邻近油桶和建筑物进行冷却，防止火势扩大；若个别独立的油桶发生燃烧火灾事故，也可采用覆盖物进行灭火，或采用简易的泡沫灭火机以及砂土等进扑救。

如果是油桶和库房均在燃烧，且油桶不断发生爆炸的火灾，应根据火场特点，集中一定力量首先冷却油桶，防止油桶继续爆炸，同时组织一部分力量扑救建筑物的火灾(扑救建筑物火灾的水流落在油桶上也有一定的冷却作用)，然后集中优势，采用泡沫灭火设备，向燃烧着的油桶和地面流散的液体火焰发起猛攻，迅速扑灭火灾。应该指出的是，这种火场用水量大，流散液体火焰可能随着积水扩大而扩大，应组织必要的力量，排除或堵截地面火焰，防止火势扩大或火灾蔓延。

扑救桶装库房火灾时，要注意扑救人员的安全，在油桶连接爆炸的情况下进攻，应防止油桶爆炸伤人。火场上须疏散油桶时，应派专人负责，采取必要的措施，确保人员安全。排除库内流散的积水，应采取可靠措施(如通过室外水封井，或在门槛下设临时排油管)，将流散油品和积水排到安全的地方。

6.3.6　输油管路火灾的扑救

输油管线因腐蚀穿孔、垫片损坏、管线破裂等引起漏油、跑油，被火种引燃着火时，燃烧着的油品在管内油压的作用下向口周喷射对附近设备和建筑物有很大威胁。

输油管线发生火灾，应首先关闭输油泵、阀门，停止向着火油管输送油品；然后采用挖坑筑堤的方法，限制着火油品流窜，防止蔓延。单根输油管线发生火灾，可采用直流水枪、泡沫、干粉等扑灭火灾，也可用砂土等掩埋扑灭火灾。在同一地方铺设多根输油管时，如其中一根破裂漏出油品形成火灾时，会加热其他管线，使管线失去机械强度，油管内部液体或气体膨胀发生破裂，漏出油品，扩大火灾范围。另外，这些管线在输油中有一定压力，破裂后会把油品喷射出很远距离，这种情况下加强油管的冷却很有必要。

如果油品呈火炬形在油管裂口外稳定燃烧，可用交叉水流，先在火焰下方喷射，然后逐渐上移，将火焰割断。

应该指出，输油管线在压力未降低之前，不应采用覆盖法灭火，否则会引起油品飞溅，造成人员伤亡事故。若输油管线附近有灭火蒸汽接管，也可采用蒸汽对准火焰，扑灭油管火灾。

6.3.7　地下洞库油罐火灾扑救

洞库内或洞库油罐发生火灾，较易发生爆炸事故，并因通道狭窄，通风不良，使洞内烟雾弥漫，并产生大量的有害气体，火焰处于阴燃状态。扑救这种火灾，首先应做好个人的防护(如戴氧气呼吸器等)。对坑道可采用喷水扑救，罐间油火较大，最好采用关闭洞库密闭门，堵塞孔洞，使火焰窒息，或输入高倍数泡沫灭火。如果初期洞内出现小火，应用灭火器材及早扑灭。

地下罐或半地下罐由于罐壁外有护体，油罐失火或炸坏破裂等可使油料在护体内燃烧，火灾的扩散蔓延能力相对较小。但火柱贴近地面，辐射热强，尽管邻罐在护体的掩护下受辐射热较小，邻近暴露在外的呼吸间、测量孔等冒出的油蒸气也有被引燃引爆的可能。因此，灭火时，应在水雾的掩护下将邻罐的呼吸阀、测量孔等可靠地覆盖住，然后再组织力量扑救罐顶火灾。如果混凝土顶或护体炸裂崩塌，一般易造成油料流淌燃烧，只是增大了着火面，若造成了油流顺沟流淌，则扑救就比较困难了，只有在油流方向的下部筑堤堵截，控制其扩大，然后再想法扑救。

6.3.8 下水道、管沟油料火灾的扑救方法

由于油库设备漏油或排水带有油污，油蒸气常在下水道、管沟等低洼地方聚集；遇到明火即会发生爆炸或燃烧，火势蔓延很快。其扑救方法如下：

①用湿棉被、沙土、水枪等卡住下水道、管沟两头，防止火势向外蔓延；

②火势较大时，应冷却保护邻近的物资和设施；

③用泡沫或二氧化碳灭火；

④如果油料流入江河，则会浮在水面上发生火灾，威胁性很大，可用木排、竹排、强力水流等进行拦截，把火焰压制到岸边安全地点，然后用泡沫灭火。

6.3.9 油船火灾的扑救

油船发生火灾的原因较多，着火规律与油罐车相似，不同的是装卸油品管道或船舱破裂，油品流淌至水面，在水面上燃烧和扩散。这不仅影响油船的未燃烧船舱室，而且威胁码头、船只以及下游的其他建筑物安全；油船着火，甲板面积小，灭火行动和消防技术装备的动用均受到很大限制，扑救困难。

1. 初期火灾

对于油船的初期火灾，因往往在舱口燃烧，可采用舱口盖、石棉被或其他覆盖物将舱口盖严，窒息灭火。若覆盖物在舱口有空隙时，可用泡沫往空隙处射击，加强其封闭效果。舱口或甲板裂口燃烧，也可以用直流水枪交叉冲击火焰，火枪先对准火焰根部，使火焰瞬间与油料分离而熄灭。

2. 油船大面积火灾

船体爆裂油料外流，或重质油料喷溅，造成大面积火灾，可以先用船上的自保设备来扑灭火灾。若固定灭火设备损坏，可采用移动或泡沫灭火设备进行扑救。同时对甲板应进行不间断的冷却，对邻近不能驶离船舶和建筑物进行可靠的防卫，防止火灾蔓延。

对甲板上的火灾，一般情况下可采用覆盖物、泡沫、沙土等扑救。飘浮在水面上的油火，应用飘浮物堵截或采用水枪拦截，将油料火焰圈围在一处。然后用泡沫、喷雾水枪等

扑救。重质油品燃烧发生沸溢时，应先冷却船体，当温度下降或喷溢停止后，用干粉或泡沫扑灭火灾。

3. 水面上大面积火灾

油比水轻，油料在水面上扩散燃烧，危害很大。流散油料随着水流向下游移动，严重地威胁着下游船只、建筑物和水上构筑物。

对于漂浮在水面上的油火，必须采取措施，控制油料四处漂流，把油料围截到安全的水面处，阻止火势扩大，或使用水枪将燃烧油料拦截到靠近岸边的安全地点，然后用干粉或泡沫扑灭油料火焰。

无论扑救哪种油船火灾，应注意如下几点：一是由于油船的载油量较大，扑救过程中，要特别注意船的整体安全，对于装卸作业发生的火灾，应先切断电源和输油管线，保护好船上重要设备；二是重质油火灾，应注意防止水流入油舱内，造成沸溢；三是灭火中应注意防止人员摔倒或落水。

第7章　安全评价及事故预测基本方法

7.1　安全系统工程基础

任何生产都有一定的危险性，石油储运过程中，由于储运介质绝大多数是易燃、易爆、腐蚀、毒害等危险特性，在一定条件下能发展为事故，不仅影响到正常的生产进行，危害人身的安全和健康，甚至给社会带来灾难。因此油气管理人员和工程技术人员应该在事故发生之前充分识别生产过程或装置存在的各种风险，预测可能发生的事故，并对这些危险因素制定安全防范措施，预防和减少事故的发生，降低事故造成的损失。

安全系统工程(Safety System Engineering，SSE)是以系统工程的方法研究、解决生产过程中的安全问题，预防伤亡事故和经济损失发生的一门新技术学科。安全系统工程是系统工程学科的一个分支，它的学科基础除了有系统论、控制论、信息论、运筹学、优化理论等外，还有其特有的学科基础，如预测技术、可靠性工程、人机工程、行为科学、工程心理学、职业卫生学、劳动保护法规、法律以及相关的各工程学等多门学科和技术。

20世纪50年代末60年代初，美国空军开始以系统工程的方法研究导弹系统的可靠性和安全性。1961年美国贝尔电话研究所首创了事故树分析法(FTA)，1962年美国空军公开发表了《空军导弹弹道安全系统工程大纲》，继而制定了《武器系统安全标准》。1965年美国波音公司和华盛顿大学在西雅图召开了安全系统工程的专门学术讨论会议，以波音公司为中心对航空工业开展了安全性、可靠性分析和设计的研究，取得了很好的效果。1966年美国国防部采用了空军的安全标准，制定了MIL-S-38130。1967年7月又发表了安全系统工程计划标准MIL-STD-882，在这项标准中首先奠定了安全系统工程的概念，以及设计、分析、综合等基本原则。

然而，安全系统工程学作为一门新兴学科，在其初创时期并没有得到人们足够的认可和重视，直到1974年美国原子能委员会发表了有关核电站事故评价报告，即著名的“拉姆逊报告”，安全系统工程学才引起全世界的广泛关注。美国在1970年以前发生的各种核事故共285例，为此美国原子能委员会委托麻省理工学院的以拉姆逊为首的14名专家，用两年多时间，耗资300万美元，对核电站的危险性进行研究和评价。该报告收集了核电站各个部位历年发生的故障及其概率，采用了事件树和事故树的分析方法，对核电站进行了安全性评价。“拉姆逊报告”的发表在世界范围内引起了轰动，尤其是1979年3月28日美国宾夕法尼亚州发生的三里岛核电站放射性物质泄漏事故，震惊了世界，同时也证明了“拉姆逊报告”的正确性。从此，安全系统工程得到了迅速的发展和广泛的应用，安全系统工程的新方法层出不穷。人们应用安全系统工程技术科学地预测事故隐患，使安全管理工作从传统的经验管理走向了科学管理。

7.1.1　安全系统工程的定义

安全系统工程是指应用系统工程的原理与方法，识别、分析、评价、排除和控制系统中的各种危险，对工艺过程、设备、生产周期和资金等因素进行分析评价和综合处理，使系统可能发生的事故得到控制，并使系统安全性达到最佳状态。

由于安全系统工程是从根本上和整体上来考虑安全问题，因而它是解决安全问题的具有战略性的措施，为安全工作者提供了一个既能对系统发生事故的可能性进行预测，又可时安全性进行定性、定量评价的方法，从而为有关决策人员提供决策依据，并据此采取相应安全措施。

7.1.2　安全系统工程内容

安全系统工程的基本任务就是预测、评价和控制危险。系统安全分析和评价是安全系统工程的核心，只有分析的准确、评价的周密，才能得到最佳的决策，由此采取的安全措施才能得力。

1. 安全系统分析

系统安全分析是实现系统安全的重要手段，它的目的在于通过分析使人们识别系统中存在的危险性和损失率，并预测其可能性。因此，它是完成系统安全评价的基础。根据不同的情况和要求，可以把分析进行到不同的深度，可以是初步的，也可以是详细的。

系统安全分析的方法有数十种之多，这些方法有定性的也有定量的，有逻辑推理的，也有综合比较的。要完成一个准确的分析，就要事先了解各种分析方法的特点、适用场合，经过比较，再决定采用哪种分析方法。但不管采用哪种分析方法，都要事先建立一个系统模型。这种模型大多采用图解方式，表示出系统各单元之间的关系。这样易于为人们掌握系统各单元之间的关系和影响，便于查到事故的真正原因和危险性大小。

2. 安全评价

安全评价要以系统安全分析为依据。只有通过分析，掌握了系统中存在的潜在危险和薄弱环节、发生事故的概率和可能的严重程度等，才能正确地进行安全评价。

安全评价分为定性评价和定量评价，任何定量方法总是在定性的基础上开始的。但是定性评价只能够知道系统中的危险性的大致情况，如危险性因素的多少和严重程度等。要想深入了解系统的安全状态，还有待于定量评价。只有经过定量的评价，才能充分发挥安全系统工程的作用，通过定量评价的结果，决策者才可以选择最佳方案。

3. 安全措施

安全措施是指根据安全评价的结果，针对存在的问题，对系统进行调整，对危险点或薄弱环节加以改进。安全措施主要有两个方面：一是预防事故发生的措施，即在事故发生之前采取适当的安全措施，排除危险因素，避免事故发生；二是控制事故损失扩大的措施，即在事故发生之后采取补救措施，避免事故继续扩大，使损失减到最小。

7.1.3 系统安全评价基础

1. 安全评价目的

安全评价要达到的目的有以下几个方面：

(1)促进系统的本质安全

通过对系统的规划、设计、建设、运行全过程的危害因素识别和风险评价，可以提出降低风险的最佳方案和措施，特别是通过安全预评价，要求从规划、设计阶段就采取相应措施，从而保障系统的本质安全，为其安全运行打下良好基础。

(2)评价结果为决策者提供决策依据

安全评价分析了系统中危险源的部位、特点、数量，预测事故的概率及事故后果的严重程度，提出应采取的预防或减轻风险的措施，决策者可以据此选择系统安全的最优方案和管理决策。

(3)实现全过程安全控制

通过对设计阶段、工程验收、系统建成后运行阶段的安全评价，可以检查出设计方案中、新建成的或正在运行的系统的安全隐患，为采取降低风险的措施提供依据，以期达到预防和控制风险的目的。

(4)为实现安全技术、安全管理的科学化、标准化创造条件

安全评价过程要对设计、施工和运行中各种设施、生产过程是否符合相关标准、规范的要求进行对比、分析，找出不足之处，这可以为制定和修改规范、标准积累数据和资料，将促进安全技术和安全管理的科学化、标准化。

应用安全评价可以有效地预防事故的发生，贯彻“安全第一、预防为主、综合治理”的基本方针中有很重要的意义。它体现在：一方面安全评价结论使企业管理者了解到安全生产中存在的各种危险源及其可能后果，也明确了应如何改进安全状况，以提高安全管理水平及综合效益。更重要的是可以帮助人们从传统的、事后处理为主的安全管理方法转变为对危险、事故的预测和预防，预先采取措施来降低系统的风险，从而提高整体安全水平。另一方面，评价结果可为审批建设项目初步设计提供依据，也可以为政府安全生产监督管理部门提供企业安全生产状况的基础资料，便于实施监督。

2. 安全评价的依据

安全评价是一项政策性很强的工作，需要按照规范、工程项目的相关技术资料进行。

(1)法律与法规

必须依据现行的法律安全法律、法规主要由宪法、法律、行政法规、部门的规章构成。我国现行的法律如《中华人民共和国劳动法》、《中华人民共和国安全生产法》、《中华人民共和国消防法》、《中华人民共和国职业病防治法》等。法规如国务院颁布的《女职工劳动保护规定》，部门规章如：国家安全生产监督管理总局颁布的《安全评价机构管理规定》等，是安全评价必须依据的文件。

(2)标准与规范

标准可分为技术标准、规范与管理规程两大类，不同行业有不同的标准。各种技术和安全规范、标准都来源于生产实践的经验总结，间隔一段时间后进行修改和升级，以保证其先进性和适用性。认真贯彻执行规范的要求，是安全生产和产品质量的保证。

标准的法律效力可分为强制性标准和推荐性标准两种。强制性标准或推荐性规范中的强制性条文，是应用该标准时必须遵从的内容。

(3)评价项目的有关技术资料

油气管道工程安全预评价的主要资料为工程项目的可行性研究报告、管道沿线地区的自然环境、水文及地质资料、社会环境等。安全验收评价的资料主要有安全预评价报告、初步设计及设计变更等资料。若进行安全现状评价，应有工程的历史性资料及运行、监测、检测数据等。

3. 安全评价的内容

安全评价是一个利用安全系统工程原理和方法识别和评价系统、工程存在的风险的过程，这一过程包括危险、有害因素识别以及危险和危险程度评价两部分。危险、有害因素识别在于识别危险来源；危险和危害程度评价的目的在于确定来自危险源的危险性、危害程度，应采取的控制措施，以及采取控制措施后仍然存在的危险性是否可以被接受。在实际的安全评价过程中，这两个方面是不能截然分开、孤立进行的，而是相互交叉、相互重叠于整个评价工作中。安全评价的基本内容如图 7－1 所示。

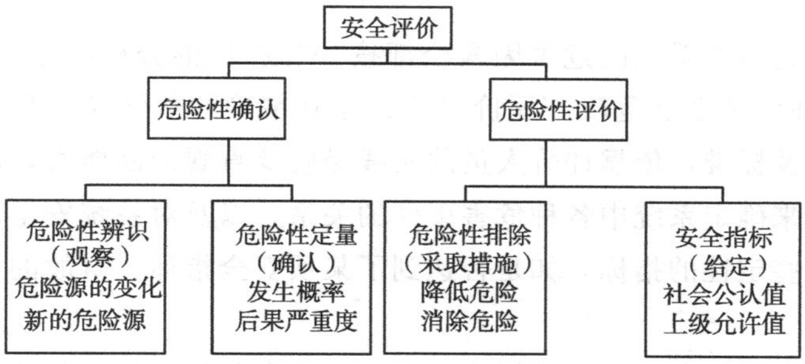

图 7－1　安全评价内容

4. 安全评价程序

安全评价程序包括：准备阶段，危险、有害因素识别与分析，定性定量评价，提出安全对策措施，形成安全评价结论和建议，编制安全评价报告。

(1)准备阶段

确定被评价对象和范围，收集国内外相关法律法规、技术标准及工程、系统技术资料。

(2)危险、有害因素的识别和分析

根据被评价的工程和系统的情况，识别和分析危险、有害因素，确定危险有害因素的部位，存在的方式、事故发生的途径及其变化规律。

(3)定性、定量评价

在危险、有害因素识别和分析的基础上，划分评价单元，选择合适的评价方法，对工程、系统发生事故的可能性和严重程度进行定性分析、定量评价。

(4)安全对策措施

根据定性、定量评价结果，提出消除或减弱危险，有害因素的技术和管理措施及建议。

(5)安全评价结论及建议

简要列出主要危险、有害因素的评价结果，指出工程、系统应重点防范的重大危险因素，明确生产经营者应重视的安全措施。

(6)安全评价报告的编制

根据安全评价结果编制相应的安全评价报告。

7.1.4 安全评价方法分类

1. 风险评价方法分类

风险评价方法分类的目的是为了选择合适的评价方法。风险评价方法分类的原则很多，按评价结果量化程度可以分为定性风险评价、定量风险评价方法；按评价的推理过程可以分为归纳推理、演绎推理评价方法；按风险评价要达到的目的可以分为事故致因因素评价方法、危险性分级评价和事故后果评价方法等。这里主要介绍定性和定量风险评价方法。

2. 定性风险评价

定性风险评价是指对系统的危害因素全部按“0“或“1”的分析程序，即表示事件“不发生”或“发生”来定性评价系统危险。评价时不必建立精确的数学模型和计算方法，主要根据有关法规、规范及标准，依靠评价人员的实践经验及直观判断能力，依据风险分析过程的逻辑推理关系，来确定系统中各种危害事件的关系，以及对系统安全的影响程度等。安全评价的结论是一些定性的指标，如是否达到了某项安全指标、事故的类别和导致事故发生的主要因素等。

定性风险评价主要特点是：过程简单，容易理解和掌握，能够低成本、快速地得到答案，因而便于推广应用。定性评价的主观性较强，其结果容易受到参加评价人员的专业知识深度及经验多少的影响。对于复杂系统，由于它不能量化风险程度，有时难以得到令公众和有关管理部门信服的最终评价结果。常用于基本方案的安全评价、初始阶段的安全评价。用来确定潜在危险最大或重大风险的部位，为制定进一步定量风险评价方案提供依据。

属于定性安全评价方法的有安全检查表、专家现场询问观察法、作业条件危险性评价、故障模式和影响分析、危险及可操作性研究、事故树分析、事件树分析等方法。

3. 定量安全评价方法

定量安全评价方法是根据大量实验结果和广泛的事故数据和资料统计分析，建立相关数学模型，对系统的风险进行定量计算。安全评价的结果是一些定量的指标，根据定量结果的类型不同，定量安全评价方法还可以细分为伤害(或破坏)范围评价法、危险指数评价法和概率风险评价法。

(1)伤害(或破坏)范围评价法

根据事故的数学模型，求得事故对人员伤害范围或对物体破坏范围的安全评价方法。液体泄漏模型、气体泄漏模型、池火火焰与辐射强度模型、火球爆炸伤害模型、爆炸冲击波伤害模型、蒸汽云爆炸破坏模型等都属于这种评价方法。

这种方法只要对计算所需要的韧值和边界条件选择合理，就可以获得可信的评价结果，即事故对人员伤害范围或建筑物、设施的破坏范围。可用于系统的危险性分区，计算事故的直接和间接损失。由于模型的初值和边界条件对评价结果的影响很大，若选择不当会使结论出现失真。

(2)危险指数评价法

应用危险指数模型，根据系统的基本性质和状态，逐步推算出事故的危险性、事故可能的损失以及采取安全措施的有效性，即不同的安全防范措施对危险性降低的程度。通常把复杂的系统划分为相对独立的若干个评价单元，逐个单元按评价方法规定的步骤，评分、计算单元的危险指数，再据此划分该单元的危险程度等级。比较不同单元的评价结果，可以确定该系统危险严重的单元、设备和它们的主要危害因素。常用的道化学公司火灾爆炸危险指数评价法、蒙德火灾爆炸毒性指数评价法等属于这一类。

这种方法可以将复杂系统分解成若干较小的单元后逐步评价，再综合比较。给出的危险指数及等级的安全评价结果含有事故发生可能性及事故后果两方面的因素，常用于难以进行概率风险评价的较大系统的定量评价。危险指数评价法的缺点是：系统的设备及工艺安全保障设施的功能、水平及其重要性不同，它们对安全的影响程度各异，模型中对这一因素重视不够，使这种方法的灵活性和敏感性较差。

(3)概率风险评价法

运用数理统计的概率分析方法，分析危害因素、事故后果之间的数量关系及其变化规律，对事故的概率及系统风险进行定量评定。它将各种危害因素处理成随机变量或随机过程，量化确定绝对事故频率及失效后果。这种方法需要有建立在统计基础上的数据库支持，其结果的准确性取决于原始数据、资料的完整及准确性，数学模型的精确性和分析计算方法的合理性。概率理论分析、马尔可夫模型分析、可靠度分析等属于这种评价方法。

这种方法能够给出系统发生事故的概率、各种危害因素的重要度，便于对不同系统进行比较。由于它是建立在大量实验及事故统计分析的基础上，是一个相当复杂的过程。它对数据完整、准确性要求很高，需要有主要危害因素的事故发生概率等资料，这对一些复杂系统往往难以做到。

7.2　安全检查表

7.2.1　安全检查表的目的

安全检查表分析利用检查条款按照相关的标准、规范等对已知的危险类别、设计缺陷以及一般工艺设备、操作、管理有关的潜在危险性和有害性进行判别检查。

安全检查表分析可适用于工程、系统的各个阶段。安全检查表可以评价物质、设备和工艺，常用于专门设计的评价。检查表法也能用在新工艺(装置)的早期开发阶段，判定和估测危险，还可以对已经运行多年的在役(装置)的危险进行检查(安全检查表常用于安全验收评价、安全现状评价、专项安全评价，而很少推荐用于安全预评价)。

7.2.2 不同类型的检查表

为了编制一张标准的检查表，评价人员应确定安全检查表的标准设计或操作规范，然后依据存在缺陷和不同差别来编制一系列带问题的检查表。

随着具体情况不同采用不同的检查表，可以简单的分为检查结果的定性化、半定量化、或定量化的安全检查表(但要注意安全检查表只能作定性分析，不能定量，也就是说它们不能提供危险度的分级)。

编制安全检查表所需资料：

①有关标准、规程、规范及规定；

②国内外事故案例；

③系统安全分析事例；

④研究的成果等有关资料。

1. 检查结果定性化

安全检查应列举需查明的所有导致事故的不安全因素，通常采用提问方式，并以“是”或“否”来回答，“是”表示符合要求；“否”表示还存在问题，有待于进一步改进；“部分符合”表示有一部分符合条件，另一部分还不符合条件。回答是的符号为“√”，表示否的符号为“×”，“≈”表示部分符合。所以在每个提问后面也可以设有改进措施栏，每个检查表均需注明检查时间、检查者、直接责任人，以便分清责任。

为了使提出的问题有所依据，可以收集有关的此项问题的规章制度、规范标准，在有关条款后面注明名称和所在章节(表)，如表 7-1 所示。

表 7-1 提问型安全检查表

序号	检查项目和内容	检查结果		标准依据	备注
		是	否		

2. 检查结果的半定量

菲利普石油公司安全检查表采用了检查表判分-分级系统，在这里作为安全检查表的判分系统采用的是三级判分系列 0-1-2-3，0-1-3-5，0-1-3-5-7，其中评判的

“0”为不能接受的条款，低于标准较多的判给“1”；稍低于标准的条件判给刚低于最大值的分数；符合标准条件的判给最大的分数。

判分的分数是一种以检查人员的知识和经验为基础的判断意见，检查表中分成不同的检查单元进行检查。为了得到更为有效的检查结果，用所得总分数除各种类别的最大总分数的比值，以便衡量各单元的安全程度。

在汇总表上(表 7－2)，分数的总和除以所检查种类的数目，此数表示所检查的有效的平均百分数。

表 7－2　半定量打分法的安全检查表

<table>
<tr><td rowspan="2">序号</td><td rowspan="2">检查项目和内容</td><td colspan="2">检查结果</td></tr>
<tr><td>可判分数</td><td>判给分数</td></tr>
<tr><td rowspan="3"></td><td rowspan="2">检查条款</td><td>0－1－2－3(低度危险)
0－1－3－5(中度危险)
0－1－5－7(高度危险)</td><td></td></tr>
<tr><td>总的满分</td><td>总的判分</td></tr>
<tr><td colspan="3">百分比＝总的分数÷总的可能的分数＝判分/满分</td></tr>
</table>

注：选取 0－1－2－3 时，条款属于低危险程度，对条款的要求为“允许稍有选择，在条件许可的条件下首先应该这样做”，选取 0－1－3－5 时，危险属于中等危险程度，对条款的要求为“严格，在正常的情况下均应这样做”；选取 0－1－5－7 时，条款属于高危险程度，对于条款的要求为“很严格，非这样做不可”。

3. 检查结果的定量化

根据安全检查表检查结果及各分系统或子系统的权重系数，按照检查表的计算方法，首先计算出各子系统或分系统的评价分数值，再计算出各评价系统的评价得分，最后计算出评价系统(装置)的评价得分，确定系统(装置)的安全评价等级

(1)划分系统

①以装置作为总系统，例如将评价系统划分为生产运行、储存运输、公共动力、生产辅助、厂区与作业环境、职业卫生、检测和综合安全管理等若干个系统，其中综合安全管理系统对其余七个系统起制约和控制作用。

②对每个系统又依次分为若干分系统和子系统，对最后一层各子系统(或分系统)根据不同的评价对象制订出相应的安全检查表。

(2)评分方法

①采用安全检查表赋值法，安全检查表按检查内容和要求逐项赋值，每一张检查表以 100 分计。

②不同层次的系统、分系统、子系统给予权重系数，同一层次各系统权重系数之和等于 1。

③评价时从安全检查表开始，按实际得分逐层向前推算，根据子系统的分数值和权重系数计算上一层分系统的分数值，最后得到系统的评价得分，系统满分应为 100 分。

(3)安全检查表检查的实施办法

每张检查表归纳了子系统(或分系统)内应检查的内容和要求，并制订评分标准和应得分。

依照制订的安全检查表中的各项检查的内容及要求，采取现场检查或查资料、记录、档案或抽考有关人员等方法，对评价对象进行检查。对不符合要求之项，根据“评分标准”给予扣分，扣完为止，不计负分。

根据检查表检查的实得分，按系统划分图逐层向前推算，计算出评价系统的最终得分，并根据分数值划分安全等级，最后，汇总安全检查中发现的隐患，提出相应的整改措施。

(4)安全评价结果计算方法

①系统或分系统评价分数值计算：

$$M_i = \sum_{j=1}^{n} k_{ij} m_{ij} \tag{7-1}$$

式中 M_i——分系统或子系统分数值；

k_{ij}——分系统或子系统的权重系数；

m_{ij}——分系统或子系统的评价分数值；

n——分系统或子系统的数目。

②缺项计算：

用检查表检查如出现缺项的情况，其检查结果由实得分与应得分之比乘以 100 得到，即：

$$M_i = \sum k_{ij} m_{ij} / \sum k_{ij} \times 100 \tag{7-2}$$

式中 m_i——安全检查表评价得分；

m_{ij}——安全检查表实得分；

k_{ij}——安全检查表除去缺项应得分。

③装置最终评价结果计算：

$$A = \frac{g}{100} \sum_{i=1}^{7} K_i M_i \tag{7-3}$$

式中 A——装置最终评价分数值；

g——综合安全管理分系统分数值；

K_i——各系统权重系数；

M_i——各系统评价分数值。

装置满分应为 100 分。

(5)系统(装置)安全等级划分

根据评价系统最终的评价分数值，按表 7－3 确定系统(装置)的安全等级。

表 7－3　系统(装置)安全评价等级划分

安全等级	系统安全评价分值范围
特级安全级	$A \geqslant 95$
安全级	$95 > A \geqslant 80$
临界安全级	$80 > A \geqslant 50$
危险级	$A < 50$

7.2.3　编制程序及应用说明

检查表的编制程序如图 7－2 所示。

1. 安全检查表分析主要步骤

(1)选择安全检查表。安全检查表分析方法是一种经验为主的方法，安全评价人员从现有的检查表中选取一种适宜的检查表(例：已有的机械工厂安全检查表、非煤矿山安全检查表、石油化工安全检查表等)，如果没有具体的、现成的安全检查表可用，分析人员必须借助已有的经验，编制出合适的安全检查表。

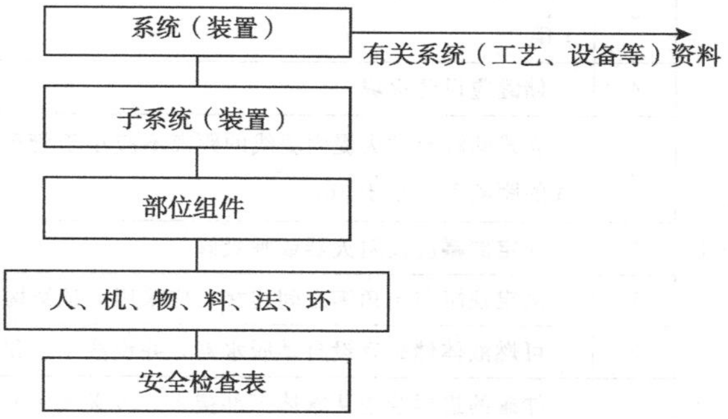

图 7－2　检查表的编制程序图

编制安全检查表评价人员应有丰富的经验，最好具备丰富生产工艺操作经验，熟悉相关的法规、标准和规程。

安全检查表的条款应尽可能完善，以便可以有针对地对系统的设计和操作检查(对工艺部分，安全检查表应比一般的安全检查表增添一些细节部分内容，以便检查更彻底)。

(2)安全检查。对现有系统装置的安全检查，应包括巡视和自检检查主要工艺单元区域。在巡视过程中，检察人员按检查表的项目条款对工艺设备和操作情况逐项比较检查。检查人员根据系统的资料，对现场巡视检查、与操作人员的交谈以及凭个人主观感觉来回答检查条款。当检查的系统特性或操作有不符合检查表条款上的具体要求时，分析人员应记录下来。

(3)评价的结果。检查完成后，将检查的结果汇总和计算，最后列出的具体安全建议和措施。

2. 应用实例

安全评价方法有很多种，每种评价方法都有其适用范围和应用条件。安全检查表法就是利用检查条款按照相关的标准、规范等对已知的危险类别、设计缺陷以及与一般工艺设备、操作、管理有关的潜在危险性和有害性进行判别检查。安全检查表分析可用于石化销售系统油库、加油站管理的各个阶段，在加油站、油库项目设计、施工、交工验收以及运营管理方面都比较实用，它是一种定性或者说半定量的安全评价方法，尤其适用于各种安全检查，包括班组安全检查、月度安全检查、季度安全检查、半年安全检查以及专项安全检查等，表 7－4 为储罐安全检查样表。

表 7－4　储罐安全检查表

检查人：　　　　　　　　　　　　　　　　　　　　　　检查时间：　　年　　月　　日

项目	序号	检查内容及标准	检查结果
基本要求	1	储罐应布置并符合以下规定：1. 同一管组内，可布置火灾危险性类别相同或相近的储罐；2. 沸溢性液体储罐不应与沸溢性液体储罐同组布置	
	2	罐组内相邻可燃液体储罐的防火间距是否符合相关规定	
	3	罐组内的储罐不应超过两排，单罐容积小于或等于 $1000m^3$ 的丙类储罐不应超过 4 排	
	4	储罐应设防火堤	
	5	立式储罐至防火堤内堤线的距离不应小于管壁高度的一半；卧式储罐至防火堤脚线的距离不应小于 3m	
	6	固定储罐应设阻火器或呼吸阀	
	7	固定顶罐与包角钢之间连接，应采用弱顶结构	
	8	可燃液体储罐宜设自动脱水器，并设液位计和高位报警器	
	9	储罐的进料管应从罐体下部接入；若必须从上部接入应延伸至距罐底 200mm 处	
	10	储罐在使用过程中，基础可能下沉时，其进出口管道应采用金属软管连接或其他柔性连接	
	11	物资储存场所应根据物品性质配备足够的适应消防器材和消防通讯警报设备	
	12	罐区应设明显的防火等级标志，通道出、出入口	
储存场所条件	13	通向消防设施的道路应保持畅通	
	14	根据储存物资的性质，在物资储存场所配备熟悉现场各种情况的义务消防组织	
	15	物资储备场所应制定事故紧急救援预案，并且责任落实到人	
	16	企业应制定物品入库验收制度，核对、检验进库物品规格、质量、数量	
	17	无产地、铭牌、检验合格证的物品不得入库	
储存管理	18	危险化学品必须挂贴《危险化学品安全标签》	
	19	易燃易爆物品仓库和储罐区要采取杜绝火种的安全措施和设立安全警告警示牌的警句	
	20	物品的发放应严格履行手续，认真核实	
	21	危险化学品的发放应严格控制，主管部门应经常检检查核实	
	22	危险化学品的存储应严格按照《危险化学品管理条例》管理	
	23	库存物资要建立明细台账，日清日结	
	24	危险化学品的储存严格执行危险物品的装配规定，对不可装配的危险物品必须严格隔离	

7.3　事故树分析

7.3.1　事故树分析简介

事故树分析（Accident Tree Analysis，简称 ATA）法起源于故障树分析法（简称 FTA），是安全系统工程的重要分析方法之一，它能对各种系统的危险性进行辨识和评价，不仅能分析出事故的直接原因，而且能深入地揭示出事故的潜在原因。用它描述事故的因果关系直观、明了，思路清晰，逻辑性强，既可定性分析，又可定量分析。

事故树分析首先由美国贝尔电话研究所于 1961 年为研究民兵式导弹发射控制系统时提出来，1974 年美国原子能委员会运用 FTA 对核电站事故进行了风险评价，发表了著名的《拉姆逊报告》。该报告对事故树分析作了大规模有效的应用。此后，在社会各界引起了极大的反响，受到了广泛的重视，从而迅速在许多国家和许多企业应用和推广。我国开展事故树分析方法的研究是从 1978 年开始的，目前已有很多部门和企业正在进行普及和推广工作，并已取得一大批成果，促进了企业的安全生产。

事故树分析法是采用演绎方法分析事故的因果关系，能详细找出系统各种固有的潜在的危险因素，为安全设计、制定安全技术措施和安全管理要点提供了依据，能简洁、形象表示出事故和各种原因之间因果关系及逻辑关系。在事故树分析中顶上事件可以是已发生的事故，也可以是预想的事故。通过分析，找出原因，采取对策措施加以控制，从而起到预测预防事故的作用。可选择最感兴趣的事故作为顶上事件分析，这和事件树不同，事件树是由一个故障开始，而引起的事故不一定是使用者最感兴趣的。

事故树分析法既可以用于定性分析，也可以用于定量分析。通过定性分析，确定各种危险因素对事故树影响的大小，从而掌握和制定防灾控制要点；而定量分析，则能计算出顶上事件发生的概率，并可以从数量上说明危险因素的重要度，为实现系统最佳安全目标提供依据。

7.3.2　事故树分析的基本程序

①确定和熟悉分析系统。明确分析的范围和边界，包括工艺流程、设备构造、操作条件、环境状况及控制系统和安全装置等。广泛收集系统发生过的事故，包括本单位的事故情况、同行业类似系统或设备以及国外事故资料，以便确定所要分析的事故类型。

②确定顶上事件。一般选择发生可能性较大且能造成一定后果的事故作为分析对象。确定顶上事件时，要坚持一个事故编一棵树的原则且定义明确，例如："加氢反应温度过高"，"氧气钢瓶超压爆炸"；像"过程火灾"，"化工厂爆炸"这些太笼统了，无法向下分析。

③调查原因事件。就是找出系统的所有潜在危险因素和薄弱环节，包括设备元件等硬件故障、软件故障、人为差错以及环境因素，凡与事故有关的原因都找出来，作为事故树的原因事件。

④确定不予考虑的事件。与事故无关的原因有各种各样，但有些原因根本不可能发生或发生机会很少，如导线故障、飓风、龙卷风等，编制事故树可不予考虑，但要事先说明。

⑤确定分析的深度。在分析原因事件时，要分析到哪一层为止，需事先明确。分析的太浅，可能发生遗漏；分析得太深，则事故树过于庞大繁琐，具体深度应视分析对象而定。对化工生产系统来说，一般只到泵、阀门、管道故障为止；电气设备分析到继电器、开关、马达故障为止，其中零件故障就不一定展开分析。

⑥编制事故树。从顶上事件开始，采取演绎分析方法，逐层向下找出直接原因事件，直到所有最基本的事件为止。每一层事件都按照输入(原因)与输出(结果)之间逻辑关系用逻辑门连接起来，这样得到的图形就是事故树。初步编好的事故树应进行整理和简化，将多余事件或上下两层逻辑门相同的事件去掉或合并。如有相同的子树，可以用转移符号表示省略其中一个，以求结构简洁、清晰。

⑦事故树定性分析。可从事故树结构上求最小割集和最小径集，进而得到每个基本事件对顶上事件的影响程度，为采取安全措施的先后顺序、轻重缓急提供依据。

⑧事故树定量分析。定量分析可计算出事故发生的概率，并从数量上说明每个基本事件对顶上事件的影响程度，从而制定出最经济、最合理的控制事故的方案，实现系统最佳安全的目的。

7.3.3 事故树的符号及其意义

1. 事件符号

事件符号如图 7－3 所示。

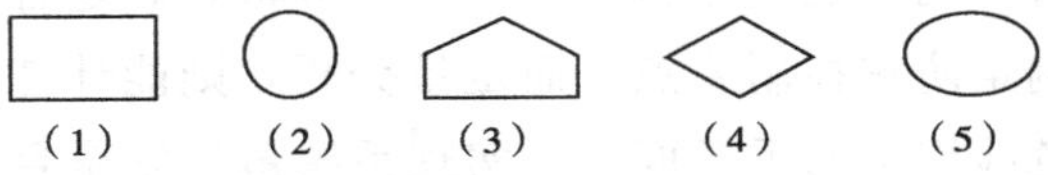

图 7－3 事件符号

(1)矩形符号。用它表示顶上事件或中间事件，将事件扼要记入矩形框内。必须注意，顶上事件一定要清楚明了，不要太笼统，例如“交通事故”，“爆炸着火事故”，对此人们无法下手分析。而应当选择具体事故，如“机动车追尾”、“机动车与自行车相撞”，“建筑工人从脚手架上坠落死亡”、“道口火车与汽车相撞”等具体事故。

(2)圆形符号。它表示基本(原因)事件，可以是人的差错，也可以是设备、机械故障、环境因素等，它表示最基本的事件，不能再继续往下分析了。例如，影响司机瞭望条件的“曲线地段”、“照明不好”，司机本身问题影响行车安全的“酒后开车”、“疲劳驾驶”等原因，将事故原因扼要记入圆形符号内。

(3)屋形符号。它表示正常事件，是系统在正常状态下发生的正常事件。如“机车或车辆经过道岔”、“因走动取下安全带”等，将事件扼要记入屋形符号内。

(4)菱形符号。它表示省略事件，即表示事前不能分析，或者没有再分析下去的必要的事件。例如，“司机间断瞭望”、“天气不好”、“臆测行车”、“操作不当”等，将事件扼要记入菱形符号内。

2. 逻辑符号

故障树中表示事件之间逻辑关系的符号称门，主要有以下几种。

(1)或门：代表一个或多个输入事件发生，即发生输出事件的情况。或门符号见图 7-4(a)，或门示意图见图 7-5。

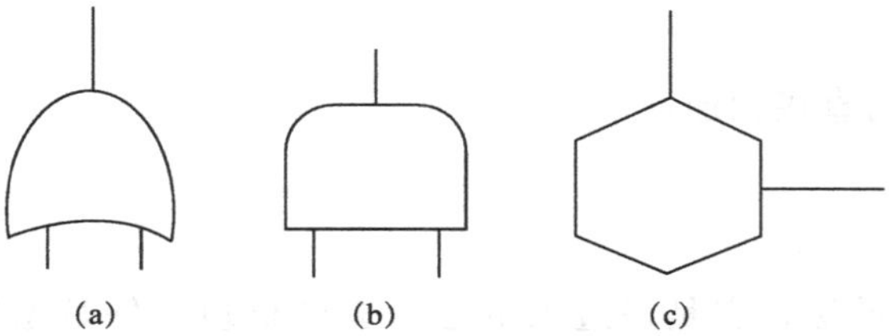

图 7-4　逻辑符号

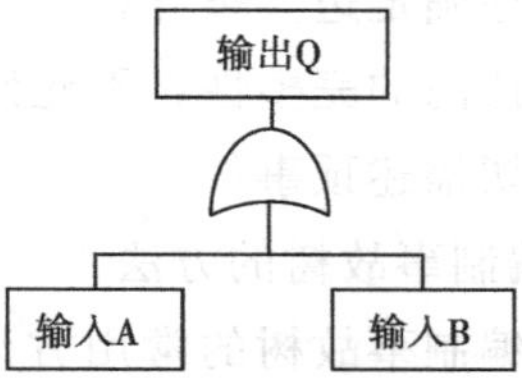

图 7-5　或门示意图

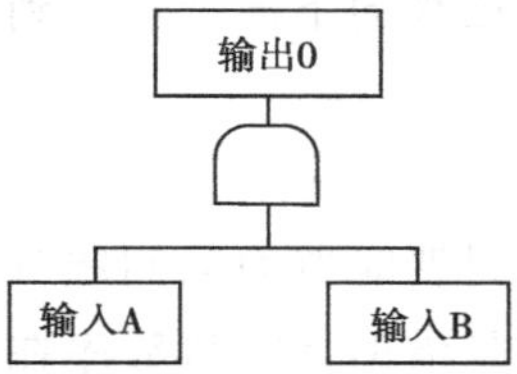

图 7-6　与门示意图

(2)与门：代表当全部输入事件发生时，输出事件才发生的逻辑关系。表现为逻辑积的关系。与门符号见图 7-4(b)，与门示意图见图 7-6。

(3)禁门：是与门的特殊情况。它的输出事件是由单输入事件所引起的。但在输入造成输出之间，必须满足某种特定的条件。禁门符号见图 7-4(c)，禁门示意图见图 7-7。

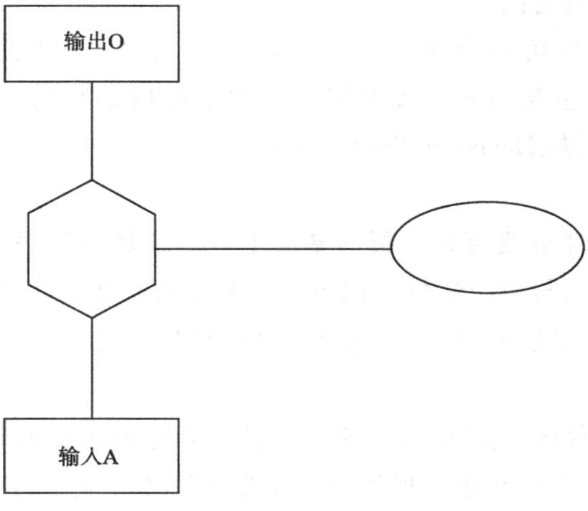

图 7-7　禁门示意图

7.3.4　事故树的编制

事故树编制是 FTA 中最基本、最关键的环节。编制工作一般应由系统设计人员、操作人员和可靠性分析人员组成的编制小组来完成，经过反复研究，不断深入，才能趋于完善。通过编制过程能使小组人员深入了解系统，发现系统中的薄弱环节，这是编制事故树的首要目的。事故树的编制是否完善直接影响到定性分析与定量分析的结果是否正确，关系到运用 FTA 的成败，所以及时进行编制实践中有效的经验总结是非常重要的。

编制方法一般分为两类，一类是人工编制，另一类是计算机辅助编制。

1. 人工编制

(1)编制事故树的规则

①确定顶事件应优先考虑风险大的事故事件；

②合理确定边界条件；

③保持门的完整性，不允许门与门直接相连；

④确切描述顶事件。

(2)编制事故树的方法

人工编制事故树的常用方法为演绎法，它是通过人的思考去分析顶事件是怎样发生的。演绎法编制时首先确定系统的顶事件，找出直接导致顶事件发生的各种可能因素或因素的组合即中间事件。在顶事件与其紧连的中间事件之间，根据其逻辑关系相应地画上逻辑门。然后再对每个中间事件进行类似的分析，找出其直接原因，逐级向下演绎，直到不能分析的基本事件为止。

2. 计算机辅助编制

由于系统的复杂性使系统所含部件愈来愈多，使人工编制事故树费时费力的问题日益突出，必须采用相应的程序，由计算机辅助进行。计算机辅助编制是借助计算机程序在已有系统部件模式分析的基础上，对系统的事故过程进行编辑，从而达到在一定范围内迅速准确地自动编制事故树的目的。

计算机辅助编制主要可分为两类：一类是 1973 年 Fussell 提出的合成法(Synthetic Tree Method，STM)，主要用于解决电路系统的事故树编制问题；另一类是由 Apostolakis 等人提出的判定表法(Decision Table，DT)。

(1)合成法(STM)

合成法是建立在部件事故模式分析的基础上，用计算机程序对子事故树(MFT)进行编辑的一种方法。合成法与演绎法的不同点是：只要部件事故模式所决定子事故树一定，由合成法得到的事故树就唯一，所以，它是一种规范化的编制方法。

(2)判定表法

判定表法是根据部件的判定表(DT)来合成的。判定表法要求确定每个事件的输入/输出事件，即输入/输出的某种状态，把每个部件的这种输入/输出事件的关系列成表，该表称作判定表。一格判定表上只允许有一个输出事件，如果事件不只一个输出事件，则必须建立多格判定表。编制时将系统按节点(输入与输出的连接点)划分开，并确定顶事件及其相关的边界条件。一般认为来自系统环境的每一个输入事件属于基本事件，来自部件的输出事件属于中间事件。在判定表都已齐备后，从顶事件出发根据判定表中间事件追踪到基本事件为止，这样就制成所需要的事故树。

7.3.5 事故书定性分析

事故树分析包括定性分析和定量分析两种方法。在定性分析中，主要包括最小割集、最小径集和重要度分析。限于篇幅，以下仅介绍定性分析中的最小割集和最小径集。

1. 最小割集及其求法

割集是导致顶上事件发生的基本事件的集合。最小割集就是引起顶上事件发生必须的最低限度的割集。最小割集的求取方法有行列式法、布尔代数法等。现在，已有计算机软件求取最小割集和最小径集，以下简要介绍布尔代数化简法。

图 7－8 为一故障树图，以下是用布尔代数化简的过程。

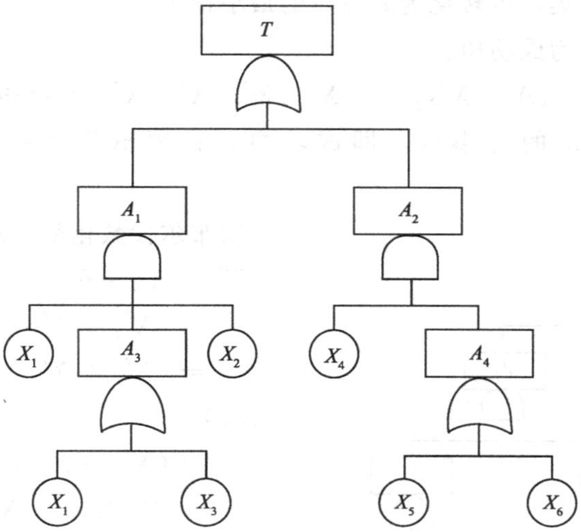

图 7－8　故障树

$$
\begin{aligned}
T &= A_1 + A_2 \\
&= X_1X_2A_3 + X_4A_4 \\
&= X_1X_2(X_1 + X_3) + X_4(X_5 + X_6) \\
&= X_1X_2A_1 + X_1X_2A_3 + X_4X_5 + X_4X_6 \\
&= X_1X_2 + X_4X_5 + X_4X_6 \qquad (7-4)
\end{aligned}
$$

所以最小割集为$\{X_1, X_2\}$,$\{X_4, X_5\}$,$\{X_4, X_6\}$。结果得到三个交集的并集，这三个交集就是三个最小割集 $E_1 = \{X_1, X_2\}$,$E_2 = \{X_4, X_5\}$,$E_3 = \{X_4, X_6\}$。用最小割集表示故障树的等效图如图 7－9 所示。

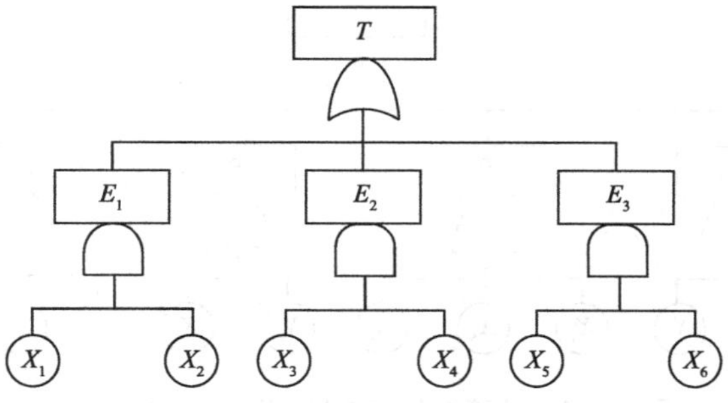

图 7－9　故障树等效树(用最小割集表示)

2. 最小径集及其求法

如果故障树中某些基本事件不发生，则顶上事件就不发生，这些基本事件的集合称为径集。

最小径集就是顶上事件不发生所需的最低限度的径集。

最小径集的求法是利用它与最小割集的对偶性。首先作出与故障树对偶的成功树，即把原来故障树的与门换成或门，而或门换成与门，各类事件发生换成不发生，利用上述方法求出成功树的最小割集，再转化为故障树的最小径集。

将上例中故障树变为成功树：

用 T'、A'_1、A'_2、A'_3、A'_4、X'_1、X'_2、X'_3、X'_4、X'_5、X'_6 表示事件 T、A_1、A_2、A_3、A_4、X_1、X_2、X_3、X'_4、X_5、X_6 的补事件，即成功事件；逻辑门作相应转换，如图 7－10 所示。

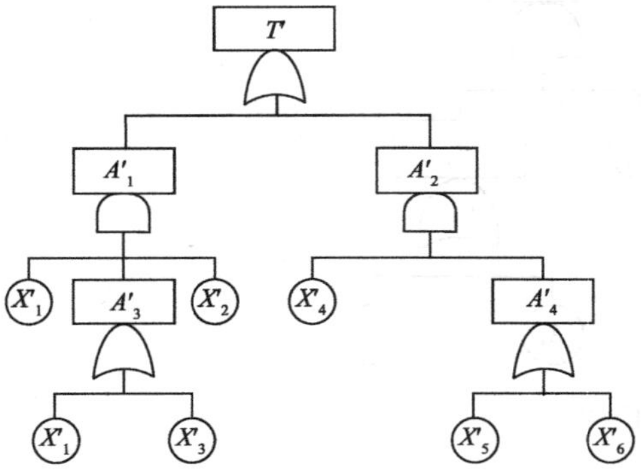

图 7－10　最小割集

用布尔代数化简法求成功树的最小割集：

$$
\begin{aligned}
T' &= A'_1 \cdot A'_2 \\
&= (X'_1 + A'_3 + X'_2)\cdot(X'_4 + A'_4) \\
&= (X'_1 + X'_2 + X'_1X'_3)\cdot(X'_4 + X'_5X'_6) \\
&= (X'_1 + X'_2)\cdot(X'_4 + X'_5X'_6) \\
&= X'_1X'_4 + X'_1X'_5X'_6 + X'_2X'_4 + X'_2X'_5X'_6
\end{aligned}
\tag{7-5}
$$

成功树的最小割集：$\{X'_1, X'_4\}\{X'_1, X'_5, X'_6\}\{X'_2, X'_4\}\{X'_2, X'_5, X'_6\}$。

即故障树的最小径集：

$P_1 = \{X_1, X_4\}$　　$P_2 = \{X_1, X_5, X_6\}$

$P_3 = \{X_2, X_4\}$　　$P_4 = \{X_2, X_5, X_6\}$

如将成功树布尔化简的最后结果变换为故障树结构，则表达式为

$T = (X_1 + X_4)(X_1 + X_5 + X_6)(X_2 + X_4)(X_2 + X_5 + X_6)$，形成了四个并集的交集，如用最小径集表示故障树则如图 7－11 所示。

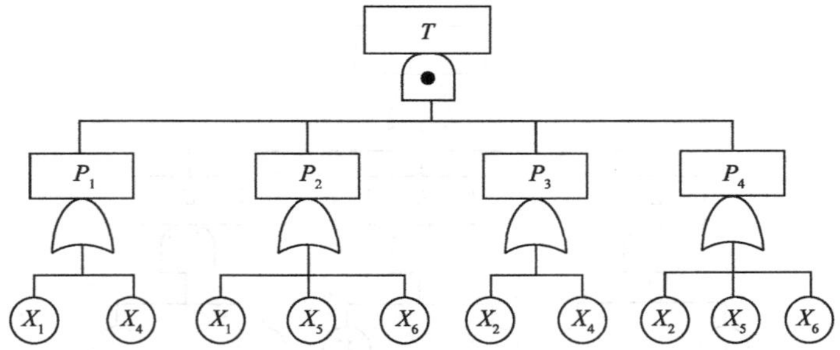

图 7－11　故障树的等效树(用最小径集表示)

3. 最小割集和最小径集在故障树分析中的应用

(1)最小割集表示系统的危险性。

求出最小割集可以掌握事故发生的各种可能，了解系统的危险性。

每个最小割集都是顶上事件发生的一种可能，有几个最小割集，顶上事件的发生就有几种可能，最小割集越多，系统越危险。

从最小割集能直观地、概略地看出，哪些事件发生最危险，哪些稍次，哪些可以忽略，以及如何采取措施，使事故发生概率下降。

例：共有三个最小割集$\{X_1\}$、$\{X_2, X_3\}$、$\{X_4, X_5, X_6, X_7, X_8\}$，如果各基本事件的发生概率都近似相等的话，一般地说，一个事件的割集比两个事件的割集容易发生，五事件割集发生的概率更小，完全可以忽略。

因此，为了提高系统的安全性，可采取技术、管理措施以便使少事件割集增加基本事件。

就以上述三个最小割集的故障树为例，可以给一事件割集$\{X_1\}$增加一个基本事件X_9，例如安装防护装置或采取隔离措施等，使新的割集为$\{X_1、X_9\}$。这样就能使整个系统的安全性提高若干倍，甚至几百倍。若不从少事件割集入手，采取的措施收效不大。

假设上述例中各事件概率都等于 0.01，即：

$$q_1 = q_2 = q_3 = q_4 = q_5 = q_6 = q_7 = q_8 = q_9 = 0.01 \tag{7-6}$$

在未增加X_9以前顶上事件发生的概率约为 0.0101，而增加X_9后概率近似为 0.0002，使系统安全性提高了 50 倍，在可靠性设计中常用的冗长技术就是这个道理。注意，以上是各事件概率相等时采取的措施。采取防灾措施必须考虑概率因素，若X_1的发生概率极小，就不必考虑$\{X_1\}$了。

(2)最小径集表示系统的安全性。

求出最小径集可以了解到，要使顶上事件不发生有几种可能的方案，从而为控制事故提供依据。

一个最小径集中的基本事件都不发生，就可使顶上事件不发生。故障树中最小径集越多，系统就越安全。

从用最小径集表示的故障树等效图可以看出，只要控制一个最小径集不发生，顶上事件就不发生，所以可以选择控制事故的最佳方案，一般地说，对少事件最小径集加以控制较为有利。

(3)利用最小割集、最小径集进行结构重要度分析。

(4)利用最小割集、最小径集进行定量分析和计算顶上事件的概率等。

7.3.6　事故树定量分析

事故树的定量分析的任务是，在求出各基本事件的发生概率情况下，计算或估算系统顶上事件的发生概率。求出顶上事件发生的概率之后，可与系统安全目标值进行比较和评价，当计算值超过目标值时，就需要采取防范措施，使其降至安全目标以下。

在进行事故树定量分析时，应满足几个条件：

①各基本事件的故障参数或故障率已知，且数据可靠；

②在事故树中应完全包括主要故障模式；

③对全部事件用布尔代数作出正确的描述。

在进行事故树定量计算时，一般做以下几个假设：

①基本事件之间相互独立；

②基本事件和顶事件都只考虑两种状态；

③假定故障分布为指数函数分布。

1. 基本事件的发生概率

(1)系统的单元故障概率

基本事件的发生概率包括系统的单元(部件或元件)故障概率及人的失误概率等，在工程上计算时，往往用基本事件发生的频率来代替其概率值。

在工程实践中可以通过系统长期的运行情况统计其正常工作时间、修复时间及故障发生次数等原始数据，就可近似求得系统的单元故障概率。

(2)人的失误概率

人的失误是另一种基本事件，系统运行中人的失误是导致事故发生的一个重要原因。人的失误通常是指作业者实际完成的功能与系统所要求的功能之间的偏差，人的失误概率通常是指作业者在一定条件下和规定时间内完成某项规定功能时出现偏差或失误的概率，它表示人的失误的可能性大小，因此，人的失误概率也就是人的不可靠度。一般根据人的不可靠度与人的可靠度互补的规则，获得人的失误概率。

2. 顶事件的发生概率

(1)状态枚举法

顶事件的发生概率 $P(T)$ 可用下式定义：

$$P(T)=\sum_{\gamma-1}^{2^n}\Phi_\gamma(X)\prod_{i-1}^{x}q_i^{\gamma_1}(1-q_i)^{1-\gamma_1} \tag{7-7}$$

从式(7－7)可看出，在 n 个基本事件两种状态的所有组合中，只有当 $\Phi_\gamma(X)=1$ 时，该组合才对顶事件的发生概率产生影响。所以在用该式计算时，只需考虑 $\Phi_\gamma(X)=1$ 的所有状态组合。首先列出基本事件的状态值表，根据事故树的结构求得结构函数 $\Phi_\gamma(X)=1$ 值，最后求出使 $\Phi_\gamma(X)=1$ 的各基本事件对应状态的概率积的代数和，即为顶事件的发生概率。

(2)最小割集法

事故树可以用其最小割集的等效树来表示。这时，顶事件等于最小割集的并集，设某事故树有是个最小割集：E_1、E_2、…、E_r、…、E_k，则有：

$$T=\bigcup_{\gamma=1}^{\lambda}E_\gamma \tag{7-8}$$

顶事件的发生概率为：

$$P(T)=P\left\{\bigcup_{\gamma=1}^{K}E_r\right\} \tag{7-9}$$

设各基本事件的发生概率为：q_1、q_2、…、q_n，则顶事件的发生概率为：

$$P(T)=\sum_{r=1}^{k}\prod_{X_i\in E_r}q_i-\sum_{i\leqslant r<s\leqslant k}\prod_{X_i\in E_r}q_i+\cdots+(-1)^{k-1}\prod_{\substack{r=1\\X_i\in E_i}}^{k}q_i \tag{7-10}$$

(3)最小径集法

由最小径集的定义可知，只要 k 个最小径集中有一个不发生，顶事件就不会发生，$T=\bigcup_{\gamma=1}^{\lambda}D_\gamma$，$1-P(T)=P\left\{\bigcup_{\gamma=1}^{K}D_r\right\}$

故顶事件的发生概率为：

$$P(T)=1-\sum_{r=1}^{k}\prod_{X_i\in P_r}(1-q_i)+\sum_{i\leqslant r<s\leqslant k}\prod_{X_i\in P_r\cup P_s}(1-q_i)-\cdots-(-1)^{k-1}\prod_{\substack{r=1\\X_i\in P_r}}^{k}(1-q_i) \tag{7-11}$$

7.3.7　管道泄漏的事故树分析

1. 导致管道泄漏的原因

(1)自然灾害的破坏。主要包括管道上方路面的塌方、洪水和地震等非人力所能制约的灾害因素。

(2)第三方的破坏。主要包括管道上方的违章施工作业以及打破管道偷窃油气资源。

(3)安装问题。即指在管道安装施工过程中的工程质量、管道埋深、焊接等问题。

(4)设备故障。主要指管道选材质量不过关、管道附件质量及其由于疲劳工作所造成的设备损耗等问题。

(5)腐蚀及土壤等自然因素问题。主要包括阴极保护和防腐层自身失效、土壤成分等问题。

其具体情况见管道泄漏事故树(图 7-12)和事故树基本事件(表 7-5)，图中字母 T 为管道泄漏(顶上事件)。

表 7-5　事故树基本事件

序号	基本事件	序号	基本事件	序号	基本事件
A_1	自然灾害	X_5	报警系统故障	X_{20}	杂散电流
A_2	第三方破坏	X_6	巡线工作不严格	X_{21}	防腐层因外力受损
A_3	安装质量	X_7	道德因素	X_{22}	防腐层粘结力降低
A_4	设备故障	X_8	焊接问题	X_{23}	防腐层老化
A_5	腐蚀及土壤因素	X_9	管道埋深不够	X_{24}	防腐层内部积水
B_1	管道上方施工	X_{10}	穿跨越不符合要求	X_{25}	防腐涂层过薄
B_2	偷油、气	X_{11}	检测控制失效	X_{26}	防腐涂层脆性过大
B_3	设备质量	X_{12}	补口质量问题	X_{27}	防腐涂层破损
B_4	阴极保护失效	X_{13}	密封问题	X_{28}	防腐涂层脱落

续表

序号	基本事件	序号	基本事件	序号	基本事件
B_5	防腐层失效	X_{14}	选材不符合要求	X_{29}	土壤含细菌量过大
B_6	土壤自然因素	X_{15}	安全附件质量问题	X_{30}	土壤 pH 值低
X_1	洪水	X_{16}	疲劳工作损耗	X_{31}	土壤含水率高
X_2	路面塌方	X_{17}	阴极保护距离不够	X_{32}	土壤含硫化物
X_3	地震	X_{18}	阴极保护电位高	X_{33}	土壤氧化还原电位高
X_4	法律因素	X_{19}	阳极材料失效	X_{34}	土壤含盐高

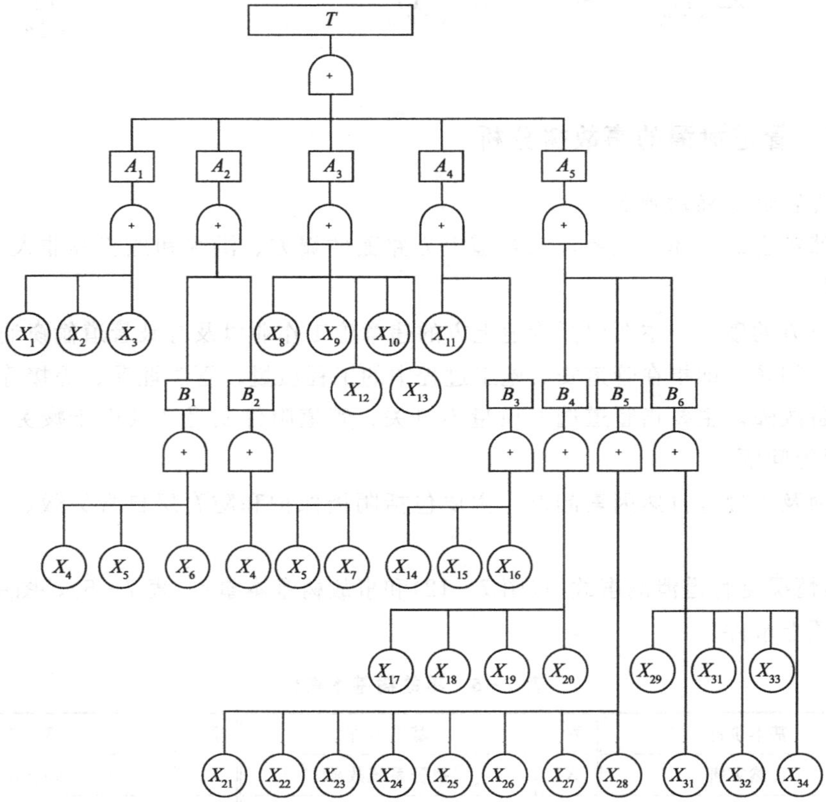

图 7－12　管道泄漏事故树

2. 定性分析

定性分析，即根据事故树结构图进行布尔代数化简，求出最小径集，确定各基本事件的结构重要度排序，基本事件的结构重要度越大，它对顶上事件的影响程度就越大。

最小径集的求法是将事故树转化为对偶的成功树，根据事故树机构图可得出事故树的成功树机构函数为：

$$T' = A'_1A'_2A'_3A'_4A'_5 = X'_1X'_2X'_3B'_1B'_2X'_8X'_9X'_{10}X'_{11}X'_{12}X'_{13}B'_3(B'_4 + B'_5 + B'_6) \quad (7-12)$$

经计算得出 27 个最小径集如下：

$P_1 = \{X_1X_2X_3X_4X_5X_8X_9X_{10}X_{11}X_{12}X_{13}X_{14}X_{15}X_{16}X_{17}X_{18}X_{19}X_{20}\}$

$P_2 = \{X_1X_2X_3X_4X_5X_8X_9X_{10}X_{11}X_{12}X_{13}X_{14}X_{15}X_{16}X_{21}X_{22}X_{23}X_{24}X_{25}X_{26}X_{27}X_{28}\}$

$P_3 = \{X_1X_2X_3X_4X_5X_8X_9X_{10}X_{11}X_{12}X_{13}X_{14}X_{15}X_{16}X_{29}X_{30}X_{31}X_{32}X_{33}X_{34}\}$

$P_4 = \{X_1X_2X_3X_4X_5X_8X_9X_{10}X_{11}X_{12}X_{13}X_{14}X_{15}X_{16}X_{17}X_{18}X_{19}X_{20}\}$

$P_5 = \{X_1X_2X_3X_4X_5X_8X_9X_{10}X_{11}X_{12}X_{13}X_{14}X_{15}X_{16}X_{21}X_{22}X_{23}X_{24}X_{25}X_{26}X_{27}X_{28}\}$

$P_6 = \{X_1X_2X_3X_4X_5X_8X_9X_{10}X_{11}X_{12}X_{13}X_{14}X_{15}X_{16}X_{29}X_{30}X_{31}X_{32}X_{33}X_{34}\}$

$P_7 = \{X_1X_2X_3X_4X_5X_8X_9X_{10}X_{11}X_{12}X_{13}X_{14}X_{15}X_{16}X_{17}X_{18}X_{19}X_{20}\}$

$P_8 = \{X_1X_2X_3X_4X_5X_8X_9X_{10}X_{11}X_{12}X_{13}X_{14}X_{15}X_{16}X_{21}X_{22}X_{23}X_{24}X_{25}X_{26}X_{27}X_{28}\}$

$P_9 = \{X_1X_2X_3X_4X_5X_8X_9X_{10}X_{11}X_{12}X_{13}X_{14}X_{15}X_{16}X_{29}X_{30}X_{31}X_{32}X_{33}X_{34}\}$

$P_{10} = \{X_1X_2X_3X_4X_5X_8X_9X_{10}X_{11}X_{12}X_{13}X_{14}X_{15}X_{16}X_{17}X_{18}X_{19}X_{20}\}$

$P_{11} = \{X_1X_2X_3X_4X_5X_8X_9X_{10}X_{11}X_{12}X_{13}X_{14}X_{15}X_{16}X_{21}X_{22}X_{23}X_{24}X_{25}X_{26}X_{27}X_{28}\}$

$P_{12} = \{X_1X_2X_3X_4X_5X_8X_9X_{10}X_{11}X_{12}X_{13}X_{14}X_{15}X_{16}X_{29}X_{30}X_{31}X_{32}X_{33}X_{34}\}$

$P_{13} = \{X_1X_2X_3X_4X_5X_8X_9X_{10}X_{11}X_{12}X_{13}X_{14}X_{15}X_{16}X_{17}X_{18}X_{19}X_{20}\}$

$P_{14} = \{X_1X_2X_3X_4X_5X_8X_9X_{10}X_{11}X_{12}X_{13}X_{14}X_{15}X_{16}X_{21}X_{22}X_{23}X_{24}X_{25}X_{26}X_{27}X_{28}\}$

$P_{15} = \{X_1X_2X_3X_4X_5X_8X_9X_{10}X_{11}X_{12}X_{13}X_{14}X_{15}X_{16}X_{29}X_{30}X_{31}X_{32}X_{33}X_{34}\}$

$P_{16} = \{X_1X_2X_3X_4X_5X_8X_9X_{10}X_{11}X_{12}X_{13}X_{14}X_{15}X_{16}X_{17}X_{18}X_{19}X_{20}\}$

$P_{17} = \{X_1X_2X_3X_4X_5X_8X_9X_{10}X_{11}X_{12}X_{13}X_{14}X_{15}X_{16}X_{21}X_{22}X_{23}X_{24}X_{25}X_{26}X_{27}X_{28}\}$

$P_{18} = \{X_1X_2X_3X_4X_5X_8X_9X_{10}X_{11}X_{12}X_{13}X_{14}X_{15}X_{16}X_{29}X_{30}X_{31}X_{32}X_{33}X_{34}\}$

$P_{19} = \{X_1X_2X_3X_4X_5X_8X_9X_{10}X_{11}X_{12}X_{13}X_{14}X_{15}X_{16}X_{17}X_{18}X_{19}X_{20}\}$

$P_{20} = \{X_1X_2X_3X_4X_5X_8X_9X_{10}X_{11}X_{12}X_{13}X_{14}X_{15}X_{16}X_{21}X_{22}X_{23}X_{24}X_{25}X_{26}X_{27}X_{28}\}$

$P_{21} = \{X_1X_2X_3X_4X_5X_8X_9X_{10}X_{11}X_{12}X_{13}X_{14}X_{15}X_{16}X_{29}X_{30}X_{31}X_{32}X_{33}X_{34}\}$

$P_{22} = \{X_1X_2X_3X_4X_5X_8X_9X_{10}X_{11}X_{12}X_{13}X_{14}X_{15}X_{16}X_{17}X_{18}X_{19}X_{20}\}$

$P_{23} = \{X_1X_2X_3X_4X_5X_8X_9X_{10}X_{11}X_{12}X_{13}X_{14}X_{15}X_{16}X_{21}X_{22}X_{23}X_{24}X_{25}X_{26}X_{27}X_{28}\}$

$P_{24} = \{X_1X_2X_3X_4X_5X_8X_9X_{10}X_{11}X_{12}X_{13}X_{14}X_{15}X_{16}X_{29}X_{30}X_{31}X_{32}X_{33}X_{34}\}$

$P_{25} = \{X_1X_2X_3X_4X_5X_8X_9X_{10}X_{11}X_{12}X_{13}X_{14}X_{15}X_{16}X_{17}X_{18}X_{19}X_{20}\}$

$P_{26} = \{X_1X_2X_3X_4X_5X_8X_9X_{10}X_{11}X_{12}X_{13}X_{14}X_{15}X_{16}X_{21}X_{22}X_{23}X_{24}X_{25}X_{26}X_{27}X_{28}\}$

$P_{27} = \{X_1X_2X_3X_4X_5X_8X_9X_{10}X_{11}X_{12}X_{13}X_{14}X_{15}X_{16}X_{29}X_{30}X_{31}X_{32}X_{33}X_{34}\}$

结构重要度分析即在不考虑基本事件的发生概率或者假定基本事件的发生概率都相等的情况下，仅从事故树结构上分析各基本事件的发生对顶上事件发生的影响程度。

结构重要度系数的判别式为

$$I_i = \sum_{X_i \leqslant P_i} (1/2)^{N-1} \tag{7-13}$$

式中，I_i 为基本事件 X_i 的结果重要度系数的近似判断；N 为所在最小径集 P_i 中基本事件的个数。

根据事故树的最小径集，可以判断出各个基本事件的结构重要度；X_1、X_2、X_3 存在于 27 个径集中；X_4 存在于 15 个径集中；X_5 存在于 9 个径集中；X_6 存在于 15 个径集中；X_7 存在于 9 个径集中；X_8 、X_9 、X_{10} 、X_{11} 、X_{12} 、X_{13} 、X_{14} 、X_{15} 、X_{16} 存在于 9 个径集中，因此需要计算的结构重要度为：I_1 、I_4 、I_5 、I_6 、I_7 、I_8 、I_{17} 、I_{21} 、I_{29} 。

$$I_1 = I_8 = 2/2^{16} + 2/2^{20} + 2/2^{18} + 7/2^{17} + 7/2^{21} + 7/2^{19} \tag{7-14}$$

$$I_4 = I_6 = 1/2^{16} + 1/2^{20} + 1/2^{18} + 4/2^{17} + 4/2^{21} + 47/2^{19} \tag{7-15}$$

$$I_5 = I_7 = 3/2^{17} + 3/2^{21} + 3/2^{19} \tag{7-16}$$

$$I_{17} = 2/2^{16} + 7/2^{17} \tag{7-17}$$

$$I_{21} = 2/2^{20} + 7/2^{21} \tag{7-18}$$

$$I_{27} = 2/2^{18} + 7/2^{19} \tag{7-19}$$

经计算得出重要度排序：

$$I_1 = I_8 > I_4 = I_6 > I_{17} > I_5 = I_7 > I_{29} > I_{20} \tag{7-20}$$

根据上述结构重要度排序得出，引起管道泄漏的因素主要为：自然灾害（主要为地壳运动）、腐蚀、管道材质、施工原因和第三方破坏。

3. 定量分析

定量分析，即依据各基本事件的发生概率，求解顶上事件的发生概率，在求解顶上事件发生概率的基础上，求解各基本事件的概率重要度及临界重要度，而基本事件的发生概率采用统计法或专家主观判断法估算。

如果已知基本事件 X_i 的发生概率 Q_i ，顶上事件的发生概率公式为：

$$P(T) = 1 - \sum_{j=1}^{k} \prod_{i=1} (1 - Q_i) + \sum_{i \leqslant j \leqslant k} \prod (1 - Q_i) + \cdots + (-1)^k \prod (1 - Q_i) \tag{7-21}$$

$P(T)$ 为顶上事件概率，k 为最小径集个数。

求出顶上事件概率即可求出概率重要度，概率重要度是顶上事件发生概率对某个基本事件发生概率的偏导数，即若已知 $P(T) = g(Q) = g(Q_1, Q_2, \cdots, Q_n)$ ，则基本事件的概率重要度则为：

$$\Delta g_i = \frac{\Delta g(Q)}{\Delta Q_i} \tag{7-22}$$

由上可知，计算概率重要度必须先知道基本事件的发生概率，而概率重要度却不能从本质上反映各个基本事件在事故树中的重要程度，而临界重要度则是从敏感度和概率双重角度衡量各基本事件的重要度标准。

7.4 危险可操作性研究（HAZOP）

7.4.1 HAZOP 方法由来

HAZOP（Hazard and Operability Analysis，危险与可操作性分析）方法是由英国帝国化学工业公司 ICI 公司于 20 世纪 70 年代早期提出的。

HAZOP 分析是一种用于辨识设计缺陷、工艺过程危害及操作性问题的结构化分析方法，它认为危险来源于对设计意图的偏离。如果一切按照设计意图进行生产和操作，就不大可能有危险。方法的本质就是通过系列的会议对工艺图纸和操作规程进行分析。在这个过程中，由各专业人员组成的分析组按规定的方式系统地研究每一个单元(即分析节点)，分析偏离设计工艺条件的偏差所导致的危险和可操作性问题。HAZOP 分析组分析每个工艺单元或操作步骤，识别出那些具有潜在危险的偏差，这些偏差通过引导词引出，使用引导词的一个目的就是为了保证对所有工艺参数的偏差都进行分析，并分析它们的可能原因、后果和已有安全保护措施等，同时提出应该采取的安全保护措施。HAZOP 研究的侧重点是工艺部分或操作步骤的各种具体值，其基本过程就是以引导词为引导，对过程中工艺状态(参数)可能出现的变化(偏差)加以分析，找出其可能导致的危害。

HAZOP 分析方法明显不同于其他分析方法，是一个系统工程。HAZOP 分析必须由不同专业组成的分析组来完成，HAZOP 分析的这种群体方式的主要优点在于能相互促进、开拓思路，这也是 HAZOP 分析的核心内容。

HAZOP 分析既适用于设计阶段，也适用于现有的工艺装置。对现有的生产装置分析时，如能吸收有操作经验和管理经验的人员共同参加，会收到很好的效果。

7.4.2 HAZOP 方法的基础

HAZOP 方法是基于这样一个基本概念，即各个专业、具有不同知识背景的人员所组成的分析组一起工作比他们独自一人单独工作更具有创造性与系统性，能识别更多的问题。ICI 对 HAZOP 分析的最初定义是：HAZOP 分析是各专业人员组成的分析组对工艺过程的危险和操作性问题进行分析，这些问题实际上是一系列的“偏差”——偏离设计工艺条件。

虽然可能一个人也能完成整个过程的 HAZOP 分析，但这种分析不能被称为 HAZOP 分析。

7.4.3 HAZOP 适用范围

它通过系统分析新设计或已有工厂的生产工艺流程和工艺功能，来评价设备、装置的个别部位因误操作或机械故障而引起的潜在危险，并评价其对整个工厂的影响。

7.4.4 HAZOP 分析的目的

HAZOP 分析的目的是系统、详细地对工艺过程和操作进行检查，以确定过程的偏差是否导致不希望的后果。该方法可用于连续或间歇过程，还可以对拟订的操作规程进行分析。HAZOP 分析组将列出引起偏差的原因、后果，以及针对这些偏差及后果已使用的安全装置，当分析组确信对这些偏差的保护措施不当时，将提出相应的改进措施。

7.4.5 HAZOP 分析方法的优点

相互促进、开拓思路，因此，成功的 HAZOP 分析需要所有参加人员自由地陈述他们各自的观点，不允许成员之间的批评或指责以免压制这种创造性过程。但是，为了让

HAZOP分析过程高效率和高质量，整个分析过程必须有一个系统的规则、按一定的程序进行。分析的成败关键在于：

(1)分析研究所依据的制造过程图表及有关数据；

(2)小组成员的专业技术和洞察能力；

(3)小组成员运用此方法帮助其想象动作偏离、原因和后果的透视能力

(4)小组成员具备事故严重性分析能力，尤其是对已指出的危害，在评估其严重性之时能对危害可能引起的严重性大小，具有衡量其轻重之感。

7.4.6 基本概念和术语

1. 常用HAZOP分析术语

常用HAZOP分析术语如表7-6所示。

表7-6 常用HAZOP分析术语

项　　目	说　　明
工艺单元或分析节点	具有确定边界的设备(如两容器之间的管线)单元，对单元内工艺参数的偏差进行分析；对位于PID图上的工艺参数进行偏差分析
操作步骤	间歇过程的不连续动作，或者是由HAZOP分析组分析的操作步骤；可能是手动、自动或计算机自动控制的操作，间歇过程每一步使用的偏差可能与连续过程不同
工艺指标	确定装置如何按照希望的操作而不发生偏差，即工艺过程的正常操作条件；采用一系列的表格，用文字或图表进行说明，如工艺说明、流程图、管道图、PID图等
引导词	用于定性或定量设计工艺指标的简单词语，引导识别工艺过程的危险
工艺参数	与过程有关的物理和化学特性，包括概念性的项目如反应、混合、浓度、pH值及具体项目如温度、压力、相数及流量
偏差	分析组使用引导词系统地对每个分析节点的工艺参数(如流量、压力等)进行分析发现的一系列偏离工艺指标的情况(如无流量、压力高等)；偏差的形式通常是“引导词+工艺参数”
原因	发生偏差的原因；一旦找到发生偏差的原因，就意味着找到了对付偏差的方法和手段，这些原因可能是设备故障、人为失误、不可预见的工艺状态(如组成改变)，来自外部的破坏(如电源故障)，等等
后果	偏差所造成的结果(如释放出有毒物质)；分析组常常假定发生偏差时已有安全保护系统失效；不考虑那些细小的与安全无关后果
安全保护	指设计的工程系统或调节控制系统，用以避免或减轻偏差发生时所造成的后果(如报警、联锁、操作规程等)
措施或建议	修改设计、操作规程、或者进一步进行分析研究(如增加压力报警、改变操作步骤的顺序)的建议

2. HAZOP 分析引导词及其意义

HAZOP 分析引导词及其意义如表 7-7 所示。

表 7-7 HAZOP 分析引导词及其意义

引 导 词	意 义
NONE(空白)	设计或操作要求的指标和事件完全不发生；如无流量无催化剂
MORE(过量)	同标准值相比，数值偏大；如温度、压力、流量等数值偏高
LESS(减量)	同标准值相比，数值偏小；如温度、压力、流量等数值偏低
AS WELL AS(伴随)	在完成既定功能的同时，伴随多余事件发生；如物料在输送过程中发生组分及相变化
PART OF(部分)	只完成既定功能的一部分；如组分的比例发生变化，无某些组分
REVERSE(相逆)	出现和设计要求完全相反的事或物；如流体反向流动，加热而不是冷却，反应向相反的方向进行
OTHER THAN(异常)	出现和设计要求不相同的事或物；如发中异常事件或状态、开停车、维修、改变操作模式

3. 常用 HAZOP 分析工艺参数

常用 HAZOP 分析工艺参数如表 7-8 所示。

表 7-8 常用 HAZOP 分析工艺参数

流量 时间 频率 混合 温度 pH 值 电压 分离	压力 组成 黏度 添加剂 液位 速度 信号 反应

引导词		工艺参数	偏差
NONE(空白)	+	FLOW(流量)	=NONE FLOW(无流量)
MORE(过量)	+	PRESSURE(压力)	=HIGH PRESSURE(压力高)
AS WELL AS(伴随)	+	ONE PHASE(一相)	=TWO PHASE(两相)
OTHER THAN(异常)	+	OPERATION(操作)	=MAINTENANCE(维修)

4. 使用引导词时的注意事项

引导词用于两类工艺参数：一类是概念性的工艺参数，如反应、混合；另一类是具体的工艺参数，如压力、温度。

对于概念性的工艺参数，当与引导词组合成偏差时，常发生歧义，如“过量+反应”可能是指反应速度快，或者是指生成了大量的产品。此外有些引导词与工艺参数组合后可能无意义或不能称之为“偏差”，如“伴随+压力”。

对具体的工艺参数，有必要对一些引导词进行修改。此外，分析人员可能发现有些偏差的物理意义不确切。例如，当考虑“温度”这个工艺参数时，一般只能选取“过量”和“减量”这两个引导词，而偏差就变成“过量+温度”或“减量+温度”，显然其物理意义就不确切。

引导词的外延和内涵的拓展，如对“时间”而言，引导词“异常”就是指“快”或“慢”；对“位置”、“来源”、“目的”而言，引导词“异常”就是指“另一个”；对“液位”、“温度”、“压力”而言，引导词“过量”就是指“高”和“低”。

7.4.7 分析工作程序

1. 分析的基本步骤

分析基本按照分析的准备、开展分析以及编制分析结果报告三步进行，如图 7－13 所示。

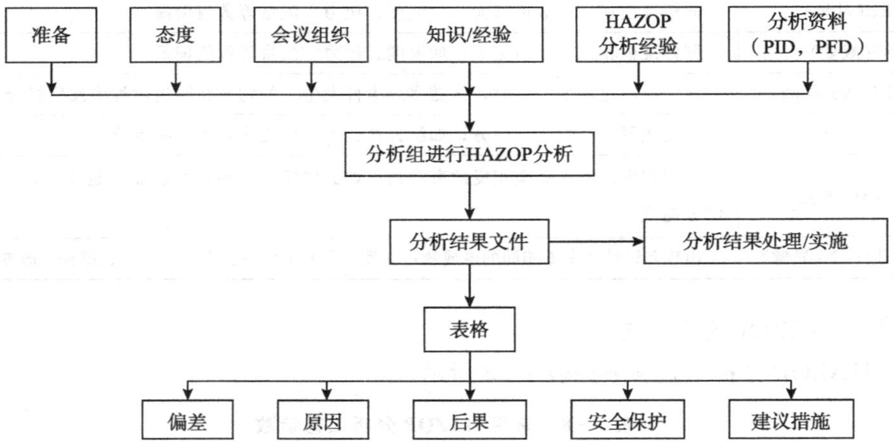

图 7－13　HAZOP 分析步骤

2. 分析的准备

(1)分析组的组成

危险分析组的组织者应当负责组成有适当人数且有经验的 HAZOP 分析组。HAZOP 分析组最少由 4 人组成，包括组织者、记录员、两名熟悉过程设计和操作的人员。虽然对简单、危险情况较少的过程而言，规模较小的分析组可能更有效率，但 5～7 人的分析组是比较理想的。如果分析组规模太小，则由于参加人员的知识和经验的限制将可能得不到高质量的分析结果。

小组召集人应具备工业安全及实际进行危害分析的资深工程师担任。

生产工程师：熟悉基本设计、程序模拟；

系统工程师：熟悉生产线及仪器图及基本设计规范；

品质工程师：熟悉标准操作步骤及标准；

仪控工程师：具备设备及控制系统选择经验；

安全工程师：了解安全标准、法规、安全管理等；

其他专业人员：工业卫生专业人员、电机工程师、维修工程师等。

(2)确定分析的目的、对象和范围

分析的目的、对象和范围必须尽可能的明确。分析对象通常是由装置或项目的负责人确定的，并得到 HAZOP 分析组的组织者的帮助。应当按照正确的方向和既定目标开展分析工作，而且要确定应当考虑到哪些危险后果。

(3)获得必要的资料

在进行 HAZOP 分析工作之前，必须收集下列资料或数据：

①流程图、管线及仪表图、设计标准；

②流程说明、质能平衡、生产计划、生产目标；

③设备规格、设备布置图；

④公共及支援设施说明；

⑤将资料变成适当的表格并拟定分析顺序。

(4)安排会议次数和时间

每个分析节点平均需 20～30min。每个设备分配 2～3h，每次会议持续时间不要超过 4～6h(最好安排在上午)，而且分析会议应连续举行。最好把装置划分成几个相对独立的区域，每个区域讨论完毕后，会议组作适当修整，再进行下一区域的分析讨论。

对于大型装置或工艺过程，可以考虑组成多个分析组同时进行，由某个分析组的组织者担任协调员，协调员首先将过程分成相对独立的若干部分，然后分配给各个组去完成。

3. 完成分析

HAZOP 分析需要将工艺图或操作程序划分为分析节点或操作步骤，然后用引导词找出过程的危险，如图 7-14 所示。

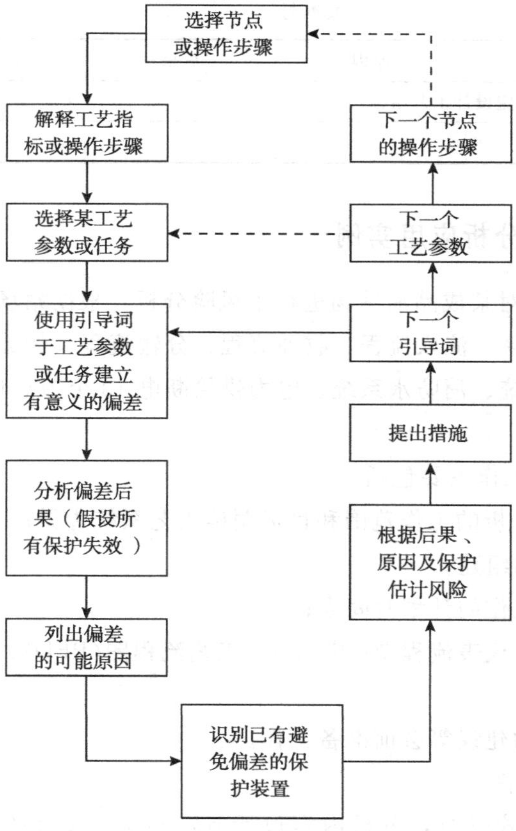

图 7-14　用引导词找出过程危险

得到的结果为：

①偏差的原因、后果、保护装置、建议措施；

②需要更多的资料才能对偏差进行进一步的分析。

HAZOP分析的组织者把握分析会议上所提出的问题的解决程度很重要，为尽量减少那些悬而未决的问题，每个偏差的分析及建议措施完成之后再进行下一偏差的分析；在考虑采取某种措施以提高安全性之前应对与分析节点有关的所有危险进行分析。

为保证会议的高效率，组织者必须牢记以下几点：

①不要与分析组成员对抗；

②认真听取所有成员的意见；

③在会议进行过程中，不允许任何人有抵触；

④必要的休息以保持旺盛的精力。

4. 编制分析结果文件

HAZOP分析记录表，如表7-9所示。

表7-9 HAZOP分析记录表

分析人员： 图纸号：

会议日期： 版本号：

序号	偏差	原因	后果	安全保护	建议措施
分析节点或操作步骤说明，确定设计工艺指标					

7.4.8 HAZOP分析应用实例

运用HAZOP分析对某成品油站场进行了风险分析，根据站场设施和工艺流程，划分了油罐、泵组区、阀组区、流入流程、收油流程、分输流程、倒罐流程、清管流程、排污流程、污油罐、泡沫系统、消防水系统、电力供给断电13个节点单元。

1. 准备工作

HAZOP分析准备工作主要包括：

(1)确定HAZOP分析的工作范围和目标明确工艺系统边界；

(2)完成分析小组的组建；

(3)制定整个分析工作的计划时间表；

(4)收集管道工艺及仪表流程图(P&ID)、工艺流程图(PFD)、主要设备操作与维护手册等相关资料；

(5)提出节点划分的建议等会前准备工作。

2. HAZOP分析过程

分析工作以会议形式进行，分析内容包括节点确定、设计陈述、确定偏差及偏差分析、识别已有保护措施，提出推荐建议并记录。

(1)节点划分。站场包括压缩机、泵、炉、阀门、工艺管道、储罐和仪表等设施，生产连续性强，节点划分时按照工艺流程进行，在P&ID上从进站管线开始，直至出站管线结束。常见主要节点类型见表7-10。

对于消防水系统、防雷防静电设施、电力供给系统等其他公用工程系统，可根据需要作为一个单独节点进行HAZOP分析。

表7-10　主要节点类型表

序号	节点类型	序号	节点类型
1	管线	7	热交换器
2	泵	8	油气处理装置
3	压缩机	9	加热装置
4	罐/容器	10	阀门
5	收发球筒	11	调压装置
6	分离/过滤器	12	以上节点的组合

(2)设计陈述。每一个节点确定以后，需要由设计人员、运行人员或工艺专家进行说明确保HAZOP小组成员理解设计意图或运行情况，并确认相关工艺参数。

(3)确定偏差。确定偏差最常用的方法是引导词法，即：偏差=引导词+工艺参数。针对每一个节点，以设计参数或日常运行的工艺参数为标准值，通过引导词分析运行过程中有实际意义的偏差。站场HAZOP分析应重点关注高流量、低流量、高温、低温、高压力、低压力、高液位、低液位、功能失效或失控、混入或进入其他物质、杂质过多、回流等偏差。

(4)偏差分析。明确分析节点的偏差后应对偏差进行分析。分析的内容包括偏差产生的原因、偏差会导致的后果、已经采取的保护措施、建议采取的措施等。

3. 风险等级确定

风险是事故发生可能性和后果严重度的函数，是对事故的量化描述。在偏差分析过程中，确认已有安全保护措施，分析偏差导致的事故后果危害程度和发生的概率，借助风险矩阵判定事故的风险等级，对各项事故后果的风险进行排序，从而可给出各项安全措施执行的优先顺序。

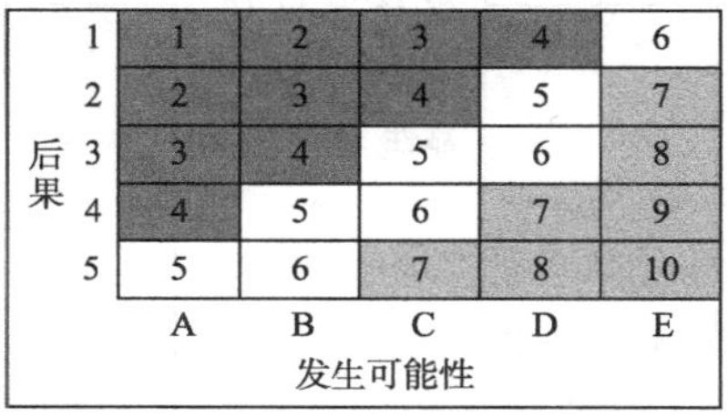

图7-15　风险评价矩阵

注：7～10为无法承受风险(高)，5～6为需要关注风险(中)，1～4为可接收风险(低)。

油气站场常用风险矩阵为5×5矩阵(见图7-15)。可能性是指未来一年内发生的可能性，按照频率划分为微、低、中、高、特高5个级别，以A、B、C、D、E表示。后果严重性按照严重程度也分为五个级别，以1、2、3、4、5表示，包括4个方面：人员伤亡、财产损失、环境影响和声誉影响，当同时存在多个方面的影响且等级不同时，取其中等级最高者。

4. HAZOP 分析记录表

油罐节点的部分 HAZOP 分析记录表，如表 7 - 11 所示。

表 7 - 11　油罐节点的部分 HAZOP 分析记录表

<table>
<tr><th rowspan="2">偏差</th><th rowspan="2">原因</th><th rowspan="2">后果</th><th rowspan="2">保护措施</th><th colspan="3">风险矩阵</th><th rowspan="2">推荐建议</th><th rowspan="2">备注</th></tr>
<tr><th>可能性</th><th>后果</th><th>风险</th></tr>
<tr><td>低温</td><td>排污管线截断阀内存水，冬季易冻裂</td><td>油品泄漏，环境污染，油品损失</td><td>定期巡检、阀保温</td><td>D</td><td>2</td><td>5 -中</td><td>建议对截断阀增加电伴热</td><td>截断阀设有球阀和电动阀双阀</td></tr>
<tr><td>高温</td><td>夏季环境气温超高</td><td>油气微量挥发，无重大安全后果</td><td>气温超过45℃时人工启动消防喷淋系统</td><td>E</td><td>1</td><td>6 -中</td><td>建议校核消防水泵是否能够提供足够水压</td><td>汽油罐环境温度不能超过45℃</td></tr>
<tr><td>高压</td><td>罐顶及侧边的通气孔被堵塞，来油进罐时气体无法排出</td><td rowspan="2">储罐变形</td><td rowspan="2">拱顶设有透气阀，有20个透气孔</td><td rowspan="2">A</td><td rowspan="2">1</td><td rowspan="2">1 -低</td><td></td><td></td></tr>
<tr><td>低压</td><td>罐顶及侧边的通气孔被堵塞，罐被抽空</td><td></td><td></td></tr>
<tr><td rowspan="5">高液位</td><td>液位计故障</td><td rowspan="4">密封损坏，油品冒顶、沉船</td><td rowspan="3">控制室液位观测，高液位开关将阀门关闭</td><td rowspan="3">D</td><td rowspan="3">4</td><td rowspan="3">7 -高</td><td rowspan="5">定期检测液位计、液位开关；校核液位计、液位开关可靠性</td><td rowspan="3"></td></tr>
<tr><td>罐前阀失灵</td></tr>
<tr><td>收油期间，操作人员未及时切罐</td></tr>
<tr><td>由于罐顶泄漏导致雨水进入</td><td rowspan="2">罐体设有排水通道，高液位开关将阀门关闭</td><td rowspan="2">B</td><td rowspan="2">4</td><td rowspan="2">5 -中</td><td rowspan="2"></td></tr>
<tr><td>倒错罐（对满罐继续注油）</td><td>若同种油品，则后果同上。若不同种油品，则还会造成混油</td></tr>
</table>

续表

偏差	原因	后果	保护措施	风险矩阵			推荐建议	备注
				可能性	后果	风险		
低液位	低位计故障	浮盘抽憋，再进油时，浮盘受力不均，易造成浮盘卡阻倾覆、沉船	控制室液位观测；液位开关低低报警	D	4	7-高	同上	
	低位计故障	泵机械密封损坏	泵入口压力超低报警、压力开关低低报警联锁停泵，泵本体温度振动联锁停泵保护	D	1	4-低		
	倒错流程，对低液位罐继续抽油			A	5	5-低		
	倒罐或外输时未及时切罐或停泵							
	罐泄漏	环境污染，油品损失	可燃气体探测仪、火焰探测器	D	3	6-中	专项评估罐区可燃气体探测仪、火焰探测器与ESD联动的可能性	
	罐泄漏	水进入油罐	人工巡检	B	1	2-低		
	油泥过多	影响储罐正常使用，阻塞管道	定期清罐	C	1	3-低		

HAZOP分析小组识别出了偏差产生的原因、可能导致的后果，按照风险矩阵确定了风险等级，对风险分值高于5分的隐患提出了整治建议，对提出的改进措施后的风险进行了重新评价，认为改进措施能够明显消除风险或将现有条件下的风险降低到可接受水平。实践应用表明，HAZOP分析将一支多专业的经验丰富的专家聚集在一起，以集思广益的方式来识别先前未认知到的危害，并将产生压力、温度、液位过高或过低及成分变化的原因、其产生的后果、现有防护措施都做了详细的分析，将以前生产中未认识到的或是未重点关注的问题提出来，尤其是借助风险矩阵对其导致的后果进行风险等级判定，有助于企业管理部门根据风险结果进行隐患排序整治。

7.4.9 计算机辅助 HAZOP 分析

人工 HAZOP 安全评价技术存在以下弱点：

(1)人工难于处理大规模的数据、信息和计算；

(2)人工分析大规模系统无法得到完备的结果；

(3)口头讨论方式不严格，讨论时易出现概念混乱；

(4)人工评价得出的文本(说明)不规范，事后难于看懂；

(5)人工评价费时、费力、成本高。

所谓 SDG，即符号定向图(Signed Directed Graph)，是一种由节点(nodes)和节点之间有方向的连线(又称支路)构成的网络图。SDG 看似简单，但却能够表达复杂的因果关系，并且具有包容大规模潜在信息的能力。图中的每一个节点都有表示一个物理变量，并且都可能取"＋"、"－"、"0"三种状态中的一种，其中某个节点取"＋"值表示该物理变量超过了允许的上限，取"－"值表示低于允许的下限，取"0"表示变量处于正常范围。

图 7－16 的 SDG 所表达的所有节点可能取得不同状态的组合，又称为样本(patterns)数。组合的样本总数：

$$P_{\max} = 3N$$

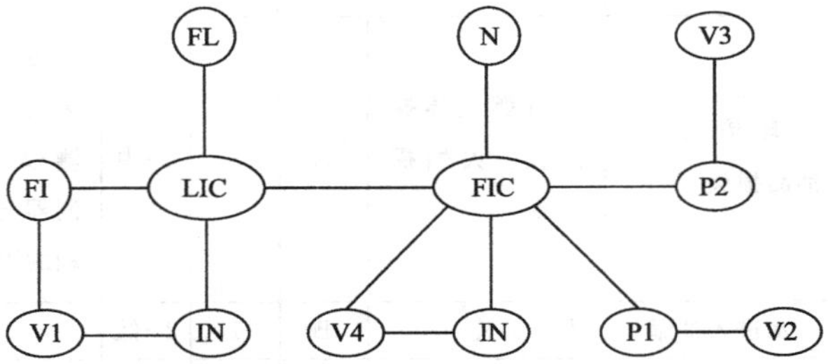

FI：水罐上游入口流量　　FL：水罐漏水流量　　LIC：水罐液位
N：泵电机功率　　FLC：泵出口流量　　P1：泵入口压力
P2：泵出口压力　　IN：调节器输入　　OUT：水调节器输出

图 7－16　离心泵和液位系统 SDG 模型

由于有向支路的约束，计算 $P_{\max}$ 时节点之间的位置不能调换，因此，$P_{\max}$ 的计算符合"密码锁"的规律。SDG 具有包容大量信息的能力，在人工智能领域，称 SDG 模型为深层知识模型，运用 SDG 模型揭示复杂系统的变量间内在因果关系及影响，是定性仿真的一个重要分支。

SDG 方法的缺点是：用于故障诊断难于早期发现；多义性推理结论导致分辨率差；如果模型不准，将导致诊断失误或结论的不完备性；计算大系统时，费时费力，成本高、实时性不好。

当前计算机辅助 HAZOP 技术的发展，正从早期的逻辑化计算机辅助 HAZOP 阶段向近期的智能化计算机辅助 HAZOP 阶段发展。计算机辅助 HAZOP 今后的发展方向是：以智能化为核心，结合浅层知识和深层知识的“专家系统”各自的优点，采用动态仿真技术进行案例试验，开发具有综合优势的自动 HAZOP 软件，同时以逻辑化辅助 HAZOP 软件为下游自动生成 HAZOP 文件。

7.5 道化学指数评价方法

7.5.1 道化学指数评价方法

道化学指数评价方法是以物质的闪点（或沸点）为基础，代表物质潜在能量的物质系数，结合物质的特定危险值、工艺过程及特殊工艺的危险值，计算出系统的火灾、爆炸指数，以评价该系统火灾、爆炸危险程度的方法。

7.5.2 道化学指数评价方法的目的

(1)量化潜在火灾、爆炸和反应性事故的预期损失；

(2)确定可能引起事故发生或使事故扩大的装置；

(3)向有关部门通报潜在的火灾、爆炸危险性；

(4)使有关人员及工程技术人员了解到各工艺部门可能造成的损失，以此确定减轻事故严重性和总损失的有效、经济的途经。

7.5.3 所需资料

(1)准确的装置(生产单元)设计方案；

(2)工艺流程图；

(3)工艺设备及安装成本表；

(4)道氏 7 版火灾、爆炸指数(F&EI)评价法；

(5)道氏 7 版火灾、爆炸指数计算表；

(6)安全措施补偿系数表；

(7)工艺单元风险分析汇总表；

(8)生产装置风险分析汇总表。

7.5.4 评价程序

道化学指数评价方法，评价程序如图 7－17 所示。

1. 选择工艺单元

确定评价单元：进行危险指数评价的第一步是确定评价单元，单元是装置的一个独立部分，与其他部分保持一定的距离，或用防火墙。

定义：

工艺单元——工艺装置的任一主要单元；

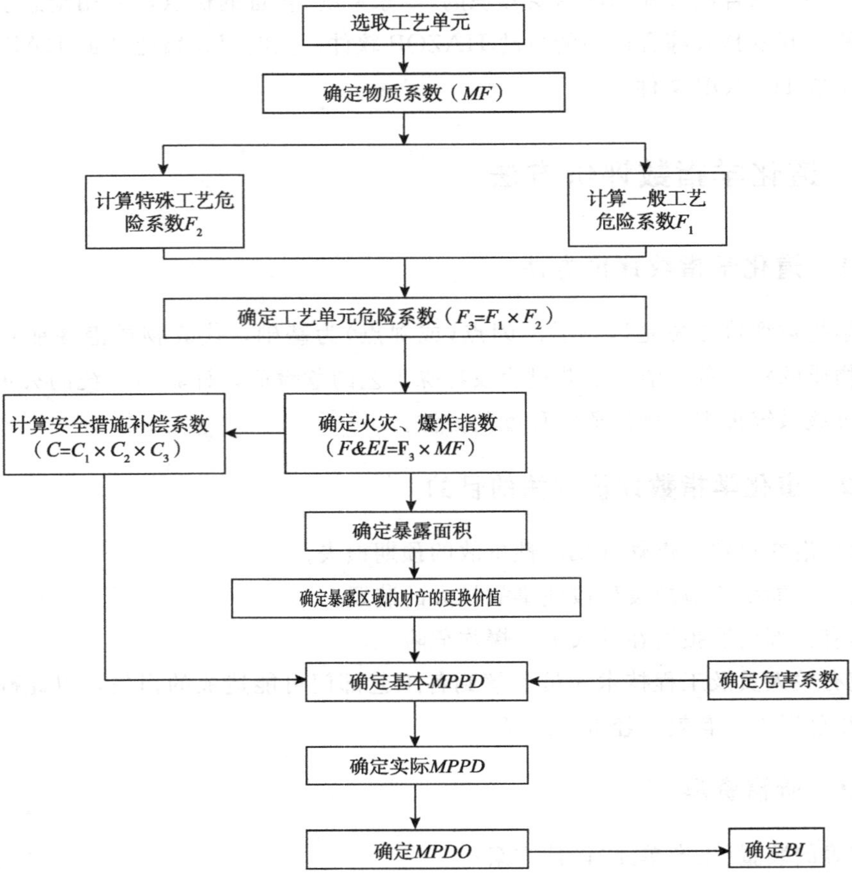

图 7－17　道化学指数评价方法评价程序

生产单元——包括化学工艺、机械加工、仓库、包装线等在内的整个生产设施；

恰当工艺单元——在计算火灾、爆炸危险指数时，只评价从预防损失角度考虑对工艺有影响的工艺单元，简称工艺单元。

选择恰当工艺单元的重要参数有下列 6 个，一般参数值越大，则该工艺单元就越需要评价。

(1)潜在化学能(危险物质)；

(2)工艺单元中危险物质的数量；

(3)资金密度(每平方米美元数)；

(4)操作压力和操作温度；

(5)导致火灾、爆炸事故的历史资料；

(6)对装置起关键作用的单元。

适用易燃、可燃或化学活性物质的最低量为 2270kg 或 2.27m^3，至少为 454kg 或 0.454m^3。

2. 物质系数的确定

物质系数 MF—— 表述物质由燃烧或其他化学反应引起的火灾、爆炸时释放能量大小的内在特性，是一个最基础的数值，MF 由 N_F 和 N_R 求得。表 7-12 为物质系数取值表。

N_F—— 物质可燃性；

N_R—— 化学活泼性(不稳定性)。

通常，N_F 和 N_R 是针对正常温度环境而言的，当温度超过 60℃时要进行修正。

(1)表外的物质系数

表外物质可根据可燃性等级 N_F(可燃性粉尘 S_t)和反应性等级 N_R 确定。液体和气体的 N_F 由闪点求得，粉尘或尘雾的 S_t 值由粉尘爆炸试验确定。

物质、混合物或化合物的反应性等级 N_R 根据其在环境温度条件下的不稳定性按下列方法求得：

①$N_R=0$：在燃烧条件下仍能保持稳定的物质。

a)不与水反应的物质；

b)在温度>300～500℃时用差热扫描量热计(DSC)测定显示温升的物质；

c)用 DSC 试验时，在温度≤500℃时不显示温升的物质。

②$N_R=1$：自身通常稳定但在加温加压条件下就变得不稳定的物质。

a)接触空气、受光照射或受潮发生变化或分解的物质；

b)在 150～300℃时显示温升的物质。

③$N_R=2$：在加温加压下易于发生剧烈化学变化的物质。

a)用 DSC 试验在温度小于 150℃显示温升的物质；

b)与水剧烈反应或与水形成潜在爆炸性混合物的物质。

④$N_R=3$：本身能发生爆炸分解或爆炸反应，但须要强引发源或引发前必须在密闭状态下加热的物质。

a)加温加热时对热或机械冲击敏感的物质；

b)不需要加热或密闭，即与水发生爆炸反应的物质。

⑤$N_R=4$：在常温常压下自身易于引发爆炸分解或爆炸反应的物质。

注意：反应性包括自身反应性(不稳定性)和与水反应性。

表 7-12　物质系数取值表

挥发性固体、液体、气体的易燃性或可燃性	NFPA325M 或 NFPA49	反应性或不稳定性					备注
		$N_R=0$	$N_R=1$	$N_R=2$	$N_R=3$	$N_R=4$	
不燃物	$N_F=0$	1	14	24	29	40	暴露在 816℃的热空气中 5min 不燃烧
F. P. >93.3℃	$N_F=1$	4	14	24	29	40	F. P. 为闭杯闪点
37.8℃<. P. F. ≤93.3℃	$N_F=2$	10	14	24	29	40	

续表

挥发性固体、液体、气体的易燃性或可燃性	NFPA325M 或 NFPA49	反应性或不稳定性					备注
		$N_R=0$	$N_R=1$	$N_R=2$	$N_R=3$	$N_R=4$	
22.8℃<F.P.≤37.8℃或 F.P.≤22.8℃且 B.P.>37.8℃	$N_F=3$	16	16	24	29	40	B.P. 为标准压力和温度下的沸点
F.P.<22.8℃且 B.P.<22.8℃	$N_F=4$	21	21	24	29	40	
可燃性粉尘或烟雾							
S_{t-1}(K_m≤200bar·m/s)		16	16	24	29	40	K_m值是用带强火源的 16L 或更大的密闭实验容器测定的，见 NFPA68
S_{t-2}(K_m=201—300bar·m/s)		21	21	24	29	40	
S_{t-3}(K_m>300bar·m/s)		24	24	24	29	40	
可燃性固体							
厚度>40，紧密的	$N_F=1$	4	14	24	29	40	包括 50.8mm 厚的木板、镁锭、紧密的固体堆积物、紧密的纸张或废料薄膜卷
厚度<40mm，疏松的	$N_F=2$	10	14	24	29	40	包括塑料颗粒、支架、木材平板架之类粗粒状材料，以及聚苯乙烯类不起尘的粉尘物料等
泡沫材料、纤维、粉状物等	$N_F=3$	16	16	24	29	40	包括轮胎、胶鞋类橡胶制品等

(2)混合物

工艺单元内混合物物质应按“在实际操作过程中所存在的最危险物质”原则来确定。

混合溶剂或含有反应性物质溶剂的物质系数，可通过反应性化学试验数据求得；若无法取得时，应取组分中最大的 *MF* 作为混合物 *MF* 的近似值(最大组分浓度≥5%)。

对由可燃粉尘和易燃气体在空气中能形成爆炸性的混合物，其物质系数必须用反应性化学品试验数据来确定。

(3)烟雾

尽可能不形成烟雾，如果会形成烟雾，则需将物质系数提高 1 级，并请教有关专家。

(4)物质系数的温度修正

如果物质闪点小于 60℃或反应活性温度低于 60℃，则该物质系数不需要修正；若工艺单元温度超过 60℃，则对 *MF* 应作修正。

3. 工艺单元危险系数

工艺单元危险系数(F_3)包括一般工艺危险系数(F_1)和特殊工艺危险系数(F_2)。

$$F_3 = F_1 \times F_2$$

计算工艺单元危险系数(F_3)中各项系数时,应选择物质在工艺单元中所处的最危险的状态,可以考虑的操作状态有:开车、连续操作和停车。

(1)一般工艺危险系数

一般工艺危险是确定事故损害大小的主要因素，共有 6 项。

一般工艺危险系数取值如表 7-13 所示。

①放热反应

若所分析的工艺单元有化学反应过程，则选取此项危险系数，所评价物质的反应性危险已经为物质系数所包括：

轻微放热反应的危险系数取 0.3；

中等放热反应的危险系数取 0.5；

剧烈反应的取 1.00；

特别剧烈的取 1.25。

②吸热反应

反应器中所发生的任何吸热反应，系数均取 0.25。

煅烧——系数 0.4；

电解——系数 0.2；

热解或裂化——间接加热时系数取 0.2；直接火加热时系数取 0.4。

③物料处理与输送

④封闭单元或室内单元

⑤通道

整个操作区面积大于 925m^2，且通道不符合要求时，系数为 0.35；

整个库区面积大于 2315m^2，且通道不符合要求时，系数为 0.35。

如果通道不符合要求，影响消防时，系数取 0.20。

⑥排放和泄漏控制

该项系数只适用于工艺单元内物料闪点小于 60℃或操作温度大于其闪点的场合。

表 7-13　一般工艺危险系数取值

一般工艺危险	危险系数范围	采用危险系数
基本系数	1.00	
(1)放热化学反应	0.3～1.25	
(2)吸热反应	0.20～0.40	
(3)物料处理与输送	0.25～1.05	
(4)密闭式或室内工艺单元	0.25～0.90	
(5)通道	0.20～0.35	
(6)排放和泄漏控制	0.25～0.50	
一般工艺危险系数(F_1)		

(2)特殊工艺危险系数

特殊工艺危险系数取值如表 7-14 所示。特殊工艺危险是影响事故发生概率的主要因素，特定的工艺条件是导致火灾、爆炸事故的主要原因，特殊工艺危险有 12 项。

①毒性物质

毒性物质的危险系数为 $0.2N_H$。N_H 为物质毒性系数。对于混合物，取其中最高的 N_H 值。

②负压操作

本项内容只适用于空气泄入系统会引起危险的场合。

③爆炸极限范围内或其附近的操作

本项内容适用于某些操作导致空气引入并夹带进入系统，空气的进入会形成易燃混合物，进而导致危险的场合。

④粉尘爆炸

本项系数用于含有粉尘处理的单元，如粉体输送、混合、粉碎和包装等。

⑤压力释放

本项系数用于操作压力高于大气压，由于高压可能会引起高速率的泄漏的场合。

⑥低温

本项主要考虑碳钢或其他金属在其展延或脆化转变温度以下时可能存在的脆性问题。

⑦易燃物质和不稳定物质的数量

本项主要讨论单元中易燃物质和不稳定物质的数量与危险性的关系、工艺过程中的液体或气体、储存中的液体或气体(工艺操作场所之外)、储存中的可燃固体和工艺中的粉尘。

⑧腐蚀

腐蚀速率——外部腐蚀速率和内部腐蚀速率之和。

⑨泄漏——连接头和填料处

本项系数适用于垫片、接头或轴的密封处及填料处可能是易燃、可燃物质的泄漏源，尤其是在热和压力周期性变化的场所。

⑩明火设备的使用

当易燃液体、蒸气或可燃性粉尘泄漏时，工艺中明火设备的存在额外增加了引起引燃的可能性。明火设备设置在工艺单元中；明火设备附近有各种工艺单元。

⑪热油交换系统

大多数交换介质可燃且操作温度经常在闪点或沸点以上，因此增加了危险性。热交换介质的使用温度；热交换介质的数量。

⑫转动设备

特殊工艺危险系数的计算：

特殊工艺危险系数(F_2)＝基本系数＋所有选取的特殊工艺危险系数之和

表 7-14　特殊工艺危险系数取值

特殊工艺危险	危险系数范围	采用危险系数
基本系数	1.00	
(1)毒性物质	0.2～0.80	
(2)负压(<500mmHg，66.66kPa)	0.50	
(3)易燃范围及接近易燃范围的操作(惰化性、未惰化性)		
1)罐装易燃液体	0.50	
2)过程失常或吹扫故障	0.30	
3)一直在燃烧范围内	0.80	
(4)粉尘爆炸	0.25～2.00	
(5)压力： 操作压力(绝对压力)(kPa) 释放压力(绝对压力)(kPa)		

工艺单元危险系数的计算：

工艺单元危险系数(F_3)＝一般工艺危险系数(F_1)×特殊工艺危险系数(F_2)

F_3值范围为：1～8，若 $F_3>8$，则按 8 计。

计算火灾、爆炸危险指数(F&EI)：

$$F\&EI = F_3 \times MF$$

4. 火灾、爆炸危险指数等级

火灾、爆炸危险指数被用来估计生产事故可能造成的破坏。

根据直接原因，易燃物泄漏并点燃后引起的火灾或燃料混合物爆炸的破坏情况分为如下几类：

(1)冲击波或爆燃；

(2)初始泄漏引起的火灾暴露；

(3)容器爆炸引起的对管道与设备的撞击；

(4)引起二次事故——其他可燃物的释放。

表 7-15 是 F&EI 值与危险等级之间的关系。

表 7-15　F&EI 与危险等级

F&EI	危险等级
1～60	最轻
61～96	较轻
97～127	中等
128～158	很大
>159	非常大

5. 安全措施补偿系数

安全措施补偿系数 $C=C_1\times C_2\times C_3$

式中 C_1——工艺控制补偿系数，见表 7－16；

C_2——物质隔离补偿系数，见表 7－17；

C_3——防火措施补偿系数，见表 7－18。

表 7－16 工艺控制补偿系数(C_1)

项目	补偿系数范围	采用补偿系数
(1)应急电源	0.98	
(2)冷却装置	0.97～0.99	
(3)抑爆装置	0.84～0.98	
(4)紧急停车装置	0.96～0.99	
(5)计算机控制	0.93～0.99	
(6)惰性气体保护	0.94～0.96	
(7)操作规程(程序)	0.91～0.99	
(8)化学活性物质检查	0.91～0.98	
(9)其他工艺危险分析	0.91～0.98	
工艺控制安全补偿系数(C_1)		

表 7－17 物质隔离补偿系数(C_2)

项目	补偿系数范围	采用补偿系数
(1)遥控阀	0.96～0.98	
(2)卸料(排空)装置	0.96～0.98	
(3)排放装置	0.91～0.97	
(4)联锁装置	0.98	
物质隔离安全补偿系数(C_2)		

表 7－18 防火措施补偿系数(C_3)

项目	补偿系数范围	采用补偿系数
(1)泄漏检测装置	0.94～0.98	
(2)结构钢	0.95～0.98	
(3)消防水供应系统	0.94～0.97	
(4)特殊系统	0.91	
(5)喷洒系统	0.74～0.97	
(6)水幕	0.97～0.98	
(7)泡沫灭火装置	0.92～0.97	
(8)手提式灭火器材(喷水枪)	0.93～0.98	
(9)电缆防护	0.94～0.98	
防火设施安全补偿系数(C_3)		
安全措施补偿系数($C=C_1C_2C_3$)		

6. 工艺单元危险分析汇总

(1)火灾、爆炸指数(F&EI)

(2)暴露半径

对于已计算出来的 F&EI，可以用它乘以 0.84 或转换成暴露半径(R = 0.256F&EI，R 单位为 m)。

这个暴露半径表明了生产单元危险区域的平面分布，它是一个以工艺设备的关键部位为中心，以暴露半径为半径的圆。

(3)暴露区域

$$\text{暴露区域面积} \qquad S=\pi R^2$$

(4)暴露区域内财产价值

可由区域内含有的财产的更换价值来确定，即：更换价值=0.82×原来成本×增长系数

(5)危害系数的确定

危害系数是由单元危险系数 F_3 和物质系数 MF 给出的，它代表了单元中物料泄漏或反应能量释放所引起的火灾、爆炸事故的综合效应。单元危害系数计算图如图 7-18 所示。

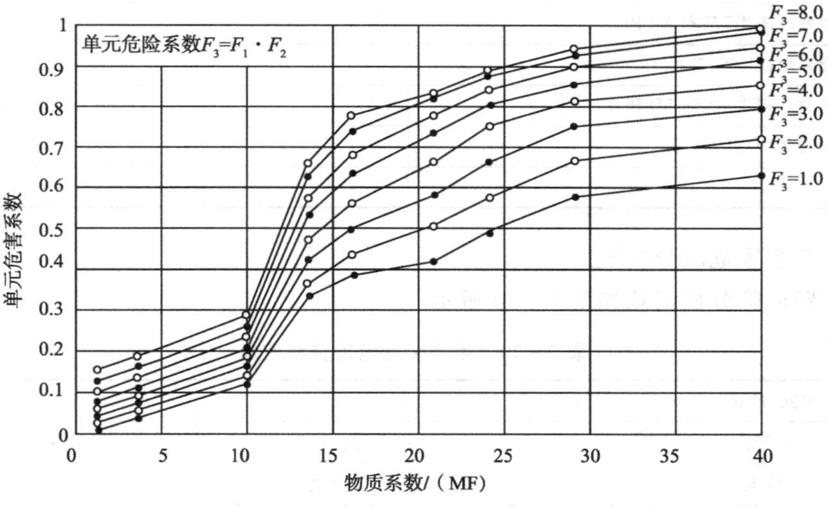

图 7-18　单元危害系数计算图

(6)基本最大可能财产损失(Base MPPD)

Base MPPD=更换价值×危害系数

(7)安全措施补偿系数

(8)实际最大可能财产损失(Actual MPPD)

Actual MPPD=Base MPPD×C

(9)最大可能工作日损失(MPDO)

为了求得 MPDO，必须先确定 MPPD。

认为是正确的时，用 X 代替 MPPD，用 Y 代替 MPDO：$\lg Y = 1.325132 + 0.592471(\lg X)$；

认为 70%以上正确：$\lg Y = 1.550233 + 0.598416(\lg X)$；

认为 70%以下正确 $\lg Y = 1.045515 + 0.610426(\lg X)$。

(10)停产损失(BI)

$$BI = MPDO \times VPM \times 0.7/30$$

式中，VPM 为每月产值；0.7 代表固定成本和利润。

(11)工艺单元危险分析汇总

工艺单元危险分析汇总如表 7-19 所示。

表 7-19 工艺单元危险分析汇总

项目	获得数值	单位
火灾爆炸指数(F&EI)		
暴露半径		米
暴露面积		平方米
暴露区内财产价值		万元
危害系数		
基本最大可能财产损失(基本 MPPD)		万元
安全措施补偿系数($C=C_1C_2C_3$)		
实际最大可能财产损失(实际 MPPD)		万元
最大可能停产天数(MPDO)		天
停产损失(BI)		万元

(12)生产装置危险分析汇总

生产装置危险分析汇总如表 7-20 所示。

表 7-20 生产装置危险分析汇总

<table>
<tr><td colspan="3">国家/地区：</td><td colspan="3">部门：</td><td colspan="2">场所：</td></tr>
<tr><td colspan="3">位置：</td><td colspan="3">生产单元：</td><td colspan="2">操作类型：</td></tr>
<tr><td colspan="3">评价人：</td><td colspan="3">生产单元当前价值：</td><td colspan="2">日期：</td></tr>
<tr><td>工艺单元
主要物质</td><td>物质系数</td><td>火灾爆炸
指数 F&EI</td><td>影响区内
财产价值</td><td>基本
MPPD</td><td>实际
MPPD</td><td>停工天数
MPDO</td><td>停产
损失 BI</td></tr>
<tr><td></td><td></td><td></td><td></td><td></td><td></td><td></td><td></td></tr>
<tr><td></td><td></td><td></td><td></td><td></td><td></td><td></td><td></td></tr>
</table>

7.5.5 道化学指数评价法应用举例

储运系统油库火灾爆炸危险分析，是依据油库所储物料的潜在能量和现行安全措施，对油库潜在的火灾、爆炸危险性进行评价。

1. 油库概况

某油库储罐区设有 9 座储罐，有关数据见表 7－21。

表 7－21　储罐区物质储存情况

罐号	储存介质	储罐数量/座	容积/m^3	工作温度/℃	工作压力/MPa	装满度/%
G/MA1	石脑油	2	5000×2	常温	常压	85
G/MA2	汽油	2	5000×2	常温	常压	85
G/MA3	原油	3	10000×2	常温	常压	85
G/MA4	液化气	2	5000×2	常温	常压	85

2. 火灾爆炸指数的计算(以原油罐为例)

(1)物质系数 MF 的计算：根据原油物质系数 MF 值查道化学指数评价法附录，求出 MF 为 16。

(2)F_1 的计算：根据该油库的具体情况，参照道化学指数评价法有关系数的选择及确定标准，得到基本系数为 1.00，物质处理和输送的危险系数为 0.50，通道修正系数为 0.35，排放及泄漏控制危险系数为 0.50，则 $F_1 = 2.35$。

(3)F_2 的计算：根据该油库的具体条件和道化学指数评价法的有关规定，得出基本系数为 1.00，毒性物质危险系数为 0.50，罐装可燃性液体的危险系数为 0.50，储存中的液体及气体的危险系数为 0.20，腐蚀与磨损危险系数为 0.40，泄漏(接头和填料)的危险系数为 0.60，使用明火设备的危险系数为 0.20，则 $F_2 = 3.40$。

(4)F_3 的计算：根据式 $F_3 = F_1 \times F_2$ 求出 $F_3 = 7.99$。根据道化学指数评价法规定，F_3 最高值为 8，因此此处的 F_3 的值只能取 8。

(5)F&EI 的计算：根据式 $F\&EI = F_3 \times MF$ 可以求出 $F\&EI = 128$。

(6) 单元危险系数 DF 的计算：根据 DF 与 F_3、MF 的关系曲线，查得 $DF = 0.68$。

(7) 暴露半径 R 的计算：根据式 $R = 0.256\ F\&EI$ 可以求出 $R = 32.77$m。

(8) 安全措施补偿系数 C 的计算：该系数由 C_1、C_2 和 C_3 组成，计算如下。

工艺控制安全补偿系数 C_1，应急电源取 0.98，冷却装置取 0.99，紧急切断装置取 0.97，计算机控制取 0.97，操作规程 / 程序取 0.91，化学活泼性物质检查取 0.91，其他工艺危险分析取 0.91，则 $C_1 = 0.69$。

物质隔离安全补偿系数 C_2。遥控阀取 0.98，卸料 / 排空装置取 0.98，排放系统取 0.91，联锁装置取 0.98，则 $C_2 = 0.86$。

防火设施安全补偿系数 C_3。泄漏检测装置取 0.98，结构钢取 0.98，消防水供应系统取 0.94，水幕取 0.98，泡沫灭火装置取 0.92，手提式灭火器材 / 喷水枪取 0.93，特殊灭火系统取 0.91，洒水灭火系统取 0.97，电缆防护取 0.98，则 $C_3 = 0.65$。

原油罐的安全补偿系数 $C = C_1 \times C_2 \times C_3 = 0.39$。

经补偿后的原油储罐单元的火灾爆炸指数为 $F\&EI \times C = 49.92$。

原油储罐单元火灾爆炸指数为49.92，其危险等级属“最轻”级，说明装置确立之后，其固有的危险程度便客观地存在，如果采取有效的安全措施，则可以起到重要的调节保护作用，使原有的危险程度下降到可以接受的范围。

(9)基本MPPD和实际MPPD的计算：按照目前市场物价，经财务核算和估算，暴露区域3座原油罐的财产价值为487.14×10^4美元。根据MPPD计算式可以求出基本MPPD为331.25×10^4美元，由Base MPPD×C可以求出实际MPPD为129.19×10^4美元。

(10)最大可能工作日损失MPDO的确定：根据实际MPPD值，MPDO曲线图，原油罐的最大可能工作日损失为12～40d。

3. 油库的安全评价

把每类罐作为一个评价单元进行评价，同样的两个罐仅取一座为代表进行计算。由于储存的都是混合介质，评价时凡涉及到介质的理化性质时，都要进行估算。DOW指数法对此做了详细的说明，油库罐区的安全评价结果见表7-22。

表7-22 油库储罐区的DOW指数法评价结果

罐名	物质系数 *MF*	火灾爆炸指数 F&EI	危害参数 *DF*	影响半径 *R*/m	基本 MPPD	实际 MPPD	安全补偿系数 *C*	损失工作日 MPPD/d
G/MA1	16	86	0.53	22.0	86.98	53.31	0.613	8—24
G/MA2	16	77	0.50	20.0	86.34	52.49	0.608	8—23
G/MA3	16	128	0.68	32.8	331.25	129.19	0.390	12—40
G/MA4	17	122	0.67	31.0	127.08	78.15	0.615	10—30

该油库储罐区因存物量较大，且易燃、易爆，火灾爆炸危险性指标很高，而事故后的影响区域也较大，属于重大危险源。采取各种安全措施后，储罐的火灾爆炸危险性明显降低，事故的损失也显著减少。

未采取措施前的原油火灾爆炸指数为128，危险等级属“严重”级，采取相关措施后的火灾爆炸指数降为49.92，危险等级降低了三个等级，变为“轻微”级，其他三类储罐也都相应地降低了一个等级。

第 8 章 油气储运安全装备

油气储运火灾爆炸等事故的预防和控制依赖于储运安全装备，它们能有效防止事故的发生或降低事故损失程度。本章将介绍阻火装置、防爆泄压装置以及泡沫灭火器等安全装备的原理及使用方法。

8.1 阻火装置

阻火装置又称为火焰隔断装置，包括安全液(水)封、水封井、阻火器及单向阀等。其主要作用是防止外部火焰窜入存有燃爆物料的系统、设备、容器及管道内，或者阻止火焰在系统、设备、容器及管道之间蔓延。

8.1.1 阻火器

阻火器(又名防火器、隔火器)是用来阻止易燃气体和易燃液体蒸气的火焰蔓延的安全装置。早在 1928 年阻火器已被应用于石油工业，以后随着工业发展广泛用于化学工业、煤矿、水运、采油、铁路运输、煤气输送管网及油气回收系统等。

1. 阻火器工作原理

阻火器的工作原理如图 8-1 所示。目前主要有两种观点：一是基于传热作用，二是基于器壁效应。

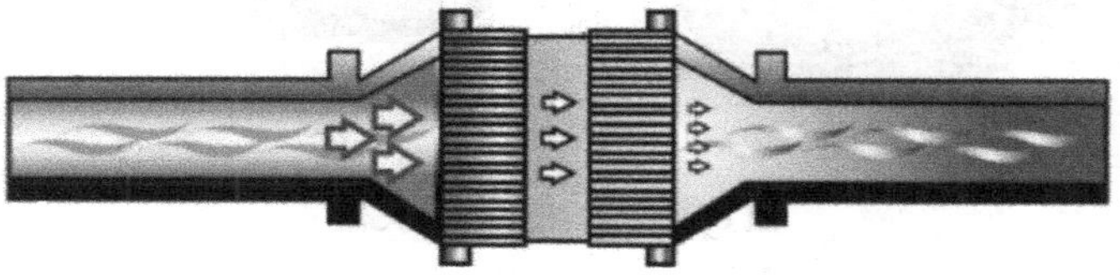

图 8-1 阻火器工作原理

(1)传热作用

燃烧所需要的必要条件之一就是要达到一定的温度，即着火点。低于着火点，燃烧就会停止。依照这一原理，只要将燃烧物质的温度降到其着火点以下，就可以阻止火焰的蔓延。当火焰通过阻火元件的许多细小通道之后将变成若干细小的火焰。设计阻火器内部的阻火元件时，则尽可能扩大细小火焰和通道壁的接触面积，强化传热，使火焰温度降到着火点以下，从而阻止火焰蔓延。

(2)器壁效应

燃烧与爆炸并不是分子间直接反应，而是受外来能量的激发，分子键遭到破坏，产生活化分子，活化分子又分裂为寿命短但却很活泼的自由基，自由基与其他分子相撞，生成新的产物，同时也产生新的自由基再继续与其他分子发生反应。当燃烧的可燃气通过阻火元件的狭窄通道时，自由基与通道壁的碰撞几率增大，参加反应的自由基减少。当阻火器的通道窄到一定程度时，自由基与通道壁的碰撞占主导地位，由于自由基数量急剧减少，反应不能继续进行，也即燃烧反应不能通过阻火器继续传播。

2. 阻火器分类

(1)阻火器按结构分类：

金属网型阻火器：以不同目数的金属丝网重叠起来组成阻火层，这种阻火器由于本身结构达不到阻火性能，已被取代。

波纹型阻火器：由不同的波纹板和平板缠绕成不同规格孔隙的阻火层，阻火层上由相同尺寸的三角形孔隙组成，波纹的高度根据阻止火焰速度设计，因此制造较为简单，能阻止爆燃和爆轰火焰通过，被广泛应用。

泡沫金属型阻火器：如图 8-2 所示，阻火层用多孔隙的泡沫金属，其结构与多孔隙的泡沫塑料相似。其金属中铬的含量不少于 15%，不大于 40%。其优点是体积小、重量轻，但阻力大、易堵塞。

图 8-2　泡沫金属阻火器

平行板型阻火器：阻火层由不锈钢薄板垂直平行排列而成，板间隙在 0.13～0.17mm 之间，从而形成许多细小的通道。这种结构能承受较猛烈的爆炸。它易于制造和清理，但体积大，流阻大。

多孔板型阻火器：阻火层用不锈钢薄板在水平方向重叠而成，板上有许多细小的缝隙或许多细小的孔眼，从而形成了许多有规律的通道。板与板之间有 0.16mm 的间隙，形成固定的间距，这种阻火器的阻力小，但不能承受猛烈的爆炸。

水封型阻火器：水封用于阻止、节制气流。其原理是：利用水层阻止火焰通过，因为火焰通过水封层时吸收大量热量，迫使火焰熄灭。适用于阻止爆燃火焰通过，其结构简单，体积大，因此使用上有其局限性。

充填型阻火器：其阻火层充填砾石、陶瓷环和玻璃珠等充填物，利用充填物之间的空隙阻止火焰通过。充填型阻火器结构简单，但流阻大，能有效阻止爆轰火焰通过。

(2)阻火器按用途分类

阻火器按用途可分储罐阻火器(图 8-3)、加油站阻火器、加热炉阻火器、火炬阻火器、放空管阻火器、煤气输送管阻火器等。

(3)阻火器按安装位置分类

管端阻火器：安装在排气管的端部；管道阻火器(图 8-4)：安装在管道中间位置。

(4)阻火器按阻止火焰速度分类

阻爆燃型阻火器：能阻止以亚音速传播的爆炸火焰通过；阻爆轰型阻火器：能阻止以冲击波为特征、以超音速传播的爆炸火焰通过。

(5)阻火器按气体分级分类

适用于Ⅰ级气体的阻火器，适用于ⅡA 级气体的阻火器，适用于ⅡB 级气体的阻火器，适用于ⅡC 级气体的阻火器。

3. 主要用途

(1)输送可燃性气体的管道；

(2)火炬系统；

(3)油气回收系统；

(4)加热炉燃料气的管网；

(5)气体净化通化系统；

(6)气体分析系统；

(7)煤矿瓦斯排放系统；

(8)易燃易爆溶剂系统(如反应釜及储罐放空口等)。

图 8-3　储罐阻火器

图 8-4　管道阻火器

4. 阻火器性能要求

(1)管端阻火器的阻火性能应达到 GB 13347《石油气体管道阻火器》规定;

(2)阻火器壳体应能承受 115 倍于设计压力的水压试验，无渗漏;

(3)阻爆燃型阻火器必须连续经受 13 次阻爆燃试验，每次必须阻止亚音速火焰通过;

(4)阻爆轰型阻火器必须连续经受 13 次阻爆轰试验，每次必须阻止超音速火焰通过。

8.1.2 安全液封

安全液封装是一种湿式阻火装置，通常采用的液体为不燃液体，一般是水。也可以采用水与甘油、矿物油的混合液，或者用食盐、氯化钙的水溶液。它安装在压力低于0.02MPa(表压)的气体管线与生产设备之间，或设置在带有可燃气体、蒸气和油污的下水管道之间，用于阻止火焰蔓延。常用的安全液封有开敞式和封闭式两大类，如图 8-5、图 8-6 所示。

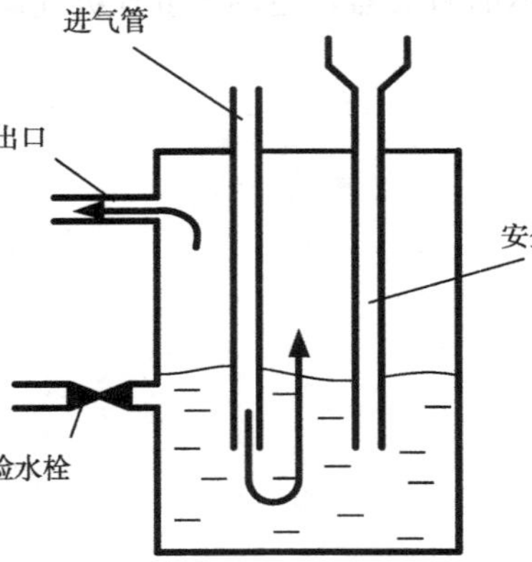

图 8-5 开敞式液封

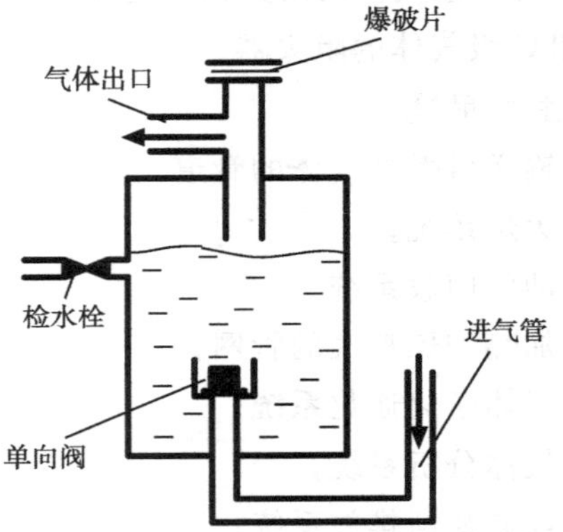

图 8-6 封闭式液封

工作原理：连续的气流在水层中被分散成许多小气泡，隔断了气源的连续通道，使火焰无法传播过去，达到阻止火焰蔓延的目的。

阻火原理：液封中装有不燃液体，无论在液封两侧的哪一侧着火，火焰蔓到液封就会熄灭，从而阻止火势蔓延。

使用时的注意事项:

(1)安全液封内的液位应保持一定高度，否则起不到液封作用;

(2)寒冷地区要有防止封液冻结的措施;

(3)全厂性生产污水的支干管、干管的长度超过 300m 时，应用水封井隔开；明沟排水时，应设水封井将明沟隔为数段，每段长度不宜大于 20m;

(4)甲、乙类工艺装置内污水管道中干管的水封井，最高处的检查井及输出装置的水封井等部位，应设排气管。

8.1.3　单向阀

单向阀又称止逆阀、止回阀，它的作用是仅允许流体向一个方向流动，若有逆流时即自动关闭，可以防止高压窜入低压引起设备、容器、管道的破裂。单向阀在生产工艺中有很多用途，阻火也是用途之一。单向阀通常设置在与可燃气(蒸气)管道或与设备相连接的辅助管线上、压缩机或油泵的出口管线上、高压系统与低压系统相连接的低压方向上。

8.1.4　阻火闸门

阻火闸门是为了阻止火焰沿通风管道或生产管道蔓延而设置的阻火装置。在正常情况下，阻火闸门受环状或条状的易熔金属的控制，处于开启状态。一旦着火，温度升高，易熔金属即会熔化，此时闸门失去控制，受重力作用自动关闭，将火阻断在闸门一侧，如图 8－7 所示。

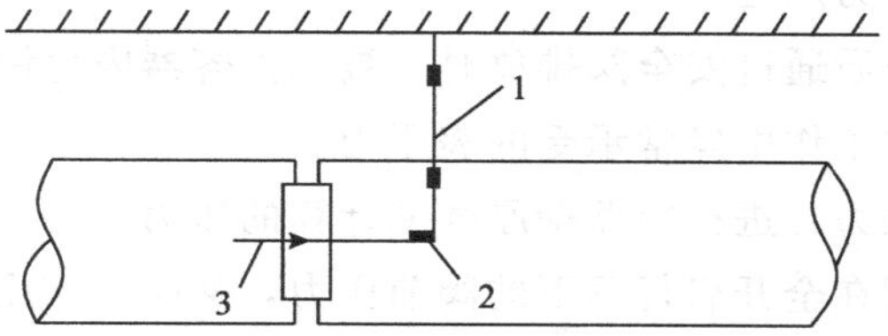

1—易熔金属元件；2—重锤；3—阻火闸板

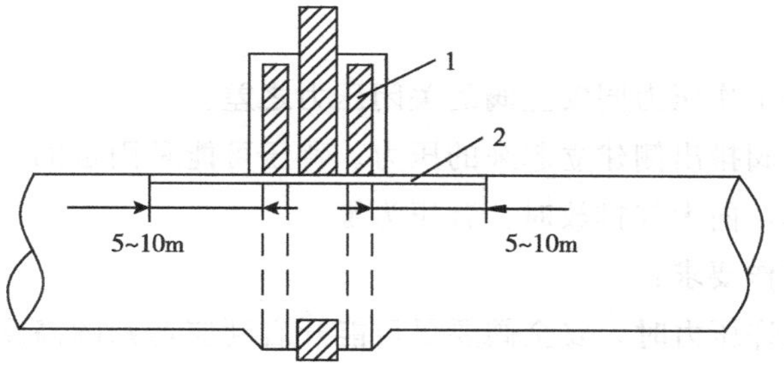

1—闸板；2—易熔元件

图 8－7　阻火闸门

8.1.5　火星熄灭器

火星熄灭器又称防火帽，通常安装在产生火星设备的排空系统，如安装在汽车、拖拉机等内燃机的废气排出口和烟囱上，以防止飞出火星引燃周围的易燃易爆介质或可燃物。

熄灭火星的方法，主要有下列四种：

(1)将带火星的烟气从小容积引入大容积，使气流速度减慢，压力降低，大的火星颗粒使其沉降下来；

(2)设置障碍，改变烟气流动方向，增大火星流动路程，使火星熄灭或沉降；

(3)设置网格叶轮等，将较大的火星挡住，或将火星分散开，以加速火星的熄灭；

(4)借助水喷淋或水蒸气熄灭火星。

8.2 防爆泄压装置

8.2.1 安全阀

1. 安全阀功能

安全阀广泛用于各种承压容器和管道上，防止压力超过规定值，它是一种自动机构，当压力超过规定值后自动打开，内部介质喷出，达到泄压的目的。而压力回降到工作压力或略低于工作压力时又能自动关闭。它的可靠性直接关系到设备及人身的安全。

(1)安全阀的基本特性和要求

①安全阀的各种压力规定：

最高允许压力：介质通过安全阀排放时，被保护容器内允许的最高压力。

运行压力：容器在工作中经常承受的表压力。

容器的计算工作压力：进行容器壁厚强度计算的压力。

全开压力：安全阀在全开启行程下的阀前压力，又叫排放压力。

整定压力：调整的使安全阀开启的入口压力。

关闭压力：又叫回座压力，是安全阀开启后，当容器压力下降到该压力时安全阀关闭的压力。

回差：指容器的工作压力同安全阀的关闭压力之差。

背压：指在安全阀排出侧建立起来的压力。背压可能是固定的，也可能是变动的，影响着安全装置的工作，向大气排放时，背压为零。

②对安全阀的工作要求：

a)当达到最高允许压力时，安全阀要尽可能开启到应达到的高度，并排放出规定量的介质；

b)达到开启压力时，要迅速开启；

c)安全阀在开启状态下排放时应稳定无震荡；

d)当压力降低到回座压力时，应能及时有效地关闭；

e)安全阀处于关闭状态下，应保持良好的密封性能。

③安全阀的排放能力：

安全阀的排放能力是指在单位时间内流经安全阀的介质流量。安全阀的排放能力要保证能放掉系统中可能产生的最大过剩介质量，给予系统设备有效的保护。

2. 安全阀的构造及工作原理

(1)杠杆重锤式安全阀

杠杆重锤式安全阀结构如图 8－8 所示。重锤 2 通过杠杆 3 将重力作用在阀杆上，使阀瓣 4 紧压在阀座 5 上，保持阀门关闭。当容器内的压力大于重锤作用在阀瓣上的力时，阀瓣开启，蒸汽通过环形间隙高速流出，遇到反冲盘，使流束改变方向，产生的反作用力使阀杆进一步上升，开大阀门。调整反冲盘的位置，可以改变安全阀的升程和回座压力，调整重锤的位置，可以得到不同的开启压力。

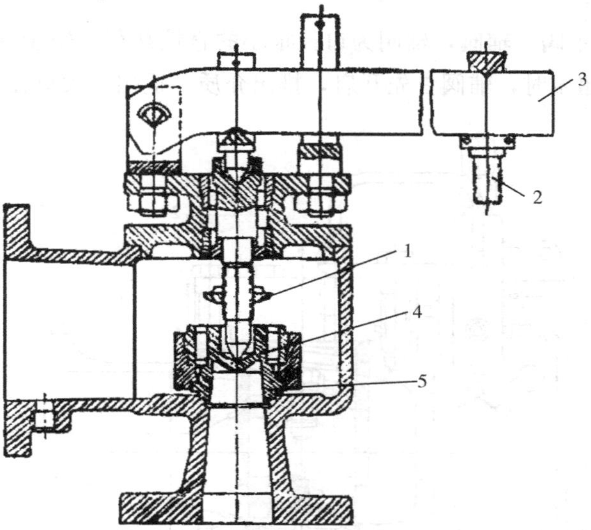

图 8-8　杠杆重锤式安全阀

1—反冲盘；2—重锤；3—杠杆；4—阀瓣；5—阀座

(2)弹簧式安全阀

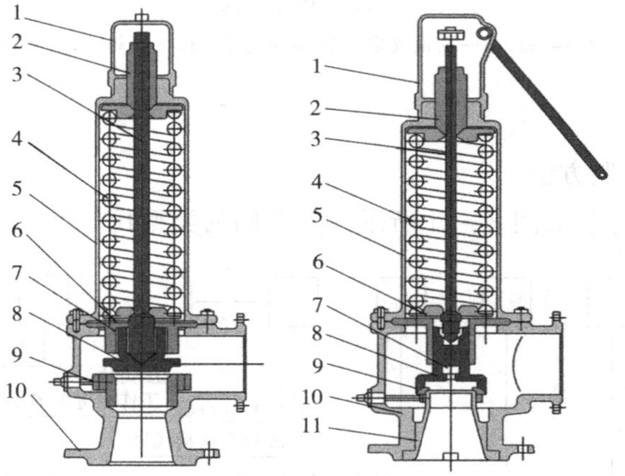

图 8-9　弹簧式安全阀

1—保护罩；2—调整螺杆；3—阀杆；4—弹簧；5—阀盖；6—导向套；
7—阀瓣；8—反冲盘；9—调节环；10—阀体；11—阀座

弹簧式安全阀结构如图 8-9 所示。当系统处于计算压力时，阀门处于关闭状态，阀瓣上受到介质作用力和弹簧的作用力。当系统压力升到阀门动作压力时，某一瞬间，介质开始产生泄漏，随压力的升高，阀瓣开始升起。

这种安全阀是随着容器内压力的升高而逐渐开启的，它是微启式安全阀。当系统压力回到工作压力或稍低于工作压力时，安全阀关闭。

(3)脉冲式安全阀

脉冲式安全阀有主阀、辅阀，辅阀为口径很小的直接载荷式安全阀，与主阀相接，如图 8-10 所示。当系统超压时，辅阀首先开启，排出介质。适用于大口径、大排量及高压系统。

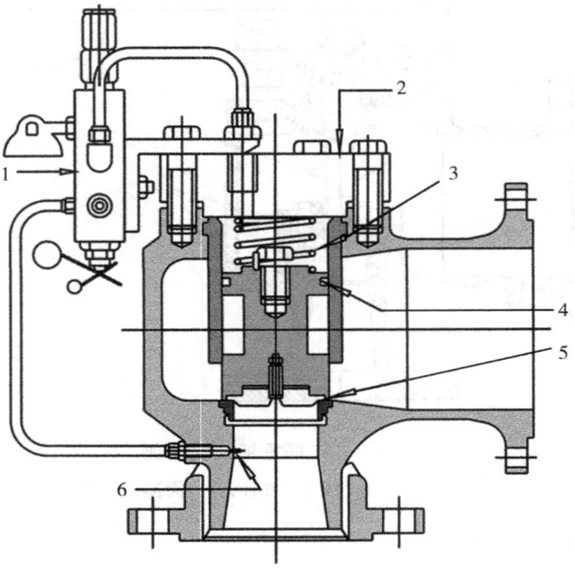

图 8-10　脉冲式安全阀

1—导阀；2—主阀；3—圆顶气室；4—活塞密封圈；5—阀座；6—压力传感嘴

3. 安全阀型号

(1)安全阀型号编制方法

安全阀型号编制方法如图 8-11 所示。安全阀的类型代号为 A，驱动方式代号省略。

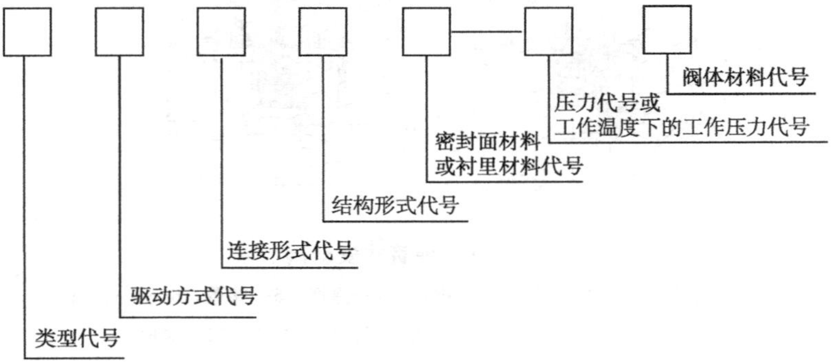

图 8-11　安全阀型号编制方法

(2)安全阀连接形式代号

安全阀连接形式代号用阿拉伯数字表示，按表 8－1 规定的。

表 8－1 安全阀连接形式代号

连接形式	代号	连接形式	代号
内螺纹	1	对夹	7
外螺纹	2	卡箍	8
法兰	4	卡套	9
焊接	6		

(3)安全阀结构形式代号

安全阀结构形式代号用阿拉伯数字表示，按表 8－2 规定。

表 8－2 安全阀结构形式代号

<table>
<tr><th colspan="2">结构形式</th><th>代号</th><th colspan="2">结构形式</th><th>代号</th></tr>
<tr><td rowspan="4">弹簧载荷弹簧封闭结构</td><td>带散热片全启式</td><td>0</td><td rowspan="4">弹簧载荷弹簧不封闭且带扳手结构</td><td>微启式、双联阀</td><td>3</td></tr>
<tr><td>微启式</td><td>1</td><td>微启式</td><td>7</td></tr>
<tr><td>全启式</td><td>2</td><td>全启式</td><td>8</td></tr>
<tr><td>带扳手全启式</td><td>4</td><td>—</td><td>—</td></tr>
<tr><td rowspan="2">杠杆式</td><td>单杠杆</td><td>2</td><td colspan="2">带控制机构全启式</td><td>6</td></tr>
<tr><td>双杠杆</td><td>4</td><td colspan="2">脉冲式</td><td>9</td></tr>
</table>

(4)密封面或衬里材料代号

阀座密封面或衬里材料代号按表 8－3 规定的字母表示。

表 8－3 密封面或衬里材料代号

密封面或衬里材料	代号	密封面或衬里材料	代号
锡基轴承合金(巴氏合金)	B	尼龙塑料	N
搪瓷	C	渗硼钢	P
渗氮钢	D	衬铅	Q
氟塑料	F	奥氏体不锈钢	R
陶瓷	G	塑料	S
Cr13 系不锈钢	H	铜合金	T
衬胶	J	橡胶	X
蒙乃尔合金	M	硬质合金	Y

注：当阀座和阀办密封面材料不同时，用低硬度材料代号。

(5)安全阀公称压力代号

阀门使用的压力级符合 GB/T 1048 的规定时，采用 GB/T 1048 标准 10 倍的兆帕单位(MPa)数值表示。

当介质最高温度超过425℃时，标注最高工作温度下的工作压力代号。

(6)安全阀阀体材料代号

安全阀阀体材料代号用表8-4的规定字母表示。

表8-4 阀体材料代号

阀体材料	代号	阀体材料	代号
碳钢	C	铬镍钼系不锈钢	R
Cr13系不锈钢	H	塑料	S
铬钼系钢	I	铜及铜合金	T
可锻铸铁	K	钛及钛合金	Ti
铝合金	L	铬钼钒钢	V
铬镍系不锈钢	P	灰铸铁	Z
球墨铸铁	Q	—	—

注：CF3、CF8、CF3M、CF8M等材料牌号可直接标注在阀体上。

4. 安全阀的选用

(1)选用安全阀必需的数据

选用安全阀通常需要以下数据：

①工作介质及其状态；

②介质的下列物理性质：液体介质的密度、黏度，气体介质的相对分子质量、绝热指数、压缩性系数；

③工作压力(设备正常运行压力)；

④整定压力及最大允许超过压力；

⑤背压力；

⑥工作温度(排放时介质温度)；

⑦每台安全阀的必需排量；

⑧其他特殊要求。

(2)安全阀选用要点

安全阀的选用要点如表8-5所示。

表8-5 安全阀选用要点

使用条件	安全阀类型
液体介质	比例作用式安全阀
气体介质，必需的排放量较大	两段作用式安全阀
必需的排放量是变化的	①必需排放量较大时，用几个两段作用式安全阀，其总排放量等于最大必需排量；②必需排量较小时，用比例作用式安全阀
附加背压为大气压，为固定值，或者其变化量较小(相对于整定压力而言)	常规式安全阀

续表

使用条件	安全阀类型
附加背压是变化的，且其变化量较大(相对于整定压力而言)	背压平衡式安全阀，例如波纹管安全阀
必需排量很大，或者口径和压力都较大，密封要求高	先导式安全阀
密封要求高，整定压力和工作压力较接近	带补充载荷的安全阀，带动力辅助装置的安全阀
不允许介质向周围环境溢出，或需要回收排放的介质	封闭式安全阀
介质可以释放到周围环境中，介质温度较高	开放式安全阀
介质温度很高	带散热套的安全阀

5. 安全阀的安装与调试

(1)进口管道的安装

①安全阀应安装于垂直向上的位置，否则应得到制造厂的同意。

②安全阀的安装位置应尽可能靠近被保护的系统。安装安全阀的进口管应短而直，进口管的通道最小面积应不小于安全阀进口截面积。对于高压和大排量的场合，进口管在入口处应有足够大的圆角半径，或者具有锥形通道，锥形通道的入口截面积近似为出口处截面积的两倍。

③当安全阀排放时，在进口管中，即在被保护设备同安全阀之间的压力降应不超过整定压力的 3%，或最大允许启闭压差的 1/3(以两者的较小值为准)。

④对安装安全阀的管道或容器应给予足够的支撑，以保证振动不会传递到安全阀。

⑤在安全阀进口安装隔离装置时，应不违背国家的、法律的或规范的要求。

(2)排放管道的安装

①排放管道的截面积应不小于安全阀出口截面积。当多台安全阀向一个总管排放时，计算排放总管的截面积应保证排放总管能够接受所有可能同时向其排放的安全阀的总排放量。

②由于排放管道对流体的阻力而产生的压力降应尽可能小(通常应小于整定压力的 10%)，以避免产生过大背压，影响安全阀的动作性能和排量。

③排放管道的安装和支撑方式应能防止管道应力附加到安全阀上。

④应防止出现任何可能导致排放管道系统阻塞的条件。例如，必要时应设置排泄孔，以防止雨、雪、冷凝液等积聚在排放管中。

⑤安全阀的排放及疏液应导至安全地点。应特别注意危险介质的排放及疏液。

⑥在安全阀出口安装隔离装置时，应不违背国家的、法律的或规范的要求。

(3)整定压力调试

①制造厂的出厂调试；

②校验台上定期校验；

③安装现场调试。

(4)排放压力和回座压力的调试

①功能试验台上模拟试验；

②安装现场调试。

8.2.2 爆破片

1. 爆破片功能

爆破片(又称防爆膜、防爆片)利用法兰安装在受压设备、容器及系统的放空管上。当设备、容器及系统因某种原因压力超标时，爆破片即被破坏，使过高的压力泄放出去，以防止设备、容器及系统受到破坏。

2. 爆破片装置特点

(1)爆破片能适应快速升压的要求，而安全阀则因控制其阀瓣开启的弹簧必须克服其惯性，需要一定的时间，通常化学反应失控会产生较快的升压速度，此时容器上的安全装置采用爆破片装置。

(2)密封性能可靠，对于有毒易燃的介质，宜选用爆破片装置。安全阀的阀瓣与阀座间难免会产生微量或少量的介质泄漏。

(3)安全装置的动作与介质的状态无关，对于有少量的固体结晶或黏性液体黏在爆破片上，不会影响爆破片的爆破压力，若是黏在安全阀的阀瓣一阀座密封面上，则有可能严重影响其开启压力。

(4)爆破片还具有爆破压力、爆破温度、泻放面积的幅度大，耐腐蚀性好、爆破压力精度高、结构简单、安装方便等优点。

(5)爆破片的缺点是只能使用一次，一旦破裂，将有近90%的介质泻出，经济上损失巨大，因此管理上要求定期更换爆破片的膜片。为了减少泻放时物料的损失，可将爆破片装置和安全阀装置组合配置。为了防止爆破片因轻微的腐蚀或因疲劳而提前破裂、操作被迫中断从而影响设定的更换周期，可以将两个爆破片串联配置。

3. 爆破片的分类

(1)正拱型爆破片：拱型向上，一般适用于气体介质。

(2)反拱型爆破片：拱型向下，抗疲劳性能好，不需要考虑真空影响，不产生碎片且可在爆破压力的90%下操作。必须用于在受压侧存在一定体积的气体环境，以便膜片失稳翻转时有足够的能量使其完全打开，但刻槽型能用于液体介质。

(3)石墨爆破片：采用人工晶体石墨制成，最适用于较低爆破压力且要求抗化学腐蚀环境的场合。

(4)组合爆破片：为满足某些被保护设备的特殊要求产生，如双向爆破片、正反拱组合爆破片。

(5)夹持器：作用是将爆破片的周边按设计要求正确的夹紧在配置位置上，使爆破片能达到设计要求的爆破压力。

4. 爆破片装置的材质

(1)材质选择原则

①适当的强度;

②足够的耐腐蚀性能;

③较好的热稳定性;

④塑性好、质量均匀、性能稳定。

(2)金属膜片材料

①纯铝:抗浓硝酸、碳酸氢铵等腐蚀,不耐碱及氯化钠等的腐蚀。低温性能好,强度低且不耐高温,故通常用于小直径、低压力及温度较低的场合。

②纯银:塑性及抗腐蚀性良好,力学性能和热稳定性都比铝良好,强度和铝差不多,是性能优越的低压力爆破片材料。

③纯镍:化学稳定性好,能耐海水、碱性液及大多数无机盐与有机酸的腐蚀。强度好、塑性高、热稳定性良好,适用于高温中压的性能良好的爆破片材料。

④奥氏体不锈钢(304、316、316L):强度高,热稳定性好,常用于高温、高压、中压及大直径爆破片和真空支承件。

⑤蒙乃尔合金:良好的抗酸、苛性碱及抗二氧化硫、二氧化碳等气体腐蚀的能力。高温力学强度高,热稳定性能好,常用于高温、高、中压力的爆破片及真空支承材料。

(3)非金属膜片材料

①经树脂等浸渍过的不透性、等静压高级人造晶体石墨。对温度不敏感,但对压力波动敏感,常用于中低压爆破片。

②其他石棉板等。

5. 爆破片的配置及安装注意事项

(1)单独设置

容器或系统中的压力升压速率很快而不能采用安全阀时或介质为黏稠性时,必须采用爆破片装置,对于毒性较大的或易燃的介质在操作中不允许泄漏时,宜采用爆破片装置。

(2)组合设置

通常指爆破片和安全阀组合配置,目的是发挥爆破片防腐蚀、防泄漏及能快速开启等优点。和安全阀只泻放超压部分的介质,而将绝大部分介质留在容器内,减少损失且可多次使用的优点结合起来产生较大的经济效益。

组合设置有串联和并联两类:

①串联组合

两泻放装置的泻放压力基本相同,泻放能力一致,一为主,一为辅。

a)爆破片装置位于容器和安全阀中间

设计者可能是以安全阀为主要泻放装置,在其上游设置爆破片是为了避免泄漏或腐蚀介质、黏性介质对安全阀的影响;设计者也可能是以爆破片为主要泻放装置,在其下游设置安全阀是为了只泻放超压介质,将大部分介质保留下来。

在爆破片和安全阀之间必须接出一个旁通管路，作用是检验爆破片是否已经失效。在该管路上通常有过流阀、压力计或压力报警器及放空阀等。爆破片破裂时应无碎片，以免堵塞管路或阻碍安全阀的正常工作。

b)安全阀位于容器和爆破片装置之间

爆破片的作用是防止安全阀的出口侧有背压出现而影响其正常开启，也可以防止安全阀出口附近环境空间有腐蚀性介质。

在安全阀和爆破片间应设置过流阀(气体介质)或排液口(液体介质)，以防止安全阀微量介质泄漏产生的背压积累从而影响安全阀在规定的压力下开启。容器内的介质应是清洁流体，无黏滞性或固体物。

②并联组合

爆破片和安全阀分别由容器中接出，各自单独泻放。采用这种结构通常是因为容器中有可能产生化学反应超压失控，升压速率大而采用爆破片装置；而在正常的操作过程中产生瞬间压力跳动的概率要比反应失控的概率大得多，为不使其较大的瞬间跳动损坏爆破片，故设置安全阀。在该并联组合装置中，安全阀的开启压力低于爆破片的爆破压力。

(3)爆破片的安装

应将爆破片装置或组合装置设置在容器本体或其附属管线上容易检修理的部位。用于泻放气体的泄压装置应连接在容器顶部或气体管道上；用于泻放液体的则应连接在容器正常液位的下方或液体管道上。

①在泻放装置和容器间的连接管道应短、呈直线形，管道的直径应能满足泄放量的要求。

②在容器与泄压装置之间除因容器连续操作的需要或者泄压装置检修的需要可安装切断阀外，均不得安装切断阀。正常操作时切断阀应锁定在全开位置。

③泻放管道上并联多个泻放装置时，该管道的流体截面积应能满足泄压装置泄放量的要求或至少和多个泄压装置入口面积之和相当。

④当泻放有毒物质时，应在向大气排放之前予以消毒处理，使介质符合排放标准。

⑤易燃气体伴随烟雾同时排放时，应装设分离器，将捕集烟雾后的易燃气体发放到安全区域中。

⑥设计管道时应考虑介质在泻放管道内高速流动时泄压装置及其相关管道施加的反作用力，应计算其作用力矩和应力以及介质排放时所产生的瞬时动载荷。

8.3 灭火装备

8.3.1 空气泡沫产生器

空气泡沫产生器是空气泡沫灭火系统中产生泡沫的主要设备，安装在易燃液体储罐上，用作液上喷射泡沫灭火。它有立式、横式和槽式三种型式。

立式空气泡沫产生器的规格，按每秒钟泡沫发生量计有 25、50、100、150、200L 共五种。它主要由产生器、泡沫室和导板组成。产生器则由孔板、产生器本体、滤尘罩构成，如图 8－12 所示。其中孔板用来控制混合液流量；滤尘罩安装在空气吸入口上，以防杂物吸入。泡沫室由泡沫室本体、滤网、玻璃盖、泡沫室盖构成。其中滤网是用来分散混合液流，使它与空气充分混合，形成泡沫；玻璃盖厚度为 2mm，表面刻有十字形破碎痕，平时防止储罐内液体溢出和液体蒸气逸出，喷射泡沫时只要有 0.1MPa 左右的压力冲击，即能破碎，导板用来将泡沫导向罐壁，使之平稳地覆盖到着火液面上。

横式空气泡沫产生器的规格，按每秒泡沫发生量有 25、50、100、150L 共四种。它的结构简单、重量轻、安装方便。其构造与立式基本相同，如图 8－13 所示。槽式空气泡沫产生器的泡沫发生量较小，只适宜安装在油槽上或小型油罐上。

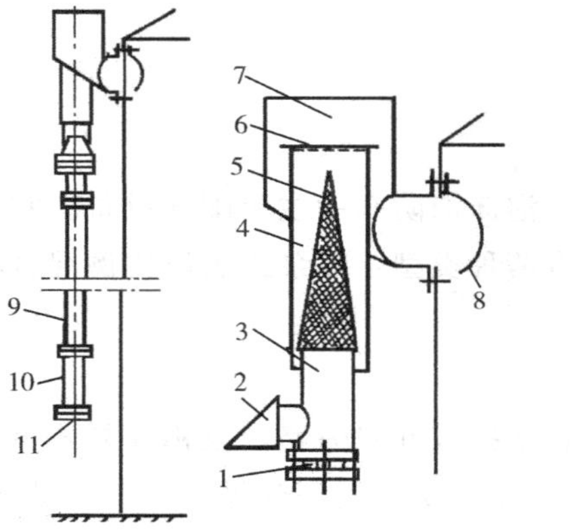

图 8－12　立式泡沫产生器

1—孔板；2—空气吸入口；3—产生器本体；4—泡沫室；5—滤网；6—玻璃盖；7—泡沫室盖；8—导板；9—混合液输入管；10—短管；11—闷盖

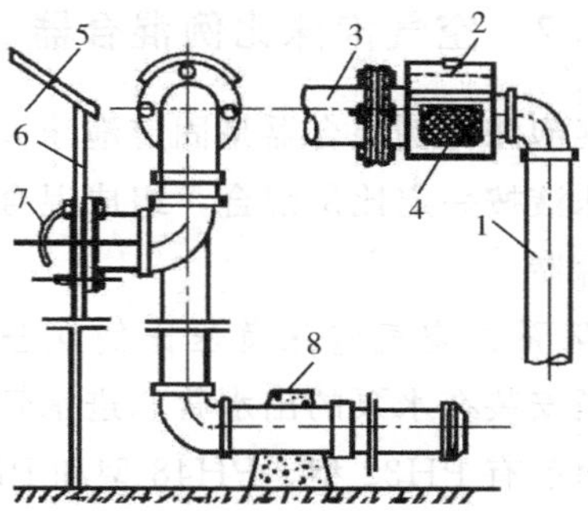

图 8－13　横式泡沫产生器

1—立管；2—泡沫室；3—横管；4—滤网；5—油罐；6—罐壁；7—导板；8—防火堤

它们的工作原理是：当混合液沿管道流过产生器孔板时，突然节流，流速增大，造成负压，使大量空气吸入产生器内，与混合液初步形成泡沫；然后经滤网或击散片的分散作用，使混合液与空气得到充分混合，形成空气泡沫，将玻璃盖冲破；在导板的作用下，泡沫沿罐壁流向着火液面，将火扑灭。

立式空气泡沫产生器有 PS4、PS8、PS16、P24、PS32 共五种型号；横式有 PC4、PC8、PC16 和 PC24 共四种型号。它们的主要技术性能见表 8－6。

表 8－6　空气泡沫产生器技术性能

名 称	型 号	进口压力/MPa	混合液流量/(L/s)	泡沫发生量/(L/s)
25L 泡沫产生	PS4 PC4	0.5	4	25
50L 泡沫产生	PS8 PC8	0.5	8	50

续表

名 称	型 号	进口压力/MPa	混合液流量/(L/s)	泡沫发生量/(L/s)
100L 泡沫产生	PS16 PC16	0.5	16	100
150L 泡沫产生	PS24 PC24	0.5	24	150
200L 泡沫产生	PS32	0.5	32	200

使用时应注意混合液进入产生器时的压力必须保证在 0.3～0.5MPa，最低不得低于 0.2MPa。如压力过低，混合液就会从空气进口流出，不能形成泡沫或形成倍数很低的泡沫；但如压力高于 0.5MPa，也同样不利于泡沫的形成。每次使用后应用清水将空气泡沫产生器冲洗干净，换上新玻璃盖。

8.3.2 空气泡沫比例混合器

空气泡沫比例混合器是固定泡沫灭火系统、泡沫消防车的主要配套设备。它能使水与空气泡沫液按一定比例混合，组成混合液。它有两种类型：环泵式负压比例混合器和压力比例混合器。

1. 环泵式空气泡沫负压比例混合器

它是安装在水泵的出水管和进水管线之间，连接成环状旁路，故称环泵式负压比例混合器。目前有 PH32 型、PH48 型和 PH64 型三种，PH32 型又分固定式和移动式。PH32 型固定式比例混合器喷嘴的进口与消防水泵的出水管连接；扩散管的出口则与消防水泵的进水管连接。调节阀是由阀门芯、手轮、弹簧、指示牌、指针等组成。阀门芯上有五个口径不同的泡沫液量控制孔；指示牌上相应刻有 25、50、100、150、200 五个泡沫量指数。使用时，可借手轮旋转空门芯，将指针转到所需的泡沫量指数上，调节泡沫液的吸入量。其结构和安装如图 8-14、图 8-15 所示。

它的工作原理是，当水泵启动后，有压的水流，由闸阀进入比例混合器，经过喷嘴喷入扩散管，再由扩散管经水泵进水管吸入水泵内。在这样不断的循环中，由于喷嘴口很小，水流由喷嘴喷出时流速很快，真空室内便造成负压，于是泡沫液罐内的泡沫液在大气压作用下，能经过吸液管和控制孔被吸进真空室，与水混合形成混合液，混合液经扩散管被吸入水泵后，大部分经水泵，沿着管道输送到泡沫产生器；小部分则又返回比例混合器。PH32 型负压比例混合器的技术性能见表 8-7。

使用时注意，泡沫量在指示牌允许范围内可根据需要进行调节。如供应一只 50 的泡沫产生器，指针转在“50”的位置上；供应两只 50 或一只 100 泡沫产生器时，指针转至“100”位置上，这种比例混合器不宜在正压条件下工作，因此，水泵进水管不应便用有压水源，如消火栓或地面蓄水池，否则不能按比例混合。

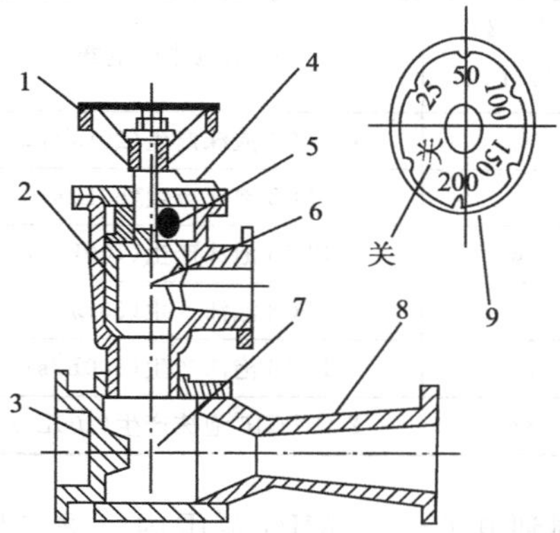

图 8-14 PH32 型负压比例混合器结构意图

1—手轮；2—调节阀；3—喷嘴；4—指示针；5—弹簧；6—吸入室；7—真空室；8—扩散管；9—指示牌

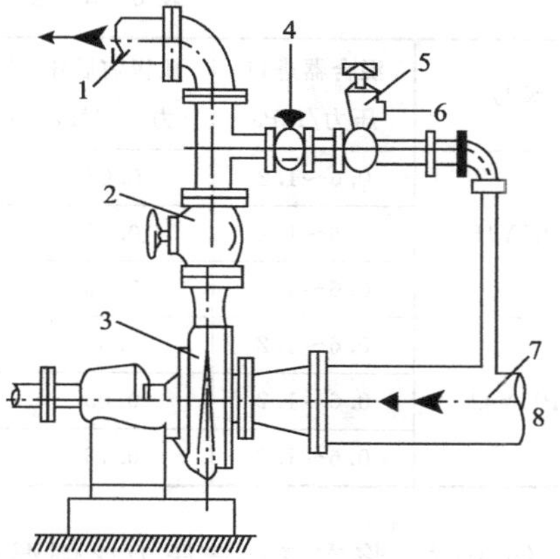

图 8-15 PH32 型负压比例混合器安装意图

1—出水管；2—出水总阀；3—消防泵；4—阀门；5—比例混合器；6—泡沫吸入口；7—进水管；8—无压水源

表 8-7 PH32 型负压空气泡沫比例混合器技术性能

调节阀指针位置	混合器进口压力/MPa	泡沫液吸入量/(L/s)	混合液输出量/(L/s)	配用泡沫产生器
25	0.6～1.2	0.24	4	25L 泡沫产生
50	0.6～1.2	0.48	8	50L 泡沫产生
100	0.6～1.2	0.96	16	100L 泡沫产生
150	0.6～1.2	1.44	24	150L 泡沫产生
200	0.6～1.2	1.92	32	200L 泡沫产生

2. 空气泡沫压力比例混合器

它是固定式和半固定式泡沫灭火系统的配套设备之一。安装在耐压的泡沫液储罐上，并处在水泵出口的压力管网上，所以叫做泡沫压力比例混合器。它的用途与负压比例混合器相同。

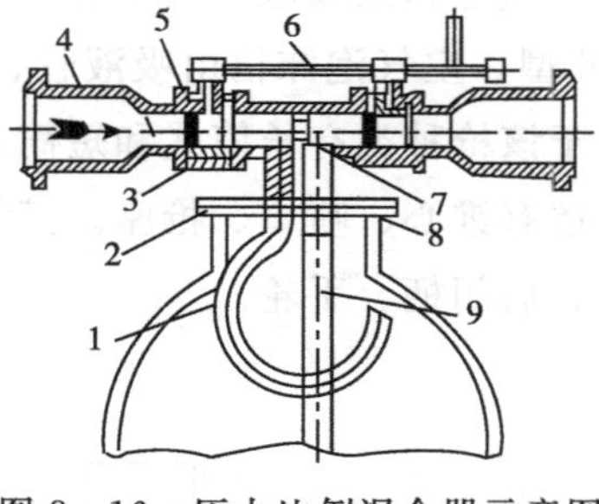

图 8-16 压力比例混合器示意图

1—缓冲管；2—连接法兰；3—混合器本体；4—骤散管；5—球阀；6—联动手柄；7—压差孔板；8—节流孔板；9—出液管

它的工作原理是：当有压力的水流通过比例混合器时，在压差孔板的作用下，造成孔板前后之间的压力差。孔板前较高的压力水由缓冲管进入泡沫液储罐上部，迫使泡沫液从储罐下部经出液管压出；当它通过节流孔板时，又受压差孔板后负压的影响被吸入。由于孔板的喷射作用，使泡沫液与压力水按 6∶94 比例混合。它利用了压和吸的双重作用，故其压力损失小。其结构如图 8-16 所示。

目前空气泡沫压力比例混合器有 PHY16、PHY32 两种规格。它们的技术性能见表8-8。

表 8－8　空气泡沫压力比例混合器技术性能

型号	混合器进口压力/MPa	孔板前后压力差/MPa	泡沫液吸入量/(L/s)	混合液输出量/(L/s)	配用泡沫产生器
PHY16	0.6～1.2	0.02	0.24	4	PC4 泡沫产生(25L/s)
	0.6～1.2	0.05	0.48	8	PC8 泡沫产生(50L/s)
	0.6～1.2	0.16	0.96	16	PC16 泡沫产生(100L/s)
PHY32	0.6～1.2	0.02	0.48	8	PC8 泡沫产生(50L/s)
	0.6～1.2	0.05	0.96	16	PC16 泡沫产生(100L/s)
	0.6～1.2	0.16	1.92	32	2 只 PC16 泡沫产生(100L/s)

使用时，将空气泡沫压力比例混合器进口压力调到 0.6～1.2MPa 范围内。进口压力的大小，取决于所配用的泡沫喷射设备的工作压力、管道(或水带)长度及摩擦损失的大小。出口压力只要能处于泡沫喷射设备的工作压力范围，混合器均能正常工作。具体操作方法是：加液时，将联动手柄扳至“开”位置，关闭放液阀，打开加液口法兰，注入泡沫液，直至泡沫罐灌满为止；然后盖紧加液口，再把联动手柄扳至“关”的位置。灭火时，调整消防水泵供水压力，使之达到使用要求，然后把联动手柄推向“开”的位置。放液时，开启放液阀，打开放液法兰，把残余泡沫液和水排出储液罐。储液罐平时应装满泡沫液并保持密封。

8.3.3　空气泡沫枪

空气泡沫枪是用来产生和喷射空气泡沫的灭火工具，适用于扑救小型油罐、地面石油产品及木材等一般固体物质的火灾。

空气泡沫枪按泡沫发生量主要有 25、50、100 三种，与其相同的型号是 PQ4、PQ8、PQ16 型。空气泡沫枪由吸液管、吸液管接头、枪体、管牙接口、滤网、喷嘴、枪筒组成。但由于该枪种类有长筒式和短筒式两种，所以具体构造也不完全一样。长筒式除上述部件外，还有锥心、喷口、枪座。其结构如图 8－17 所示。短筒式除上述共有部件外，还有密封圈、启闭柄、手轮。

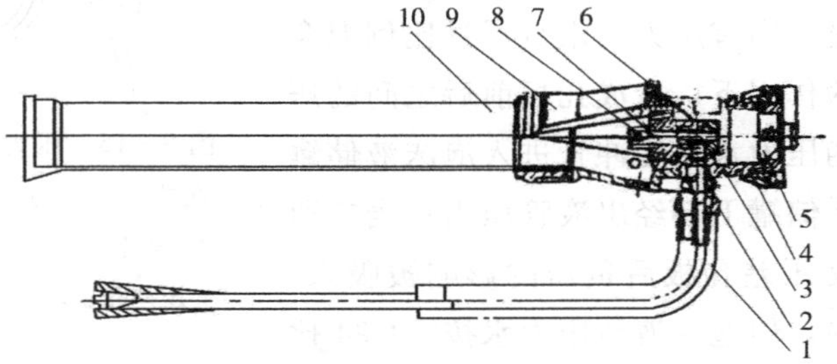

图 8－17　长筒式空气泡沫枪结构图

1—吸液管；2—吸液管接头；3—枪体；4—管牙接口；5—滤网；6—喷嘴；7—锥心；8—喷口；9—枪座；10—枪筒

长筒式空气泡沫枪：当水流由水带经过管牙接口进入枪筒后，一部分流经喷嘴，造成负压，而从喷嘴吸入适量空气泡沫液与水初步混合并经锥心扩散后，从喷嘴喷出，大部分水流则经过枪体上的四个斜孔喷入枪座并吸入大量空气，从而形成空气泡沫并由喷口喷出。

有的泡沫枪装有启闭开关，可以扳动启闭柄来开启或关闭射流。有的泡沫枪还装有旁路启闭装置。当旁路开启时，枪体和喷嘴构成空间中的负压被破坏，使液流中断。这种装置的用途是在不采用吸液管吸取泡沫液时，能得到良好的空气泡沫流。

吸取空气泡沫液的数量与水流压力成正比，即水流压力越大，吸液量越多。空气泡沫枪的技术性能见表 8－9。

表 8－9　空气泡沫枪的技术性能

名称及型号	进口工作压力/MPa	进水量/(L/s)	泡沫液吸入量/(L/s)	混合液量/(L/s)	泡沫发生量/(L/s)	射程/m	
						集中点	最远点
PQ4	0.7	3.76	0.24	4	25	16	27
PQ8	0.7	7.52	0.48	8	50	17	28
PQ16	0.7	15.04	0.96	16	100		32
PQ4	0.5	3.0	0.20	3.2	20		
PQ8	0.5	6.0	0.24	6.4	40		
PQ16	0.5	12.2	0.80	13	80		

空气泡沫枪可与泡沫消防车配套使用，也可与水罐消防车或其他水泵配套使用。当与泡沫消防车配套使用时，空气泡沫枪的吸液管应卸下，并根据泡沫枪的规格将空气泡沫比例混合器调节阀的指针拨到适当的指数上。如供给一只 50 型泡沫枪，应将指针转到“50”位置上，其他可依此类推。

当与水罐消防车或一般水泵配套使用时，应安好吸液管，将其一端插入泡沫液桶内吸取空气泡沫液。但在火场上，盛装泡沫液的桶要随着泡沫枪的移动而移动，给施救带来很大的不便。当水泵通过水带向泡沫枪供水或供给混合液时，应扳动启闭柄打开启闭开关。泡沫枪进口压力最好在 0.7MPa，否则，水与泡沫液的比例就会有变化，将影响泡沫质量。

8.3.4　空气泡沫炮

空气泡沫炮是产生和喷射空气泡沫的灭火设备。它可用消防水泵供水自吸空气泡沫液，或用消防泵供给泡沫液，产生和喷射空气泡沫，主要用于扑救油类火灾，也可喷射水流扑救一般物质火灾。空气泡沫炮有移动式和固定式两种。

移动式空气泡沫炮是一种轻便、可以根据火势情况随时移动位置喷射泡沫或水的灭火器材。目前生产的 PPY32 型 200 移动式空气泡沫炮，已配备在大型消防车上使用。炮的底座可以翻起两根撑脚并可收并在进水座上，吸液管可以拆卸，便于搬移操纵。

固定式空气泡沫炮是固定在泡沫消防车顶部、或拖车上、或消防船及码头等处，喷射空气泡沫或水的灭火器材。目前生产的 PP48 型空气泡沫——水两用炮为定型产品。其结构与移动式相似，但附有辅助机构，可以在一定范围内俯仰、回转、便于操作使用。常用的空气泡沫炮的技术性能见表 8－10。

表 8－10　常用空气泡沫炮技术性能

型号	工作压力/MPa	混合液量/(L/s)	空气泡沫液量/(L/s)	空气泡沫量/(L/s)	泡沫射程/m	水射程/m
PPY32A	1.0	32	1.92	200	≥45	
PP32A	0.8	32	1.92	200	≥45	≥50
PP48B	1.2	48	2.88	300	≥55	
	1.0	水量 48L/s				≥65

8.3.5　小型灭火器材配置设计

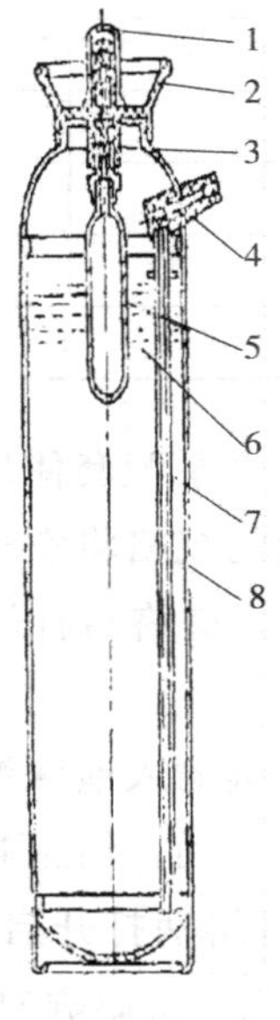

图8－18　手提式清水灭火器结构图

1—保险帽；2—提圈；3—器头；4—喷嘴；5—储气瓶；6—清水；7—吸管；8—筒体

油库常用灭火机具：油库灭火机具(又称为灭火器)，是一种依靠自身压力使内部填装的灭火剂喷出，并由人力移动，用于扑救油库各种初起火灾的工具。初起火灾由于范围小，火势弱，是火灾扑救的最有利时机。一具质量合格的灭火器，若使用方法正确，扑救及时，可将一场损失巨大的火灾扑灭在萌芽状态。由于灭火机具结构简单，操作方便，使用效果好，价格适宜，在油库各种场合使用较多。

目前，油库常用的灭火机具有清水、酸碱、泡沫、二氧化碳、干粉灭火机等。下面将分别介绍清水、酸碱、泡沫、二氧化碳、干粉灭火机灭火器的构造、性能和适用范围。

1. 清水灭火器

清水灭火器是由保险帽、提圈、筒体、二氧化碳气体储气瓶和喷嘴等部件组成，如图 8－18 所示。清水灭火机的筒体中装的是清洁水，所以称为清水灭火器。

它主要适用于扑救固体物质火灾。如木材、棉麻等，可配置于油库生活、办公区。

清水灭火机有 6L 和 9L 两种规格。9L 手提式清水灭火机在 20℃时的主要性能见表 8－11。

表 8－11　MSQ9 型清水灭火机的技术性能表

灭火剂量/L	9	喷射剩余率/%	≤10
有效喷射时间/s	≥50	充装系数/(kg/L)	≤0.8
有效喷射距离/m	≥7	灭火级别	8A
喷射滞后时间/s	≤5	使用温度/℃	4～55

2. 酸碱灭火器

酸碱灭火器由筒体、筒盖、硫酸瓶、喷嘴等组成，如图 8－19 所示。平时，灭火器的筒体内装有碳酸氢钠水溶液，硫酸瓶内装有纯度为 60%～65%的硫酸。当灭火器颠倒，硫酸便从硫酸瓶中流出，与筒体内碳酸氢钠水溶液混合，发生化学反应产生的压力使水喷出。

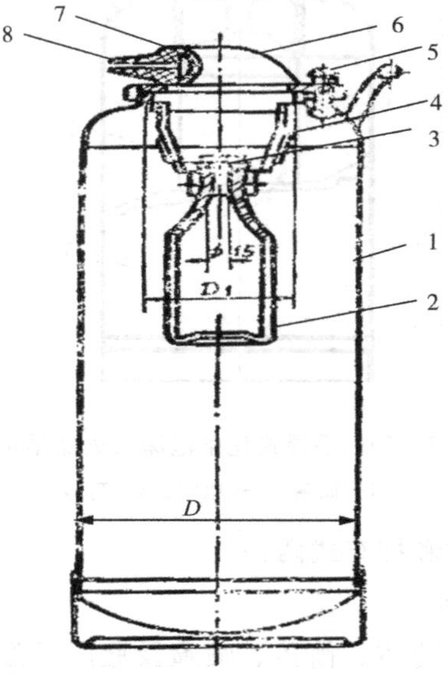

图 8－19　酸碱灭火器结构图

1—筒体；2—硫酸瓶；3—铅盖；4—瓶夹；5—螺母；6—筒盖；7—滤网；8—喷嘴

酸碱灭火器适用于扑救木、棉、麻、毛、线等一般固体物质火灾，但不宜用于油类和忌水、忌酸物质及电气设备的火灾。

手提式酸碱灭火器有 7L 和 9L 两种规格。9L 酸碱灭火机的主要性能见表 8－12。

表 8－12　MS9 型酸碱灭火机的技术性能表

灭火剂量/L	9	喷射剩余率/%	≤10
有效喷射时间/s	40～50	充装系数/kg/L	≤0.8
有效喷射距离/m	≥8～12	灭火级别	8A
喷射滞后时间/s	≤5	使用温度/℃	4～55

3. 泡沫灭火器

用喷射泡沫进行灭火的灭火器叫做泡沫灭火器。

泡沫灭火器主要用于扑救油品火灾，如汽油、煤油，柴油、植物油、动物油以及苯、甲苯等的初起火灾。也可用于扑救固体物质火灾，如木材、棉、麻、纸张等初起火灾，泡沫灭火器不适于扑救带电设备火灾以及气体火灾。

泡沫灭火器有化学泡沫灭火器和空气泡沫灭火器两种。

(1)化学泡沫灭火器

化学泡沫灭火器喷射出的泡沫是化学泡沫。化学泡沫与空气泡沫的不同之处在于，化学泡沫内所包含的气体为二氧化碳气体，而空气泡沫内所包含的气体为空气。

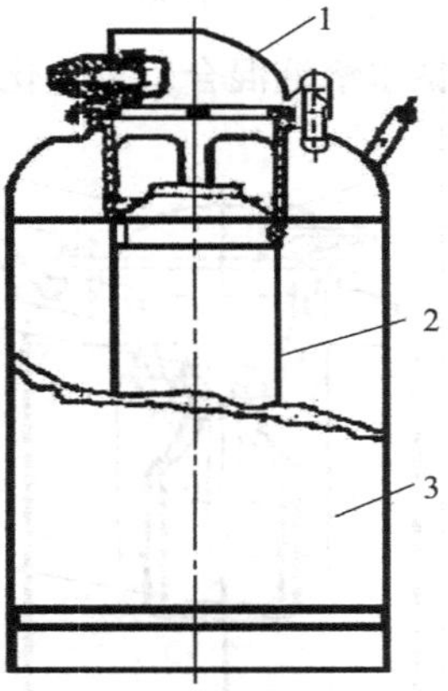

图 8－20　手提式化学泡沫灭火器结构图

1—筒盖；2—瓶胆；3—筒体

化学泡沫灭火器有手提式和推车式两种。

①手提式化学泡沫灭火器

手提式化学泡沫灭火器由筒体、筒盖、喷嘴及瓶胆等组成，如图 8－20 所示。平时，瓶胆内装的是硫酸铝的水溶液，筒体内装的是碳酸氢钠的水溶液。当灭火器颠倒时，两种溶液混合，产生化学反应，喷射出泡沫。

手提式化学泡沫灭火器有 8L 和 10L 两种规格，主要性能参数见表 8－13。

表 8－13　MP10 型手提式泡沫灭火器主要性能参数

型号	药液总量/L	喷射时间/s	射程/m		筒身耐压/MPa	重量/kg		发泡倍数	泡沫持久性：30min 内泡沫消失量/%
			集中点	最远点		装药	不装药		
MP8	8.8	60	8	10	2.5	12.3	4.1	8	≤5%
MP10	9.55	60	8	10	2.5	11.5	4.1	8	≤5%

②推车式化学泡沫灭火器

推车式化学泡沫灭火器由筒体、筒盖、瓶胆、瓶口密封机构、安全阀、喷射系统、车架和车轮等组成，如图 8－21 所示。主要有 65L 和 100L 两种规格。主要性能参数见表8－14。

表 8－14　MPT 型推车式泡沫灭火器主要性能参数

型号	药液总量/L	喷射时间/s	射程/m		内药液/kg		外药液/kg		重量/kg	
			集中点	最远	药粉	清水	药粉	清水	不装药	装药
MPT65	65	170	≥15	≥17	6.3	7	4.55	42	73	133
MPT100	100	175	≥16	≥18	9	10	6.5	60	85	170

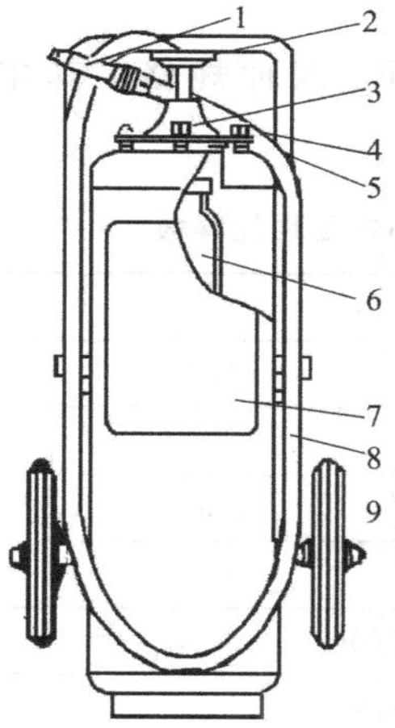

图 8-21　推车式化学泡沫灭火器结构图

1—喷枪；2—车架；3—筒盖；
4—固定螺栓；5—把手；6—瓶胆；
7—筒体；8—喷射软管；9—车轮

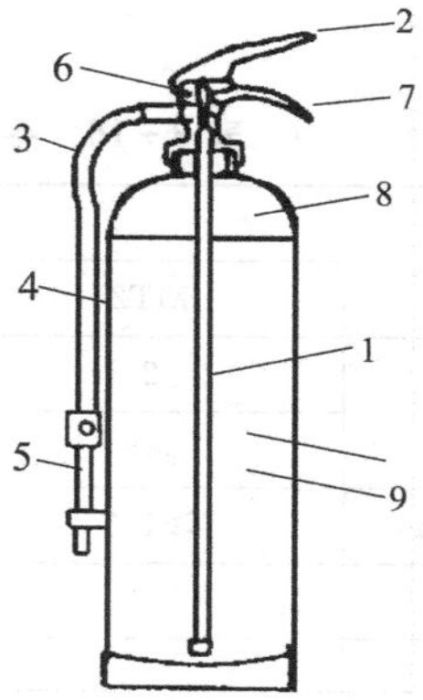

图 8-22　储压式空气泡沫灭火器结构图

1—虹吸管；2—压把；3—喷射软管；
4—筒体；5—泡沫喷枪；6—筒盖；
7—提把；8—加压氮气；9—泡沫混合液

(2)空气泡沫灭火器

空气泡沫灭火器内部充装的是 90%的水和 10%的 YEF-6 型氟蛋白泡沫灭火剂。空气泡沫灭火器有储压式和储气瓶式两种结构形式(储气瓶式较少使用)，只有手提式，有 3L、6L 和 9L 三种规格。与化学泡沫灭火器相比，空气泡沫灭火器具有灭火能力强、操作方便、灭火剂使用时间长等特点。其适用范围与化学泡沫灭火器相同。空气泡沫灭火器的主要性能参数见表 8-15。

表 8-15　MPK 空气泡沫灭火器的主要性能参数

灭火剂量/kg	3	发泡倍数	≥5
充装压力/MPa	10	25%析液时间/s	3
有效喷射时间/s	≥30	喷射剩余率/%	≤4
有效喷射距离/m	≤7	使用温度/℃	4～55

储压式空气泡沫灭火器由筒体、筒盖、泡沫喷枪、喷射软管、加压氮气、提把、压把等组成，如图 8-22 所示。

4. 二氧化碳灭火器

二氧化碳灭火器内充装的是加压液化的二氧化碳，它主要用于扑救甲、乙、丙类液体(如油类)、可燃气体(如煤气)和带电设备的初起火灾。

由于二氧化碳灭火时不污损物件，灭火后不留痕迹，所以二氧化碳灭火器更适于扑救精密仪器和贵重设备的初起火灾。

二氧化碳灭火器有手提式和推车式两种，手提式二氧化碳灭火器的重量一般不超过 38kg，使用时由操作者手提。推车式二氧化碳灭火器的重重一般均超过 60kg，使用时由操作者推着或拉着移动。

手提式二氧化碳灭火器有 2kg、3kg、5kg 和 7kg 四种规格，其主要性能参数见表8-16。

表 8-16 手提式二氧化碳灭火器的主要性能参数

项目	规格			
	MT2	MT3	MT5	MT7
灭火剂重量/kg	2	3	5	7
有效喷射时间/s	≥8	≥8	≥9	≥12
有效喷射距离/m	≥1.5	≥1.5	≥2	≥2
喷射剩余率/%	≤10			
喷射滞后时间/s	≤5			
充装系数	≤0.67			

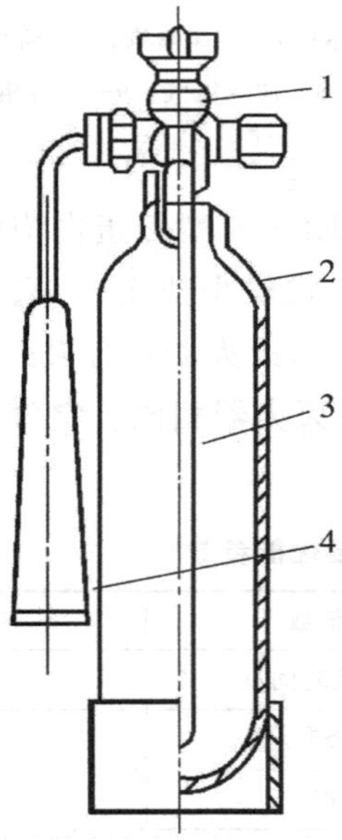

图 8-23 手轮式二氧化碳灭火器结构图

1—手轮式启闭阀；2—钢瓶；3—虹吸管；4—喷筒

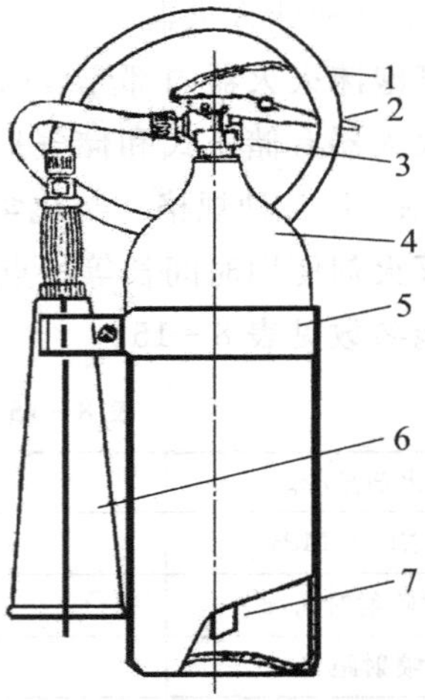

图 8-24 鸭嘴式二氧化碳灭火器结构

1—压把；2—提把；3—启闭阀；4—钢瓶安全堵；5—喷筒；6—卡带；7—喷管

手提式二氧化碳灭火器按其开启机构情况，可分为手轮式二氧化碳灭火器和鸭嘴式二氧化碳灭火器。

手轮式二氧化碳灭火器主要由喷筒、手轮式启闭阀和筒体组成，如图 8-23 所示。

鸭嘴式二氧化碳灭火器由提把、压把、启闭阀、筒体和喷管等组成，如图 8-24 所示。

5. 干粉灭火器

干粉灭火器是指充装干粉灭火剂的灭火器。干粉灭火器可分为普通干粉灭火器和多用干粉灭火器。由于普通干粉灭火器和多用干粉灭火器充装的干粉不同，它们的用途亦不完全相同。

普通干粉灭火器充装的是普通干粉，如碳酸氢钾干粉、碳酸氢钠干粉等，主要用于扑救下列物质火灾：

(1)甲、乙、丙类液体如烃类(包括汽油、煤油、柴油等)、醇类、酮类、酯类、苯类及其他有机溶剂类的初起火灾；

(2)可燃气体如城市煤气、甲烷、乙烷、丙烷等的初起火灾；

(3)电气设备如电闸、发电机、电动机等带电设备的初起火灾。

多用干粉灭火器充装的是多用干粉，如磷酸铵盐干粉、硫酸铵盐干粉等，其适用范围除和普通干粉灭火器相同外，还可用于扑救固体物质如木材、棉、麻、纸张等的火灾。

由于固体物质火灾又称为 A 类火灾，甲、乙、丙类液体火灾又称为 B 类火灾，可燃气体火灾又称为 C 类火灾，所以，普通干粉灭火器又称为 BC 干粉灭火器，多用干粉灭火器又称为 ABC 干粉灭火器。

普通干粉灭火器和多用干粉灭火器主要有手提式干粉灭火器、背负式干粉灭火器、推车式干粉灭火器、干粉灭火棒和干粉灭火弹等五种形式。下面主要介绍普通手提式干粉灭火器和推车式干粉灭火器。

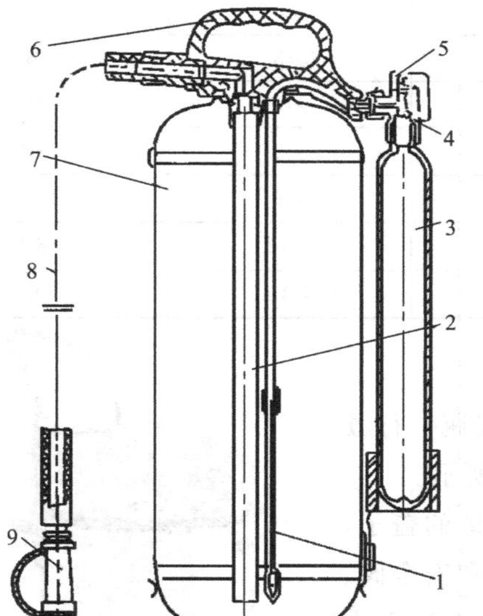

图 8-25　外置式干粉灭火器结构图

1—进气管；2—出粉管；3—钢瓶；4—提环；5—气瓶螺母；6—提柄；7—筒体；8—喷粉管；9—喷嘴；10—胶堵

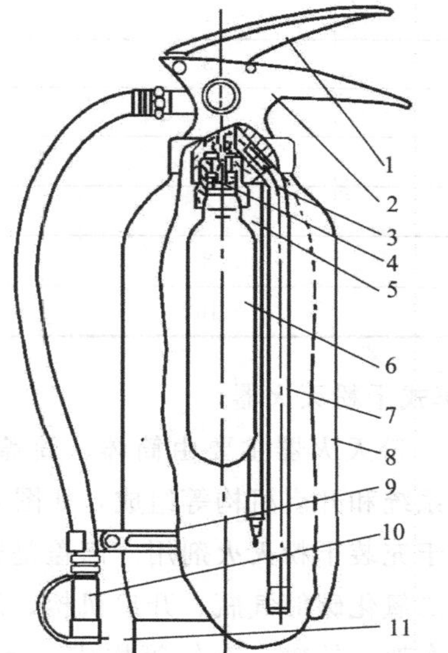

图 8-26　内装式干粉灭火器结构图

1—压把；2—器头；3—刺针；4—膜片；5—气管；6—气瓶；7—粉管；8—筒体；9—固定夹；10—喷嘴；11—胶堵

干粉灭火器是利用高压的二氧化碳气体为动力，喷射干粉进行灭火的灭火器具。手提式干粉灭火器根据二氧化碳动力气体配置的形式分为内装式、外置式和储压式三种形式。

(1)外置式手提干粉灭火器

外置式手提干粉灭火器与内装式手提干粉灭火器不同之处在于，外置式手提干粉灭火器的储存动力气体二氧化碳的钢瓶不是装置在灭火器的筒体内，而是装在灭火器的筒体外。钢瓶悬挂在筒体外部与筒体用紧固螺母连接，钢瓶阀门上装有提环，如图 8－25 所示。

(2)内装式手提干粉灭火器

内装式手提干粉灭火器的储存二氧化碳动力气体的钢瓶装置在灭火器的筒体内，故称之为内装式手提干粉灭火器。内装式干粉灭火器主要由筒体、筒盖、储气钢瓶、喷气系统和开启机构等组成，筒体用于充装干粉灭火剂。筒盖是密封筒体的盖子，筒盖上装有提把、喷射软管、储气钢瓶、出粉管、出气管和开启机构等。储气钢瓶是储存动力气体二氧化碳的容器。喷射系统由出气管、出粉管、喷射软管和喷嘴等组成，如图 8－26 所示。

手提式干粉灭火器有 1kg、2kg、3kg、4kg、5kg、6kg、8kg 和 10kg 等八种规格，其主要性能参数见表 8－17。

表 8－17　手提式干粉灭火器主要性能参数

项目 规格	灭火剂重量/kg	有效喷射距离/m	有效喷射时间/s	灭火级别
MF1	1	≥2.5	≥6	2B
MF2	2	≥2.5	≥8	5B
MF3	3	≥2.5	≥8	7B
MF4	4	≥4	≥9	10B
MF5	5	≥4	≥9	12B
MF6	6	≥4	≥9	14B
MF8	8	≥5	≥12	18B
MF10	10	≥6	≥15	20B

(3)推车式干粉灭火器

推车式干粉灭火器主要由筒体、筒盖、储气瓶、行驶系统、喷射系统和开启机构等组成，如图 8－27 所示。

筒体用于充装干粉灭火剂用。筒盖是密封筒体的盖子，筒盖上装有二氧化碳储气瓶、开启机构、压力表和安全阀。行驶系统由车架、轮轴、车轮等构成，是固定和运送灭火器的装置。喷射系统由喷射软管、软管转盘和喷枪组成。开启机构为提环压块机构，安装在二氧化碳贮气瓶的密封阀上，压下压块，密封阀芯就会开启。

推车式干粉灭火器有 25kg、35kg、50kg、70kg 和 100kg 五种规格，其主要性能参数见表 8－18。

图 8－27　推车式干粉灭火器

表 8-18　推车式干粉灭火器主要性能参数

规格＼项目	灭火剂重量/kg	有效喷射距离/m	有效喷射时间/s	灭火级别
MFT25	25	≥15	≥8	35B
MFT35	35	≥20	≥8	45B
MFT50	50	≥25	≥9	65B
MFT70	70	≥30	≥9	90B
MF100	100	≥35	≥10	120B

8.3.6　灭火器的配置设计

1. 灭火器配置场所的危险等级

工业建筑灭火器配置场所的危险等级，应根据其生产、使用、储存物品的火灾危险性、可燃物数量、火灾蔓延速度以及扑救难易程度等因素，划分为以下三级：

(1)严重危险级——火灾危险性较大、可燃物多，起火后蔓延迅速或容易造成重大火灾的场所，如甲、乙类液体储罐、桶装堆场，闪点<60℃的油品泵房、灌桶间等。

(2)中危险级——火灾危险性较小，可燃物较少，起火后蔓延较慢的场所，如修理车间、一般材料库房等。

(3)轻危险级——火灾危险性小，可燃物较少，起火后蔓延较慢的场所，如修理车间、一般材料库等。

2. 火灾的种类和灭火器的适用性

(1)火灾种类

根据物质及其燃烧特性，火灾种类划分为以下几类：

①A 类火灾——含碳固体可燃物，如木材、棉、毛、麻、纸张等烧烧的火灾；

②B 类火灾——甲、乙、丙类液体，如汽油、煤油、柴油、甲醇等燃烧的火灾；

③C 类火灾——可燃气体，如煤气、天然气、甲烷、丙烷、乙炔、氢气等燃烧的火灾；

④D 类火灾——可燃金属，如钾、钠、镁、钛、锆、锂、铝镁合金等燃烧的火灾；

⑤带电火灾——带电物体燃烧的火灾。

(2)灭火器适用性

①扑救 A 类火灾应选用水型、泡沫、磷酸铵盐干粉、卤代烷型灭火器；

②扑救 B 类火灾应选用干粉、泡沫、卤代烷、二氧化碳型灭火器，扑救极性溶剂 B 类火灾不得选用化学泡沫灭火器；

③扑救带电火灾应先用卤代烷、二氧化碳、干粉型灭火器；

④扑救 C 类火灾应先用干粉、卤代烷、二氧化碳型灭火器；

⑤扑救 A、B、C 类火灾和带电火灾应先用磷酸铵盐干粉、卤代烷型灭火器；

⑥扑救D类火灾可使用粉状石墨灭火器和专用灭金属火灾的干粉灭火器或干砂、铸铁末。

(3)灭火器的灭火级别

灭火器的灭火级别由数字和字母组成。数字表示灭火级别的大小，字母(A或B)表示灭火级别的单位及适用扑救火灾的种类。

灭火级别表征灭火器的灭火能力，系采用科学试验方法即用灭火器扑救相应的标准火试模型的火来确定的。目前世界各国现行国家标准仅有二类灭火级别，即A和B。1A、1B是灭火器扑救A类火灾、B类火灾的最低灭火级别，也是灭火级别的基本单位值。我国现行标准系列规格灭火器的灭火级别有3A、5A、8A、13A、21A……55A等和1B、2B、3B、4B、5B……120B等两个系列，分别标记在相应规格灭火的铭牌上，运用灭火级别进行灭火器配置设计计算是当今世界各国普遍采用的先进、科学方法，也符合灭火战斗必须注重灭火能力的消防实战需要。

表8-19所列是目前国内的标准规格灭火器级别，它是根据国家现行的有关产品质量标准和多次灭火器灭火级别定级验证灭火试验确定的。

表8-19　常用灭火器的灭火级别

灭火器类型		灭火剂充装量		灭火级别	
		L	kg	A类火灾	B类火灾
水(清水、酸碱)	手提式	7	—	5A	—
		9	—	8A	—
泡沫(化学泡沫)	手提式	6	—	5A	2B
		9	—	8A	4B
	推车式	40	—	13A	18B
		65	—	21A	25B
		90	—	27A	35B
干粉(碳酸氢钠)	手提式	—	1	—	2B
		—	2	—	5B
		—	3	—	7B
		—	4	—	10B
		—	5	—	12B
		—	6	—	14B
		—	8	—	18B
		—	10	—	20B
干粉(碳酸氢钠)	推车式	—	25	—	35B
		—	35	—	45B
		—	50	—	65B
		—	70	—	90B
		—	100	—	120B

续表

灭火器类型		灭火剂充装量		灭火级别	
		L	kg	A类火灾	B类火灾
二氧化碳 (CO_2)	手提式	—	2	—	1B
		—	3	—	2B
		—	5	—	3B
		—	7	—	4B
	推车式	—	20	—	8B
		—	25	—	20B

3. 灭火器的选择

灭火器应按下列因素选择：

(1)灭火器配置场所的火灾种类

根据配置场所的性质及其中可燃物的种类，可判断该场所有可能发生哪一类的火灾，然后选择合适的灭火器。如果选择不合适的灭火器扑救火灾，不仅有可能灭不了火，还可能引起灭火剂对燃烧的逆化学反应，甚至还会发生爆炸。例如，碳酸氢钠干粉不适用于扑A类火灾；化学泡沫灭火器不能扑灭醇、醚、醛、酮、酯等极性溶剂B类火灾；水型灭火器不能扑灭碱金属(如钾、钠)火灾，因为水与碱金属作用后，生成大量氢气，与空气混合，容易引起爆炸。

(2)灭火有效程度

虽然有几种类型的灭火器均适用于扑灭同一种类的火灾，但应注意在灭火有效程度上有明显的差别。例如，对同一个4B标准油盘($0.8m^2$)火灾，需用7kg的二氧化碳灭火器(MT7)才能灭火，且速度较慢；如果换用2kg干粉灭火器(MF2)甚至能灭5B油盘火。

(3)对保护物品的污损程度

为了保护贵重物资与设备免不必要的污渍损失，灭火器的选择应考虑其对被保护物品的污损程度。例如在电子计算机房内，被保护的对象是电子计算机等精密仪表设备，若使用二氧化碳灭火器灭火，没有任何残迹，对设备没有污损和腐蚀作用。

(4)设置点的环境温度

灭火器设置点的环境温度对灭火器的喷射性能和安全性能均有明显影响，若环境温度过低，则灭火器的喷射性能显著降低；若环境温度过高，则灭火器的内压剧增，有爆炸伤人的危险。因此，要求灭火器设置点的环境温度应在灭火器的使用温度范围(表8－20)内。

表8－20　灭火器的使用温度范围

灭火器类型	使用温度范围/℃	灭火器类型		使用温度范围/℃
清水灭火器	+4～+55	干粉灭火器	储气瓶式	−10～+55
酸碱灭火器	+4～+55		储压式	−20～+55
化学泡沫灭火	+4～+55	卤代烷灭火器		−20～+55
		二氧化碳灭火器		−10～+55

4. 灭火器的配置基准

(1)A类火灾配置场所灭火器的配置基准，应符合表8-21的规定。

表8-21 A类火灾灭火器配置基准

危险等级	严重危险级	中危险级	轻危险级
每具灭火器最小配置灭火级别	3A	2A	1A
最大保护面积/(m^2/A)	50	75	100

(2)B类火灾配置场所灭火器的配置基准，应符合表8-22的规定。

表8-22 B类火灾灭火器配置基准

危险等级	严重危险级	中危险级	轻危险级
每具灭火器最小配置灭火级别	89B	55B	21B
最大保护面积/(m^2/B)	0.5	1.0	1.5

5. 灭火器的设置要求

(1)灭火器应设置在明显和便于取用的地点，且不得影响安全疏散。灭火器应设置稳固，其铭牌必须朝外。手提式灭火器宜设置在挂钩、托架上或灭火器箱内，其顶部离地面高度应小于1.50m；底部离地面高度不宜小于0.15m。

(2)灭火器应避免设置在潮湿或强腐蚀性的地点，当必须设置时，应有相应的保护措施。设置在室外的灭火器，应有保护措施。灭火器不得设置在超出其使用温度范围的地点。

(3)灭火器的设置地点不应超出其最大保护距离。保护距离是指：灭火器配置场所内任一着火点到最近灭火器设置点的行走距离。保护距离的远近对能否有效地扑灭初起火灾至关重要。因为它关系到人们能否及时取用灭火器，进而是否能够灭火，或是否会使火势失控成灾。A类、B类火灾配置场所灭火器最大保护距离表8-23、表8-24。

设置在可燃物露天堆垛，甲、乙、丙类液体储罐，可燃气体储罐的灭火器配置场所的灭火器，其最大保护距离应按国家现行有关标准、规范的规定执行。

表8-23 A类火灾配置场所灭火器最大保护距离 m

灭火器类型 危险等级	手提式灭火器	推车式灭火器
严重危险级	15	30
中危险级	20	40
轻危险级	25	50

表8-24 B类火灾配置场所灭火器最大保护距离 m

灭火器类型 危险等级	手提式灭火器	推车式灭火器
严重危险级	15	30
中危险级	20	40
轻危险级	25	50

6．灭火器配置的设计计算

灭火器配置的设计计算按下列程序进行：

(1)确定各灭火器配置场所的危险等级；

(2)确定各灭火器配置情报所的危险等级；

(3)划分灭火器配置场所的计算单元；

灭火器配置场所的危险等级和火灾种类均相同的相邻场所，可将一个楼层和一个防火分区作为一个计算单元。灭火器配置场所的危险等级和火灾种类不相同的场所，应分别作为一个计算单元。

(4)测算各单元的保护面积。建筑工程按使用面积计算；可燃物露天堆垛，甲、乙、丙类液体储罐，可燃气体储罐按堆垛、储罐占地面积计算；

(5)计算各单元所需灭火级别；

按下式计算：

$$Q = K\frac{S'}{U} \tag{8-1}$$

式中　Q——灭火器配置场所的灭火级别，A 或 B；

S'——灭火器配置场所的保护面积，m^2；

U——A 类火灾或 B 类火灾的灭火器配置场所相应危险等级的灭火器配置基准，m^2/A 或 m^2B；

K——修正系数。无消火栓和灭火系统的，$K=1.0$；设有消火栓的，$K=0.7$；设有灭火系统的，$K=0.5$；设有消火栓和灭火系统的或为可燃物露天堆垛，甲、乙、丙类液体储罐，可燃气体储罐的，$K=0.3$；地下建筑，$K=1.3$。

(6)确定各单元的灭火器设置点；

(7)计算每个灭火器设置点的灭火级别；

按下式计算：

$$Q_e = \frac{Q}{N} \tag{8-2}$$

式中　Q_e——灭火器配置场所每个设置点的灭火级别，A 或 B；

N——灭火器配置场所中设置点的数量。

(8)确定每个设置点灭火器的类型、规格与数量；

(9)验算各设置点和各单元实际配置的所有灭火器的灭火级别；

(10)确定每具灭火器的设置方式和要求，在设计图上标明其类型、规格、数量与设置位置。

7．油库各场所灭火器材配置要求

(1)规范对配置的规定

控制室、电话间、化验室宜选用二氧化碳灭火器；其他场所宜选用干粉或泡沫型灭火器。灭火器材配置应执行现行国家标准《建筑灭火器配置设计规范》(GB 50140—2005)的有关规定。此外，还应符合下列规定：

①油罐组每 400m^2 应设一具 8kg 手提式干粉灭火器，当计算数量超过 6 具时，可设 6 具。

②五级石油库主要场所灭火毯、灭火砂配置数量不应少于表 8－25 的规定。

表 8－25 五级油库主要场所灭火毯、灭火砂配置数量

场所 灭火器材	罐区	桶装油品库房	油泵房	灌油间	铁路装卸油栈桥	汽车卸油场地	装卸油码头
灭火毯/块	2	2	—	3	2	2	—
灭火砂/m^3	2	1	0.5	1	—	1	1

(2)各场所灭火器材配置数量表

各场所灭火器材配置数量见表 8－26。

表 8－26 油库各场所灭火器材配置数量(参考)

场所名称	保护面积的确定	灭火器材类型规格和数量	备注
露天罐区	立罐罐区 1. 500m^3(70m^2) 2. 1000m^3(120m^2) 3. 2000m^3(200m^2) 4. 3000m^3(280m^2)	每罐 1. 4kg 干粉灭火器 1 个 2. 4kg 干粉灭火器 1 个 3. 6kg 干粉灭火器 1 个 4. 8kg 干粉灭火器 1 个 另每罐放置石棉被 1 块	括号内为油罐占地面积
	卧罐罐区每 200m^2 为一组	6kg 干粉灭火机 1 个，石棉被 5 块无泡沫灭火设物增加 25kg 或 35kg 干粉手推车式灭火机 1 台	200m^2 系 5 个 50m^3 卧罐的占地面积
露天桶装场地	堆垛 1. 每 100m^2 2. 每 300m^2	1. 4kg 干粉灭火器 1 个，石棉被 2 块 2. 增加：25kg 或 35kg 干粉手推车式灭火机 1 台；0.5m^2 砂箱 2 个；铁锹 5 把	
桶装仓库 简易仓库 小油罐仓库	1. 每 40m^2 面积(或每座卧罐) 2. 另外，每 300m^2	1. 5kg 干粉灭火器 1 个，石棉被 2 块 2. 增设：25kg 或 35kg 干粉手推车式灭火机 1 台；0.5m^3 砂箱 2 个；铁锹 5 把	40m^2 系一个 50m^3 罐的占地面积
油泵房	每 50m^2 面积	1. 5kg 干粉灭火器 1 个 2. 真空罐处放置石棉被 2 块 3. 门口设 0.5m^3 砂箱(桶)1 个；铁锹 5 把	半地面泵房应改为 6kg 干粉灭火器 1 个

续表

场所名称	保护面积的确定	灭火器材类型规格和数量	备注
铁路装卸油区	每组鹤管按 50m² 计算（即一辆最大铁路罐车的占地面积）	1. 每组配备 5kg 干粉灭火器 1 个，石棉被 1 块 2. 5 组及以下，另配 25kg 或 35kg 干粉手推车式灭火机 1 台 3. 5 组以上，每 5 组增加 25kg 或 35kg 干粉手推车式灭火机 1 台	

8.3.7　消防车及其他设置

当采用水罐消防车进行油罐冷却时，水罐消防车的台数应按油罐最大需要水量进行配备；当采用泡沫消防车进行油罐灭火时，泡沫消防车的台数应按着火油罐最大需要泡沫液量进行配备；设有固定消防系统、油罐总容量等于或大于 50000m³ 的二级石油库中，固定顶罐单罐容量等于或大于 10000m³，浮顶油罐单罐容量等于或大于 20000m³ 时，应配备一辆泡沫消防车或一台泡沫液储量不小于 7000L 的机动泡沫设备：设有固定消防系统的一级石油库中，拱顶罐单罐容量等于或大于 10000m³，浮顶油罐单罐容量等于或大于 20000m³ 时，应配备两辆泡沫消防车或两台泡沫液储量不小于 7000L 的机动泡沫设备。

油库应设消防值班室。一、二、三级石油库的消防值班室应设在消防泵房控制室或消防车库旁，四、五级油库的消防值班室可和油库值班室合并设置。消防值班室内应设专用受警录音电话；消防值班室与油库值班调度、区消防中心之间应设直通电话。库容等于或大于 50000m³ 的石油库的报警信号应在消防值班室显示。库内的储油区、装卸区、辅助生产区的值班室内应设火灾报警电话，储油区、装卸区户外宜设置手动报警设施。单罐容量等于或大于 50000m³ 的浮顶油罐应设火灾自动报警系统。

8.4　防护装备

8.4.1　避火服

避火服如图 8－28 所示，主要用于石油产品、液化石油气等特种火灾进行消防作业。面层采用反辐射热率 95％左右的银灰色耐燃织物，中间层为耐燃的特制绝热和防蒸气层，内层为经防火处理的棉绒织物层，起柔软舒适和吸汗作用。该服由头罩、上衣、背带裤（或连衣裤）、长型手套、脚套等组成。穿着可短时间进入火焰区，重量为 11kg，防火焰温度 833℃，防热辐射温度 1111℃。

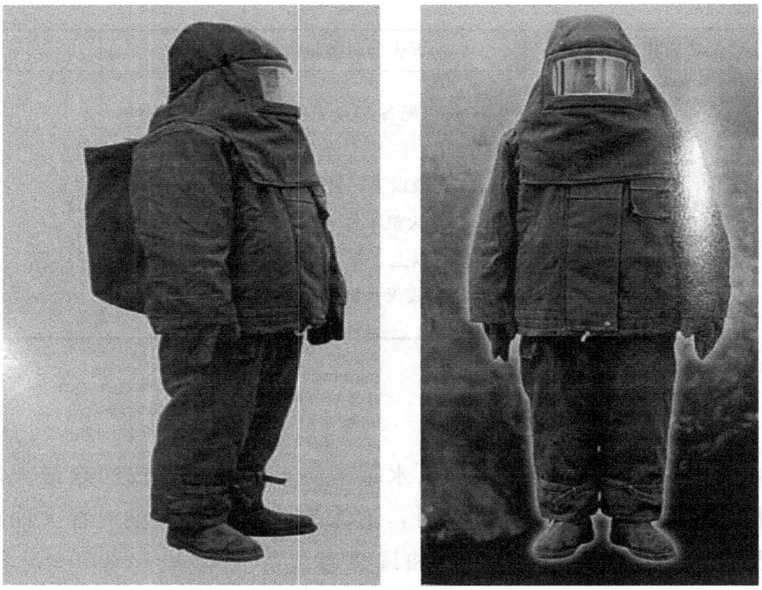

图 8-28 避火服

8.4.2 隔热服

隔热服如图 8-29 所示，采用铝箔复合阻燃织物(耐高温纤维作底布，外涂铝箔)制成。铝箔反射辐射热效果好，耐辐射热温度为 900℃。穿着能接近火焰区，但不能进入火焰区。

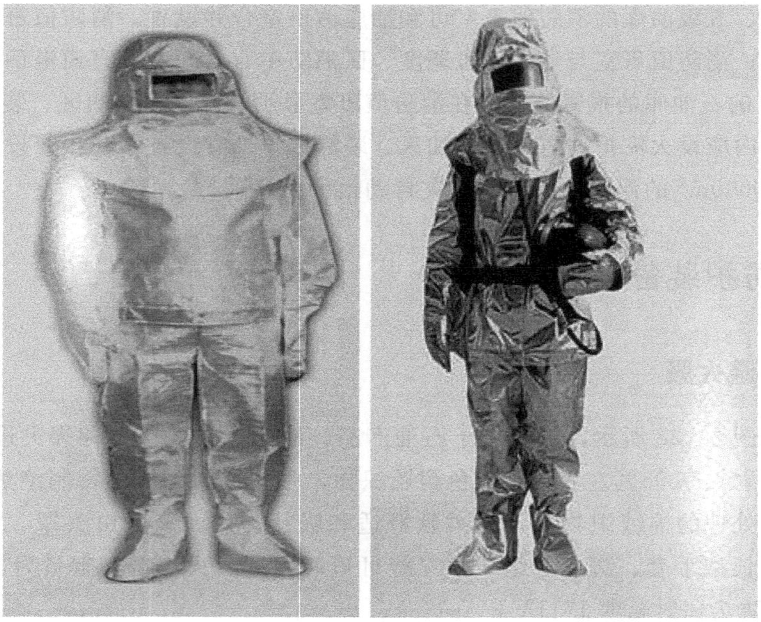

图 8-29 隔热服

8.4.3 呼吸保护器具

1. 过滤式防毒面具

过滤式防毒面具如图8-30所示，是一种保护人体呼吸器官不受外界有害烟气损伤的专用工具。其作用是防烟尘和滤毒。戴上面具吸气时环境气体从滤毒罐底部进入，经滤烟、干燥、催化、过滤吸收后，变成无毒干净空气。

过滤式防毒面具结构简单，重量轻，携带方便；外界的一氧化碳浓度不能大于2%；外界含氧量不能低于18%。

过滤式防毒面具的缺点是呼吸阻力较大，一种滤毒剂只能过滤一种或几种毒性气体，适用范围小。因此在火场遇到一氧化碳浓度过高，烟雾浓密，严重缺氧或不能准确判断火场中的毒气成分时，其使用的安全性就受到影响。

2. 氧气呼吸器

图8-30 过滤式防毒面具

图8-31 氧气呼吸器

氧气呼吸器如图8-31所示，又称隔绝式压缩氧呼吸器。呼吸系统与外界隔绝，仪器与人体呼吸系统形成内部循环，由高压气瓶提供氧气，有气囊存储呼、吸时的气体。佩带人员从肺部呼出的气体，由面罩、三通、呼气软管和呼气阀进入清净罐，经清净罐内的吸收剂吸收了呼出气体中的二氧化碳成分后，其余气体进入气囊；另外，氧气瓶中储存的氧气经高压导管、减压器进入气囊，气体汇合组成含氧气体，当佩带人员吸气时，含氧气体从气囊经吸气阀、吸气软管、面具进入人体肺部，从而完成一个呼吸循环。在这一循环中，由于呼气阀和吸气阀是单向阀，因此气流始终是向一个方面流动。

氧气呼吸器气瓶的体积小，重量轻，面罩较为严密；结构复杂，使用、维修保养和检修不方便；部分人员对纯氧或高浓度氧(大于21%)的呼吸适应性差，少数人会感到气闷，甚至个别人还会出现氧中毒等不良反应。

3. 空气呼吸器

空气呼吸器是一种自给开放式的呼吸保护器具。根据使用时面罩内压力状况，分为负压式和正压式空气呼吸器。负压式呼吸器面罩在使用过程中吸气时处于负压状况的空气呼吸器。正压式空气呼吸器面罩在使用过程中无论吸气还是呼气始终处于正压状态的空气呼吸器。其结构主要由高压气瓶、气瓶阀、减压器、中压软导管和快速接头、供给阀、呼气阀、全面罩等组成，如图 8－32 所示。

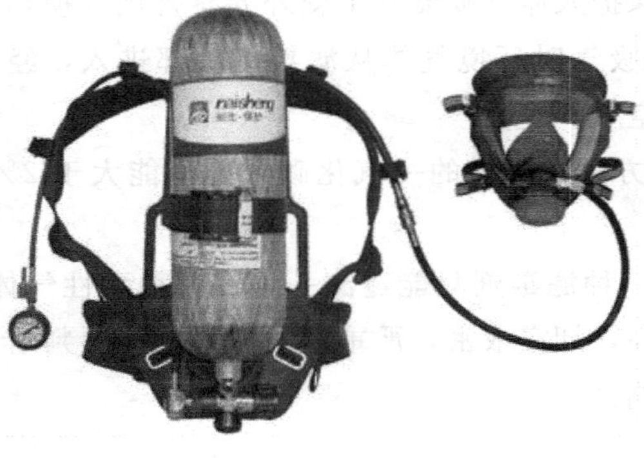
图 8－32　正压式空气呼吸器

特点：

①结构简单，气源经济；

②视野宽广(大面罩)；

③呼吸阻力小，空气新，流量充足，呼吸舒畅，多数人均能适应；

④操作使用和维护保养简单；

⑤安全性能高(正压型、面罩内气压始终高于外界大气压)。

正压型空气呼吸器是一种既舒适又安全的呼吸器，更适宜灭火战斗使用，正逐步普及使用。

空气呼吸器使用程序和方法如下：

(1)佩戴

①将快速接头断开，将背托背在人体背部，按身体调节腰带和肩带，并系紧，以合身、牢靠、舒适为宜。

②连接好快速接头，使全面罩挂在前胸。

(2)查压力

①将供给阀转换开关置于关闭状态。

②打开气瓶阀，查看压力表，估计使用时间。

(3)查供气、气密性

①佩戴好面罩，呼吸几次，确认供气是否正常。

②随后关闭气瓶阀，深呼几次，若感觉面罩向人体面部移动，呼吸困难说明面罩佩戴气密。

(4)投入使用

使用中应注意观察压力表，根据撤离到安全地点的距离和时间，留出足够的贮气量。使用中若听到警报器鸣响，必须立即撤离现场。

(5)撤离现场后

①将全面罩系带卡子放松，同时将转换开关置于关闭状态，摘下面罩关闭气瓶阀。

②按下转换开关，拔下快速接头。

③卸下背托。

附录1　油气储运主要危害因素的物化性质、健康危害及防护措施

1. 硫化氢

(1)理化性质

无色、有恶臭的气体；

熔点(℃)：－85.5；

相对密度(水＝1)：1.19；

沸点(℃)：－60.4；

爆炸下限(体积分数)：4.0％；

爆炸上限(体积分数)：46.0％；

溶解性：溶于水、乙醇。

(2)健康危害

侵入途径：吸入。

食入：不会通过该途径接触。

眼睛接触：吸收可引起伤害，眼睛刺激反应可引起结膜炎，畏光，疼痛，在高浓度时出现视力模糊和角膜水泡。

皮肤接触：液体会引起皮肤极度不适，气体对皮肤几乎无影响。

吸入：长时间接触气体有高毒。硫化氢中毒可引起流涎、恶心、呕吐、腹泻、眩晕、头痛、记忆力丧失、心悸、心律失常、肌肉痛性痉挛、精神错乱、甚至丧失，由于呼吸麻痹而死亡(浓度大于300×10^{-6})。

环境危害：对环境有危害。对水生生物有害。

燃爆危险：易燃，与空气混合能形成爆炸性混合物。气体比空气重，能在较低处扩散到相当远的地方，遇火源会着火回燃。

(3)防护措施

呼吸系统防护：空气中浓度超标时，佩戴过滤式防毒面具(半面罩)。紧急事态抢救或撤离时，佩戴空气呼吸器。

眼睛防护：带化学安全防护眼镜。

身体防护：穿防静电工作服。

手防护：戴防化学品手套。

其他防护：工作现场禁止吸烟、进食和饮水。工作完毕，沐浴更衣。及时换洗工作服。

(4)急救措施

皮肤接触：脱去被污染的衣服，用流动清水冲洗皮肤和头发。

眼睛接触：立即翻开上下眼睑，用流动清水彻底冲洗至少 15min。

吸入：脱离污染区，静卧、保暖。呼吸心跳停止，可进行心肺复苏术。

食入：引起唇和口腔冻伤。如果发生冻伤：立即用冷水清洗污染部位 10～15min，最好浸入水中，不要涂擦。严禁使用热水或辐射热。

送医院就医。

2. 苯

(1)理化性质

无色透明液体，有强烈芳香味；

相对密度(水＝1)：0.88；

饱和蒸汽压(kPa)：13.33；

临界温度(℃)：289.5；

临界压力(MPa)：4.92；

辛醇/水分配系数：2.15；

闪点(℃)：－11

引燃温度(℃)：560；

爆炸下限(体积分数)：1.2％；

爆炸上限(体积分数)：8.0％；

溶解性：不溶于水，溶于醇、醚、丙酮等多数有机溶剂。

(2)健康危害

侵入途径：吸入、食入、经皮吸收。

吸入：蒸汽对上呼吸道和肺有刺激性，吸入有害。

食入：食入可引起恶心、疼痛和呕吐。

皮肤接触：长期接触液体，可引起皮炎。裸露伤口、擦伤或有炎症的皮肤不应接触本品。

慢性健康影响：长期接触可引起头痛、食欲丧失以及伴有早期血液影响的疲乏无力。

环境危害：对大气可造成污染。

燃爆危险：易燃，其蒸气与空气可形成爆炸性混合物，遇明火、高热极易燃烧爆炸。

(3)防护措施

呼吸系统防护：空气中浓度超标时，佩戴自吸过滤式防毒面具。紧急事态抢救或撤离时，佩戴空气呼吸器。

眼睛防护：戴防护眼镜。

身体防护：穿防毒物渗透工作服。

手防护：戴橡胶耐油手套。

其他防护：工作现场禁止吸烟、进食和饮水。工作完毕，沐浴更衣。实行就业前和定期的体检。

(4)急救措施

眼睛接触：立即翻开上下眼睑，用流动清水彻底冲洗。

吸入：脱离污染区。静卧，保暖。

食入：禁止催吐。防止吸入呕吐物。意识清醒者可用水漱口，然后尽量多饮水。

如果呼吸停止，立即进行人工呼吸。

皮肤接触：立即脱去所有被污染的衣物，包括鞋类。用流动清水冲洗皮肤和头发(可用肥皂)。

送医院就医。

3. 苯乙烯

(1)理化性质

无色透明油状液体；

相对密度(水=1)：0.91；

饱和蒸汽压(kPa)：1.33(30.8℃)；

临界温度(℃)：369；

临界压力(MPa)：3.81；

辛醇/水分配系数：3.2；

闪点(℃)：34.4；

引燃温度(℃)：490；

爆炸下限(体积分数)：1.1%

爆炸上限(体积分数)：6.1%

溶解性：不溶于水，溶于醇、醚等多数有机溶剂。

(2)健康危害

侵入途径：吸入、食入、经皮吸收。

食入：食入可引起恶心、腹部刺激、疼痛和呕吐。

眼睛接触：液体使眼睛高度不适，能引起疼痛和严重的结膜炎。

皮肤接触：可引起皮肤干燥、皮炎，毒作用可由皮肤吸收引起。

吸入：吸入蒸气对上呼吸道有强烈刺激性，引起肺和鼻刺激，伴咳嗽、流涕、头痛、恶心。

环境危害：对大气可造成污染。

燃爆危险：易燃。其蒸气与空气可形成爆炸性混合物。

(3)防护措施

呼吸系统防护：空气中浓度超标时，佩戴过滤式防毒面具。紧急事态抢救或撤离时，佩戴隔离式呼吸器。

眼睛防护：一般不需要特殊防护，高浓度接触时可戴化学安全防护眼镜。

身体防护：穿工作服。

手防护：戴橡胶耐油手套。

其他防护：工作现场禁止吸烟、进食和饮水。工作完毕，沐浴更衣。保持良好的卫生习惯。

(4)急救措施

皮肤接触：用一块干燥、洁净的布，快速、轻轻地擦掉皮肤上的污染物。立即脱去所有被污染的衣物，包括鞋类。

眼睛接触：立即翻开上下眼睑，用流动清水彻底冲洗。

吸入：脱离污染区。静卧，保暖。

食入：禁止催吐。如果发生呕吐，让病人前倾或左侧位躺下，保持呼吸道通畅，防止吸入呕吐物。

送医院就医。

4. 甲醇

(1)理化性质

无色澄清液体，有刺激性气味；

熔点(℃)：－97.8；

相对密度(水＝1)：0.79；

沸点(℃)：64.8；

饱和蒸汽压(kPa)：13.33(21.2℃)；

临界温度(℃)：240；

临界压力(MPa)：7.95；

辛醇/水分配系数：－0.82/－0.66；

闪点(℃)：34.4；

引燃温度(℃)：490；

爆炸下限(体积分数)1.1%；

爆炸上限(体积分数)6.1%；

溶解性：不溶于水，溶于醇、醚等多数有机溶剂。

(2)健康危害

侵入途径：吸入、食入、经皮吸收。

食入：食入可引起口腔、咽喉、胸部和胃部烧灼或疼痛感。成人食入10mL能引起失明；60～200mL就能引起成人死亡。

眼睛接触：能引起眼中的损伤，出现视力丧失。蒸气使眼睛高度不适。

皮肤接触：长期或反复接触可引起皮肤刺激反应，可在接触部位出现皮肤发红、起疱、脱屑和皮肤变厚。反复吸收可引起心脏、肝脏和肾脏损害。

吸入：长时间吸入可引起神志不清。在任何浓度时吸入蒸气均可导致严重的中毒。

环境危害：对水体可造成污染，对水生生物有害。

燃爆危险：易燃，其蒸气与空气可形成爆炸性混合物。

(3)防护措施

呼吸系统防护：可能接触某蒸气时，应该佩戴过滤式防毒面具；紧急事态抢救或撤离时，佩戴空气呼吸器。

眼睛防护：戴化学安全防护眼镜。

身体防护：穿防静电工作服。

手防护：戴橡胶手套。

其他防护：工作现场禁止吸烟、进食和饮水。工作完毕，沐浴更衣。实行就业前和定期的体检。

(4)急救措施

皮肤接触：立即脱去所有被污染的衣物，包括鞋类。用流动清水冲洗皮肤和头发(可用香皂)。

眼睛接触：立即用流动清水冲洗至少15min。

吸入：脱离污染区，静卧，保暖。

食入：在病人清醒的条件下可引吐。体位向前倾斜或左侧卧位，保持气道通畅，防止堵塞。

送医院就医。

5. 环氧氯丙烷

(1)理化性质

无色油状液体，有氯仿样刺激气味；

熔点(℃)：−26.5；

相对密度(水=1)：1.18；

沸点(℃)：116.2；

饱和蒸汽压(kPa)：1.8(20℃)；

闪点(℃)：40.6；

引燃温度(℃)：415.6；

爆炸下限(体积分数)：3.8%；

爆炸上限(体积分数)：21%；

溶解性：微溶于水，可混溶于醇、醚、四氯化碳、苯。

(2)健康危害

侵入途径：吸入、食入、经皮吸收。

食入：对胃肠道有刺激性，食入可引起恶心、呕吐、死亡。

眼睛接触：蒸气使眼睛不适，可引起流泪。对眼睛产生严重的刺激，引起明显的炎症反应。

皮肤接触：可通过无损的皮肤吸收，能引起过敏性皮肤反应，皮肤吸收的症状与吸入的症状相同。

吸入：吸入可引起鼻和咽喉刺激反应、头痛、恶心、呕吐和中枢神经系统抑制。

环境危害：对大气可造成污染。

燃爆危险：其蒸气与空气可形成爆炸性混合物。遇明火、高温能引起分解爆炸和燃烧。

(3)防护措施

呼吸系统防护：浓度超标时，佩戴自吸式过滤式防毒面具。紧急事态抢救会撤离时，应该佩戴空气呼吸器。

眼睛防护：呼吸系统防护中已做防护。

身体防护：穿连衣式胶布防毒衣。

手防护：戴橡胶耐油手套。

其他防护：工作完毕，沐浴更衣。保持良好的卫生习惯。防止皮肤和黏膜的损害。

(4)急救措施

皮肤接触：立即脱去所有被污染的衣物，包括鞋类。用流动清水冲洗皮肤和头发，尽可能使用淋浴。

眼睛接触：立即翻开上下眼睑，用流动清水彻底冲洗。

吸入：脱离污染区，静卧，保暖。

食入：用大量水漱口。在病人清醒的条件下可引吐。体位向前倾斜或左侧卧位，保持气道通畅，防止堵塞。

送医院就医。

6. 氯气

(1)理化性质

外观与性状：黄绿色、有刺激性气味的气体；

熔点(℃)：－101；

相对密度(水＝1)：2.48；

沸点(℃)：－34.5；

饱和蒸汽压(kPa)：506.62(10.3℃)；

临界温度(℃)：144；

临界压力(MPa)：7.71；

溶解性：易溶于水、碱液。

(2)健康危害

侵入途径：吸入。

食入：液体能引起严重灼伤。在生产环境下，由该途径进入人体的可能性不大。

眼睛接触：对眼睛是腐蚀剂，能引起严重的损伤，出现视力丧失。气体能引起疼痛和严重的结膜炎。

皮肤接触：腐蚀皮肤，可引起水泡或烧伤。

吸入：气体对上呼吸道和肺有极强烈刺激性。引起咳嗽、窒息、呼吸困难和胸痛。可引起肺充血、支气管炎和意识丧失。

环境危害：对大气可造成污染。

燃爆危险：本品不会燃烧，但可助燃。

(3)防护措施

呼吸系统防护：空气中浓度超标时，建议佩戴空气呼吸器。紧急事态抢救或撤离时，必须佩带空气呼气器。

眼睛防护：呼吸系统防护中已作防护。

身体防护：穿戴面罩式胶布防毒衣。

手防护：戴橡胶手套。

其他防护：工作现场禁止吸烟、进食和饮水。工作完毕，沐浴更衣。保持良好的卫生习惯。

(4)急救措施

皮肤接触：立即脱去所有被污染的衣物，包括鞋类。用流动清水冲洗皮肤和头发(可用肥皂)。

眼睛接触：立即翻开上下眼睑，用流动清水彻底冲洗。

吸入：迅速脱离污染区，呼吸心跳停止，可进行心肺复苏术。

食入：不会通过该途径进入人体。

送医院就医。

7. 盐酸

(1)理化性质

外观与形状：无色或微黄色发烟液体，有刺鼻的酸味；

熔点(℃)：－114.8(纯)；

相对密度(水＝1)：1.20；

沸点(℃)：108.6(20％)；

饱和蒸汽压(kPa)：30.66(21℃)；

溶解性：与水混溶，溶于碱液。

(2)健康危害

侵入途径：吸入、食入、经皮吸收。

食入：食入酸性腐蚀物能引起口腔、咽喉、食道的烧伤。立即出现疼痛并有吞咽与说话困难。

眼睛接触：酸性腐蚀物直接接触眼睛能造成疼痛、流泪、畏光以及烧伤。

皮肤接触：皮肤接触可引起疼痛和烧伤，此烧伤可较深并有明显的边缘，往往愈合过程较慢，并会形成疤痕组织。

吸入：酸性腐蚀物能造成呼吸道刺激，伴有咳嗽、气哽和黏膜损害。症状包括头晕、头痛、恶心及无力。一次急性大量接触可引起咳嗽和窒息、鼻出血、炎症，偶尔出现鼻、咽和喉溃疡。

环境危害：对环境有危害。对大气和水体可造成污染。

燃爆危险：本品不燃。

(3)防护措施

呼吸系统防护：接触其烟雾时，佩戴自吸过滤式防毒面具。紧急事态抢救或撤离时，佩戴空气呼吸器。

眼睛防护：呼吸系统防护中已作防护。

身体防护：穿橡胶耐酸碱服。

手防护：戴橡胶耐酸碱手套。

其他防护：工作现场禁止吸烟、进食和饮水。工作完毕，沐浴更衣。保持良好的卫生习惯。

(4)急救措施

皮肤接触：用大量流动清水冲洗皮肤和头发，尽可能使用淋浴。立即脱去所有被污染的衣物，包括鞋。

眼睛接触：立即翻开上下眼睑，用流动清水彻底冲洗。

吸入：脱离污染区，静卧，保暖。呼吸心跳停止，立即进行心肺复苏术。

食入：禁止催吐。如果发生呕吐，让病人前倾或左侧位躺下，保持呼吸道通畅，防止吸入呕吐物。意识清醒者可用水漱口，然后尽量多饮水。

送医院就医。

8. 液体氢氧化钠(液碱)

(1)理化性质

外观与形状：无色透明液体；

pH 值：＞12；

相对密度(水＝1)：1.57；

溶解性：与水混溶。

(2)健康危害

侵入途径：吸入、食入、经皮吸收。

食入：食入可致口腔、咽喉和胃有极度的腐蚀性，引起疼痛、恶心、呕吐、喉部水肿，并发窒息和胃肠道穿孔。

眼睛接触：对眼睛有严重的刺激引起明显的炎症反应。反复长期接触可导致结膜炎。

皮肤接触：碱性腐蚀本品跟皮肤接触可造成严重疼痛和烧伤并能发生咖啡样着色。

吸入：吸入腐蚀性碱可刺激呼吸道。症状包括咳嗽、胸闷、胸痛和黏膜损害。

燃爆危险：本品不燃。有强腐蚀性。

(3)防护措施

呼吸系统防护：一般不需要特殊防护，但建议特殊情况下，佩戴过滤式防毒面具(半面罩)。

眼睛防护：戴化学安全防护眼镜。

身体防护：穿橡胶耐酸碱服。

手防护：戴橡胶耐酸碱手套。

其他防护：工作场所禁止吸烟、进食和饮水，饭前要洗手。工作完毕，沐浴更衣。

(4)急救措施

皮肤接触：立即脱去所有被污染的衣物，包括鞋。用大量流动清水冲洗皮肤和头发，尽可能使用淋浴。

眼睛接触：立即翻开上下眼睑，用流动清水彻底冲洗。

吸入：脱离污染区，静卧，如果呼吸表浅或呼吸停止，保证气道通畅，提供人工呼吸。

食入：如果神志清醒，用大量流动清水漱口，并使其尽量多饮水。禁止催吐。

送医院就医。

9. 石脑油

(1)理化性质

无色透明液体；

相对密度(水=1)：0.65～0.75；

沸点(℃)：25～204；

闪点(℃)：−2；

溶解性：不溶于水，溶于多数有机溶剂。

(2)健康危害

侵入途径：吸入、食入、经皮吸收。

健康危害：毒性一般比石油系列溶剂大，脱脂能力强。吸入石油脑蒸气可引起眼及上呼吸道刺激症状如浓度过高，几分钟即可引起呼吸困难、紫绀等缺氧症状。

环境危害：对环境有危害。对大气、土壤和水体可造成污染。

燃爆危险：其蒸气与空气可形成爆炸性混合物，遇明火、高热能引起爆炸。

(3)防护措施

呼吸系统防护：空气中浓度超标时，佩戴过滤式防毒面具(半面罩)。

眼睛防护：戴安全防护眼镜。

身体防护：穿防静电工作服。

手防护：戴橡胶耐油手套。

其他防护：工作现场严禁吸烟。工作完毕，沐浴更衣。注意个人清洁卫生。

(4)急救措施

皮肤接触：用流动清水冲洗皮肤和头发(可用肥皂)。

眼睛接触：立即翻开上下眼睑，用流动清水彻底冲洗至少15min。

吸入：脱离污染区，把病人放卧位，保暖并使其安静，呼吸心跳停止，可进行心肺复苏术。

食入：禁止催吐。如果发生呕吐，让病人前倾或左侧位躺下，保持呼吸道通畅，防止吸入呕吐物。意识清醒者可用水漱口，然后尽量多饮水。

送医院就医。

10. 硫化亚铁

(1)理化性质

硫化亚铁为深棕色或黑色固体，难溶于水，密度4.74g/cm^3，熔点1193℃，溶于无机酸时放出硫化氢气体，潮湿空气中分解为硫和四氧化三铁。自燃时，主要反应为：

$$FeS_2 + O_2 \longrightarrow FeS + SO_2 + 222kJ$$

$$FeS + O_2 \longrightarrow FeO + SO_2 + 48.9kJ$$

$$2FeO + O_2 \longrightarrow Fe_2O_3 + 270kJ$$

$$Fe_2O_3 + O_2 \longrightarrow Fe_2O_3 + 3S + 585kJ$$

(2)健康危害

含硫气田的集输管道和站场设备中，存在着不少因腐蚀而产生的硫化铁。如果设备或管道打开而不采取适当措施，干燥的硫化铁与空气接触，便能发生自燃，如有天然气存在，还有可能发生爆炸事故。

(3)预防措施

①在打开可能积聚有硫化铁的容器前，应喷水使硫化铁处于润湿状态；

②定期清管和清洗设备，除去管道、设备内的硫化铁；

③减缓或防止金属设备的腐蚀，以减少或防止硫化铁的生成。

11. 四乙基铅

(1)理化性质

四乙基铅(tetraethyl lead)为略带水果香甜味的无色透明油状液体，约含铅64%。常温下极易挥发，即使0℃时也可产生大量蒸气，其比重较空气稍大。遇光可分解产生三乙基铅。有高度脂溶性，不溶于水，易溶于有机溶剂。急性四乙基铅中毒是以神经精神症状为主要临床表现的全身性疾病，重者可昏迷致死。多见于意外事故。

四乙基铅一度广泛使用作为添加剂，以提高燃料的辛烷值，以防止发动机内发生爆震，从而能够使用更高的压缩比率，以提高汽车发动机效率和功率。最初使用四乙基铅添加剂的美国，与最初使用酒精作添加剂的欧洲比较。含铅汽油的优点从它的高能量含量和贮藏品质较高表现出来，最终成为了普遍使用的燃料添加剂。其中一个最大的优点，四乙基铅比其他抗爆震剂或使用高辛烷值的汽油混合剂比例比较，仅需要非常低的浓度，就达到提高燃料的辛烷值。

(2)中毒机理

四乙基铅的中毒症状与无机铅有所不同，以中枢神经系统的症状表现最为强烈，但几乎不影响造血器官，多数伴有消化系统症状。重度四乙基铅中毒有晕眩，头沉、头痛、失眠及食欲不振等初发症状、数日之中很快恶化，引起精神亢奋、幻觉、妄想及痉挛等，经昏迷、衰竭而死亡。作为一般的中毒症状，常能看到头昏、恶梦、急躁、多动等。

(3)致病原因

①在制造四乙基铅，配制乙基液(约含四乙基铅5%)、乙基汽油(含四乙基铅1.3%～3.3%)，保管、运输四乙基汽油等生产过程中，未按操作规程作业，或设备管道长年失修而发生意外泄漏或打翻事故。

②在防护不周甚至无防护情况下进入储油罐内清洗或维修。

③误将乙基汽油充代普通溶剂汽油，在通风不良的环境中大量使用。

(4)急救处理

①立即脱离染毒场所，呼吸新鲜空气或给吸氧，休息观察。

②皮肤污染四乙基铅液体者，应脱去受污衣物、鞋帽，先用纯汽油或煤油洗擦，然后用肥皂水或清水彻底冲洗皮肤、指甲、毛发等。

③使用解毒剂巯乙胺(β-巯基乙胺，半胱胺)，能与四乙基铅络合，阻止其透过血脑屏障。常用2mL(含200mg)肌肉注射，每日2～3次；或2～4mL加入10%葡萄糖注射液

250mL 中缓慢静脉滴注，每日 1～2 次；也可用 2mL 加注射用水 10mL 稀释后作静脉推注。注意静脉注射速度宜缓慢，过快可出现呼吸抑制。注射时患者应取卧位，注射用针头不能有锈，以免药物氧化。一般用 4～6d 为一疗程，可连用 2～3 个疗程。

④有条件时，可及早作高压氧舱或光量子血液充氧治疗，可减轻继发性脑组织缺氧性损害。

⑤对症处理：重症兴奋性精神障碍者可交替使用安定、水合氯醛和冬眠合剂等足量的镇静剂，有肝功能损害者不宜选用鲁米那。昏迷型者禁用吗啡，以免加重呼吸抑制，已有“三低”现象者，慎用氯丙嗪或冬眠疗法，以防血压过低，造成危险。有暴力倾向者，要有专人看护和必要的防范措施，严防自杀或伤人毁物发生。有脑水肿和肺水肿出现时，可适当使用高渗葡萄糖、甘露醇、山梨醇等脱水剂，必要时也可使用速尿。也可给大剂量维生素 B1、ATP、辅酶 A、细胞色素 C 等药物，以促进脑代谢。昏迷者应予鼻饲，以保证足够营养。

⑥中药治疗：温胆枣仁汤、安宫牛黄丸对谵妄兴奋性精神障碍者疗效较好。甘草大枣汤，铁落饮枣仁汤对控制癔症样发作有一定疗效。

(5)预防方法

①生产车间应设有效通风装置。随时用漂白粉液或高锰酸钾液洗净污染的墙壁、地面及有关用具(金属器材不宜用)。对废水、废气要作净化处理。

②四乙基铅分装、调配、运输、装卸都要实行密闭化、管道化、机械化，防止跑、冒、滴、漏，杜绝皮肤接触。严禁直接用嘴虹吸分装。

③乙基汽油应染成特殊颜色标志，以便识别，乙基汽油桶外应标清“剧毒”字样，绝对禁止作工业溶剂或清洗器械等。

④乙基汽油运输前，应按常规检查接头处及油罐的坚固耐震性能。油罐车各种部件不得随意改装更换，以防意外事故。

⑤加强个人防护。工作后应淋浴、更衣，皮肤接触四乙基铅后，必须在 15min 内用煤油刷洗，继用肥皂水洗净。进入油罐、油舱应严格遵循安全操作规程，穿好防护衣，戴好送风式防毒面具、橡胶手套及长筒胶靴。司机严禁用口吸油管。

⑥被污染的工作服、材料，都要另行存放，设专人用专门方法洗涤，可用 1%～5%氯胺溶液清洗，或用 20%漂白粉液刷洗浸泡，再用清水洗净。

⑦对四乙基铅、乙基液和乙基汽油作业人员，应进行就业前和每年一次的健康体检。对患有各种精神、神经疾患和严重肝、肾、内分泌疾患者，不宜上岗作业。

附录2 油气储运安全规范

序号	中文名	代号
1	石油与石油设施雷电安全规范	GB 15599—2009
2	液体石油产品静电安全规程	GB 13348—2009
3	轻质油品安全静止电导率	GB 6950—2001
4	石油行业安全生产标准化 工程建设施工实施规范	AQ 2046—2012
5	石油行业安全生产标准化 管道储运实施规范	AQ 2045—2012
6	石油行业安全生产标准化 海上油气生产实施规范	AQ 2044—2012
7	石油行业安全生产标准化 管道储运实施规范	AQ 2045—2012
8	石油行业安全生产标准化 导则	AQ 2037—2012
9	含硫化氢油气生产和天然气处理装置作业安全技术规程	SY 6137—2012
10	石油工业用加热炉安全规程	SY 0031—2012
11	油气管道安全预警系统技术规范	SY/T 6827—2011
12	石油储罐的安全进入和清洗	SY/T 6820—2011
13	轻烃回收安全规程	SY 6562—2011
14	油气田注天然气安全技术规程	SY 6561—2011
15	石油工业带压开孔作业安全规范	SY 6554—2011
16	盐穴地下储气库安全技术规程	SY 6806—2010
17	石油工程建设施工安全规程	SY 6444—2010
18	浅海石油作业硫化氢防护安全规定	SY 6504—2010
19	石油工业电焊焊接作业安全规程	SY 6516—2010
20	石油天然气工业健康、安全与环境管理体系	SY/T 6276—2014
21	石油化工企业安全管理体系实施导则	AQ/T 3012—2008
22	石油行业建设项目安全验收评价报告编写规则	SY/T 6710—2008
23	石油天然气工程项目安全现状评价报告编写规则	SY/T 6778—2010
24	环境、健康和安全(EHS)管理体系模式	SY/T 6609—2004
25	石油天然气生产专用安全标志	SY 6355—2010
26	高含硫化氢气田集输管道安全规程	SY 6780—2010
27	高含硫化氢气田集气站场安全规程	SY 6779—2010
28	高含硫化氢天然气净化厂公众安全防护距离	SY/T 6781—2010
29	含硫化氢天然气井公众安全防护距离	AQ 2018—2008

续表

序号	中文名	代号
30	含硫油气田硫化氢监测与人身安全防护规程	SY/T 6277—2005
31	海洋石油设施热工(动火)作业安全规程	SY 6303—2016
32	石油天然气工程可燃气体检测报警系统安全规范	SY 6503—2016
33	陆上油气田油气集输安全规程	SY 6320—2016
34	油气田变电站(所)安全管理规程	SY 6353—2016
35	稠油注汽热力开采安全技术规程	SY 6354—2016
36	油(气)田容器、管道和装卸设施接地装置安全规范	SY 5984—2014
37	液化石油气安全管理规程	SY 5985—2014
38	石油天然气安全规程	AQ 2012—2007
39	成品油管道输送安全规程	SY/T 6652—2013
40	原油管道输送安全规程	SY/T 5737—2004
41	石油化工建设项目管理方安全管理实施导则	AQ/T 3005—2006
42	石油化工紧急停车及安全联锁系统设计导则	SHB Z06—1999
43	采油采气注水矿场健康、安全与环境管理体系指南	SY/T 6361—1998
44	石油天然气钻井、开发、储运防火防爆安全生产技术规程	SY/T 5225—2012
45	石油工业动火作业安全规程	SY/T 5858—2004
46	罐底动火作业准备	SY/T 6514—2010
47	海洋石油设施热工(动火)作业安全规程	SY 6303—2016
48	液化天然气接收站技术规程	SY/T 6711—2014
49	液化天然气装置和设备．液化天然气灭火用灭火粉和高和中膨胀泡沫浓缩的试验	NF EN 12065—1997
50	液化天然气装置和设备．液化天然气的一般特性	NF EN 1160—1996
51	石油天然气工业 管道输送系统 基于可靠性的极限状态方法	GB/T 29167—2012
52	钢制管道带压封堵技术规范	GB/T 28055—2011
53	钢质管道内检测技术规范	GB/T 27699—2011
54	管道内检测	SY/T 6889—2012
55	在役油气管道对接接头超声相控阵及多探头检测	SY/T 6755—2016
56	油气管道风险评价方法 第 1 部分：半定量评价法	SY/T 6891.1—2012
57	钢质管道及储罐腐蚀评价标准 埋地钢质管道内腐蚀直接评价	SY/T 0087.2—2012
58	钢质管道管体腐蚀损伤评价方法	SY/T 6151—2009
59	腐蚀管道评估的推荐作法	SY/T 10048—2003
60	油气输送管道风险评价导则	SY/T 6859—2012
61	含缺陷油气输送管道剩余强度评价方法	SY/T 6477—2014
62	输油站场管道和储罐泄漏的风险管理	SY/T 6830—2011
63	油气管道地质灾害风险管理技术规范	SY/T 6828—2011

续表

序号	中文名	代号
64	油气管道安全预警系统技术规范	SY/T 6827—2011
65	管道内检测系统的鉴定	SY/T 6825—2011
66	钢制管道封堵技术规程 第 2 部分：挡板-囊式封堵	SY/T 6150. 2—2011
67	钢制管道封堵技术规程 第 1 部分：塞式、筒式封堵	SY/T 6150. 1—2011
68	危险液体管道的完整性管理	SY/T 6648—2006
69	原油、液化石油气及成品油管道维修推荐作法	SY/T 6649—2006
70	输气管道系统完整性管理规范	SY/T 6621—2016
71	输油管道改为输气管道钢管材料适用性评价方法	Q/CNPC 34—2000
72	石油化工石油气管道阻火器选用、检验及验收	SH/T 3413—1999
73	溢油分散剂 技术条件	GB 18188. 1—2000
74	输油站场管道和储罐泄漏的风险管理	SY/T 6830—2011
75	石油工业防火用水喷淋系统应用指南	SY/T 6557—2011
76	石油天然气钻井、开发、储运防火防爆安全生产技术规程	SY 5225—2012
77	原油库固定式消防系统运行规范	SY/T 6529—2010 作废
78	石油与石油设施雷电安全规范	GB 15599—2009
79	液体石油产品静电安全规程	GB 13348—2009
80	防静电推荐作法	SY/T 6340—2010
81	浅海石油作业安全应急要求	SY/T 6044—2012
82	石油天然气钻井、开发、储运防火防爆安全生产技术规程	SY 5225—2012
83	陆上油气田油气集输安全规定	SY 6320—2016
84	轻烃回收安全规程	SY 6562—2011
86	石油天然气管道安全规程	SY6186—2007
86	天然气凝液安全规范	SY5719—2006
87	原油管道输送安全规程	SY5737—2004

参考文献

[1]黄昆，蒋宏业，李余斌，等．LPG储罐火灾与爆炸事故分析[J]．西南石油学院学报(自然科学版)，2004，26(5)：74-76.

[2]宋文华，苗香溢，苑静，等．LPG储罐火灾爆炸事故后果分析与研究[J]．消防科学与技术，2008，27(11)：851-854.

[3]牟善军，姜春明，彭湘潍，等．轻柴油储罐火灾过程及安全性评价[J]．中国安全科学学报，2003，13(2)：54-59.

[4]李树．灭火应用战术[M]．北京：警官教育出版社，1998.

[5]消防供水[M]．北京：群众出版社，1995.

[6]马宏达．避雷针保护范围的模拟实验理论与争议[J]．物理与工程，1998(S1)：18-25.

[7]郑贤斌，李自力．DOW火灾爆炸指数评价法在油库中的应用，油气储运，2003，22(5)：49-52.

[8]郭光臣，董文兰，张志廉．油库设计与管理[M]．东营：中国石油大学出版社，2006.

[9]韩小磊．基于TDLAS的天然气泄漏检测技术研究[D]．中国石油大学，2009.

[10]孙兰会，庞奇志，周德红．氯气泄漏扩散模型的初步研究[J]．工业安全与环保，2006，32(11)：28-30.

[11]王翠平，长输天然气管道泄漏模拟与风险控制措施研究[D]．中国石油大学硕士学位论文，2014.

[12]国家安全生产监督管理局．安全评价(修订版)．北京：煤炭工业出版社，2004.10.

[13]李大全，成品油泄漏扩散分析及危害后果评价[D]．西南石油学院，2005.

[14]牟林，邹和平，武双全，等．海上溢油数值模型研究进展[J]．海洋通报，2011，15(4)：473-480.

[15]李振林，姚孝庭，张永学，刘春风．基于FLUENT的高含硫天然气管道泄漏扩散模拟[J]．油气储运，2008，27 (5)：38-41.

[16]朱渊，陈国明．高含硫天然气管道泄漏扩散过程CFD建模[J]．系统仿真学报，2009，21(20)：6613-6616.

[17]牟林，邹和平，武双全，等．海上溢油数值模型研究进展[J]．海洋通报，2011，30(4)：473-479.

[18]陈责清，王维军，周红星，任春立．压力管道水击危害及其防治[J]．河北理工学院学报，2005，27(1)：128-131，135.

[19]Q/SY 64—2012，油气管道动火规范[S].
[20]胡广霞，王永柱，段晓瑞．道化学火灾、爆炸指数评价法在油库中的应用，石油化工安全环保技术，2011，27(4)：38-41.
[21]匡永泰，高维民．石油化工安全评价技术[M]. 北京：中国石化出版社，2005.
[22]寇杰，梁法春，陈婧．油气管道腐蚀与防护(第二版)[M]. 北京：中国石化出版社，2016.
[23]董绍华．管道完整性技术与管理[M]. 北京：中国石化出版社，2007.
[24]严大凡，翁永基，董绍华．油气长输管道风险评价与完整性管理[M]. 北京：化学工业出版社，2005.
[25]朱红钧．Fluent 15.0 流场分析实战指南[M]. 北京：人民邮电出版社，2015.1
[26]姚光镇．输气管道设计与管理[M]. 东营：石油大学出版社，1991.
[27]杨筱衡，张国忠．输油管道设计与管理[M]. 东营：石油大学出版社，1996.
[28]何利民，高祁．油气储运工程施工[M]. 北京：石油工业出版社，2007.